国家林业和草原局普通高等教育"十三五"规划教材

高等院校园林与风景园林专业规划教材

风景园林植物学

潘远智　车代弟　主编

中国林业出版社

内容简介

本教材是根据风景园林学科定位、行业发展及风景园林本科专业教育教学改革和创新人才培养要求而编写的。本书分为9章，详细介绍了风景园林植物的分类、生长发育规律与环境影响因子、风景园林植物的繁殖、栽培、养护、应用方式与类型以及常见园林花卉、园林树木、草坪植物与观赏草的识别要点、观赏特性和园林应用等方面的理论与技术。

本教材是"城市绿地系统规划""风景园林规划设计""园林设计""景观生态修复"等课程重要的先修课，既可作为风景园林、环境设计、城乡规划等专业的专业基础课教材，也可供相关专业的有关师生和风景园林爱好者学习参考。

图书在版编目（CIP）数据

风景园林植物学/潘远智，车代弟主编.—北京：中国林业出版社,2018.6 （2020.7 重印）

国家林业和草原局普通高等教育"十三五"规划教材　高等院校园林与风景园林专业规划教材

ISBN 978-7-5038-9429-9

Ⅰ.①风…　Ⅱ.①潘…②车…　Ⅲ.①园林植物-植物学-高等学校-教材　Ⅳ.①S68

中国版本图书馆 CIP 数据核字（2018）第 022383 号

国家林业和草原局生态文明教材及林业高校教材建设项目

中国林业出版社·教育出版分社

策　　划：康红梅　田　苗	责任编辑：康红梅
电　　话：83143551　83143557	传　　真：83143516

出版发行　中国林业出版社（100009　北京市西城区德内大街刘海胡同 7 号）

　　　　　E-mail：jiaocaipublic@163.com　电话：（010）83143500

　　　　　http：//lycb. forestry. gov. cn

经　　销　新华书店

印　　刷　北京中科印刷有限公司

版　　次　2018 年 6 月第 1 版

印　　次　2020 年 7 月第 2 次印刷

开　　本　850mm×1168mm　1/16

印　　张　24.5

字　　数　608 千字

定　　价　55.00 元

高等院校园林与风景园林专业规划教材
编写指导委员会

《风景园林植物学》编写人员

主　　编　　潘远智　车代弟

副 主 编　　樊金萍　袁龙义　毛洪玉

编写人员　　（以姓氏笔画为序）

　　　　　　于晓艳（山东农业大学）

　　　　　　车代弟（东北农业大学）

　　　　　　毛洪玉（沈阳农业大学）

　　　　　　年玉欣（沈阳农业大学）

　　　　　　李　政（西南大学）

　　　　　　孙　颖（东北林业大学）

　　　　　　宋会兴（四川农业大学）

　　　　　　袁龙义（长江大学）

　　　　　　潘远智（四川农业大学）

　　　　　　樊金萍（东北农业大学）

主　　审　　张启翔（北京林业大学）

　　　　　　陈发棣（南京农业大学）

前　言

　　传统园林专业开设了"植物学""园林树木学"(或"观赏树木学")、"花卉学"和"草坪学"等课程，但是随着风景园林行业发展及风景园林专业教育教学改革的不断深入，有必要对部分课程加以整合，特别是针对艺术类、建筑类高等院校的风景园林专业开设的植物类课程，更应该侧重在园林植物的识别，重在园林应用。本教材希望在此方面进行初步尝试。

　　风景园林植物是一切适用于园林绿化(从室内植物装饰到风景名胜区绿化)的植物材料的统称。本课程主要探讨风景园林植物的分类、生物学特性、繁育栽培与管理、观赏特性及园林应用，是风景园林、环境设计、城乡规划等专业的一门重要的专业基础课程，也是一门应用学科，同时还是"城市绿地系统规划""风景园林规划设计""园林设计""景观生态修复"等课程的先行课程。

　　教材的编写以识别为基础，繁育栽培为中心，观赏特点及园林用途为目的。主要突出以下特点：

　　①栽培养护简明扼要，注重城市环境；

　　②突出植物的习性、观赏特点和园林用途；

　　③植物种类的介绍采用总—分—总(表格)结构。

　　本教材的编者来自全国不同院校，具有一定的代表性，基本反映了目前本课程的教学情况。编写人员具体分工为：第1章由潘远智编写；第2章由宋会兴编写；第3章由袁龙义、潘远智编写；第4章由宋会兴编写；第5章由毛洪玉、年玉欣、潘远智编写；第6章由于晓艳编写；第7章由车代弟、樊金萍、袁龙义、潘远智、年玉欣编写；第8章由孙颖、李政、潘远智编写；第9章由车代弟、樊金萍、潘远智编写。最后由潘远智负责统稿和整理工作。

　　教材编写得到了中国林业出版社、四川农业大学、东北农业大学及其参编人员所在单位的大力支持和帮助，全体编者付出了艰辛劳动。教材编写过程中参考并引用了同行大量有价值的资料，在此一并致谢！

　　由于编者水平有限，书中错、漏及欠妥之处在所难免，诚望广大读者及同行予以批评指正。

编　者

2017 年 10 月

目 录

第1章
绪　论

　　植物是全球生物多样性的核心组成部分，是人类及其他生物赖以生存的基础，也是社会经济可持续发展的重要基础资源。

1.1　园林植物与风景园林植物学

1.1.1　相关概念及其内涵

　　园林植物（landscape plant）是一切适用于园林绿化美化（从室内植物装饰到风景名胜区绿化）的植物材料的统称，既包括木本植物（传统习惯称之为园林树木或观赏树木），也包括草本植物（传统习惯称之为花卉）；既有观花植物，也有观叶、观果及观树姿等以及适用于园林绿化和风景名胜区的若干保护植物（环境植物）和经济植物。

　　园林植物与园林建筑、山石、水体被称为造园四大要素。但园林植物占有其特殊地位，因为园林植物既是园林美的构成者，具有美化、装饰功能，又是优美环境的创造者，具有不可替代的巨大的生态环境功效，成为园林的骨架和基本材料，运用十分广泛。

　　风景园林植物学（Landscape Botany）是研究园林植物的分类、生物学特性、繁殖、栽培与管理、观赏特性及园林应用的一门学科，是风景园林、环境设计、城乡规划等专业的一门重要的专业基础课程，也是一门应用学科，是"城市绿地系统规划""风景园林规划设计""园林设计""景观生态修复"等课程的先行课程。

　　学习风景园林植物学的目的，是在识别各种园林植物的基础上，了解其生物学特性，熟悉其栽培繁育及管理要点，掌握其观赏特点和园林用途，以期应用于各类园林景观的规划和设计中，科学地选择和恰当地配置园林植物，以建设美丽、和谐和可持续的园林景观。

1.1.2　园林植物与人类生活的关系

　　当今世界，随着现代科技的发展，人类改造自然的活动不断增多，人们的生活水平在不断地提高。但是，由于盲目开垦，过度放牧，放纵排污以及人口的剧增，环境质量不断下降，特别是生活在大都市的人们，因远离绿色，对城市环境的喧嚣和拥挤，日感不安。于是人们渴望回归大自然，渴望与绿色植物相伴。园林植物是环境绿化的主体，它在人类生活中起着非常重要的作用。

1.1.2.1　园林植物具有改善和保护环境的作用

园林植物广泛应用于城乡绿化和各类绿地建设中，具有不可替代的生态和环境效益。

(1) 调节温度和空气湿度

植物通过叶片阻隔、树冠吸收、散射和反射等作用，阻挡阳光 80%~90% 的热辐射；通过叶片的蒸腾作用可消耗空气中大量的热能。据测定，绿色植物在夏季能吸收 60%~80% 的日光能，90% 的辐射能，使树荫下的气温比裸露地气温低 3℃ 左右，比沥青路面低 8~20℃；有立体绿化的墙面比没有绿化的墙面降低 5℃ 左右。

一般地，人体感觉最舒适的温度是 24℃，空气相对湿度是 70%，风速是 2m/s。上海市园林植物科研所测定表明，树木增湿一般为 4%~30%。植物根系从土壤中吸收的水分，绝大多数通过蒸腾作用散失到空气中。据研究，一株中等大小的杨树在夏季的白天，每小时可由叶片蒸腾水分 25kg，每天的蒸腾量可达 500kg。所以，一般树林中的空气湿度要比空旷地的湿度高 7%~14%。

(2) 净化空气

人类活动可污染环境中的大气，使大气中的尘埃、有害细菌、有毒气体等增多，危害人们身体健康。

园林植物可以通过降低风速，沉降尘埃，或通过叶面的柔毛及粗糙表面的吸附作用，或通过叶表分泌的油脂或黏液，带走尘埃。据报道，绿地中的含尘量比街道少 1/3~2/3。

另外，植物通过枝叶的吸附作用，或过滤作用，或分泌的化学物质的杀菌作用，减少空气中的有害微生物。据分析，桉树的挥发物可杀死结核菌和肺炎病菌。一些植物的叶片可吸收大气中的有毒气体。例如，忍冬能吸收二氧化硫(SO_2)，泡桐能吸收氟(F_2)。

一般情况下，空气中负离子含量为每平方厘米数千个，受污染城市 600 个，严重污染地区只有 100~200 个。植物能通过光合作用的光电效应增加空气中负离子的含量。

(3) 降低噪声

所谓噪声是指一切对人们生活和工作有妨碍的声音。一般来说，40dB 以上的声音就会干扰人们的休息，60dB 以上的声音会干扰人们的工作，90~100dB 就会引起人们心跳加快、心律不齐、血压升高、冠心病和动脉硬化等神经官能症，如果长期处于这种环境中还会使人的听力受到损伤。

据研究，园林树种合理搭配的 4~5m 宽林带可降低噪声 5dB。雪松、圆柏、水杉、悬铃木、垂柳、樟树、榕树、桂花、女贞等均有良好的隔音效果。

此外，园林植物还有涵养水源、保持水土、防风固沙、抗震减灾等改善生态环境的作用。

1.1.2.2　园林植物可以提升一个地区的文化品位，具有教育作用

园林植物在发展文化教育方面的作用主要表现在以下两个方面：

(1)丰富语言文化

一些文化名人对园林植物吟诗作词，丰富了当地文化，提高了人民的审美观和道德情操。历代文人对"梅、兰、竹、菊"四君子、"松、竹、梅"岁寒三友以及出淤泥而不染的荷花等都写下了许多千古流传的诗词和散文。例如，陆游的"咏梅"、毛泽东的"咏梅"、陶铸的"松树的风格"等有名诗篇，成了宝贵的文化遗产。

(2)成为一个地区或单位的标志

植物的生长发育有它的生态适应性。因此，一些园林植物成了一个国家，或一个地区，或一个城市，甚至一个单位的标志。广州以红棉、香港以紫荆花、澳门以莲花、桂林以桂花等作为城市标志已广为人知。中国南方航空公司的飞机尾翼均绘有一朵鲜艳的红棉花。

1.1.2.3　园林植物可以美化生活，具有欣赏功能

园林植物能起到美化生活环境的作用，这是因为园林植物能给人以美的享受。园林植物的美不仅在于其色彩、姿态和风韵，同时还因光照、温度等环境条件的影响，使其朝夕不同，四时各异。

(1)色彩美

植物的色彩给人的美感是最直接、最强烈的。例如，红色使人激动、令人兴奋、催人向上；黄色象征智慧和权力；而绿色则是生命、自由、和平与安静之色，给人充实与希望之感。植物的色彩包括花、叶、果实与枝干4个部分。

① 花色　不同种类、同一种类的不同品种以及同一品种的不同时期，花色均有不同。按植物开花的颜色可将其分为红、黄、白、紫色等。常见的红色花有桃花、玫瑰、一串红等；黄色花有迎春、连翘、万寿菊等；白色花有广玉兰、马蹄莲、荷花等；紫色花有紫荆、紫薇、紫藤等。

② 叶色　叶的色彩主要以绿色为主。植物刚抽出的新芽是嫩绿的，随季节变化由浅入深，由淡转浓。特别是枫树类，夏末秋初叶片逐渐变红，层林尽染，景色秀丽。叶色可分为浅绿(刺槐)、黄绿(黄金侧柏)、深绿(松)，以及赤绿、褐绿、茶绿等。除此以外，还有一些彩叶类，如变叶木、彩叶芋、银边八仙花等都具有很高的观赏价值。

③ 果色　也具有很高的观赏价值，特别是万花凋零时，万绿丛中点缀着红色或黄色的果实，既有极佳的景观效果，又给人以收获的喜悦。常见的果实颜色有红、黄、蓝紫等色。如红果的枸杞、山楂，黄果的金橘、银杏，蓝紫果的葡萄、紫珠等。

④ 干色　多为褐色，而且不同种类的植物干色也不同。有灰白、绿、紫褐等色，如白皮松、白桦为白色，梧桐为绿色。

（2）香味美

香味给人的感觉并不像色彩那样直接，但却能使人产生如痴如醉的美感。如梅花的暗香、兰花的幽香、含笑的浓香和茉莉花的馨香等，都能给人带来不同的美感。特别是有些植物的花，如玫瑰、茉莉、桂花、玉兰等还能制成饮料和食品，能给人别具一格的味觉美。

（3）形态美

植物的形态主要表现在树冠、枝干、叶、花果等部分。

树冠的形态有圆球形（栾树）、圆锥形（雪松）、尖塔形（塔柏）、伞形（合欢）、下垂形（垂柳）、匍匐形（偃柏）等。

主干一般较直立，给人以雄伟之感；枝条一般是直伸斜出的，也有弯曲下垂的，如照水梅、垂柳，给人轻柔飘逸之感。

叶片形状可以说是千变万化的。从大小看，大的长 20m 以上，小的仅有几毫米；从形状看，有披针形、针形、线形、心脏形、卵形、椭圆形、马褂形、菱形、龟背形、鱼尾形等。奇特或较大的叶形往往具有较高的观赏价值，如龟背竹、鱼尾葵等。

花形、果形更为奇特。如珙桐的花，黄色球形的花序前有尖的嘴壳，像只鸽子头，还有乳白色大苞片，仿佛鸽翅。盛花时节，山风吹来，宛如鸽群振翅，美妙之极。还有鹤望兰的花序似仙鹤的头、拖鞋兰的花瓣像拖鞋、佛手的果实像手等，都十分奇特美丽。

除此之外，还有些树木的老根也具独特的观赏价值。如榕树的气生根，大量气根从树上垂落扎根于地下，给人独木成林的感觉。

（4）风韵美

风韵美指花的风度、气质和特性。人们欣赏花的色、香、形只是花的自然美，是外部条件引起赏花者对花的美感。而花韵则是人们对色、香、形的综合感受，并由此引发的各种遐想。如荷花出淤泥而不染，赋予它清白、纯洁的象征意义；松、竹、梅傲霜斗雪，被人们称为"岁寒三友"，用来比喻人类的顽强精神和坚韧不拔的性格。

可见，韵是花的内在美，是真正的美。

1.1.2.4 园林植物生产是国民经济的重要组成部分

园林植物生产可以创造财富，获得巨大的经济效益。

① 花卉、苗木直接作为商品，进入市场。我国花卉生产起步较晚，但近 30 年，我国的花卉产业也以 20% 以上的速度增长。

② 从果树的果实或从花卉的提炼物中获得效益。例如，在人行道上种植杜果、桃、李、杏、枇杷、杨梅等，可以收获果实。近年来，从玫瑰花瓣提取的精油，其价格比黄金还贵。

③ 园林植物的价值还体现在科研工作的应用上。例如，有学者研究了竹子化石在不同地质层的分布，认为地球曾出现过一个冷暖交替的气候变化时期。

1.1.3　园林植物栽培与应用概况

1.1.3.1　国外园林植物栽培应用发展简史

公元前 1500 年，古埃及出现了四周有围墙的花园。园内原先种植果树、蔬菜等植物，并挖有水池。这些植物后来被改换成专门用来欣赏的植物。古巴比伦的"空中花园"是出现得较早的花园，里面种有乔木，长有蔓生或悬垂的花卉。

公元前 19～前 18 世纪，希腊人荷马(Homer)在其史诗《奥德赛》(*Odyssey*)中描述了古希腊的花园：花园四周有树篱，里面种有梨、石榴、苹果、油橄榄、葡萄等，还有规划整齐的种花区。到了前 5 至前 4 世纪，其首都雅典出现了花卉市场。

古罗马早期的园林以种植果树、蔬菜、香料和药草植物为主，也有百合、罂粟、蔷薇等。随后，出现了整齐的行道树，几何图形的花坛、花池、绿篱等。并且出现了被修剪成各种图形(如文字、图案、动物、人体等)的绿色雕塑或植物雕塑(topiary)。

文艺复兴初期，意大利出现了专门用于科研的植物园和温室。引进了凌霄、雪松、仙客来、迎春花、竹子等外来植物。园林中的花坛、树坛、植物雕塑、造型等变得更为精致。

17～19 世纪，欧洲通过大量引种，出现了专门供欣赏花卉的花园。第一次世界大战以后，人们将现代艺术和现代建筑构图法则应用于园林中，形成了一种新型的"现代园林"。到了 20 世纪 80 年代，一系列环境问题出现以后，"回归自然"的理念使野生花卉、野生草类植物逐渐应用于园林设计中。

进入 21 世纪初，对自然资源过度利用的危机感使人们开始大力提倡"可持续发展"理念，对乡土植物资源的利用更加重视。

1.1.3.2　国内园林植物栽培应用发展简史

中国园林植物栽培历史悠久。苑囿、园圃出现在距今 3000～2000 年的殷周至秦朝末年。除了引种各种观赏植物外，一些食用或药用植物也培养成以观赏为主要目的的花卉。秦始皇在咸阳渭水南面建造的"上林苑"种植了大量的天然植被，引进了 2000 多种奇花异木。如梅花、木兰、柿树、柑橘、桃花、女贞、黄栌、杨梅、枇杷等。

东汉、晋、南北朝时期(距今约 2000～1500 年)，栽培植物由经济实用型转向以美化观赏为主要目的的类型，并大规模引种，而且一些皇宫以园林植物命名。如扶荔宫、葡萄宫、五柞宫、白杨观、细柳观等。花木、果树广泛应用于城镇或庭院绿化，成为主要树种。晋朝(265—420 年)，出现了植物志，并有私家园林植物的记载。

南北朝时期(420—589 年)出现了《齐民要术》一类的农业巨著。这一时期的文人崇尚隐逸，植物被进一步赋予深邃的人文意义，花木成了人居环境的必要条件。

隋、唐、宋时期与园林植物发展有关的标志性事件有以下几方面：隋炀帝在洛阳建立了西苑，在西苑广植奇花异木。至此，洛阳牡丹开始闻名。唐朝时期的皇家园林和私家园林中广植花草树木，出现了以树木命名的景点。树木的新品种、新类型增多，如梅花就有'绿萼'梅、'朱砂'梅、'宫粉'梅等。皇家园林种有桃花、荷花、菱角、牡丹等。一些文人以植物命名其书房或花园景点，如文人王维大院有文杏馆、木兰柴、竹里馆、辛夷坞、柳浪、椒园等。同时一些植树经验也被总结，如柳宗元在《种树郭橐驼传》中总结道："……能顺木之天，以致其性焉尔。凡植木之性，其本欲舒，其培欲平，其土欲故，其筑欲密。既然已，勿动勿虑……"其意思是说，种树要根据树木的习性，并满足其习性要求，栽时要使树根舒展，尽量多用原来培育树苗的土，并要踏平，种好后，不能再去乱动。说明了适地适树、保证栽植质量对提高成活率的重要性。

宋朝造园栽花之风盛行。这一时期，不仅总结了兰花栽培及分类技术，而且出现了我国第一部有关菊花的专著《菊谱》。宋朝皇家园林《艮岳记》记载的园林植物种类有枇杷、橙、柚、椰、橘、荔枝之木，金蛾、玉羞、虎耳、凤尾、素馨、渠、茉莉、含笑之草等。种植的方式有孤植、丛植、混合植、片植等。宋朝李格非的《洛阳名园记》记述名园有19处之多。

明清时代，花卉商品化栽培逐渐成为一种行业。广东顺德陈村种植的花卉成为一种贡品。在北京、南京、苏州等地出现了许多皇家或私家园林。皇家园林注重园林树种的选配，多种有松、柏、槐、栾，缀以梧桐、玉兰、海棠、牡丹、芍药、荷花等；私家园林则更多的是讲究诗情画意，而且多植垂柳、玉兰、梅花、桃花、紫薇、桂花、竹类等植物。

中华人民共和国成立以后的1949—1966年间，我国园林建设，特别是植物园的建设注重兼顾科学性与艺术性。"文化大革命"期间，园林被看成资产阶级的东西而受到批判。20世纪80年代以后，园林和景点的建设被视作建立无烟工厂而得到政府的重视。进入21世纪以后，提出了节约型城市园林绿化的概念，即要求园林植物在简单的栽培和养护技术、最低养护管理或无需养护管理条件下就能正常生长。节能型园林是园林发展的必由之路，是构筑资源节约型、环境友好型社会的重要载体，是城市可持续发展的生态基础。

1.1.3.3 园林植物栽培应用主要研究与实践

从城市园林绿化建设发展的趋势来看，今后城市绿化将向着生物多样性方向发展，人工植物群落的设计将更加尊重自然，将在人居环境中营建更丰富的园林植物景观。因此，园林植物的培育与应用研究将受到广泛的重视，其研究与实践主要集中在以下方面：

(1)植物生理生态研究

主要是指城市环境中各种因素(包括微量元素缺乏、城市土壤特殊性、空气、水体以及城市土壤环境污染等)胁迫条件对园林植物生长的影响及改良措施研究。

(2)城市建设对植物的影响及植物的安全管理

城市基础设施的建设都或多或少会破坏植物地上部分或根系的生长环境，甚至为了施工方便，人为对植物进行修剪或无意识的破坏，有的直接损伤根系。因此，对受损植物的安全性检测、诊断与治疗和促使根系恢复生长的措施等都是值得研究的课题。

（3）城市园林植物的选择、抚育措施及植物对城市各类设施的影响与预防

由于城市环境的特殊性，第一，应研究植物的适应性和适宜性，重点在于以下几个方面：① 地带性植物、乡土植物、地域性植物的挖掘和运用；② 新优植物的培育、引种和应用；③ 珍稀濒危植物的保护和利用；④ 低碳植物的开发和利用。第二，必须研究园林植物在城市中的应用方式及在城市各种特殊环境中的抚育措施，包括近自然园林植物的配置方式、植物的修剪、整形技术、病虫害综合防治技术（环境友好型农药施用技术和生物防治技术）、科学合理施肥和浇水等管理技术等。第三，植物的生长也会对城市地下管网设施和城市建筑造成损坏或破坏，因此有必要研究预防及补救措施。

1.2 我国园林植物资源

植物种质资源（genetic resources，germplasm resources）是指具有利用价值的植物遗传物质的总称，是人类的宝贵财富。园林植物种质资源主要包括具有优良性状的野生种、变种和类型，具有优良性状的品种或品系，在一项或几项上表现优异的杂交系，具有潜在用途的野生或栽培类型等。

1.2.1 园林植物资源概况

我国是世界上植物种类最丰富的国度之一，其数量仅次于巴西和印度尼西亚。但以植物的生物多样性而论，巴西和印度尼西亚地处热带，大多为热带植物种类，而我国从南到北有温带、亚热带、热带等植物种类，从东到西有海滨、平原、低山、高山和沙漠植物种类。

（1）物种丰富多样

中国素有"世界园林之母"之美誉。据不完全统计，我国原产的园林植物有113科523属，仅乔、灌木种类就达8000多种。其中，山茶属（*Camellia*）的国产种占世界总数的90%；丁香属（*Syringa*）、石楠属（*Photinia*）、溲疏属（*Deutzia*）、刚竹属（*Phyllostachys*）等均占世界总数的80%以上。英国邱园（Royal Botanical Gardens，Kew）内种植的树种有33.15%原产于我国的东北地区。爱丁堡皇家植物园从中国引种的植物种和变种也有1527个。

（2）分布集中，特有程度高

我国是世界园林植物的分布中心，而且在一定区域集中分布，如西南山区是杜鹃花王国（其中云南分布有250种，西藏177种，四川144种，贵州80种），广东、广西是木兰科树种的现代分布中心。

由于自然地理和悠久地质历史的种种原因，我国特有植物种类丰富。据不完全统计，约有321属，占全国总属数的6.3%。如有水杉、银杏、中国鹅掌楸、香榧、珙桐、穗花杉等孑遗植物；有中国蔷薇属、紫薇属、乌头属、报春花属等世界稀有种；有黄香梅花、红花檵木、红花含笑、重瓣杏花等奇特种。

（3）栽培品种及类型多样

我国栽培植物的历史有 3000 多年。人工选择加速了新品种的形成。例如，单是传统的牡丹品种就有 500 多个。明清时，菊花就有 10 多个类型 3000 多个品种。

（4）古树名木多

古树不仅是重要的自然文化遗产，而且是研究古植物学、自然史、生物种质资源保护的重要材料，还可为园林植物树种引种驯化提供重要的参考。

我国规定，一般树龄在百年以上的大树即为古树（Ancient trees），而那些树种稀有、名贵或具有历史价值、纪念意义的树木则可称为名木（Historical trees）。据原国家建设部（2006 年）统计，全国古树名木 28.5 万余株。其中，古树 28.4 万余株，占全国古树名木总量的 99.8%；名木 5758 株，占全国古树名木总量的 0.2%。2015 年开始，我国启动了第二次全国古树名木普查，2020 年完成。

1.2.2　园林植物种质资源的收集、保护与利用

1.2.2.1　种质资源的收集

20 世纪 70 年代末开始，我国先后组织专业科技人员实地考察了云南、西藏、神农架、三峡地区、海南岛、大巴山、黔南桂西山区，共收集各类植物种质资源 4 万余份，采集了一批重要的野生种，发现了一批新物种、新变种，抢救了一批濒危的名贵珍稀品种和类型，发掘了一批具有极其优异性状的品种和材料。1979—1997 年我国先后从 100 多个国家和地区引进各种作物种质资源 88 000 余份次。目前，我国现有植物种质资源已超过 36 万份，仅次于美国（55 万份），跃居世界第二位。

1.2.2.2　种质资源的保存（germplasm conservation）

园林植物种质资源的保存方法主要有原地保存、异地保存和离体保存等。

（1）原地保存（conservation in situ）

原地保存指将种质资源在原生地进行保存，又称就地保存。设立植物种质资源原地保存区是主要形式。目前，全国各地建立的各种类型自然保护区、国家公园、自然地理标识、生境/物种保护区、景观/海景保护地、自然资源保护地等都属于这种类型。

（2）异地保存（conservation ex situ）

异地保存指将种质资源迁移出原生地栽培保存，又称迁地保存。异地保存的主要形式有国家和地方建立的植物种质资源库、植物良种基地收集区（圃）、植物园、树木园等。

（3）离体保存（conservation in vitro）

离体保存又称设备保存，是将园林植物的种子、花粉、芽、根或枝条等繁殖材料

分离开母体，利用设备进行贮藏保存。这种保存方法适用于就地保存、迁地保存有一定困难或有特殊价值的种质资源，其优点是所占空间小，所需的人力资源少（但一次性投入较大），而又能较好地保护物种及其遗传的多样性。但是种质资源已脱离了自然环境，对它们的保护仅能维持它们从自然采集时所停留的进化阶段。

①种子贮藏保存法　种子是一种最主要的种质贮藏材料。对于顽拗型种子通常需要在潮湿的环境如湿沙中保存；对于正统型种子则可以在干燥、低温的储藏库中保存。贮藏的不同园林植物种子根据营养体生活力的长短，需要隔一定的时间在田间种植一次来加以繁殖更新。国际植物资源遗传研究所（IPGRI）建议，对于大多数物种，当种子生活力降到85%以下或降到初始发芽率的85%时，就要进行繁殖更新；当某一样品的种子数目少于完成繁殖该物种3次所需的种子量时，也需要繁殖。在种质繁殖更新时需要注意种植条件尽可能与原产地条件相似，以减少由于生态条件的改变而导致的变异。尽可能避免和减少天然杂交和人为混杂，以保持原品种或类型的遗传特点和群体结构。

②组织培养　这种方法最适于保存顽拗型植物、水生植物和无性繁殖植物的种质资源。从20世纪60年代起国内外对利用离体培养结合低温、超低温等技术保存种质进行研究，取得很大进展。采用组织培养需要空间小，以解决常规方法不易保存的种质资源；繁殖时不受季节限制，繁殖速度快；培养物不带病虫害，便于种质交流。主要有以下方法：

一般保存　是指在常规培养条件下对培养物通过不断继代的方法进行保存的方式。是一种短期行为，对种质的运输交换和去病毒很有帮助。这种方法保存的材料可以随时进行扩繁，因此利用起来很方便。但由于过程比较繁杂，需要不断继代培养，如果不慎，易导致材料的污染和混淆，且由于连续继代，常会导致遗传变异的发生。因此，如果用来长期保存种质资源，有其不可克服的弱点。

缓慢生长系统　大部分植物培养物的最适宜生长温度为20~25℃。因此可以通过降低温度来减缓离体试管培养的生长速度。另外，在培养基中加入化学抑制剂如渗压剂类型甘露醇、激素类物质脱落酸等。或降低培养环境中的氧气浓度如在保存材料上覆盖一层矿物油或直接减少环境中的氧气浓度，也可以减缓培养物的生长。缓慢生长系统只利于种质资源的短期和中期保存，不能达到长期保存的目的。

超低温保存　是指在-80℃以下的超低温中保存种质资源的一整套生物学技术。超低温常用的冷源有干冰（-79℃）、超低温冰箱（-80℃）、液氮介（-196℃）及液氮蒸汽相（-140℃）。在超低温条件下保存材料，可以大大减缓甚至终止代谢和衰老过程，保持生物材料的稳定性，最大限度地抑制生理代谢强度，减少遗传变异的发生。超低温保存可以克服常温及低温保存过程中，由于不断继代而产生的遗传不稳定性，并且还可以减少工作量，减少污染机会等。

基因文库保存　是近年来随着分子生物学和基因工程的迅速发展，植物基因转移技术在种质资源保存方面的广泛应用，是将分离的植物基因如抗逆性基因、特殊经济价值基因，加上适当调控元件之后，在另一种植物中表达的方法。

1.2.2.3 园林植物资源的利用

园林植物种质资源是我国的宝贵财富，是发展园林事业的物质基础。

因此，首先要进一步开展资源考察，摸清家底，加强和完善自然保护区的工作；对园林植物种质资源的保存应以就地保存和异地保存相结合；积极引种，开展种质资源研究和选育良种工作。对现有的珍贵种类应明确保护是手段，开发利用是目的。因为开发利用野生植物资源，既能丰富园林植物种类，克服各地园林植物种类单调，又能突出地方特色。

其次，在公众保护意识层面上，可以通过创办花卉博物馆或综合花展，加强园林植物的宣传和科学普及。

最后，在种质资源保护制度层面上，明确使用财政资金收集保存的种质资源的公共资源属性，建立公共种质资源研究成果的转化机制，推动商业性应用。同时，加快探索建立种质资源获取与惠益分享机制，鼓励和调动全社会对种质资源的收集、保存、保护和创新的积极性。

(1) 加强园林植物的引种驯化研究

引种驯化是指将野生植物或栽培植物引入到自然分布区或栽培区以外栽培。如果引入地区与原产地自然条件差异不大或引入的园林植物本身的适应范围很广，只采取简单的措施就能适应新的环境并能达到预期观赏效果的称为简单引种；如果引入地区与原产地自然条件差异较大或引入的园林植物本身的适应范围较窄，只有通过其遗传性的改变才能适应新的环境或必须采取相应的农业措施，使其产生新的生理适应的称为引种驯化。引种驯化实质就是一个由野生变家生，由外地栽培变本地栽培的过程。

据统计，我国已引入园林植物(包括盆花、观叶植物、切花、球根)500多种，4000多个品种。特别是近年来，我国大量引入的各类彩叶植物(包括春色叶类、秋色叶类和常绿色叶类)就有10多种，品种更是多达数百个；我国草坪草尤其是冷季型草坪草，基本上都依靠进口，平均每年引进品种30多个。

我国园林植物的引种，迅速缓解了我国新优品种缺乏的矛盾，但是大量的引种工作中也暴露出一些严重的问题，主要体现在以下几个方面：

① 重引进轻培育，很少培育新品种；
② 过度重视观赏性状，轻视生态适应性，限制了栽培范围；
③ 重引进品种，轻引进技术，生产和栽培技术薄弱；
④ 引进过程中不注重检疫，增加了有害生物入侵的风险；
⑤ 重复引进，导致雷同。

针对目前我国园林植物引种驯化中的问题，在解决我国园林植物生产和城市绿化中新优品种缺乏问题的同时，保证我国园林植物产业的健康发展，提出以下对策：

① 加强对我国园林植物种质资源的收集、开发和利用，创造自己的优良品种；
② 在引进观赏植物品种的同时要注意引进相应的先进栽培技术；
③ 加强对引进品种的选择和改良，培育适合我国气候条件的优良品种；
④ 在开发利用自身资源优势的同时，加强特有和稀有品种资源的保护，防止流

出国门；

⑤ 严格检疫制度，防范病虫害的入侵。

（2）加强遗传育种研究

园林植物种质资源是遗传育种的前提和基础。同时，园林植物在长期的演化过程中，通过自然和人工选择，形成了丰富的变异类型。因此，有必要加强基础性研究，拓展研究深度与广度，如构建遗传图谱，进行重要性状遗传基础研究，重要性状相关基因定位、分子克隆等技术手段研究，在我国传统特色园林植物育种上重点突破，以期实现园林植物的遗传改良和种质创新。

复习思考题

1. 简述园林植物与园林植物学概念与研究内容。
2. 简述中国园林植物种质资源特点。
3. 什么是种质资源？如何收集保护种质资源？
4. 试述我国园林植物引种驯化存在的主要问题及解决策略。

推荐阅读书目

1. 植物学(第二版)上册. 陆时万，徐祥生，沈敏健. 高等教育出版社，2001.
2. 植物学(第二版)下册. 吴国芳，冯志坚，马炜梁. 高等教育出版社，2000.
3. 植物学(第二版). 金银根. 科学出版社，2010.
4. 花卉鉴赏与花文化. 孙伯筠. 中国农业大学出版社，2006.
5. 植物学实验指导(第二版). 叶创兴，冯虎元，廖文波. 清华大学出版社，2012.
6. 园林树木栽植养护学(第4版). 叶要妹，包满珠. 中国林业出版社，2017.

参考文献

董丽，包志毅. 2013. 园林植物学[M]. 北京：中国建筑工业出版社.

胡运骅. 2008. 上海建设节约型园林绿化的实践与思考[J]. 园林(5)：18.

冷平生. 2013. 园林生态学[M]. 北京：中国农业出版社.

仇保兴. 2006. 开展节约型园林绿化促进城市可持续发展[R]. 在全国节约型园林绿化现场会上的讲话.

王先杰，李然. 2007. 建设节约型园林的思考[J]. 北方园艺(5)：174-175.

俞德竣. 1962. 中国植物对世界园艺的贡献[J]. 园艺学报(8)：99-108.

ELIZABETH MORGAN. 2010. The Master's Gardens[J]. Irish Arts Review, 27(3)：110-113.

E·H·威尔逊. 2015. 中国——园林之母[M]. 广州：广东科技出版社.

第2章
园林植物分类

地球上植物物种数量繁多，加之地理分布造成同名异物和同物异名现象突出。因此首先必须对植物进行分类，才能真正实现对植物资源的充分利用和研究。

2.1 植物学基础知识

植物在长期演化和对环境的适应过程中，形成了多种多样的性状、特征。人类利用这些性状、特征对植物进行分类，并创造了一系列学术用语(形态术语)来加以描述。植物分类学中的这些形态术语是学习分类学的基础。熟练掌握和运用植物的分类原则及描述植物器官的形态特征，对于准确认识和鉴别不同类群植物至关重要。

2.1.1 植物类群

2.1.1.1 依植物生长习性分类

(1)木本植物(woody plants)

植物体木质部发达，一般比较坚硬，多年生。有以下类型：

① 乔木(trees) 是有明显主干的高大树木，高达5m以上，如杨树、樟树、榕树等。

② 灌木(shrub) 指主干不明显，基部多分枝，呈丛生状，高不及5m的木本植物，如丁香、山茶、绣线菊等。

③ 小灌木(dwarf shrub) 指高在1m以下的低矮灌木，如琵琶柴、驼绒藜、白刺等。

④ 半灌木(sub-shrub) 也叫亚灌木，是指介于木本与草本之间的植物，仅在茎的基部木质化，多年生，而上部枝草质并于花后或冬季枯萎，如木地肤、黑沙蒿、金粟兰等。

(2)草本植物(herb)

草本植物是指植物体木质部不发达，茎柔软，地上部分通常于开花结果后即枯死或进入休眠状态，来年重新萌发生长的植物。根据其生长寿命长短可分为一年生(如万寿菊、蒲包花、鸡冠花)、二年生(如金鱼草、瓜叶菊、金盏菊)和多年生(如芍药、君子兰、吊兰)。

(3) 藤本植物(scandens)

植物体细而长,不能直立,只能依附其他物体,缠绕或攀缘向上生长。根据其质地又可分为木质藤本(如紫藤、油麻藤)和草质藤本(如牵牛花、茑萝)。

2.1.1.2 依植物生境分类

① 陆生植物 植物生长于陆地。根据陆地环境类型不同又可分为沙生植物(生于沙漠,根常具沙套)、盐生植物(生于盐碱地,体内含有大量盐分)和高山植物(生于高寒山地,个体低矮,呈垫状)等。

② 水生植物 指植物体部分或全部沉浸在水中,如莲、浮萍、慈姑、眼子菜、香蒲等。一些水生植物生长于河湖的岸边、沼泽浅水中或地下水位较高于地表的,叫作沼生植物,如泽泻、灯心草、旱伞草和荸荠等。

③ 附生植物 指植物附着生长于其他植物体上,但能自养,无需吸取被附生者的养料而独立生活的植物,如斑叶兰。

④ 寄生植物 寄生于其他种植物体上,以其特殊的吸器吸取寄主的养料,而营寄生生活的植物,如桑寄生、列当、肉苁蓉、菟丝子等。

2.1.2 一般性状

2.1.2.1 根

根是由种子幼胚的胚根发育而成的器官。通常向地下伸长,使植物体固定在土壤中,并从土壤中吸取水分和养料。一株植物的根,按其发生可分为主根、侧根和不定根。主根是形成地下根系的主轴。侧根则由主根上发生。不定根是指由茎、叶或老根上发生的根。如果植物的主根明显粗长,显著不同于侧根,则根系为直根系(图2-1),如绝大多数双子叶植物。如果主根不发达,早期即停止生长或萎缩,由茎基部发生许多较长、粗细相似的不定根,呈须毛状,这样的根系称作须根系(图2-1)。绝大多数单子叶植物具有须根系。

2.1.2.2 茎

茎是介于根和叶之间起连接和支持作用的轴状结构。茎是种子幼胚的胚芽向地上伸长的部分,为植物体的中轴,通常在叶腋生有芽。芽萌发后形成分枝。茎和枝上着生叶的部位叫作节,两节之间的茎叫作节间。叶柄与茎相交的内角叫作叶腋。茎和分枝支持和调整叶子的分布,又是物质输导的通道。

茎尖与根尖类似,具有无限生长的能力;茎尖不断生长,产生叶和侧枝,除少数地下茎外,共同构成了植物地上部分庞大的枝系。

地上茎根据生长习性有直立茎、斜升茎、斜倚茎、平卧茎、匍匐茎、攀缘茎和缠绕茎等(图2-2)。

地下茎是植物的茎生长在地面以下的部分,是地上茎由于环境条件的影响而引起

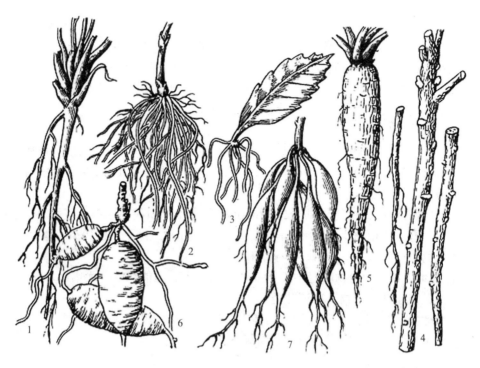

图 2-1　根系的类型

1. 直根系　2. 须根系　3. 不定根　4. 圆柱状根　5. 圆锥状根　6. 块状根　7. 纺锤状根

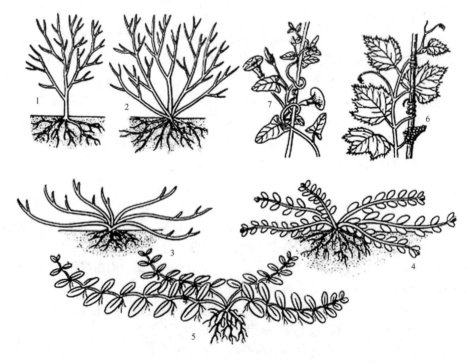

图 2-2　茎的生长习性

1. 直立茎　2. 斜升茎　3. 斜倚茎　4. 平卧茎　5. 匍匐茎　6. 攀缘茎　7. 缠绕茎

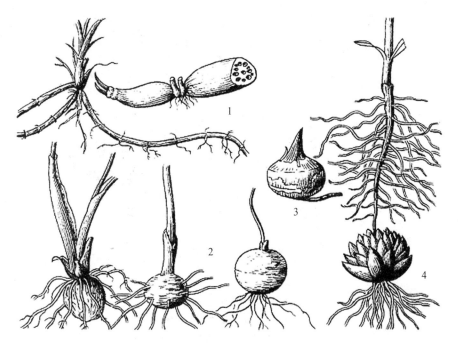

图 2-3　地下茎的变态

1. 根状茎　2. 块茎　3. 球茎　4. 鳞茎

的变态，其功能主要是贮藏养料。地下茎主要有根状茎(莲、竹、芦苇等)、块茎(仙客来、大岩桐等)、球茎(唐菖蒲、小苍兰等)、鳞茎(郁金香、风信子、水仙等)之分(图2-3)。

同样，地上茎也存在不同类型的变态，如葡萄、黄瓜等植物的卷须，小檗、蔷薇、月季等植物的刺，以及仙人掌、马齿苋等的肉质茎。

2.1.2.3　叶

叶是由芽的叶原基发育而成，通常为绿色，有规律地着生在枝(茎)的节上，是植物进行光合作用制造有机营养物质和蒸腾水分的器官。一枚完整的叶是由叶片、叶柄和托叶(宿存或无)组成的。

植物叶片的全形及叶尖、叶缘和叶基部分的形态具有各种不同的特征，可以作为识别植物的依据。叶在茎上排列的方式称为叶序，主要有轮生叶序、对生叶序、互生叶序等(图2-4)。

当叶片只有一枚时，不管有柄或无柄，或分裂与否，均称作单叶。如果叶片一至多枚，并具关节着生在总叶柄(叶轴)上，则称为复叶，其各片称小叶(图2-5)。叶片上大小叶脉的分布方式叫作脉序，大致分为网状脉序、平行脉序以及基出脉等(图2-6)。叶缘的形状有全缘、锯齿状、钝齿状、波状等(图2-7)。均是分类学上常用的参数。

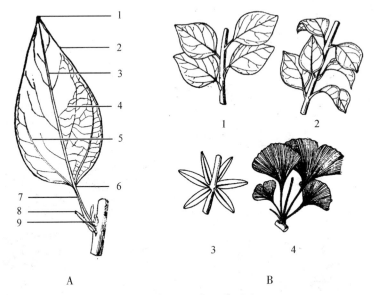

图 2-4　叶的组成部分及叶序

A. 叶的组成部分(1. 叶先端　2. 叶缘　3. 中脉

4. 细脉　5. 侧脉　6. 叶基　7. 叶柄　8. 托叶　9. 腋芽)

B. 叶序(1. 互生　2. 对生　3. 轮生　4. 簇生)

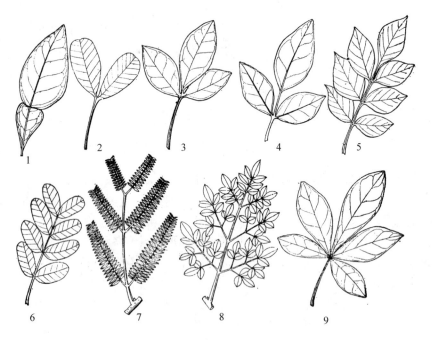

图 2-5　复叶的类型

1. 单身复叶　2. 二出复叶　3. 三出复叶　4. 羽状三出复叶　5. 奇数羽状复叶

6. 偶数羽状复叶　7. 二回羽状复叶　8. 三回羽状复叶　9. 掌状复叶

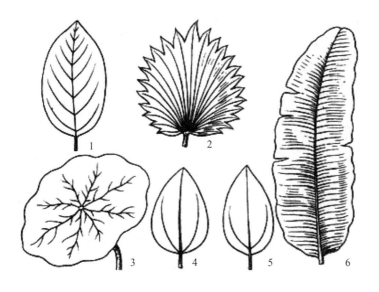

图 2-6　脉　序

1. 羽状脉　2. 射出脉　3. 掌状射出脉　4、5. 掌状三出脉　6. 侧出平行脉

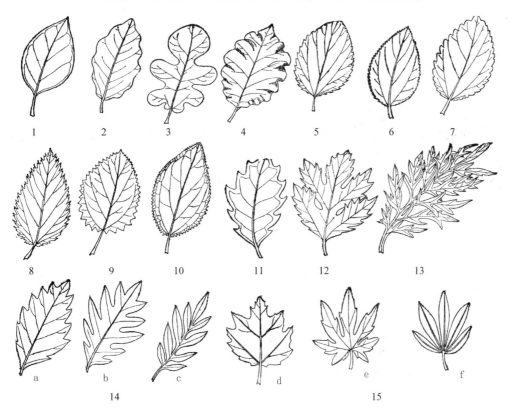

图 2-7　叶　缘

1. 全缘　2. 波状　3. 深波状　4. 皱波状　5. 锯齿　6. 细锯齿　7. 钝齿　8. 重锯齿　9. 齿牙　10. 小齿牙

11. 浅裂　12. 深裂　13. 全裂　14. 羽状分裂(a. 羽状浅裂　b. 羽状深裂　c. 羽状全裂)　15. 掌状分裂

(d. 掌状浅裂　e. 掌状深裂　f. 掌状全裂)

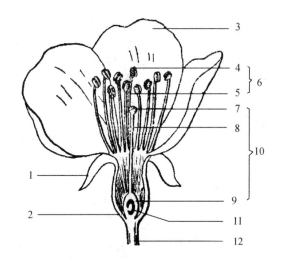

图 2-8 花的组成部分

1. 花萼 2. 花托 3. 花瓣 4. 花药
5. 花丝 6. 雄蕊 7. 柱头 8. 花柱
9. 子房 10. 雌蕊 11. 胚珠 12. 花梗

2.1.2.4 花

花是被子植物的生殖器官。一朵完整的花应是由花柄、花托、花被、雄蕊群和雌蕊群五部分组成(图2-8)。

(1)花柄与花托

花柄也称花梗,是一朵花着生的小枝;花托是花柄顶端膨大的部分,在不同植物类群中花托呈现出不同的形状。

(2)花被

花被是花萼和花冠的总称。根据花被的排列状况,将花分为辐射对称花和两侧对称花。辐射对称花又有十字形、辐射状、钟状、漏斗状、管状等;两侧对称花又分为蝶形花、唇形花、舌状花等(图2-9)。

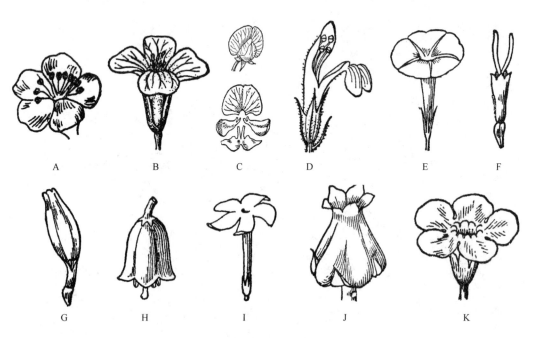

图 2-9 花冠的类型

A. 蔷薇形花冠 B. 十字形花冠 C. 蝶形花冠 D. 唇形花冠 E. 漏斗形花冠
F. 管(筒)状花冠 G. 舌状花冠 H. 钟形花冠 I. 高脚碟状花冠
J. 坛状花冠 K. 辐射状花冠

(3)雄蕊群

雄蕊群是一朵花中雄蕊(stamen)的总称。雄蕊是花的雄性器官,由花丝和花药组成。花丝通常呈丝状,着生在花托上,花丝顶端着生花药,花药中有花粉室(囊),室内可产生大量的花粉粒。根据形态、数量、结合方式等可以将雄蕊分为离生雄蕊、单体雄蕊、二体雄蕊、聚药雄蕊等类型(图2-10)。

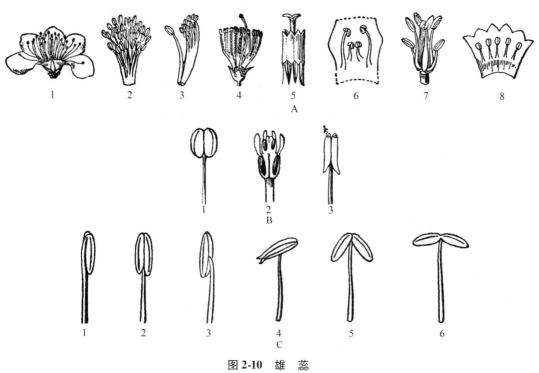

图2-10 雄 蕊

A(1. 离生雄蕊 2. 单体雄蕊 3. 二体雄蕊 4. 多体雄蕊 5. 聚药雄蕊

6. 二强雄蕊 7. 四强雄蕊 8. 冠生雄蕊)

B(1. 纵裂 2. 瓣裂 3. 孔裂)

C(1. 全着药 2. 基着药 3. 背着药 4. 丁字药 5. 个字药 6. 广歧药)

(4)雌蕊群

雌蕊群是一朵花中雌蕊(pistil)的总称。一朵花中,可有一枚或多枚雌蕊。每枚雌蕊由一个或数个变态叶组成,这种变态叶叫作心皮,心皮是组成雌蕊的基本单位。心皮两边缘卷曲而合生的缝,叫作腹缝线;心皮的中脉叫作背缝线。

一个典型的雌蕊由柱头、花柱和子房三部分组成。

柱头是雌蕊的顶端,常膨大,呈盘状、头状、羽毛状或帚刷状,有接受花粉的作用。

花柱是连接柱头和子房的狭长部分,通常圆柱状,长短变化很大。如虞美人花则无花柱。花柱通常着生于子房的顶端。一般开花后花柱凋萎,但铁线莲、白头翁等植物的花柱宿存。

子房是雌蕊基部膨大的部分,其壁叫作子房壁,内腔叫作子房室,有1至多室,每室有1至多枚胚珠。开花后,子房壁发育成果皮,胚珠发育成种子。

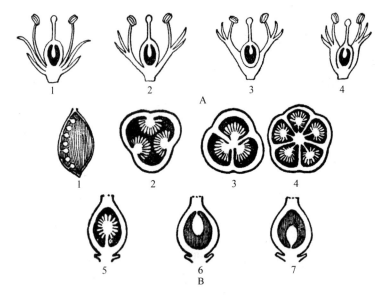

图 2-11 雌 蕊

A(1. 上位子房下位花 2. 上位子房周位花 3. 半下位子房周位花 4. 下位子房上位花)

B(1. 边缘胎座 2. 侧膜胎座 3. 中轴胎座 4. 特立中央胎座 5. 顶生胎座 6. 基生胎座)

在子房内胚珠着生的部位叫作胎座。由于心皮合生状况、胚珠数目的不同,有基生胎座、顶生胎座、边缘胎座、侧膜胎座、中轴胎座、特立中央胎座等类型(图 2-11)。

2.1.2.5 花序与花序类型

花在花序轴上排列的方式叫作花序(inflorescence)。常有顶生(花序生于花枝顶端)和腋生(生于叶腋内)之分。花序中最简单的是一朵花单独生于枝顶,这叫作单生花。花序上支持每朵花的柄叫作花梗(花柄);支持数朵花的梗叫作总花梗(柄);整个花序的轴叫作花序轴(总花轴)。

花序通常分为无限花序(indefinite inflorescence)和有限花序(definite inflorescence)两类。

(1)无限花序

无限花序花序轴的顶端分化能力可以保持一个相当时期,花序轴上的花,下部的先开,依次向上部开放,花序轴不断增长;如为平顶式的花序轴,花由外围依次向中心开放。常见的花序类型有总状花序、穗状花序、柔荑花序、肉穗花序、圆锥花序、伞房花序、伞形花序等类型(图 2-12)。

(2)有限花序

有限花序在形态上属合轴分枝式,花序轴和总花梗的顶端很快分化成一花,依次形成聚伞花序。花从花序轴的上部向下依次开放,或从中心向四周依次开放。有限花序又分为单歧聚伞花序、二歧聚伞花序、多歧聚伞花序和轮伞花序(图 2-13)。

图 2-12　无限花序

A. 总状花序　B. 穗状花序　C. 柔荑花序　D. 肉穗花序　E. 伞房花序　F. 伞形花序
G. 头状花序　H. 隐头花序　I. 圆锥花序　J. 复穗状花序　K. 复伞房花序　L. 复伞形花序

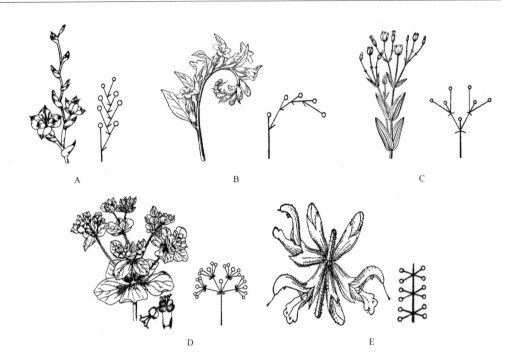

图 2-13　有限花序

A. 蝎尾状聚伞花序　B. 镰状聚伞花序　C. 二歧聚伞花序

D. 多歧聚伞花序　E. 轮伞花序

2.2　植物分类学术语

2.2.1　分类等级

植物分类学采用的分类单位呈等级递减顺序排列，分别是：界（kingdom，regnum）、门（phylum 或 division，diviso）、纲（class，clasis）、目（order，ordo）、科（family，familia）、属（genus，genus）、种（species，species）。若因为种类繁多，各级单位不能完全涵盖其特征或系统关系，则可根据需要再设立亚等级，如亚门（subdivisio），亚科（subfamilia）、亚属（sungenus）等。有时科以下除了亚科，还包含族（tribus）和亚族（subtribus）等；属以下除了亚属，还有组（section）和系（series）各等级；种以下，也可细分为亚种（subspecies）、变种（varietas）和变型（forma）等。

以园林绿化中常用树种荷花玉兰为例，将其在分类系统中的地位排列如下：

界：植物界（Regnum Vegetabile）

门：种子植物门（Spermatophyta）

亚门：被子植物亚门（Angiospermae）

纲：双子叶植物纲（Dicotyledoneae）

目：木兰目（Magnoliales）

科：木兰科（Magnoliaceae）

属：木兰属（*Magnolia*）

种：荷花玉兰（*Magnolia grandiflora* L.）

2.2.2　种、亚种、变种与变型、栽培品种

种，即物种，是生物分类的基本单位。大多数学者认为：种起源于共同祖先，具有极为相似的形态和生理特征，能自然交配产生可育后代，并具有一定自然分布区的生物群体。

在种的分类单位下，还有一些补充的次级分类单位，如亚种（subspecies，subsp.）、变种（varietas，var.）、变型（foama，f.）和栽培品种（cultivar，cv.）等。亚种一般指在形态上有较大差异，且有较大范围的地带性分布区域的种内比较稳定变异的类群；变种也是种内变异类型，虽然在形态上有较大差异，但却没有明显的的地带性分布，如毛叶槐[*Sophora japonica* L. var. *pubescens*（Tausch.）Bosse]是槐树（*Sophora japonica* L.）的变种。变种与亚种没有本质区别，均是由于生境差异造成形态变化所形成。

变型是有形态变异，分布没有规律，零星分布的个体。变型为形态或个别形状变异较小的类型，如碧桃（*Amygdalus persica* L. var. *persica* f. *duplex* Rehd.）是原变种桃（*Amygdalus persica* L. var. *persica*）的一个变型，花重瓣；羽衣甘蓝（*Brassica oleracea* var. *acephala* f. *tricolor* Hort.）为甘蓝（*Brassica oleracea* var. *capitata* L.）的一个变型，其叶不结球，常带彩色，叶面皱缩，观赏用。

栽培变种，即品种，是人类在生产实践中，经过人工选择培育而成的，它们具有某些生物学特性，如丰产、抗逆等性状，并非野生植物。例如，常见观赏品种'龙柏'[*Sabina chinensis*（L.）Ant. var. *chinensis* 'Kaizuca' Hort.]是圆柏[*Sabina chinensis*（L.）Ant. var. *chinensis*]的栽培变种。

2.3　植物的命名法规

植物的同物异名与同名异物现象，造成了利用和交流上的很大困难。因此给每一种植物制定统一使用的名称是很有必要的。林奈（C. Linnaeus）在 1753 发表《植物种志》（*Species Plantarum*）中，采用双名法为记载的每一种植物命名。自此，双名法逐渐为生物学家所接受，并在国际上建立了《国际植物命名法规》（*International Code of Botanical Nomenclature*，ICBN）和《国际栽培植物命名法规》（*The International Code of Nomenclature of Cultivated Plants*，ICNCP）。

2.3.1　双名法

双名法要求一个种的学名必须使用两个拉丁词或拉丁化的词组成。第一个词称为属名，即该种植物所隶属的分类单位；第二个词是种加词，通常是一个反映该植物特征的拉丁文形容词，用以形容植物的外部特征、颜色、气味、用途和生境等特征。同

时，一个完整的学名还要在双名之后添加命名人的姓名或姓名缩写。即双名法的书写的植物学名由三部分组成，若没有特别需要，可省略命名人变成两部分，其完整内容和书写格式如下：

属名(斜体，首字母大写)+种加词(斜体，全部字母小写)+命名人(正体，首字母大写)

例如，原产于我国的月季花学名为 *Rosa chinensis* Jacq.，在分类学水平上隶属于蔷薇属(*Rosa*)，种加词 *chinensis* 即地名后添加-ensis 后缀形成，以示中国原产。若某分类学家将属名定错，后经别人改正，则保留种加词，只更改属名，并将原命名人加括号附于种加词之后，如油杉 *Keteleeria fortunei*(Murr.)Carr.。若一种植物由两位学者共同命名，两位学者名字缩写之间用"et"连接，如银杉 *Cathaya argyrophylla* Chun et Kuang。若某学者已定名某一植物，但并未发表，之后学者正式发表，这时两个作者之间用"ex"连接，如润楠 *Machilus pingii* Cheng ex Yang。

亚种、变种等种以下分类单位的命名，要在原来物种名称的基础上再加上对应缩写、新的加词与命名人，因此也称为"三名法"，其完整内容如下：

亚种：属名+种加词+命名人+subsp.+亚种加词+命名人

变种：属名+种加词+命名人+var.+变种加词+命名人

变型：属名+种加词+命名人+f.+变型加词+命名人

如观赏植物月季花的单瓣变种单瓣月季花 *Rosa chinensis* Jacq. var. *spontanea*(Rehd. et Wils.)Yü et Ku。又如四川牡丹的亚种之一，圆裂四川牡丹学名 *Paeonia decomposia* subsp. *decomposita*。

2.3.2　国际植物命名法规

1867 年在法国巴黎举行的第一次国际植物学会议上，Alphonso de Candolle 负责起草了《植物命名法规》(*Lois de la Nomenclature Botanique*)，后参考英美学者意见修改后出版，称为巴黎法规。1910 年，在比利时布鲁塞尔举行的第三次国际植物学会议上，经过修改和补充，奠定了现行通用的国际植物命名法规的基础。

国际植物学命名法规是各国植物分类学者共同遵循的规则，现将其要点简述如下：

(1)模式方法(the type method)

不同分类群的名称是建立在模式方法基础上的，即一个类群的特定代表作为该类群命名的根本。这个"特定代表"被称为命名模式(nomenclatural type)。模式不需要类群中最典型的成员，只是标定了某一特殊分类单元的名称并且两者永久依附。模式可以是正确名称也可以是异名。例如，山茶科(Theaceae)的名称来自异名 Thea，尽管其正确的属名是 *Camellia* 山茶属；含羞草属(*Mimosa*)是含羞草科(Mimosaceae)的模式，但它具有四数花(萼裂片)而并不像该科大多数代表成员那样有五数花。又如，荨麻属(*Urtica*)是荨麻科(Urticeae)的模式，当初的大科被分为许多小的自然科，荨麻科因包含了荨麻属而被保留下来。

科或科级以下的分类群名称，都是命名模式决定的。命名模式要求新科的命名指明模式属，新属的命名指明模式种，种和种级以下的分类群命名必须有模式标本作为依据。模式标本需保存在已知的标本馆并注明采集地、采集人名字和采集号等，且必须永久保存。模式标本有以下几种：

① 主模式标本　　是指由命名人制定的、用作新种命名、描述和绘图的那一份标本。

② 等模式标本　　是与主模式标本同一号码的复份标本，由同一人在同一时间同一地点采集的标本，通常采集编号也是相同的。

③ 合模式标本　　当命名人未指定模式标本时，而引证了两个以上的标本或指定两个以上的模式是标本，其中任何一份都可称为合模式标本或等值模式标本。

④ 选模式标本　　当命名人未指定主模式标本或主模式标本已遗失或损失，后人根据原始资料，从等模式、合模式、副模式、新模式或原产地模式标本中，选定一份命名作为命名模式，称为选模式标本。

⑤ 副模式标本　　当两个或多个标本同时被指定为模式标本时，命名人在原始描述中所引证的除主模式、等模式之外的标本称为副模式标本。

⑥ 新模式标本　　当主模式、等模式、合模式和副模式标本均有错误、损坏或遗失时，根据原始资料从其他标本中重新选定出来一份作为命名模式的标本，称为新模式标本。

⑦ 原产地模式标本　　当得不到植物的标本时，根据记载去该植物的模式标本产地采集同种植物的标本，选出一份代替模式标本，称为原产地模式标本。

（2）名称发表

一个分类群的名称在第一次发表时，必须满足一定的要求才能称为一个合法的正确的名称。植物学名的有效发表的条件是：①遵照名称形成的有关法规（国际植物命名法规）；②附有拉丁文特征摘要（自 1935 年 1 月 1 日起）；③应指定一主模式；④明确指出它所隶属的分类等级；⑤有效发表。发表以印刷品的形式发行才能称为有效，可以通过出售、交换或者赠予公众，或者至少要到达公共图书馆或到达一般植物学家能去的科研机构的图书馆。这样才能使得植物的学名有效发表。

一般新物种命名在双名后加上"*sp. nov.*"，如 *Tragopogon kashmirianus* G. Singh, *sp. nov.*（1976 年发表）；一个新属的名称用"*gen. nov*"表明；一个新组合用"*comb. nov*"。

（3）优先律

优先律原则是指凡符合"法规"要求的、最早发表的名称，均是唯一的合法名称。种子植物的种加词，优先律的起点为 1753 年 5 月 1 日，即以林奈 1753 年出版的《植物种志》（*Species Plantarum*）为起点；属名的起点为林奈 1754 年及 1764 年出版的《植物属志》（*Genera Plantarum*）第 5 版与第 6 版。因此，1 种植物如已有 2 个或 2 个以上的学名，应以最早发表的名称为合法名称，其余的均为异名。例如，牡丹有下述 3 个学名先后分别被发表过：*Paeonia suffruticosa* Andr.（in Bot. 6：t. 373, 1804）、*Paeonia moutan* Sims (in Curtis's Bot. Mag. 29：t. 1154，1808) 和 *Paeonia decomosita* Hand. -Mazz. (in Acta Hort. Gothob. 13：39，1939)。而按优先律原则，*Paeonia suffruticosa* Andr. 发表年代最早，属合法有效的学名，其余两个名称均为它的异名(synonym)。

（4）名称改变

某个熟悉而又经常被引用的植物，其名称的改变要严格依据国际植物模拟更名法规中的规则。一般情况下，名称的改变主要原因有以下 3 种：

① 命名上的改变，即依据国际植物命名法规，发现所用的名称是不正确的；

② 分类学上的改变，即由于分类学的观点不同而改变，如分类群的合并、分开或转移；

③ 由于发现某个分类群曾错误地起用了另一分类群的名称，因而改变。

（5）名称废弃

凡符合"法规"所发表的植物名称，均不能随意废弃，但有下列情形之一者，应予废弃或作为异名处理：

① "法规"中优先律原则应予废弃的；

② 将已废弃的属名用作种加词的；

③ 在同一属的两个次级区分或在同一种内的两个不同分类群，具有相同的名称，即使它们基于不同模式，又非同一等级，也是不合法的，应作为同按优先律原则处理；

④ 当种加词用简单的词言作为名称而不能表达意义的、丝毫不差地重复属名的或所发表的种名不能充分显示其双名法的，均属无效，必须废弃。

（6）杂种

杂种的命名通过使用" × "或者在表明该分类群等级的术语前加前缀"notho-"来表示杂种状态，主要的等级是杂交属或者杂交种。

2.4　植物检索表

植物检索表是植物分类学中，选取植物的显著特征，运用表格的形式进行编排、分类的一种方法。它是鉴定和识别植物的钥匙，在植物分类中常用的检索表有定距检索表和平行检索表两种格式。

定距检索表的编制是根据法国人拉马克(Lamarck，1744—1829)的二歧分类原则，将所需要进行分类的所有植物，选用 1～3 对显著不同的特征分成两大类，给它们编上序号，并列于书页左侧同等距离处；然后从每类中各自找出 1～3 对显著不同的特征再分为两类，编上序号，如 1.1、2.2、3.3 等，列于前一类的下面，并逐级从左向右移动 1～2 个印刷符号的距离。如此继续至所需编入的植物全部纳入表中，如被子植物克朗奎斯特系统分亚纲检索表。

1. 叶脉常为典型的网状脉；花多为 4 或 5 基数；茎内维管束排列成圆筒状，具形成层［双子叶植物纲（Dicotyledoneae）或木兰纲（Magnoliopsida）］。

  2. 花单性，常无花瓣或花被，成柔荑花序，多为风媒传 ⋯⋯ **金缕梅亚纲（Hamamelidae）**

  2. 花单性或两性，常具花瓣，多非风媒传粉。

    3. 雌雄蕊多数，离生；花粉多具单萌发孔、沟 ⋯⋯⋯⋯⋯ **木兰亚纲（Magnoliidae）**

    3. 雌雄蕊少数或多数，但不都离生；花粉也不具单孔、沟。

      4. 雄蕊向心发育，具蜜腺盘。

        5. 雄蕊与花瓣同数或较少，花冠合瓣 ⋯⋯⋯⋯⋯⋯ **菊亚纲（Asteridae）**

        5. 雄蕊常多于花瓣数，花被分化 ⋯⋯⋯⋯⋯⋯ **蔷薇亚纲（Rosidae）**

      4. 雄蕊离心发育，不具蜜腺盘。

        6. 多为草本。花粉常 3 核，多特立中央胎座或基生胎座 ⋯⋯⋯⋯⋯⋯⋯⋯⋯⋯⋯⋯⋯⋯⋯⋯⋯⋯⋯ **石竹亚纲（Caryphyllidae）**

        6. 草本或木本。花粉常 2 核，多中轴胎座或侧膜胎座 ⋯⋯⋯⋯⋯⋯⋯⋯⋯⋯⋯⋯⋯⋯⋯⋯⋯⋯⋯ **五桠果亚纲（Dilleniidae）**

1. 叶脉常为平行脉或弧形脉；花常为 3 基数；茎内维管束散生，不具形成层［单子叶植物纲（Monocotyledoneae）或百合纲（Liliopsida）］。

  7. 多为水生或湿生草本，雌蕊具 1 至多个分离或近分离的心皮 ⋯⋯⋯⋯⋯⋯⋯⋯⋯⋯⋯⋯⋯⋯⋯⋯⋯⋯ **泽泻亚纲（Alismatidae）**

  7. 多为陆生或附生草本，雌蕊具结合的心皮。

    8. 常具包裹花序的佛焰苞。

      9. 苞片常绿色而较小，多为大型草本或木本植物 ⋯⋯⋯⋯ **槟榔亚纲（Arecidae）**

      9. 苞片多为大型且颜色显著，为草本 ⋯⋯⋯⋯⋯ **姜亚纲（Zingiberidae）**

    8. 常不具包裹花序的佛焰苞。

      10. 常具蜜腺，多具菌根 ⋯⋯⋯⋯⋯⋯⋯⋯⋯⋯ **百合亚纲（Liliidae）**

      10. 不具蜜腺，不具菌根 ⋯⋯⋯⋯⋯⋯⋯⋯ **鸭趾草亚纲（Commelinidae）**

　　平行检索表与定距检索表编制的原则是一致的，不同的是将每一对相对立的特征并列于相邻的两行里。在每一行的最后是一数字或为植物名称，若为数字，则为另一对并列的特征叙述，如此继续至所需编入的植物全部纳入表中。以野生芍药属植物为例，列平行检索表于下：

1. 灌木或亚灌木；花盘发达，革质或肉质，包裹心皮达 1/3 以上 ⋯⋯⋯⋯⋯⋯ (2) **牡丹组**

1. 多年生草本；花盘不发达，肉质，仅包裹心皮基部 ⋯⋯⋯⋯⋯⋯⋯ (8) **芍药组**

2. 单花着生于当年生枝的顶端；花盘革质，包裹心皮达 1/2 以上 ⋯⋯⋯⋯⋯⋯ (3)

2. 当年生枝生有几朵花；花盘肉质，仅包裹心皮下部 ⋯⋯⋯⋯⋯⋯⋯⋯⋯⋯ (6)

3. 心皮无毛，革质花盘包裹心皮 1/2～2/3；小叶片长 2.5～4.5cm，宽 1.2～2cm，分裂、裂片细（四川西北部）⋯⋯⋯⋯⋯⋯⋯⋯⋯⋯⋯⋯⋯⋯⋯⋯⋯⋯⋯⋯ **四川牡丹**

3. 心皮密生淡黄色柔毛，革质花盘全包住心皮；小叶片长 4.5～8cm，宽 2.5～7cm，不裂或分裂 ⋯⋯⋯⋯⋯⋯⋯⋯⋯⋯⋯⋯⋯⋯⋯⋯⋯⋯⋯⋯⋯⋯⋯⋯⋯⋯⋯⋯⋯⋯⋯⋯⋯ (4)

4. 花瓣内面基部具深紫色斑块；顶生小叶通常不裂，稀 3 裂(四川北部、甘肃南部、陕西南部) ……………………………………………………………… **紫斑牡丹**

4. 花瓣内面基部无紫色斑块；顶生小叶 3 裂，侧生小叶不裂或 3~4 浅裂 ………… (5)

5. 叶轴和叶柄均无毛；顶生小叶 3 裂至中部，侧生小叶不裂或 3~4 浅裂(原产陕西，栽培植物) …………………………………………………………………… **牡丹**

5. 叶轴和叶柄均生短柔毛；顶生小叶 3 深裂，裂片再浅裂(陕西) …………… **矮牡丹**

6. 花黄色，有时基部紫红色或边缘紫红色(云南、四川西南部、西藏东南部) … **黄牡丹**

6. 花紫色、红色 ………………………………………………………………………… (7)

7. 叶的小裂片披针形至长圆状披针形，宽 0.7~2cm(云南西北部、四川西南部、西藏东南部) ……………………………………………………………………… **野牡丹**

7. 叶的裂片线状披针形或狭披针形，宽 4~7mm(四川西部) …………… **狭叶牡丹**

8. 小叶不分裂 ……………………………………………………………………… (9)

8. 小叶分裂 ……………………………………………………………………… (13)

9. 单花顶生；叶全缘；常为野生种 …………………………………………… (10)

9. 花常为数朵，但有时仅顶生的发育开放；小叶狭卵形、椭圆形或披针形，边缘具骨质细齿 ……………………………………………………………………… (12)

10. 小叶长圆状卵形至长圆状倒卵形，顶端尾状渐尖，两面无毛(云南东北部、贵州西部、四川中南部、甘肃南部、陕西南部) ………………………………… **美丽芍药**

10. 小叶倒卵形或宽椭圆形，顶端短尖，无毛或有毛 ……………………………… (11)

11. 小叶背面无毛，有时沿叶脉生疏柔毛(四川东部、贵州、湖南西部、江西、浙江、安徽、湖北、河南西北部、陕西南部、宁夏南部、山西、河北、东北) ………… **草芍药**

11. 小叶背面密生长柔毛或茸毛(四川东北部、甘肃南部、陕西南部、湖北西部、河南、安徽) …………………………………………………………………… **毛叶草芍药**

12. 心皮无毛；花白色、红色，单瓣或重瓣(东北、华北、陕西及甘肃南部) ……… **芍药**

12. 心皮密生柔毛；花白色，多为重瓣(东北、河北、山西及内蒙古东部) …… **毛果芍药**

13. 小叶仅顶生一枚 3 裂，侧生小叶不裂或不等 2 裂狭长圆形至长圆状披针形，长 9~13cm，宽 1.2~3cm，无毛；心皮有毛或无毛；花白色 …………………… (14)

13. 小叶多裂，裂片再分裂，窄披针形至披针形，长 3.5~10cm，宽 0.4~1.7cm；沿叶脉有毛或无毛，心皮密生黄色茸毛，稀无毛；花红色 …………………………… (15)

14. 花通常盛开 3 朵；心皮密生淡黄色糙伏毛；果皮成熟时不反卷(西藏南部) ……………………………………………………………………………… **多花芍药**

14. 花通常盛开 1 朵；心皮无毛；果成熟时果皮反卷(西藏东南部) ………… **白花芍药**

15. 根分枝，分枝圆柱形；花常为数朵，但有时仅顶生一朵发育开放，其他的保持花芽状态，或为单花顶生 ………………………………………………………… (16)

15. 块根纺锤形或近球形；单花顶生 ………………………………………… (20)

16. 花数朵，顶生和腋生，有时仅顶生一朵发育开放 ……………………… (17)

16. 单花顶生 …………………………………………………………………… (19)

17. 心皮无毛(四川西北部、甘肃南部) …………………………………… **光果赤芍**

17. 心皮密生黄色茸毛 ………………………………………………………… (18)

18. 叶背面叶脉、叶柄及萼片内面均无毛(西藏东部、四川、青海东部、甘肃及陕西南部) ………………………………………………………………………………… **川赤芍**

18. 叶背面叶脉、叶柄及萼片内面均具短硬毛(四川、甘肃南部) ………… **毛赤芍**

19. 心皮 3(~2)，密生黄褐色柔毛(四川西北部、甘肃、陕西、山西) ………… **单花赤芍**

19. 心皮 4~5，无毛(新疆北部) ………………………………………………… **新疆芍药**

20. 心皮 2(3~5)，无毛(新疆西北部) ………………………………………… **窄叶芍药**

20. 心皮 3(~2)，密被黄色柔毛(新疆西北部) ………………………………… **块根芍药**

2.5 被子植物的系统发育

　　被子植物是植物界最大和最高级的一类，它至少包含 25 万个物种(Thorne，2003)。被子植物不仅在数量上占据优势，其生境范围也远远大于其他陆地植物。被子植物区别于种子植物的其他类群，有其独有的特征组合，如胚珠由心皮包裹；花粉粒在柱头萌发；双受精；三倍性($3n$)胚乳；高度退化的雌雄配子体；有导管；筛管有伴胞；两性花，中心雌蕊，周围雄蕊，最外花瓣、花萼等。近年来，研究者逐渐认识到被子植物起源的两个不同时期，即三叠纪和晚侏罗纪，前者是被子植物主干类群与其姐妹类群(买麻藤目、本内苏铁目和五柱木目)的分开时期；后者是被子植物冠类群(冠群被子植物)，分裂成现存的不同分支的时期。

　　恩格勒认为被子植物是多类系群，单子叶植物和双子叶植物是分别演化而来的。许多学者也都因白垩纪和现存被子植物的多样性而建立了被子植物多系起源的理论模型。然而近期的著作中，如哈钦松、克朗奎斯特、塔赫他间等普遍认为被子植物是单元起源的，单子叶植物起源于原始的双子叶植物。这一观点受到被子植物特有的特征组合的支持，如闭合心皮、筛管、伴胞、4 个小孢子囊、3 倍体胚乳、8 核胚囊以及退化的雌配子体。Sporne(1974)在统计分析的基础上指出：具备这样特征组合的被子植物不可能由多个裸子植物的祖先分别独立演化而来。

　　关于被子植物祖先问题的理论实际上都是围绕两个基本假说：真花学说和假花学说。真花学说首先由 Arber 和 Parkins 于 1970 年提出。根据这个理论，被子植物的花起源于一个具多个螺旋状排列的心皮和雄蕊的两性孢子叶球，与已灭绝的裸子植物本内苏铁类的两性生殖结构相似，孢子叶球主轴顶端演化成花托，生长于主轴上的大孢子叶演化为雌蕊，其下的小孢子叶演化为雄蕊，下部苞片演化成花被。因此，被子植物被认为是起源于拟苏铁植物，而多心皮是原始的被子植物。在认同真花说的前提下，不同学者对裸子植物内哪一类群是被子植物祖先仍持有不同观点，如拟苏铁目、开通科、苏铁目等。

　　假花学说得到恩格勒学派的认同。假花学说认为，被子植物的花由单性孢子叶球演化而来，只含有小孢子叶或大孢子叶的孢子叶球演化成雄性或雌性的柔荑花序，进而演化成花。基于此，将柔荑花序类作为最原始的被子植物，把多心皮类看作较进化的类群。恩格勒学派认为，被子植物来源于麻黄属、买麻藤属和百岁兰属为代表的买麻藤纲。随着系统发育研究的不断深入，赞成该观点的人已经不多。

2.6 被子植物主要分类系统

2.6.1 恩格勒系统

恩格勒系统是德国植物学家恩格勒(A. Engler)和勃兰特(K. Prantl)在其巨著《植物自然分科志》中所使用的植物分类系统。该分类系统提供了属级水平以上的分类和描述，并综合了形态、解剖以及地理分布等信息。在此分类系统中，植物界被分为13门：前11门为无节植物门；第12门为无管有胚植物门(无花粉管，有胚)，包含苔藓植物和蕨类植物；第13门是有管有胚植物门(有花粉管，有胚)，包括种子植物。

恩格勒系统较为稳定、实用，因此许多国家和我国北方多采用。《中国树木分类学》《中国高等植物图鉴》以及《中国植物志》等均采用该系统。

2.6.2 哈钦松系统

英国植物学家哈钦松(J. Hutchinson)在其著作《有花植物科志》中提出被子植物分类系统，该系统仅涉及有花植物，包含被子植物门和裸子植物门，双子叶植物有82目348科，单子叶植物有29目69科，合计111目417科。

哈钦松系统认为花的演化规律是：花由两性到单性；由虫媒到风媒；由双被花到单被花或无被花；由雄蕊多数且分离到定数且合生；由心皮多数且分离到定数且合生。我国南方，如广东、云南的标本室和书籍均采用该系统。

此外，较为著名的分类系统还有塔赫他间(Takhtajan)系统、克朗奎斯特(Croquist)系统、佐恩(F. Thorne)系统等。

复习思考题

1. 植物分类学怎样对植物进行分类、命名和鉴定？
2. 任选一植物，从经典植物分类的方法入手，详细描述其形态、解剖学特征，并与《植物志》对比。
3. 基于现代分子生物学发展现状试述植物分类学研究发展趋势。

推荐阅读书目

1. 植物分类学. 崔大方. 中国农业出版社，2010.
2. 植物分类学. 陆树刚. 科学出版社，2015.
3. 国际植物命名法规. STAFLEY F A，等. 科学出版社，1984.

参考文献

包文美，等. 2015. 植物系统学［M］. 北京：高等教育出版社.

崔大方. 2010. 植物分类学［M］. 北京：中国农业出版社.

古尔恰兰·辛格(GURCHARAN SINGH). 2008. 植物系统分类学：综合理论及方法［M］. 刘全儒，等译. 北京：化学工业出版社.

刘冰，等. 2015. 中国被子植物科属概览：依据 APG Ⅲ 系统［J］. 生物多样性，23(2)：225－231.

陆树刚. 2015. 植物分类学［M］. 北京：科学出版社.

强胜. 2006. 植物学［M］. 北京：高等教育出版社.

王文采. 1990. 当代四被子植物分类系统简介(二)［J］. 植物学通报，7(3)：1－18.

王文采. 1990. 当代四被子植物分类系统简介(一)［J］. 植物学通报，7(2)：1－17.

殷淑燕. 2012. 植物地理学［M］. 北京：科学出版社.

中国植物志编委会. 1959—2004. 中国植物志各卷［M］. 北京：科学出版社.

C A STAFLEY. 1986. 植物分类学与生物系统学［M］. 卫仲新，等译. 北京：科学出版社.

H E STAFLEY. 1986. 植物分类学简论［M］. 石铸，等译. 北京：科学出版社.

STAFLEY F A，等. 1984. 国际植物命名法规［M］. 北京：科学出版社.

第3章
园林植物生长发育规律

园林植物不仅是风景园林中最重要的具有生命活力的景观要素，同时还具有深厚的文化内涵，成为人类精神文明的载体和人类宜居环境建设中不可缺少的重要内容。因此有必要了解园林植物器官的结构与功能及其生长发育规律；认识园林植物的生命周期、年生长发育周期；充分理解园植物群体形成及其演化规律。这样在将来利用园林植物造景中才能做到根据园林植物的特点"师法自然"，从而达到园林景观能"景面文心"。

3.1 园林植物器官及其生长发育

3.1.1 根系及其生长发育

根系是植物个体地下部分所有根的总体。按根系的形态和分布状况，可分为直根系和须根系两类。大部分双子叶植物和裸子叶植物的根系为直根系，如刺槐、华山松等；大部分单子叶植物的根系属于须根系，如棕榈、麦冬等。另外，由营养繁殖而来的植物，它的根系由不定根组成，虽然没有真正的主根，但其中的一、二条不定根往往发育粗壮，外表上类似主根，具有直根系的形态，习惯上把这种根系看成是直根系。

3.1.1.1 根系在土壤中的分布

在自然条件下，根系的深度和宽度往往大于树冠面积的 5~10 倍。其深度和宽度因植物的种类、生长发育状态、环境条件、人为影响等因素不同而有差异，一般可分为深根性和浅根性两类。

(1)深根性

根系主根发达，垂直向下生长，整个根系分布在较深的土层中。如马尾松一年生苗主根长达 20~30cm，成年后主根可深达 5m 以上。这种具深根性根系的树种，称为深根性树种。

(2)浅根性

主根不发达，侧根或不定根向四周发展，根系大部分在土壤的上层。如悬铃木的根系一般分布在 20~30cm 的土壤表层中。这种具浅根性根系的树种，称为浅根系树种。

　　根系的深浅不但决定于植物的遗传性，也决定于外界条件，特别是土壤条件。长期生长在河流两岸或低湿地区的树种，如垂柳、枫杨等，由于在土壤表层中就能获得充足的水分，因而形成浅根性根系。生长在干旱或沙漠地区的树种，如马尾松、骆驼刺等，长期适应吸收土壤深层的水分，一般发育成深根性根系。同一植物，生长在地下水位较低、土壤肥沃、排水和通气良好的地区，根系分布于较深土壤。反之，则分布在较浅土壤。此外，人为影响和树龄等也会影响根系在土壤中的分布状况。

3.1.1.2　根系的生长及其影响因素

　　根系是树木重要的营养器官，全部根系占植株体总的25%～30%，它是树木在进化过程中为适应陆地生活而发展起来的。树木根系没有自然休眠期，只要条件合适，就可全年生长或随时可由停顿状态迅速过渡到生长状态。其生长势的强弱和生长量的大小，随土壤的温度、水分、通气与树体内营养状况以及其他器官的生长状况而异。

　　(1)土壤温度

　　树种不同，开始发根所需要的土温很不一致；一般原产温带寒地的落叶树木需要温度低；而热带亚热带树种所需温度较高。根的生长都有最适合的上、下限温度。温度过高过低对根系生长都不利，甚至造成伤害。由于土壤不同深度的土温随季节而变化，所以分布在不同土层中的根系活动也不同。以中国中部地区为例，早春土壤化冻后，地表30cm以内的土温上升较快，温度也适宜，表层根系活动较强烈；夏季表层土温度过高，30cm以下土层温度较适合，中层根系较活跃。90cm以下土层，周年温度变化小，根系往往常年都能生长，所以冬季根的活动以下层为主。

　　(2)土壤湿度

　　土壤含水量达最大持水量的60%～80%时，最适宜根系生长，过干易促使根木栓化和发生自疏；过湿能抑制根的呼吸作用，造成生长停止或腐烂死亡。可见选栽树木要根据其喜干、喜湿程度，并正确进行灌水和排水。

　　(3)土壤通气

　　通气良好的根系密度大，分枝多，须根量大。通气不良处发根少，生长慢或停止，易引起树木生长不良和早衰。城市由于铺装路面多、市政工程施工夯实以及人流践踏频繁，土壤紧实，影响根系的穿透和发展；内外气体不易交换，引起有害气体（二氧化碳）的累积中毒，影响菌根繁衍和树木的吸收。土壤水分过多会影响土壤通气，从而影响根系生长。

　　(4)土壤营养

　　在一般土壤条件下，其养分状况不至于使根系处于完全不能生长的程度，所以土壤营养一般不成为限制因素，但可影响根系的质量，如发达程度、细根密度、生长时间的长短。根有趋肥性。有机肥有利于树木发生吸收根；适当施无机肥对根的生长有好处。如施氮肥通过叶的光合作用能增加有机营养及生长激素来促进发根；磷和微量元素（硼、锰等）对根的生长都有良好的影响。但在土壤通气不良的条件下，有些元素会转变成有害的离子(如铁、锰会被还原为二价的铁离子和锰离子,提高了土壤溶液的浓度)使根受害。

(5)树体有机养分

根的生长与执行其功能依赖于地上部所供应的碳水化合物。土壤条件好时,根的总量取决于树体有机养分的多少。叶受害或结实过多,根的生长就受阻碍,即使施肥,一时作用也不大;需保叶或通过疏果来改善。

此外,土壤类型、厚度及地下水位高低等,与根系的生长和分布都有密切关系。

3.1.2　茎与枝条及其生长发育

3.1.2.1　树木的枝芽特性

芽是多年生植物为适应不良环境和延续生命活动而形成的重要器官。它是枝、叶、花的原始体,与种子有相类似的特点。所以芽是树木生长、开花结实、更新复壮、保持母株性状和营养繁殖的基础。

(1)芽的异质性

芽形成时,随枝叶生长时的内部营养状况和外界环境条件的不同,使处在同一枝上不同部位的芽存在着大小、饱满程度等差异的现象,称为"芽的异质性"。枝条基部的芽,多在展雏叶时形成。这一时期,因叶面积小、气温低,故芽瘦小,且常称为隐芽。其后,叶面积增大,气温升高,光合效率高,芽的发育状况得到改善;到枝条缓慢生长期后,叶片光合和累积养分多,能形成充实的饱满芽。有些树木(如苹果、梨等)的长枝有春、秋梢,即一次枝春季生长后,于夏季停长,秋季温湿度适宜时,顶芽又萌发成秋梢。秋梢常组织不充实,在冬寒地易受冻害。如果长枝生长延迟至秋后,由于气温降低,梢端往往不能形成新芽。

(2)芽的早熟性与晚熟性

已形成,需经一定的低温时期来解除休眠,到第二春才能萌发的芽,叫作晚熟性芽。有些树木在生长季早期形成的芽,于当年就能萌发(如桃等,有的多达 2~4 次梢),具有这种特性的芽,叫早熟性芽。这类树木当年即可形成小树的形状。其中也有些树木,芽虽具早熟性,但不受刺激一般不萌发,而当受病虫害等自然伤害和人为修剪、摘叶等刺激时才会萌发。

(3)萌芽力和成枝力

各种树木与品种叶芽的萌发能力不同。有些强,如松属的许多种、紫薇、小叶女贞、桃等;有些较弱,如梧桐、栀子花、核桃、苹果和梨的某些品种等。母枝上芽的萌发能力,叫萌芽力,常用萌发数占该枝条总数的百分率来表示,所以又称萌发率。枝条上部叶芽萌发后,并不是全部都抽成长枝。母枝上的芽能抽发生长枝的能力,叫成枝力。

(4)芽的潜伏力

树木枝条基部芽或上部的某些副芽,在一般情况下不萌发而呈潜伏状态。当枝条受到某种刺激(上部或近旁受损,失去部分枝叶)或冠外围枝处于衰弱时,能由潜伏芽发生新梢的能力,称为芽的潜伏力,也称为芽的寿命。芽的潜伏力强弱与树木地上部能否更新复壮有关。有些树种芽的潜伏力弱,如桃的隐芽,越冬后潜伏一年多,多数就失去萌发力,仅个别的隐芽能维持10年以上,因此不利于更新复壮,即使萌发,何处萌枝也难以预料。而仁果类果树、柑橘、杨梅、板栗、核桃、柿子、梅、银杏、槐等树种,其芽的潜伏力则较强或很强,有利于树冠更新复壮。

3.1.2.2 茎枝的生长

树木的芽萌发后形成茎枝,茎以及由它长成的各级枝、干是组成树冠的基本部分,茎枝是长叶和开花结果的部位,也是扩大树冠的基本器官。

(1)茎枝的生长类型

茎枝的生长方向与根系相反,大多表现出背地性。按园林树木茎枝的伸展方向和形态,大致可分为以下4种生长类型:

① 直立型 茎干有明显地背地性,垂直地面,枝直立或斜生,多数树木都是如此。在直立茎的树木中,也有一些变异类型,按枝的伸展方向可分为垂直型、斜生型、水平型和扭旋型等。

② 下垂型 这类树种的枝条生长有十分明显的向地性,当萌芽呈水平或斜向生出之后,随着枝条的生长而逐渐向下弯曲。此类树种容易形成伞形树冠,如垂柳、龙爪槐等。有时也把下垂生长类型作为直立生长类型的一种变异类型。

③ 攀缘型 茎细长而柔软,自身不能直立,但能缠绕或具有适应攀附他物的器官(如吸盘、卷须、吸附气根、钩刺等),借助他物支撑向上生长。在园林中,常把具有缠绕茎和攀缘茎的木本植物统称为木质藤本,简称藤木,如紫藤、葡萄、地锦类、凌霄类、蔷薇类。

④ 匍匐型 茎蔓细长,自身不能直立,又无攀附器官的藤本或直立主干的灌木,常匍匐于地面生长。在热带雨林中,有些藤如绳索状趴伏地面或呈不规则的小球状匍匐地面。匍匐灌木如偃柏、铺地柏等。攀缘藤木在无他物可攀时,也只能匍匐于地面生长,这种生长类型的树木,在园林中常作地被植物。

(2)枝干的生长特性

枝干的生长包括加长生长和加粗生长,生长的快慢用一定时间内增加的长度和宽度,即生长量来表示。生长量的大小及其变化,是衡量树木生长势强弱和生长动态变化规律的重要指标。

① 加长生长 随着芽的萌动,树木的枝、干也开始了一年的生长。加长生长主要是枝、茎尖端生长点的向前延伸,生长点以下各节一旦形成,节间长度就基本固定。

树木在生长季的不同时期抽生的枝质量不同,枝梢生长初期和后期抽生的枝一般节间短、芽瘦小;枝梢旺盛生长期抽生的枝,不但长而粗壮,营养丰富,且芽健壮饱满。枝梢旺盛生长期树木对水、肥需求量大,应加强抚育管理。

② 加粗生长 树木枝、干的加粗生长是形成层细胞分裂、分化、增大的结果。加粗生长比加长生长稍晚，其停止也略晚；在同一植株上新梢形成层活动自上而下逐渐停止，所以下部枝干停止加粗生长比上部稍晚，并以根颈结束最晚。因此，落叶树种形成层的开始活动稍晚于萌发，同时离新梢较远的树冠底部的枝条，形成层细胞开始分裂的时期也较晚。新梢生长越旺盛，则形成层活动也越强烈，时间越长。秋季由于叶片积累大量光合产物，枝干明显加粗。

不同的栽培条件和措施，对树木的加长和加粗生长会产生一定的影响。如适当增加栽植密度有利于加长生长，保留枝叶可以促进加粗生长。

3.1.3 叶和叶幕的形成

叶是进行光合作用制造有机养分的主要器官，植物体内 90% 左右的干物质是由叶片合成的。另外，植物体的生理活动，如蒸腾作用和呼吸作用也主要是通过叶片进行的。因此了解叶片的形成对园林树木的栽培有重要作用。

3.1.3.1 叶片的形成与生长

树木单叶自叶原基出现以后，经过叶片、叶柄(或托叶)的分化，直到叶片的展开和叶片停止增长为止，构成了叶片的整个发育过程。对于不同树种、品种和同一树种的不同树梢来说，单个叶片自展叶到叶面积停止增长所用的时间及叶片的大小是不一样的。从树梢看来，一般中下部叶片生长时间较长，而中上部较短；短梢叶片除基部叶片发育时间短外，其余叶片大体比较接近。单叶面积的大小，一般取决于叶片生长的天数以及旺盛生长期的长短。如生长天数长，旺盛生长期也长，叶片则大；反之则小。

初展的幼嫩叶，由于叶组织量少，叶绿素浓度低，光合效率较低；随着叶龄增加，叶面积增大，生理上处于活跃状态，光合效率大大提高，直到达到一定的成熟度为止，然后随叶片的衰老而降低。展叶后在一定时期内光合能力强。常绿树以当年的新叶光合能力为最强。由于叶片出现的时期有先后，同一树体上就有各种不同叶龄的叶片，并处于不同发育时期。

3.1.3.2 叶幕的形成

叶幕是指叶在树冠内集中分布区而言的。它是树冠叶面积总量的反映。园林树木的叶幕，随着树龄、整形、栽培的目的与方式不同，其叶幕形成和体积也不相同。幼年树，由于分枝尚少，内膛小枝存在，内外见光，叶片充满树冠；其树冠的形状和体积就是叶幕的形状和体积。自然生长无中心干的成年树，叶幕与树冠体积并不一致，其枝叶一般集中在树冠表面，叶幕往往仅限于冠表较薄的一层，多呈弯月形叶幕。其中心干的成年树，多呈圆头形；老年多呈钟形叶幕，具体依树种而异。成林栽植树的叶幕，顶部呈平面形或立体波浪形。为结合花、果生产的，多经人工整剪使其充分利用光能；为避开架空线的行道树，常见有杯状叶幕，如桃树和架空线下的悬铃木、槐等。用层状整形的，就形成分层形叶幕；按圆头形整的呈圆头形、半圆头形叶幕。

藤木叶幕随攀附的构筑物体而异。落叶树木叶幕在年周期中有明显的季节变化。其叶幕的形成规律也呈慢—快—慢"S"形动态曲线式过程。叶幕形成的速度与强度，因树种和品种、环境条件和栽培技术的不同而异。一般幼龄树，长势强，或以抽生长枝为主的树种或品种，其叶幕形成时期较长，出现高峰晚；树势弱、树龄大或短枝型品种，其叶幕形成与高峰到来早。如桃以抽长枝为主，叶幕高峰形成较晚。其树冠叶面积增长最快是在长枝旺盛之后；而梨和苹果的成年树以短枝为主，其树冠叶面积增长最快是在短枝停长期，故其叶幕形成早，高峰出现也早。

落叶树木的叶幕，从春天发叶到秋季落叶，大致能保持 5~10 个月的生活期；而常绿树木，由于叶片的生存期长，多半可达一年以上，而且老叶多在新叶形成之后逐渐脱落，故其叶幕比较稳定。对为花果生产的落叶树木来说，较理想的叶面积生长动态是前期增长快，后期适合的叶面积保持期长，并要防止过早下降。

3.1.4　花的形成和开花

3.1.4.1　花的形成

树木在整个发育过程中，最明显的质变是由营养生长转为生殖生长。花芽分化及开花是生殖发育的标志。

(1)花芽分化的概念

树木新梢生长到一定程度后，体内积累了大量的营养物质，一部分叶芽内部的生理和组织状态便会转化为花芽的生理和组织状态，这个过程称为花芽分化。狭义的花芽分化指的是其形态分化；广义的花芽分化包括生理分化、形态分化、花器官的形成与完善，直至性细胞的形成。花芽分化是树木重要的生命活动过程，是完成开花的先决条件。花芽分化的数量和质量直接影响开花。了解花芽分化的规律，对促进花芽的形成和提高花芽分化的质量，增加花果质量和满足观赏需要都具有重要意义。

(2)花芽分化期

根据花芽分化的指标，树木的花芽分化可分为生理分化期、形态分化期以及性细胞形成期。

① 生理分化期　树木叶芽内生长点内部由叶芽的生理状态转向形成花芽的生理状态的过程称为生理分化期。此时叶芽与花芽外观上无区别，主要是生理生化方面的变化，如体内营养物质、核酸、内源激素和酶系统的变化。生理分化时期，芽内部生长点不稳定，代谢极为活跃，对外界因素高度敏感，条件不适极易发生逆转。因此，促进发芽分化的各种措施必须在生理分化期进行才有效。树种不同，生理分化开始的时期也不同，如牡丹在 7~8 月，月季在 3~4 月。生理分化期持续时间的长短，除与树种和品种的特性有关外，与树营养状况及外界的温度、湿度、光照条件均有密切关系。

② 形态分化期　由叶芽生长点的细胞组织形态转化为花芽生长点的组织形态过程称为形态分化期。这一时期是叶芽经过生理分化后，在产生花原基的基础上，花或

花器的各个原始体的发育过程。此时，芽内部发生形态上的变化，依次由外向内分化出花萼、花冠、雄蕊、雌蕊原始体，并逐渐分化形成整个花蕾或花序原始体，形成花芽。

③ 性细胞形成期　从雄蕊产生花粉母细胞或雌蕊产生胚囊母细胞开始，到雄蕊形成二核花粉粒和雄蕊形成卵细胞，称为性细胞形成期。于当年内进行一次或多次分化并开花的树木，其花芽性细胞都在年内较高温度下形成；在夏季分化、次春开花的树木，其花芽经形态分化后要经过冬春一定低温累积条件，才能形成花器和进一步分化完善与生长，再在第二年春季开花前较高温度下完成。性细胞形成时期，如不能及时供应消耗掉的能量及营养物质，就会导致花芽退化，并引起落花落果。

3.1.4.2　植物花芽分化的类型

由于花芽开始分化的时间及完成分化全过程所需时间的长短不同(随植物种类、品种、地区、年份及多变的外界环境条件而异)，可分为以下几个类型。

(1) 夏秋分化型

绝大多数春夏开花的观花植物，如海棠、牡丹、丁香、梅花、榆叶梅、樱花等，花芽分化一年一次，于6~9月高温季节进行，至秋末花器的主要部分完成，第二年早春或春天开花。但其性细胞的形成必须经过低温。另外，球根类花卉也在夏季较高温度下进行花芽分化，而秋植球根在进入夏季后，地上部分全部枯死，进入休眠状态停止生长，花芽分化却在夏季休眠期间进行，此时温度不宜过高，超过20℃，花芽分化则受阻，通常最适温度为17~18℃，但也视种类而异。春植球根则在夏季生长期进行分化。

(2) 冬春分化型

原产于温暖地区的某些木本花卉及一些园林树种属此类型。如柑橘类从12月~翌年3月完成，特点是分化时间短并连续进行。一些二年生花卉和春季开花的宿根花卉仅在春季温度较低时期进行。

(3) 当年一次分化型

一些当年夏秋开花的种类，在当年枝的新梢上或花茎顶端形成花芽。如紫薇、木槿、木芙蓉等以及夏秋开花的宿根花卉，如萱草、菊花、芙蓉葵等，基本属此类型。

(4) 多次分化型

一年中多次发枝，并于每枝顶形成花芽而开花。如茉莉、月季、倒挂金钟、香石竹、四季桂、四季石榴等四季开花的花木及宿根花卉，在一年中都可继续分化花芽，当主茎生长达一定高度时，顶端营养生长停止，花芽逐渐形成，养分即集中于顶花芽。在顶花芽形成过程中，其他花芽又继续在基部生出的侧枝上形成，如此在四季中可以开花不绝。

(5) 不定期分化类型

每年只分化一次花芽，但无一定时期，只要达到一定的叶面积就能开花，主要视植物体自身养分的积累程度而异。如凤梨科和芭蕉科的某些种类。

3.1.4.3 开花

一个正常的花芽，当花粉粒和胚囊发育成熟，花萼与花冠展开时，称为开花。

(1)开花的顺序性

树种间开花先后 树木的花期早晚与花芽萌动先后相一致。不同树种开花早晚不同。长期生长在温带、亚热带的树木，除在特殊小气候环境外，同一地区，各树木每年开花期有一定顺序性。如梅花花期早于碧桃，结香早于榆叶梅，玉兰早于樱花等。南京地区部分树种开花先后顺序为梅花、柳树、杨树、榆树、玉兰、樱花、桃树、紫荆、紫薇、刺槐、合欢、梧桐、木槿、槐树。

在同一地区，同一树种不同品种间开花时间早晚也不同，按花期可分为早花、中花、晚花3类，如樱花即有早樱和晚樱之分。同一树体上不同部位枝条开花早晚不同，一般短花枝先开放，长花枝和腋花芽后开。同一花序开花早晚也不同，如伞形总状花序其顶花先开，伞房花序基部边先开，而柔荑花序于基部先开。

不管是雌雄同株，还是雌雄异株树木，雌、雄花既有同时开放，也有雌花先开放或雄花先开放的。如银杏在江苏省泰州市于4月中旬至下旬初开花，一般雄花比雌花早开1~3d。

(2)开花的类型

不同树木开花与新叶展开的先后顺序不同，概括起来可以分为3类：

① 先花后叶类 此类树木在春季萌动前已完成花器分化，花芽萌动不久即开花，先开花后长叶。如迎春、连翘、紫荆、日本樱花、梅花、榆叶梅等。

② 花、叶同放类 此类树木的花器分化也是在萌动前完成，开花和展叶几乎同时，如紫叶李等。此外，多数能在短枝上形成混合芽的树种也属此类，如海棠、核桃等。混合芽虽先抽枝展叶而后开花，但多数短枝抽生时间短，很快见花，此类开花较前类稍晚。

③ 先叶后花类 此类树木如云南黄素馨、牡丹、丁香、苦楝等，是由上一年形成的混合芽抽生相当长的新梢，在新梢上开花，加之萌发要求的气温高，故萌发开花较晚。此类多数树木花器是在当年生长的新梢上形成并完成分化，一般于夏季开花。在树木中属开花最迟的一类，如木槿、紫薇、槐树、桂花等。有些能延迟到初冬才开花，如木芙蓉、黄槐、伞房决明等。

3.1.5 果实(种子)的生长发育

3.1.5.1 果实的生长发育

从花谢后至果实达到生理成熟为止，需经过细胞分裂、组织分化、种胚发育、细胞膨大和细胞内营养物质的积累和转化等过程。这种过程称为果实的生长发育。

果实生长发育与其他器官一样，也遵循由慢至快再到慢的"S"形生长曲线规律。

果实的生长首先以伸长生长为主，后期转为以横向生长为主。因果实内没有形成层，其增大完全靠果实细胞的分裂与增大，重量的增加大致与其体积的增大成正比。

一般早熟品种发育期短，晚熟品种发育期长。另外，还受环境条件的影响，如高温干燥，果实生长期缩短，反之则长；山地条件、排水好的地方果熟期早。

果实的着色是由于叶绿素的分解，细胞内已有的类胡萝卜素、黄酮素等使果实显出黄、橙等色；而果实中的红、紫色是由叶片中的色素原输入果实后，在光照、温度及氧气等环境条件下，经氧化酶而产生的花青素苷是碳水化合物在阳光（特别是短波光）的照射下形成的。

一般地，对许多春天开花、坐果的多年生树木来说，供应花果生长的养分主要依靠去年贮藏的养分，所以采用秋施基肥、合理修剪、疏除过多的花芽等，对促进幼果细胞的分裂具有重要作用。因此，根据观果要求，为观"奇""巨"之果，可适当疏幼果；为观果色者，尤应注意通风透光。果实生长前期可多施氮肥，后期则应多施磷钾肥。所以在果实成熟期，保证良好的光照条件，对碳水化合物的合成和果实的着色很重要。有些园林树木果实的着色程度决定了它的观赏价值高低，如忍冬类树木果实虽小，但色泽或艳红或黑紫，煞是好看。

3.1.5.2　种子的结构与种子形成

被子植物的种子一般由胚、胚乳和种皮构成。

胚是种子最主要的部分，是植株开花、授粉后卵细胞受精的产物，其发育是从受精卵即合子开始的。合子是胚的第一个细胞，形成后通常经过一定时间的形态与生理准备后，开始进行分裂，经过原胚阶段、器官分化阶段和生长成熟阶段的发育，最后形成成熟胚。胚由胚芽、胚轴、子叶、胚根4个部分构成，播种后发育形成实生苗。

胚乳是种子内贮藏营养的地方，其发育是从极核受精形成的初生胚乳核开始的。初生胚乳核的分裂一般早于胚的发育，有利于为幼胚的生长发育及时提供必需的营养物质。有的树种，胚乳发育后不久，其营养物质被子叶吸收，到种子成熟时，胚乳消失，而子叶通常发达，成为无胚乳种子，如槐树、樟树等；有的树种，胚乳则保持到种子成熟时供萌发之用，如荚蒾、牡丹等。种子成熟时主要部分是胚乳，胚占的比例很小。

种皮是由胚珠的珠被发育而来，包裹在种子外部起保护作用的一种结构。有些植物珠被为1层，发育形成的种皮也为1层，如核桃；有的植物珠被有2层，相应形成内、外2层种皮，如苹果。在许多植物中，一部分珠被组织和营养被胚吸收，所以只有部分珠被称为种皮。一般种皮是干燥的，但也有少数种类是肉质的，如石榴种子的种皮，其外表皮由多汁细胞组成，是种子可食用的部分。大部分树种的种皮成熟时，外层分化为厚壁组织，内层分化为薄壁细胞，中间各层分化为纤维、石细胞或薄壁组织。以后随着细胞的失水，整个种皮为干燥坚硬的包被结构，使保护作用得以加强。成熟种子的种皮上，常可见到种脐、种孔和种脊等结构；有些种皮上具有各种色素，形成各种花纹，如樟树；有些种皮表面有网状皱纹，如梧桐；有些种皮十分坚实，不易透水透气，与种子休眠有关，如红豆树、紫荆、胡枝子等；有些种皮上还出现毛、刺、腺体、翅等附属物，如悬铃木、垂柳等。种皮上这些不同的形态与结构特征随树种而异，往往是鉴定种子种类的重要依据。

裸子植物种子同样是由胚、胚乳、种皮三部分组成，是由裸露在大孢子叶上的胚珠发育形成的。大孢子叶类似于被子植物的心皮，只是没有闭合成为封闭的结构，常可变态为珠鳞(松柏类)、珠柄(银杏类)、珠托(红豆杉)、套被(罗汉松)和羽状大孢子叶(苏铁)等结构。胚珠由珠被、珠孔、珠心构成，其中珠被发育为种皮，珠孔残留为种孔，珠心组织中产生的卵细胞在受精后发育为胚。与被子植物不同，裸子植物在珠心内发育出雌配子体，其内形成数个颈卵器，每个颈卵器又各有一个卵细胞，所以种子常常具有多胚现象，不过最后通常只有一个胚发育成熟，其余的则被吸收。胚乳由雌配子体除去颈卵器的部分发育而成，为单倍体(被子植物的胚乳是双受精的产物，是3倍体)。裸子植物中，不管卵细胞是否受精并发育成胚，其胚乳都已经先胚而发育，其作用也是为胚的生长发育提供营养物质。

3.1.5.3　种子成熟

种子的成熟过程，实质上就是胚从小长大，以及贮藏物质在种子中变化和积累的过程。不同植物的种子，贮藏物质不同。禾本科植物胚乳主要贮存淀粉；豆科植物的子叶主要贮藏蛋白质和脂肪。总体而言，在种子成熟过程中，可溶性糖类转化为不溶性糖类，非蛋白质转变为蛋白质，而脂肪是由糖类转化而来的。

种子含水量随着植物种子的成熟逐步减少，细胞的原生质由溶胶状态转变为凝胶状态。由于含水量的减少，种子的重量减少，实际上干物质却在增加。

种子在积累贮藏物质过程中，要不断合成有机物，这时需要能量的供应，所以，贮藏物质的积累和种子的呼吸量呈正比，贮藏物质积累迅速，呼吸作用旺盛，种子接近成熟后，呼吸作用降低。

3.1.6　植物整体性及器官生长发育的相关性

3.1.6.1　植物生长发育的整体性

树木作为结构与功能均较复杂和完善的有机体，是在与外界环境进行不断斗争中生存和发展的。而且树木本身各部分间，生长发育的各阶段或过程间，既存在相互依赖、互相调节的关系，也存在相互制约，甚至相互对立的关系。这种相互对立与统一的关系，就构成了树木生长发育的整体性。

3.1.6.2　器官生长发育的相关性

(1)顶芽和侧芽

幼、青年树木的顶芽通常生长较旺，侧芽相对较弱或缓长，表现出明显的顶端优势。除去顶芽，则优势位置下移，并促使较多的侧芽萌发。修剪时用短枝来削减顶端优势，以促使分枝。

（2）根端和侧根

根的顶端生长对侧根的形成有抑制作用。切断主根先端，有利于促进侧根，断侧生根，可多发些侧根须根。对实生苗多次移植，有利于出圃栽植成活；对壮老龄树，深翻改土，切断一些一定粗度的根（因树而异），有利于促发吸收根，增强树势，更新复壮。

（3）果与枝

正在发育的果实，争夺养分较多，对营养枝的生长、花芽分化有抑制作用。其作用范围虽有一定的局限性，但如果结实过多，就会对全树的长势和花芽分化起抑制作用，并出现开花结实的"大小年"现象。其中种子所产生的激素抑制附近枝条的花芽分化更为明显。

（4）营养器官与生殖器官

营养器官和生殖器官的形成都需要光合产物。而生殖器官所需的营养物质是由营养器官供给的。扩大营养器官的健壮生长，是达到多开花、结实的前提。但营养器官的扩大本身也要消耗大量养分。因此常与生殖器官的生长发育出现养分的竞争。这二者在养分供求上，表现出十分复杂的关系。

（5）其他器官之间的相关性

树木的各器官是互相依存和作用的，如叶面水分的蒸腾与根系吸收水分的多少有关、花芽分化的早晚与新梢生长停止期的早晚有关、枝量与叶面积大小有关、种子多少与果实大小及发育有关等，这些相关性是普遍存在的，体现了植株整体的协调和统一。

总之，树木各部位和各器官互相依赖，在不同的季节有阶段性，局部器官除有整体性外，又有相对独立性。在园林树木栽培中，利用树木各部分的相关性可以调节树体的生长发育。

3.1.6.3 顶端优势

一般来说，植物的顶芽生长较快，而侧芽的生长则受到不同程度的抑制，主根与侧根之间也有类似的现象。如果将植物的顶芽或根尖的先端除掉，侧枝和侧根就会迅速长出。这种顶端生长占优势的现象叫作顶端优势。顶端优势的强弱，与植物种类有关。松、杉、柏等裸子植物的顶端优势强，近顶端侧枝生长缓慢，远离顶端的侧枝生长较快，因而树冠呈塔形。

利用顶端优势，生产上可根据需要来调节植物的株形。对于松、杉等用材树种需要高大笔直的茎干，要保持其顶端优势；雪松具明显的顶端优势，形成典型的塔形树冠，雄伟挺拔，姿态优美，故为优美的观赏树种；对于以观花为目的的观赏植物，则需要消除顶端优势，以促进侧枝的生长，多开花多结果。

3.2　园林植物的生命周期

无论草本植物还是木本植物，从生命开始到结束，都要经历几个不同的生长发育阶段。植物繁殖成活后经过营养生长、开花结果、衰老更新，直至生命结束的全过程称为植物的生命周期。

3.2.1　园林植物生命周期的一般规律

3.2.1.1　离心生长与离心秃裸

植物自播种发芽或经过营养繁殖成活后，以根颈为中心进行生长。根具有向地性，在土中逐年发生并形成各级骨干根和侧生根，向纵深发展；地上芽按背地性发枝，向上生长并形成各级骨干枝和侧生枝，向空中发展。这种由根颈向两端不断扩大其空间的生长，叫"离心生长"。

以离心生长方式出现的树冠的"自然打枝"和"根系自疏"，统称为"离心秃裸"。根系在离心生长过程中，随着年龄的增长，骨干根上早年形成的须根，由基部向根端方向出现衰亡，这种现象称为"自疏"。同样，地上部分，由于不断地离心生长，外围生长点增多，枝叶茂密，使内膛光照恶化。壮枝竞争养分的能力强；而内膛骨干枝上早年形成的侧生小枝，由于所处地位，得到的养分较少，长势较弱。侧生小枝起初有利于积累养分，开花结实较早，但寿命短，逐年由骨干枝基部向枝端方向出现枯落，这种现象叫"自然打枝"或"自然整枝"。有些树木(如棕榈类的许多树种)，由于没有侧芽，只能以顶端逐年延伸的离心生长，而没有典型的离心秃裸，但从叶片枯落而言仍是按离心方向的。

3.2.1.2　向心更新与向心枯亡

随着树龄的增加，离心生长与离心秃裸造成地上部大量的枝芽生长点及其产生的叶、花、果都集中在树冠外围，由于受重力影响，骨干枝角度变得开张，枝端重心外移，甚至弯曲下垂。离心生长造成分布在远处的吸收根与树冠外围枝叶间的运输距离增大，使枝条生长势减弱。当树木生长接近其最大树体时，某些中心干明显的树种，其中心干延长枝发生分叉或弯曲，称为"截顶"或"结顶"。

当离心生长日趋衰弱，具长寿潜芽的树种，常于主枝弯曲高位处，萌生直立旺盛的徒长枝，开始进行树冠的更新。徒长枝仍按离心生长和离心秃裸的规律形成新的小树冠，俗称"树上长树"。随着徒长枝的扩展，加速主枝和中心干的先端出现枯梢，全树由许多徒长枝形成新的树冠，逐渐代替原来衰亡的树冠。当新树冠达到其最大限度以后，同样会出现先端衰弱、枝条开张而引起的优势部位下移，从而又可萌生新的徒长枝来更新。这种更新和枯亡的发生，一般都是由(冠)外向内(膛)、由上(顶部)而下(部)，直至根颈部进行的，故叫"向心更新"和"向心枯亡"。

由于树木离心生长与向心更新，就会导致树木的体态发生变化(图3-1)。

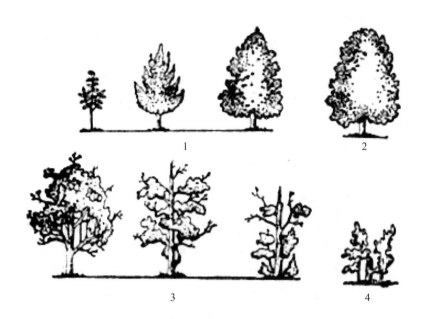

图 3-1 (具中干)树木生命周期体态变化图
1. 幼、青年期 2. 壮年期 3. 衰老更新期 4. 第二轮更新初期

对于乔木类树种，由于地上部骨干部分寿命长，有些具长寿潜伏芽的树种，在原有母体上可靠潜芽所萌生的徒长枝进行多次主侧枝的更新。虽具潜芽但寿命短，也难以向心更新，如桃等；由于桃潜伏芽寿命短（仅个别寿命较长），一般很难自然发生向心更新，即使由人工更新，锯掉衰老枝后，在下部从不定地方发出枝条来，树冠也多不理想。

凡无潜伏芽的，只有离心生长和离心秃裸，而无向心更新。如松属的许多种，虽有侧枝，但没有潜伏芽，也就不会出现向心更新，而多半出现顶部先端枯梢，或由于衰老，易受病虫侵袭造成整株死亡。只具顶芽无侧芽的树种，只有顶芽延伸的离心生长，而无侧生枝的离心秃裸，也就无向心更新，如棕榈等。有些乔木除靠潜伏芽更新外，还可靠根蘖更新；有些只能以根蘖更新，如乔型竹等。竹笋当年在短期内就达到离心生长最大高度，生长很快；只有在侧枝上具有萌发能力的芽，多数只能在数年中发细小侧枝进行离心生长，地上部不能向心更新，而以竹鞭萌蘖更新为主。

对于灌木类树种，离心生长时间短，地上部枝条衰亡较快，寿命多不长，有些灌木干、枝也可向心更新，但多从茎枝基部及根上发生萌蘖更新为主。

对于藤木类树种，先端离心生长常比较快，主蔓基部易光秃。其更新有的类似乔木，有的类似灌木，也有的介于二者之间。

3.2.2 草本植物的生命周期

一、二年生草本植物，仅生活 1~2 年，经历幼苗期、成熟期（开花期）和衰老期 3 个阶段。幼苗期指从种子发芽开始至第一个花芽出现为止，一般 2~4 个月。二年生草本花卉多数需要通过冬季低温，第二年春才能进入开花期。成熟期指从植株大量开花到花量大量减少为止。这一时期植株大量开花，花色、花形最有代表性，是观赏盛期，自然花期 1~3 个月。除了水肥管理外，可对枝条摘心、扭梢，使其萌发更多的侧枝并开花，如一串红摘心 1 次可以延长开花期 15d 左右。衰老期指从开花量大量减少，种子逐渐成熟开始，到植株枯死为止，是种子收获期，应及时采收，以免散落。

多年生草本植物，要经历幼年期、青年期、壮年期和衰老期，寿命 10 年左右，各生长发育阶段与木本植物相比短些。

需要注意的是，各发育时期是逐渐转化的，各时期之间无明显界限，通过合理的栽培措施，能在一定程度上加速或延缓下一阶段的到来。

3.2.3　木本植物的生命周期

木本植物的生命周期划分为幼年期（童期）、青年期、壮年期和衰老期。各个生长发育时期有不同特点，栽培上应采取相应的措施，以更好地服务于园林。营养繁殖（扦插、嫁接、压条、分株等）的个体，其发育阶段是母体发育阶段的延续，因此没有胚胎期和幼年期或幼年期很短，只有老化过程，一生只经历青年期、壮年期和衰老期。各时期的特点及管理措施与实生树相应时期基本相同。

3.2.3.1　幼年期

从种子萌发到植株第一次开花为幼年期。在这一时期树冠和根系的离心生长旺盛，光合作用面积迅速扩大，开始形成地上的树冠和骨干枝，逐步形成树体特有的结构，树高、冠幅、根系长度和根幅生长很快，同化物质积累增多，为营养生长转向生殖生长从形态和内部物质上做好了准备。有的植物幼年期仅 1 年如月季，桃、杏、李为 3~5 年，而银杏、云杉、冷杉却高达 20~40 年。总之，生长迅速的木本园林植物幼年期短，生长缓慢的则长。

在该时期的栽培措施是加强土壤管理，充分供应肥水，促进营养器官匀称而稳壮地生长；轻修剪多留枝，形成良好的树体结构，为制造和积累大量营养物质打基础。另外，对于观花、观果的园林植物，当树冠长到适宜大小时，应设法促其生殖生长，可喷施适当的生长抑制物质，或适当环割、开张枝条的角度等促进花芽形成，提早观赏，缩短幼年期。园林绿化中，常用多年生大规格苗木、灌木栽植，其幼年期基本在苗圃内度过，由于此时期植物体高度和体积上迅速增长，应注意培养树形，移植时修剪细小根，促发侧根，提高出圃后的定植成活率。行道树、庭荫树等用苗，应注意养干、养根和促冠，保证达到规定主干高度和一定的冠幅。

3.2.3.2　青年期

从植株第一次开花到大量开花之前，花朵、果实性状逐渐稳定为止为青年期。是离心生长最快的时期，开花结果数量逐年上升，但花和果实尚未达到本品种固有的标准性状。为了促进多开花结果，一要轻修剪，二要合理施肥。对于生长过旺的树木，应多施磷、钾肥，少施氮肥，并适当控水，也可以使用适量的化学抑制物质，以缓和营养生长。相反，对于过弱的树木，应增加肥水供应，促进树体生长。

总之，在栽植养护过程中，应加强肥水管理，花灌木合理整形修剪，调节植株长势，培养骨干枝和丰满优美的树形，为壮年期的大量开花打下基础。

3.2.3.3　壮年期

从植株大量开花结实时开始，到结实量大幅度下降，树冠外沿小枝出现干枯时为止为壮年期。这是观花、观果植物一生中最具观赏价值的时期。花果性状已经完全稳定，并充分反映出品种固有的性状。为了最大限度地延长壮年期，较长期地发挥观赏效益，要充分供应肥水，早施基肥，分期追肥。另外，要合理修剪，使生长、结果和花芽分化达到稳定平衡状态。除此之外，平时注意剪除病虫枝、老弱枝、重叠枝、下垂枝和干枯枝，以改善树冠通风透光条件。

3.2.3.4　衰老期

从骨干枝及骨干根逐步衰亡，生长显著减弱到植株死亡为止为衰老期。这一时期，营养枝和结果母枝越来越少，植株生长势逐年下降，枝条细且生长量小，树体平衡遭到严重破坏，对不良环境抵抗力差，树皮剥落，病虫害严重，木质腐朽，树体衰老，逐渐死亡。

这一时期的栽培技术措施应视目的不同而异。对于一般花灌木来说，可以截枝或截干，刺激萌芽更新，或砍伐重新栽植，古树名木采取复壮措施，尽可能延长其生命周期。只有在无可挽救、失去任何价值时才予以伐除。

对于无性繁殖树木的生命周期，除没有种子期外，也可能没有幼年期或幼年阶段相对较短。因此，无性繁殖树木生命周期中的年龄时期，可以划分为幼年期、成熟期和衰老期3个时期。各个年龄时期的特点及其管理措施与实生树相应的时期基本相同。

3.3　园林植物的年生长发育周期

3.3.1　植物年周期的意义

园林植物的年生长发育周期(简称年周期)，是指园林植物在一年中随着环境条件，特别是气候的季节变化，在形态上和生理上产生的与之相适应的生长和发育的规律性变化，如萌芽、抽枝、开花、结实、落叶、休眠等(园林植物栽培学中也称为物候或物候现象)。年周期是生命周期的组成部分，栽培管理年工作历的制定是以植物的年生长发育规律为基础的。因此，研究园林植物的年生长发育规律对于植物造景和防护设计以及制定不同季节的栽培管理技术措施具有十分重要的意义。

3.3.2　园林植物的年周期

3.3.2.1　草本花卉的年周期

园林植物与其他植物一样，在年周期中表现最明显的有两个阶段，即生长期和休眠期。

一年生花卉由于在一年内完成整个生长过程，因此年周期就是生命周期。

二年生花卉秋播后，以幼苗状态越冬休眠或半休眠。

多数宿根花卉和球根花卉则在开花结实后，地上部分枯死，地下贮藏器官形成后进入休眠状态越冬(如萱草、芍药、鸢尾，以及春植球根类的唐菖蒲、大丽花等)或越夏(如秋植球根类的水仙、郁金香、风信子等)。

还有许多常绿性多年生草本植物，在适宜的环境条件下，周年生长保持常绿状态而无休眠期，如万年青、书带草和麦冬等。

3.3.2.2　落叶木本植物的年周期

由于温带地区一年中有明显的四季，所以温带落叶树木的季相变化明显，年周期可明显地区分为生长期和休眠期。在这两个时期中，某些树木可能因不耐寒或不耐旱而受到危害，这在大陆性气候地区表现尤为明显。

(1)生长期

从树木萌芽生长到秋后落叶时止，为树木的生长期，包括整个生长季，是树木年周期中时间最长的一个时期。在此期间，树木随季节变化气温升高，会发生一系列极为明显的生命活动现象。如萌芽、展叶抽枝、开花、结实等，并形成许多新的器官，如叶芽、花芽等。萌芽常作为树木生长开始的标志，其实根的生长比萌芽要早。

每种树木在生长期中，都按其固定的物候顺序通过一系列的生命活动。不同树种通过某些物候的顺序不同。有的先萌花芽，而后展叶；有的先萌叶芽，抽枝展叶，而后形成花芽并开花。树木各物候期开始、结束和持续时间的长短，也因树种或品种、环境条件和栽培技术而异。

生长期不仅体现了树木当年的生长发育、开花结实情况，也对树木体内养分的贮存和下一年的生长等各种生命活动有着重要的影响，同时也是发挥其绿化作用的重要时期。因此，在栽培上，生长期是养护管理工作的重点，应创造良好的环境条件，满足肥水的需求，以促进生长、开花、结果。

(2)休眠期

秋季叶片自然脱落是落叶树木进入休眠的重要标志。在正常落叶前，新梢必须经过组织成熟过程，才能顺利越冬。早在新梢开始自下而上加粗生长时，就逐渐开始木质化，并在组织内贮藏营养物质。新梢停止生长后，这种积累过程继续加强，同时有利于花芽的分化和枝干的加粗等。结有果实的树木，在采、落成熟果实后，养分积累更为突出，一直持续到落叶前。

植物的休眠可根据生态表现和生理活性分为自然休眠和强迫休眠。自然休眠是由植物体内部生理过程决定的，它要求一定时期的低温条件才能顺利通过自然休眠而进入生长，否则此时即使给予适宜的外界条件，也不能正常萌发生长。一般植物自然休眠期从 12 月始至翌年 2 月止，植物抗寒力较强。强迫休眠是植物已经通过自然休眠期，但由于环境条件的限制，不能正常萌发，一旦条件合适，即开始进入生长期。

园林树木在休眠期内，虽然没有明显的生长现象，但树体内仍然进行着各种生命活动，如呼吸、蒸腾、芽的分化、根的吸收、养分合成和转化等。所以休眠只是个相对概念。

3.3.2.3　常绿树的年周期

常绿树的年生长周期不如落叶树那样在外观上有明显的生长和休眠现象，因为常绿树终年有绿叶存在。但常绿树种并非不落叶，而是叶寿命较长，多在一年以上至多年。每年仅脱落一部分老叶，同时又能增生新叶。因此，从整体上看全树终年连续有绿叶。

在常绿针叶类树种中，松属针叶可存活 2～5 年，冷杉叶可存活 3～10 年，紫杉叶存活高达 6～7 年。它们的老叶多在冬春间脱落，刮风天尤甚。常绿阔叶树的老树，多在萌芽展叶前后逐渐脱落。常绿树的落叶，主要是失去正常生理机能的老化叶片所发生的新老交替现象。

热带、亚热带的常绿阔叶树木，其各器官的物候动态表现极为复杂。有些树木在一年中能多次抽梢，如柑橘可有春梢、夏梢、秋梢及冬梢；有些树木一年内能多次开花结实，甚至抽一次梢结一次果，如金橘；有些树木同一植株上，同时可见有抽梢、开花、结实等几个物候重叠交错的情况；有些树木的果实发育期很长，常跨年才能成熟。

在赤道附近的树木，年无四季，终年有雨，全年可生长而无休眠期，但也有生长节奏表现。在离赤道稍远的季雨林地区，因有明显的干、湿季，多数树木在雨季生长和开花，在干季落叶，因高温干旱而被迫休眠。在热带高海拔地区的常绿阔叶树，也受低温影响而被迫休眠。

3.4　园林植物群体及其生长发育规律

3.4.1　园林植物群体组成

3.4.1.1　园林植物群体的概念

在自然界，任何植物都不是单独地生活，而是有许多不同植物和它生活在一起。这些生长在一起的植物，占据了一定的空间和面积，按照自己的规律生长发育、演变更新，并与环境发生相互作用，形成一个相互依存的植物集体，此称植物群体。按照其形成和发展中与人类栽培活动的关系来划分，可以分为两类：一类是植物自然形成的，称为自然群体或自然植物群落；另一类是人工栽培形成的，称为栽培群体或人工植物群落。

3.4.1.2　园林植物群体的组成与特征

（1）自然植物群体的组成与特征

在特定空间或特定生境下由一定的不同植物种类所组成，但各植物种类在数量上并不是均等的。在群体中数量最多或数量虽不多但所占面积却最大的成分，称为优势种，亦称建群种。优势种可以是一种植物，也可以是几种植物。优势种是本群体的主导者，对群体的影响最大。各种自然群体具有一定的形貌特征。

① 群体的外貌主要取决于优势种的生活型。例如，一片针叶树群体，其优势种为云杉时，则群体的外形呈现尖峭突立的林冠线；若优势种为铺地柏时，则形成一片贴伏地面的、低矮的、宛如波涛起伏的外貌。

② 群体中，植物个体的疏密程度与群体的外貌有着密切的关系。例如，稀疏的松林与浓郁的松林有着不同的外貌。此外，具有不同优势种的群体，其所能达到的最大密度也极不相同。例如，沙漠中的一些植物群落常表现为极稀疏的外貌，而竹林则呈浓密的丛聚外貌。

群体的疏密度一般用单位面积上的株数来表示。与疏密度有一定关系的是树冠的郁闭度和草本植物的覆盖度，它们均可用"十分法"来表示。以树木而论，树林中完全不见天日者为10，树冠遮阴面积与露天面积相等者为5，其余则依次按比例类推。

③ 群体中植物种类的多少，对其外貌有很大的影响。例如，单纯一种树木的林丛常形成高度一致的线条，而如果是多种树木生长在一起时，则无论在群体的立面上或平面上的轮廓、线条，都可有不同的变化。

④ 各种植物群体所具有的色彩形相称为色相。例如，针叶林常呈蓝绿色，柳树林呈浅绿色，银白杨树林则呈碧绿与银光闪烁的色相。

由于季节不同，在同一地区所产生的植物群落形相称为季相。例如，银杏在春夏表现为绿色，秋冬则为黄色直至落叶。

对同一个植物群体而言，一年四季中由于优势种的物候变化以及相应的可能引起群体组成结构的某些变化，也都会使该群体呈现出季相的变化。

⑤ 植物生活期的长短由于优势种寿命长短的不同，亦可影响群体的外貌。例如，多年生树种和一、二年生或短期生草本植物的多少，可以决定季相变化的大小。

⑥各地区各种不同的植物群体，常有不同的垂直结构"层次"。"层次"少的如荒漠地区的植物通常只有一层；"层次"多的如热带雨林中常达六七层及以上。这种"层次"的形成是依植物种的高矮及不同的生态要求而形成的。

在热带雨林中，藤本植物和附生、寄生植物很多，它们不能自己直立而是依附于各层中的直立植物，不能自己独立地形成层次，这些就被称为"层间植物"或"填空植物"。

另外，还有一个概念，即"层片"。"层片"与上述分层现象中的"层次"概念是有差异的。层次是指植物群体从结构的高低来划分的，即着重于形态方面，而层片则是着重于从生态学方面划分的。在一般情况下，按较大的生活型类群划分时，则层片与层次是相同的，即大高位芽植物层片即为乔木层，矮高位芽植物层片即为灌木层。但是，当按较细的生活型单位划分时，则层片与层次的内容就不同了。例如，在常绿树与落叶树的混交群体中，从较细的生活型分类来讲，可分为常绿高位芽植物与落叶高位芽植物两个层片，但从群体的形态结构来讲均属于垂直结构的第一层次，即二者属于同一层次。从植物与环境间的相互关系来讲，层片则更好地表明了其生态作用，因为落叶层片与常绿层片对其下层的植物及土壤的影响是不同的。由于层片的水平分布不同，在其下层常形成具有不同习性植物组成小块组群的、镶嵌状的水平分布。

（2）栽培群体的组成与特征

栽培群体完全是人为创造的，其中有采用单纯种类的种植方式，也有采用间作、套种或立体混交的各种配植方式，因此，其组成结构的类型是多种多样的。栽培群体所表现的形貌也受组成成分、主要的植物种类、栽植的密度和方式等因子制约。

3.4.2　园林植物群体的生长发育和演替

在自然界中，植物对环境的适应及其生态分化无时无刻不在发生，这种适应和分化表现在个体的形态、生理、生活史等诸多方面。分化的方向和途径主要由种群及个体所面临的环境条件而定。在环境条件的综合影响中，植物生活所必需的光、温度、水分、土壤等，总是会在一定条件下成为影响植物生态适应的主导因子，对植物产生深刻的影响。

群体是由个体组成的。在群体形成的最初阶段，尤其是在较稀疏的情况下，每个个体所占空间较小，彼此间有相当的距离，它们之间的关系是通过其对环境条件的改变而发生相互影响的间接关系。随着个体植株的生长，彼此间地上部的枝叶愈益密接，地下部的根系也逐渐互相扭接。至此，彼此间的关系就不再仅为间接的，而是有生理上及物理上的直接关系了。例如，营养的交换、根分泌物质的相互影响以及机械的挤压、摩擦等。研究群体的生长发育和演变规律时，既要注意组成群体的个体状况，也要从整体的状况以及个体与集体的相互关系上来考虑。

目前，有学者认为，园林植物群体的生长发育可以分为以下几个时期。

（1）群体的形成期（幼年期）

这是未来群体的优势种，在一开始就有一定数量的有性繁殖或无性繁殖的物质基础，如种子、萌蘖苗、根茎等。自种子或根茎开始萌发到开花前的阶段属于本期。在本期内不仅植株的形态与以后诸期不同，而且在生长发育的习性上也有不同。在本期中植物的独立生活能力弱，与外来其他种类的竞争能力较弱，对外界不良环境的抗性弱，但植株本身与环境相统一的遗传可塑性却较强。一般言之，处于本期的植物群体要比后述诸期都有较强的耐阴能力或需要适当的荫蔽和较良好的水湿条件。例如，许多极喜日光的树种如松树等，在头一两年也是很耐阴的。一般的喜光树或中性树幼苗在完全无荫蔽的条件下，由于综合因子变化的关系，反而会对其生长不利。随着幼苗年龄的增长，其需光量逐渐增加。至于具体的由需阴转变为需光的年龄，则因树种及环境的不同而异。在本期中，从群体的形成与个体的关系来讲，个体数量的众多对群体的形成是有利的。在自然群体中，对于相同生活型的植物而言，哪个植物种能在最初具有大量的个体数量，它就较易成为该群体的优势种。在形成栽培群体的农、林及园林绿化工作中，人们也常采取合理密植、丛植、群植等措施以保证该植物群体的顺利发展。群体生长发育期中，个体的数量较少，群体密度较小时，植物个体常分枝较多，个体高度的年生长量较少；反之，群体密度大时，则个体的分枝较少，高生长量较大，但密度过大时，易发生植株衰弱，病虫孳生的弊害，因而在生产实践中应加以控制，保持合理的密度。

（2）群体的发育期（青年期）

这是指群体中的优势种从开始开花、结实到树冠郁闭后的一段时期，或先从形成树冠（地上部分）的郁闭到开花结实时止的一段时期。在稀疏的群体中常发生前者的情况，在较密的群体中则常发生后者的情况。从开花结实期的早晚来讲，在相同的气候、土壤等环境下，生长在郁闭群体中的个体常比生长在空旷处的单株（孤植树）个体开花迟，结实量也较少，结实的部位常在树冠的顶端和外围。以生长状况而言，群体中的个体常较高，主干上下部的粗细变化较小，而生于空旷处的孤植树则较矮，主干下部粗而上部细，即所谓"削度"大，枝干的机械组织也较发达，树冠较庞大而分枝点低。在群体发育期中由于植株间树冠彼此密接形成郁闭状态，因而大大改变了群体内的环境条件。由于光照、水分、肥分等因素的关系，使个体发生下部枝条的自枯现象。这种现象在喜光树种表现得最为明显，而耐阴树种则较差，后者常呈现长期的适应现象，但在生长量的增加方面较缓慢。

在群体中的个体之间，由于对营养的争夺结果，有的个体表现生长健壮，有的则生长衰弱，渐处于被压迫状态以至于枯死，即产生了群体内部同种间的自疏现象，而留存适合与该环境条件的适当株数。与此同时，群体内不同种类间也继续进行着激烈的竞争，从而逐渐调整群体的组成与结构关系。

（3）群体的相对稳定期（成年期）

这是指群体经过自疏及组成成分间的生存竞争后的相对稳定阶段。虽然在群体的发展过程中始终贯穿着生理生态上的矛盾，但是在经过自疏及种间竞争的调整后，已形成大体上较稳定的群体环境和大体上适应与该环境的群体结构和组成关系（虽然这种作用在本期仍然继续进行，但是基本上处于相对稳定的状态），这时群体的外貌特征，多表现为层次结构明显、郁闭度高、物种稳定、季相分明等。各种群体相对稳定期的长短是有很大差别的，主要由群体的结构特征、发育阶段以及外界的环境因子间关系所决定。

（4）群体的衰老期及群体的更新与演替（老年及更替期）

由于组成群体主要树种的衰老与死亡以及树种间竞争继续发展的结果，整个群体不可能永恒不变，而必然发生群体的演变现象。由于个体的衰老，形成树冠的稀疏，郁闭状态被破坏，日光透入树下，土地变得较干，土温亦有所增高，同时由于群体使其内环境发生改变。例如，植物的落叶等对于土壤理化性质的改变等。总之，群体所形成的环境逐渐发生巨大的变化，因而引起与之相适应的植物种类和生长状况的改变，因此造成群体优势种演替的条件。例如，在一个地区上生长着相当多的桦树，在树林下生长有许多桦树、云杉和冷杉幼苗；由于云杉和冷杉是耐阴树，桦树是强喜光树，所以前者的幼苗可以在桦树的保护下健壮生长，又由于桦树寿命短，经过四五十年就逐渐衰老，而云杉与冷杉却正是转入旺盛生长的时期。所以一旦当云杉与冷杉挤入桦树的树冠中并逐渐高于桦树后，由于树冠的逐渐郁闭，形成透光性差的阴暗环境，不论对成年桦树或其幼苗都极不利，但云杉、冷杉的幼苗却有很强的耐阴性，故最终会将喜强光的桦树排挤掉，而代之为云杉与冷杉的混交群落。

这种树种更替的现象，是由于树种的生物学特性及环境条件的改变而不断发生的。但每一演替期的长短是很不相同的，有的仅能维持数十年(即少数世代)，有的则可呈长达数百年的(即许多世代的)长期稳定状态。对此，有的生态学家曾主张植物群落演变到一定种类的组成结构后就不再变化了，故称为"顶极群落"的理论。其实这种看法是不正确的，因为环境条件不断发生变化，群落的内部与外部关系都永远在旧矛盾的统一和新矛盾的产生中不断地发生变化，因此只能认为某种群体可以有较长期的相对稳定性，但却绝不能认为它们是永恒不变的。

一个群体相对稳定期的长短，除了因本身的生物习性及环境影响等因子外，与其更新能力也有密切的关系。群体的更新通常有两种方式，即种子更新和营养繁殖更新。在环境条件较好时，由大量种子可以萌生多数幼苗，如环境对幼苗的生长有利，则提供了该种植物群落能较长期存在的基础。树种除了能用种子更新外，还可以用根蘖、不定芽等方式进行营养繁殖更新，尤其当环境条件不利于种子时更是如此。例如，在高山上或寒冷处，许多自然群体常不能产生种子，或由于生长期过短，种子无法成熟，因而形成从水平根系发出大量根蘖而得以更新和繁衍的现象。由种子更新的群体和由营养繁殖更新的群体，在生长发育特性上有许多不同点，前者在幼年期生长的速度慢但寿命长，成年后对于病虫害的抗性强；后者则由于有强大的根系，故生长迅速，在短期内即可成长，但由于个体发育上的阶段性较老，故易衰老。园林工作者应分情况，按不同目的和需要采取相应措施，以保证群体的个体更新过程能顺利进行。

总之，通过对群体生长发育和演替的逐步了解，园林工作者的任务即在于掌握其变化的规律，改造自然群体，引导其向有利于我们需要的方向变化。对于栽培群体，则在规划设计之初，就要能预见其发展过程，并在栽培养护过程中保证其具有较长期的稳定性。但是，这是一个相当复杂的问题，应在充分掌握种间关系和群体演替等生物学规律的基础上，进行能满足园林的"改善防护、美化和适当结合生产"的各种功能要求。例如，有的城市曾将速生树与慢长树混交，将钻天杨与白蜡、刺槐、元宝枫混植而株行距又过小、密度很大，结果在这个群体中的白蜡、元宝枫等越来越受到抑制而生长不良，致使配植效果欠佳。若采用乔木与灌木相结合，按其习性进行多层次的配植，则可形成既稳定而生长繁茂又能发挥景观层次丰富、美观的效果。例如，人民大会堂绿地中，以乔木油松、元宝枫与灌木珍珠梅、锦带花、迎春等配植成层次分明，又符合植物习性的树丛，则是较好的例子。

复习思考题

1. 影响植物根生长的因素有哪些？
2. 植物有哪些主要特征？植物的作用表现在哪些方面？
3. 植物花、果等的颜色是由什么因素造成的？
4. 种子的基本结构包括哪几部分？各部分的主要功能是什么？
5. 植物根有哪些主要生理功能？
6. 茎有哪些主要生理功能？
7. 茎枝的生长类型有哪些？园林中有何应用意义？
8. 解释"根深叶茂"和"铲草除根"的植物学原理。
9. 什么是植物器官生长的相关性？主要体现在哪些方面？
10. 植物群落的主要特征是什么？
11. 简述植物年周期的生产意义。
12. 详细论述园林植物群落对城市环境的调节作用。

推荐阅读书目

1. 植物学报. 科学出版社.
2. 植物学杂志. 科学出版社.
3. 观赏植物学. 李先源. 西南师范大学出版社，2007.
4. 园林生态学(第二版). 刘建斌. 气象出版社，2005.
5. 园林生态学. 温国胜，杨京平，陈秋夏. 化学工业出版社，2007.
6. 植物学(第五版). 金银根. 科学出版社，2009.
7. 景观植物应用原理与方法. 张德顺. 中国建筑工业出版社，2012.
8. 园林植物学. 董丽，包志毅. 中国建筑工业出版社，2013.

参考文献

陈有民. 2004. 园林树木学[M]. 北京：中国林业出版社.

成仿云. 2014. 园林苗圃学[M]. 北京：中国林业出版社.

董丽，包志毅. 2013. 园林植物学[M]. 北京：中国建筑工业出版社.

傅书遐. 2004. 湖北植物志[M]. 武汉：湖北科学技术出版社.

金银根. 2009. 植物学[M]. 5版. 北京：科学出版社.

黎素平. 2003. 园林植物学[M]. 沈阳：白山出版社.

李先源. 2007. 观赏植物学[M]. 重庆：西南师范大学出版社.

李扬汉. 1988. 植物学[M]. 北京：高等教育出版社.

刘建斌. 2005. 园林生态学[M]. 北京：气象出版社.

陆时万，徐祥生，沈敏健，等. 1992. 植物学(上、下)[M]. 北京：高等教育出版社.

马炜梁. 1998. 高等植物及其多样性[M]. 北京：高等教育出版社.

强胜. 2006. 植物学[M]. 北京：高等教育出版社.

温国胜，杨京平，陈秋夏. 2007. 园林生态学[M]. 北京：化学工业出版社.

熊济华. 1998. 观赏树木学[M]. 北京：中国农业出版社.

杨继，郭友好，杨雄，等. 1999. 植物生物学[M]. 北京：高等教育出版社.

张德顺. 2012. 景观植物应用原理与方法[M]. 北京：中国建筑工业出版社.

中国科学院植物研究所. 1972—1982. 中国高等植物图鉴[M]. 北京：科学出版社.

周云龙. 2004. 植物生物学[M]. 2 版. 北京：高等教育出版社.

祝遵凌. 2007. 园林树木栽培学[M]. 南京：东南大学出版社.

KINGSLEY R STERN，SHELLEY JANSKY，JAMES E BIDLACK. 2004. 植物生物学(影印版)[M]. 北京：高等教育出版社.

SYLVIA S MADER，BIOLOGY. 1993. Biology of plant Structure and Function[M]. 4th ed. London：Wm. C. Brown Publishers.

SYLVIA S MADER. 1996. Student Study Art Notebook Biology[M]. 5th ed. London：Wm. C. Brown Publishers.

第 4 章
环境对园林植物生长发育的影响

园林植物的生长发育除受遗传特性影响外，还与外界环境有关。环境是指园林植物个体或园林植物群体外的一切因素的总和。构成环境的各个因素称为环境因子（environmental factor）。在环境因子中，能对植物的生长、发育和分布等产生直接或者间接作用的因子称作生态因子（ecological factor）。

与一般森林植物不同的是，园林植物的生长发育是以人类活动集中的城市地域为主，具有典型的人为影响。影响园林植物生长发育的环境因子包括直接因子和间接因子。直接因子包括光照、温度、水分、大气和土壤等，是植物生长过程必不可少的条件；间接因子包括生物、地形地势、城市建筑物、铺装地面、灯光、城市污染等，它们间接影响植物的生长发育。

4.1 光与园林植物

植物通过光合作用，将太阳辐射转变为化学能，贮藏在合成的有机物质当中，除了供给自身消耗，还提供给其他生物体，为地球上几乎一切生命提供了生长、运动和繁殖的能源。太阳辐射的周期性变化、强弱以及辐射时间对植物的生长发育和地理分布都会产生深刻的影响，而植物本身对光的反应也会产生多样的变化。

4.1.1 光对园林植物生长发育的影响

光照对园林植物生长发育的影响主要表现在 3 个方面：光照强度（light intensity）、光质（light quality）以及光照时间。

4.1.1.1 光照强度对园林植物的影响

光照强度是指单位面积的植物叶片上所接受的可见光的能量，简称照度，单位为勒克斯（lx）。光照强度影响叶绿素的形成。因此在黑暗环境中植物一般不能合成叶绿素，但能合成胡萝卜素，导致植物叶片发黄，称为黄化现象（etiolation phenomenon）。黄化植物表现为茎细长瘦弱，节间距离拉长，叶片小而不展开，植株伸张但重量下降。

光照强度与植物的生长发育、形态结构以及分布都有密切的联系。

（1）光照强度影响园林植物的生长发育

绝大多数植物种子的萌发对光环境并没有明确要求，但也有例外，如桦树种子萌发需要光照，百合科植物种子萌发需要荫蔽条件。在植物群落中，不同植物种子萌发、幼苗生长对光照强度的要求并不一致，这也是顶级群落能维持和群落不断发生演替的重要原因。

无论哪种类型植物，其光合作用速率都与光照强度密切相关。在低光照条件下，随着光照强度的增加，光合速率增加，合成的糖类物质增加。当植物光合作用合成的产物恰好抵偿呼吸消耗时的光照强度称作光补偿点（light compensation point）。光照增加到一定程度之后，光合作用速率的增加就逐渐减慢，最后到达一定的限度。而当植物光合作用不再随着光照强度的增加而增加时的光照强度称作植物的光饱和点（light saturation point）。不同植物的光补偿点与光饱和点有很大差异（表 4-1）。一般来说，CAM 植物的光补偿点最低，C_4 植物高于 C_3 植物；而 C_3 植物的光饱和点较低，C_4 植物与 CAM 植物没有明显光饱和点。

表 4-1　最适温度与大气常量 CO_2 浓度条件下各类植物光补偿点与光饱和点　　lx

植物类型		光补偿点	光饱和点
草本植物	C_4 植物	1000 ~ 3000	> 8000
	C_3 植物	1000 ~ 2000	3000 ~ 8000
	喜光草本植物	1000 ~ 2000	5000 ~ 8000
	耐阴草本植物	200 ~ 500	500 ~ 1000
木本植物	落叶乔、灌木喜光叶	1000 ~ 1500	2500 ~ 5000
	落叶乔、灌木耐阴叶	300 ~ 600	1000 ~ 1500
	常绿乔、灌木喜光叶	500 ~ 1500	2000 ~ 5000
	常绿乔、灌木耐阴叶	100 ~ 300	500 ~ 1000
苔藓及地衣		400 ~ 2000	10 000 ~ 20 000

植物开花是需要大量消耗营养物质的。因此，光照强度直接影响植物开花的数量和品质。光照充足，植物开花数量多，颜色艳；而在光照不足的条件下，花朵数量少，颜色浅，因而观赏性降低。

（2）光照强度影响园林植物的形态

光照强度的高低还会影响植物叶片的形态。阳生叶通常叶片较小、角质层较厚、叶绿素含量较少；阴生叶则叶片较大、角质层较薄、叶绿素含量较高。

光照强度影响树冠的结构。喜光树种树冠较为稀疏、透光性较强，自然整枝良好，枝下高较高，树皮通常较厚，叶色较淡；耐阴树种树冠较为致密、透光度小，自然整枝不良，枝下高较矮，树皮通常较薄，叶色较深；而中性树种介于两者之间。

（3）光照强度影响园林植物的分布

根据对光照强度需求的不同，可将植物分为喜光植物、耐阴植物和中性植物。如果将强喜光植物置于荫蔽环境条件下，植物生长不好，可能死亡；相反，如果耐阴植物置于强光下，植物生长也不好，也可能死亡。

4.1.1.2　光质对园林植物的影响

太阳辐射中能被植物光合色素吸收具有生理活性的波段在 $0.38 \sim 0.74\mu m$ 之间，称为光合有效辐射(photosynthetically active radiation，PAR)，与可见光的波段基本相符。研究证实，可见光中对植物生理活动具有最大活性的是橙光、红光，其次是蓝光。植物对绿光吸收量少。在短波方面，$0.29 \sim 0.38\mu m$ 波长的紫外光能有效抑制植物茎的延伸，促进花青素的形成；而小于 $0.29\mu m$ 波长的紫外光对生物具有很强的杀伤作用。红外光不能引发植物的生化反应，但具有增热效应。

4.1.1.3　光照时间对园林植物的影响

由于地球的自转与公转，地球上同一位置上在不同季节的一天之中，白天与夜晚的长度是不一样的。在一天之中，白天与黑夜的相对长度，称为光周期(photoperiod)。光周期对植物成花诱导有着极为显著的影响，对植物的落叶、休眠等也有着重要作用。植物生长发育对日照规律性变化的反应，称为植物的光周期现象(photoperiodism)。根据植物开花对日照长度的需求不同，可将植物分成4类。

(1)长日照植物

长日照植物(long day plant)是指在24h昼夜周期中，日照长度长于一定时数，才能成花的植物。对这些植物延长光照可促进或提早开花，相反，如延长黑暗则植物只进行营养生长，推迟开花或不能成花。如唐菖蒲、满天星、金盏菊、大岩桐、凤仙花等。

(2)短日照植物

短日照植物(short day plant)是指在24h昼夜周期中，日照长度短于一定时数，才能成花的植物。深秋开花的植物多属于此类，在夏季只进行营养生长，随着秋季来临，日照时间短于临界日长后，才开始花芽分化。这类植物如牵牛花、苍耳、菊花、一品红、波斯菊、长寿花、蟹爪兰等，人工缩短光照时间可使这类植物提前开花。

(3)中日照植物

中日照植物(day intermediate plant)是指花芽形成过程需经中等日照时间的植物，如甘蔗开花要求12.5h的日照。

(4)日中性植物

日中性植物(day neutral plant)是指完成开花和其他生活史阶段与日照长度无关的植物。这类植物只要温度合适就可以正常开花结果，如月季、非洲菊、天竺葵、美人蕉、香石竹、蒲公英以及番茄、四季豆、黄瓜等。

光周期不仅对植物的开花有调控作用，而且在很大程度控制着许多植物的休眠和生长，如对一些球根花卉而言，短日照促进美人蕉、唐菖蒲、晚香玉、秋海棠球根的发育，而水仙、石蒜、郁金香、仙客来、小苍兰等的球根在长日照下休眠。

4.1.2 城市光环境特征

城市地区云雾增多，空气污染严重，使得城市大气浑浊度增加，从而导致到达地面的太阳直接辐射减少，散射增多，而且越靠近市中心，这种辐射量的变化越大。根据周淑珍等(1989)连续多年对上海市太阳辐射调查发现，随着上海市区的扩大和工业化进程，城市地面太阳辐射量逐年减少。如1958—1970年太阳直接辐射量年均为82.45W/m^2，1971—1980年为69.81W/m^2，下降了15.3%；1981—1985年为57.99W/m^2，下降了16.9%，而同期散射辐射量相应增加。

由于城市建筑物的高低、朝向、建筑体量大小及街道宽窄不同，城市局部地区太阳辐射的分布很不均匀，即使同一条街道的两侧也会出现很大的差异。由于建筑物的遮光，植物的生长发育会受到相应的影响，特别是建筑物附近的树木接受到的太阳辐射量不同，极易形成偏冠，使树冠朝街心方向生长。

此外，在城市环境中，随着人类社会的进步以及照明科技的发展，人类生存环境中逐渐出现了过量的光辐射，甚至对人及其他生物正常生存、生产环境造成不良影响，形成了光污染(light pollution)。光污染一般可以分为人造白昼污染、白亮污染和彩光污染3种。

(1)人造白昼污染

人造白昼污染是指由于地面产生的人工光在尘埃、水蒸气或其他悬浮粒子的反射或散射作用下进入大气层，导致城市上空发亮。天空亮度的增加影响人体正常的生物钟，并通过扰乱正常的激素产生量影响人体健康。人造白昼的人工光还对生物圈内的其他生物造成潜在的和长期的影响。如植物的生长发育因人造白昼改变了光周期而受到影响。

(2)白亮污染

白亮污染主要由强烈的人工光和玻璃幕墙反射光、聚焦光产生，如常见的炫光污染就属于此类。据测定：一般白粉墙的光反射系数为69%~80%，镜面玻璃的光反射系数为82%~88%，特别光滑的粉墙和洁白的书簿纸张的光反射系数高达90%，比草地、森林或毛面装饰物面高10倍左右，构成了现代社会新的污染源。为了减少白光污染，可加强城市地区绿化尤其是立体绿化，利用绿篱做墙，从而减少白亮污染，保护视觉健康。

(3)彩光污染

各种黑光灯、荧光灯、霓虹灯、灯箱广告等是主要的彩光污染源。彩光污染对生物的影响目前主要集中在对人的影响方面。据测定，彩光污染可以引起人脑晕目眩、烦躁不安、食欲不振和乏力失眠等光害综合症，还影响人的心理健康。

4.2 温度与园林植物

温度是影响园林植物生长发育最重要的环境因子。温度不仅决定植物的自然分布，而且植物的所有生命活动都与温度密切相关。温度的变化还会导致其他环境因子，如湿度、空气流动等发生变化，从而影响植物的生长发育。

由于城市下垫面材料的改变和建筑物的影响，城市区域温度条件产生了变化，影响园林植物的栽培与管理；同时，人们利用植物的蒸腾作用调节城市温度。因此，温度对于园林植物来说，是一个不容忽视的重要生态因子。

4.2.1 温度对园林植物的生态作用

4.2.1.1 温度对园林植物生长发育的影响

园林植物生长发育对温度的适应性表现为最低温度、最适温度和不能超过的最高温度，即温度的"三基点"。

只有在适宜的温度条件下种子才能萌发。多数树木种子萌发的最适宜温度为25~30℃。有些植物种子发芽前，低温处理可提高种子萌发率。

温度对园林植物的开花结实也有影响。温度对园林植物开花的影响首先表现在花芽分化方面。有些花卉在开花前需要一段时间的低温刺激，才具有开花的潜力，如金盏菊、雏菊、金鱼草等，这种经过低温处理促使植物开花的作用称为春化作用。此外，温度对花色也有一定的影响，温度适宜时，花色艳丽，反之则暗淡。

4.2.1.2 温度节律对园林植物生长发育的影响

温度的季节变化与昼夜变化都是有规律的。植物对温度变化节律的反应称作温周期现象，表现为日温周期现象和季温周期现象。在一定的温度范围内，白天适当高温有利于光合作用，夜间适当低温减弱呼吸作用，二者相结合使植株消耗减少，净积累增多。

4.2.1.3 温度与植物分布的关系

影响植物分布的温度因素包括极端温度、年平均温度和积温3个方面。

① 极端温度 冬季的极端低温是高纬度地区和高海拔地区限制植物分布的主要因素，直接决定了物种水平和垂直分布的上限；而夏季的极端高温则是低纬度或者低海拔地区限制植物分布的主要因素。

② 年平均温度 某个区域的温度多数集中在某个相对稳定的区域，且常接近该区域的平均温度。各区域的平均温度对植物的分布产生重要影响，特别是年平均温度和典型月份的平均温度。

③ 积温 是指植物在整个生长发育期或某一发育阶段内，高于某一特定温度以上的热量总量。不同植物要求不同的积温总量。生产中有有效积温和活动积温两种：活动积温是指特定温度为物理学0℃的积温；有效积温是指特定温度为生物学零度的积温。生物学零度是指植物生长发育的起点温度，高于这一温度，植物才开始生长发育。温带地区常以5℃或6℃，亚热带地区以10℃为生物学零度。有效积温的计算公式为：

$$K = N(TT_0)$$

式中 K——有效积温；

T——某个时期内研究地的平均温度；

T_0——生物学零度；

N——某时期的天数。

根据物种需要的积温量，再结合各地的温度条件，可判断植物的引种范围。

4.2.2 极端温度对园林植物的影响

4.2.2.1 低温对园林植物生理活动的影响

低温对园林植物造成的直接伤害有冷害与冻害两种类型。

① 冷害 是指0℃以上的低温对植物造成的伤害。0℃以上低温对植物的伤害作用，主要是由于在低温条件下三磷酸腺苷（ATP）减少，酶系统紊乱，活性降低，导致植物的光合、呼吸、蒸腾作用以及物质吸收、运输、转移等生理活动的活性降低，彼此之间的协调关系遭到破坏。冷害是喜温植物向北方引种和扩张分布的主要障碍。如热带植物丁香蒲桃，在极端气温降至6.1℃时，叶片呈水渍状，降至3.4℃时顶梢干枯，受害严重。

② 冻害 是指0℃以下低温使植物体（包括细胞内和细胞间隙）形成冰晶引起的伤害。植物组织结冰时，一方面使细胞失水，导致细胞原生质浓缩，进而造成胶体物质的沉淀；另一方面使压力增加，促使细胞膜变性和细胞壁破裂，严重时引起植物死亡。在我国北方地区，冻害是低温的主要伤害形式。植物受冻害后，温度急剧回升比缓慢回升对植物的伤害更严重。

4.2.2.2 高温对园林植物生理活动的影响

高温会增强植物的呼吸作用，破坏植物的水分平衡，导致蛋白质凝固和有害次生代谢物质的积累，严重时会直接灼伤植物叶片、芽、树皮，使植物枯黄受害。高温危害在城市街区、铺装地面、沙石地和沙地最易发生。

① 皮烧 树木受强烈的太阳辐射，温度升高特别是温度的快速变化而引起形成层和树皮组织的局部死亡。皮烧多发生在冬季，朝南或南坡地域以及有强烈太阳光反射的城市街道。树皮光滑的成年树易发生。可以通过对树干涂白反射掉大部分的热辐射而减轻危害。

② 根茎灼伤 当土壤表面温度增高到一定程度时，将灼伤幼苗柔软的茎而造成伤害，特别是病原体易入侵，引发病害。根茎灼伤多发生在苗圃，可通过遮阴或喷水降温以减轻危害。

4.2.3 园林植物对温度的调节作用

（1）园林植物的遮阴作用

植物的遮阴，会产生明显的降温效果。园林植物的遮阴作用不单纯指对地面的遮阴，对建筑物的墙体、屋顶等也具有遮阴效果。据调查，夏季，墙体温度可达 50℃，而用藤蔓植物进行墙体、屋顶绿化，其表面温度不超过 35℃，从而证明墙体、屋顶园林植物的遮阴作用。

（2）园林植物的凉爽作用

园林植物通过蒸腾作用吸收环境中大量热量，从而降低环境温度，同时释放水分，增加空气湿度，产生凉爽效应。对于夏季高温干燥的地区，园林植物的这种作用就显得特别重要。如北京市建成区绿地，每年通过蒸腾作用释放 4.39×10^8 t 水分，吸收 $107\ 396 \times 10^8$ J 的热量，这在很大程度上缓解了城市的热岛效应。

（3）营造局部小气候

城市建筑物和城市的植物群落之间因为空气密度的差异会形成气流交换，形成一股微风，形成局部小气候。

（4）园林植物的覆盖面积效应

解决城市问题不完全取决于园林植物的覆盖面积，但它的大小是城市环境改善与否的重要限制因子。园林植物的降温效果非常显著，而绿地面积的大小更直接地影响降温效果。绿化覆盖率与气温间具有负相关关系，即在一定范围内覆盖率越高，气温越低。在良好绿化的基础上，植物覆盖面积对消除城市热岛效应有着重要的意义。

4.3　水与园林植物

水是植物体的重要组成部分，也是植物进行生命活动的必要条件。水直接参与植物的新陈代谢活动，是植物光合作用的原料；同时水还能调节植物体和环境的温度。

4.3.1　水对植物的生态作用

水对植物的生态作用是通过水的特殊理化性质给植物生命活动营造了一个有利的环境。

（1）水是植物体温调节器

在环境温度波动的情况下，植物体内大量的水分可维持体温相对稳定。在烈日暴晒下，通过蒸腾散失水分，以降低体温，使植物不受高温伤害。

（2）水可调节植物生存环境

水分可以增加大气湿度，改善土壤以及土壤表面大气的温度等。在作物栽培中利用水来调节作物周围小气候是农业生产中有效的措施。

植物对水分的需要包括生理需水和生态需水两个方面，满足植物的需水对植物的生命活动及生长发育有重要作用。

4.3.2　植物体内的水分平衡

植物体内水分平衡是植物在生命活动过程中吸收的水分和消耗的水分之间的平

衡。植物生长生活必须依赖于根吸收、输导和蒸腾水这三者之间的适当平衡。当失水小于吸水的时候植物可能出现吐水的现象；而当蒸腾作用大于植被体内吸收的水分时，植物体内出现水分亏缺，呈现出萎蔫的状态，体内各种代谢活动都受到影响，植物的生长受到抑制。

影响植物根系吸水的环境因子主要有土壤因子和大气因子等。土壤含水量较低时，水的黏滞性增加，移动速度减慢，从而使植物根系的吸水能力降低。而大气因子如光、温、风和大气湿度等对植物的蒸腾作用有很大的影响，进而影响植物根系的吸水能力。

4.3.3　以水分为主导的植物类型划分

植物为了适应不同环境，在形态上和生理机能上形成了对水分的特殊要求。不同的植物对水分的适应能力不同，按照水分适应的情况，通常将植物分为水生和陆生（包括旱生、中生和湿生）两大类。

4.3.3.1　水生植物

水生植物的植物体全部或大部分浸没在水里，一般情况下，它们不能脱离水湿环境。

水生植物的适应特点是通气组织发达，以此保证体内对氧气的需求；叶片常呈带状、丝状或极薄，这有利于增加采光面积以及吸收二氧化碳和无机盐；为了适应水的流动，植物体弹性较强，具有抗扭曲能力；淡水植物具有自动调节渗透压的能力。根据植被生长的水层深浅不同，可将水生植物分为：沉水植物、浮水植物和挺水植物。

① 沉水植物　这是典型的水生植物，其整个植株沉于水中，这类植物无根或根系不发达，通气组织特别发达，表皮细胞可以直接吸收水中的气体、营养物质和水分，叶绿体大而多，以适应水中的弱光环境，其无性繁殖比有性繁殖发达，如金鱼藻（*Ceratophylum demersum*）、苦草（*Vallisneria spiralis*）、狸藻（*Utricularia vulgaris*）等。

② 浮水植物　其根或根状茎生于泥中，茎细弱不能直立，叶片漂浮在水面上，气孔在叶上面，维管束和机械组织不发达，无性繁殖速度快，生产力高，如睡莲（*Nymphaea tetragona*）、浮萍（*Lemna minor*）、芡实（*Euryale ferox*）等。

③ 挺水植物　其茎、叶、花挺出水面，根或根状茎生于泥中，如芦苇（*Phragmites australis*）、荷花（*Nelumbo nucifera*）、甜茅（*Glyceria acutiflora*）等。

4.3.3.2　陆生植物

陆生植物即陆地上生长植物的统称，它包括湿生、中生、旱生植物三大类。

① 湿生植物　生长在潮湿的环境中，若在干燥或中生的环境下常常生长不良或死亡，是抗旱能力最弱的陆生植物。由于环境的极度潮湿，蒸腾作用极大减弱，因此湿生植物抑制蒸腾的结构弱化。典型的湿生植物叶面积很大，光滑无毛，角质层薄，无蜡层，通气组织发达，如气生根、膝状根、板根等。许多湿生植物还有沁水组织（水孔）以促进水分的代谢。湿生植物的吸收和输导组织也相应简化，表现为根系浅，

侧根少而延伸不远，中柱不发达，导管少，叶脉稀疏。湿生植物多生长在沼泽、滩涂、湖泊低洼地、池塘边、山谷湿地或潮湿区域的森林下。常用于园林上的湿生植物有：水杉（*Metasequoia glyptostroboides*）、枫杨（*Pterocarya stenoptera*）、海芋（*Alocasia macrorrhiza*）、秋海棠（*Begonia grandis*）、龟背竹（*Monstera deliciosa*）、鸢尾（*Iris tectorum*）、肾蕨（*Nephrolepis auriculata*）、红蓼（*Polygonum orientale*）等。

② 中生植物　介于旱生植物和湿生植物之间。中生植物的根系、输导系统、机械组织、抑制蒸腾作用的结构等，比湿生植物要发达，但比不上旱生植物，大多数森林树种、果树、草地的草类、林下杂草等都是中生植物，是种类最多、分布最广、数量最大的陆生植物。

③ 旱生植物　是指生长在干旱的环境中并且在长时间干旱的条件下仍旧能够维持水分平衡和生长发育的一类植物。旱生植物在外部形态和内部构造上都产生了许多适应干旱环境的变化。叶片变小，退化成鳞片状、针状或刺毛状，叶表面具有较厚的角质层、蜡质层或茸毛，或茎叶具有发达的贮水薄壁组织；还有些植物根系和输导系统发达；还有的种类当体内水分降低时，叶片出现卷曲或折叠状。常用于园林上的旱生植物有：马尾松（*Pinus massoniana*）、天竺葵（*Pelargonium hortorum*）、石楠（*Photinia serrulata*）、山茶（*Camellia japonica*）、天门冬（*Asparagus cochinchinensis*）等。

4.3.4　植物对水分的调节作用

（1）增加空气湿度

园林植物具有很强的蒸腾作用，特别是在夏季，植物99%以上的水分消耗是通过叶面蒸腾进入大气之中。园林树木能遮挡大量的太阳热辐射，还具有降低风速的作用，能够阻碍水蒸气迅速扩散。因此，植物具有较好的增加空气相对湿度的效应。研究表明，一般森林的相对湿度比城市高36%，公园的相对湿度比城市其他区域高27%，即使在冬季，绿地的相对湿度也比非绿地地段高10%左右。相较而言，乔灌草配置的园林绿地降温增湿效果比单一的灌木林或草坪高很多。

（2）涵养水源，保持水土

对于森林群落而言，茂盛的林冠对降水存在截流作用，群落内的地被植物对水分有很强的吸滞作用，森林土壤孔隙度大，能保持大量水分，因此植物群落对降水形成了再分配。有植物的地表与无植物的地表相比水分条件发生了很大变化。

4.3.5　城市水环境与园林植物

4.3.5.1　城市区域水环境的特点

城市地区的降水主要受到所处的地理位置的影响。此外，由于城市地区人口密集，耗水量大，城市下垫面与自然地面存在很大的差异，城市地区的水环境特征显著不同于周围农村地区，有其特殊性，主要体现在：

（1）城市地区降水量大

城市地区建筑物的增多，大大提升了城市下垫面的粗糙度，特别是一些高层建筑强烈阻碍通过城市的空气流，在小区域内形成涡流，导致"堆积"现象。另外，城市上空大气污染物的浓度远高于郊区，堆积的气流在丰富的凝结核作用下易形成降水，因此，城市地区的降水量强度和频度均高于郊区（表 4-2）。

表 4-2　世界不同城市年均降雨量的城乡差别

城　市	记录年数（年）	年均降水量（mm）		
		市区	郊区	城郊差别
莫斯科	17	605	539	+11
慕尼黑	30	906	843	+8
芝加哥	12	871	812	+7
厄巴拉	30	948	873	+9
圣路易斯	22	876	833	+5

（2）城市空气湿度低、云雾多

由于城市下垫面粗糙度大，又有城市热岛效应，其空气机械湍流和热力湍流都强于郊区，通过湍流的垂直交换，城区低层水汽向上空空气的输送量又比郊区多，这两者均导致城区近地面的水汽压小于郊区，表现为城市空气湿度低，形成"城市干岛"；同时，城市上空大气颗粒污染物为雾的形成提供了丰富的凝结核，建筑群的存在则降低了风速，为雾的形成提供了合适的风速条件。当城市近地面空气的相对湿度接近或达到饱和时，水汽在凝结核上凝结为水滴，这些小水滴与城市烟尘悬浮在城市低空形成雾障。

（3）城市径流量增加

在自然环境中，地表有良好的透水性和较大的孔隙度。在城市地区，由于人类活动的影响，城市土壤发生显著性变化，自然土壤地面少，街道、广场和建筑物均铺有不透水的钢筋混凝土和沥青，排水系统管网化，近 2/3 的雨水流入下水道形成地表径流，加之城市区域河道系统经过整治改造，输水能力提高的同时，自然河道和低洼地的调蓄能力下降。因此，降雨来临时，洪水峰值来得早，峰值高，但持续时间短。

（4）城市区域水体污染严重

水污染是指进入水体中的污染物质超出了水体的自净能力，使水体的组成和性质发生变化，从而使动植物生长环境恶化，人类生活与生产受到不良影响。城市区域常见的水体污染类型有水体富营养化、有毒物质污染、热污染以及需氧物质污染四大类。

① 水体富营养化（eutrophication）　是指水体中氮、磷、钾等营养物质过多，导致水中的浮游生物（主要是藻类）过度繁殖。水体富营养化之后，大量有机物残体分解以及浮游植物呼吸耗氧，水体中溶氧量明显减少，水体浑浊、透明度降低，严重时导致水中动物窒息死亡。有些水生藻类死亡后残体分解还会产生毒素，水生动物积累毒

素后通过食物链进入人体，可能危害人类健康。

② 城市水体有毒物质污染　主要包括两大类：一类是指汞、铬、铜等重金属，主要来自工矿企业所排的废水；另一类是指有机氯、有机磷、芳香族氨基化合物等化工产品，这类污染物不易被微生物分解，有些是致癌、致畸物质。

③ 城市水体热污染　是指如火力发电厂等城市工业生产过程产生的废余热散发到水体中，使水体温度明显提高，影响水生生物生长发育过程的现象。研究表明，水体温度的微小变化都会影响到生物多样性的变化，温度过高将导致水生生物处于死亡的边缘。

④ 需氧物质污染　近年来，城市生活污水量越来越大，其中含有大量糖类、蛋白质、油脂、木质素等有机物质。这些物质以悬浮或溶解状态存在，需要通过微生物进行分解，在分解过程中需要消耗水中的溶解氧，因此叫作需氧物质。这类污染物的主要危害是造成水体中溶解氧的减少，影响鱼类和其他水生生物的生长。当水体中溶解氧消耗殆尽，有机物质进行厌氧分解，会产生硫化氢、氨和硫醇等，使水质进一步恶化。

4.3.5.2　植被对水体的净化

植物对水污染的净化作用主要表现在两个方面：一是植物的富集作用。植物可以吸收水体中的溶解质，植物体对元素的富集浓度是水中浓度的几十至几千倍，对净化城市污水有明显的作用。例如，水葱对酚的吸收、积累和代谢的特征，净化含酚废水，水葱具有庞大的气腔和根茎，生活力强，吸收能力高，而且干枯的植株漂浮水面，使水葱吸收的酚不至于重返水中或沉积于淤泥中。二是植物具有代谢解毒的能力。如氰化物是一种毒性很强的物质，但通过植物的吸收，在植物体内与丝氨酸结合变成腈丙氨，再转变成天冬酰胺，最终变为无毒的天冬氨酸。

植物对水污染的净化功能，可直接用于城市污水处理。如将污水有控制地投配到生长有多年生牧草、坡度缓和、土壤渗透性低的坡面上。污水沿坡面缓慢流动，从而达到净水的目的。同时，可以选取吸收有毒物质能力较强的观赏植物，既可以美化环境，也可以达到净化环境的目的。

4.4　大气与园林植物

大气是指包围在地球外围的空气层。大气中含有植物生活所必需的物质，如光合作用需要的二氧化碳和呼吸作用需要的氧气，对流层中还含有水汽、粉尘等，它们在热量的作用下，形成风、雨、霜、雪、露、雾和冰雹等，调节地球环境的水热平衡，影响生物的生长发育。

大气因子中，影响园林植物生长发育的因素主要是大气污染和风。

4.4.1　大气污染与园林植物

大气污染是指人类活动向大气中排放的有害物质过多，超过大气及生态系统的自净能力，破坏了生物和生态系统的正常生存和发展条件，对生物和环境造成危害的现象。

4.4.1.1　大气污染的种类

大气污染物种类很多。按污染物的来源，大气污染可分为自然污染和人为污染两种。自然污染发生于自然过程本身，如火山爆发、沙尘暴等；人为污染由人类生产活动引起，如燃料燃烧、工业生产中的废气排放、交通运输工具的尾气排放等（表4-3）。

大气污染按其存在状态可分为颗粒状污染物和气态污染物两大类。颗粒状污染物是指空气中分散的、微小的固态或液态物质，一般可分为烟、雾、灰霾和粉尘等。气态污染物是指直接进入大气的气态污染物（即初级污染物），主要包括硫氧化物、氮氧化物、碳氢化物、碳氧化物等（表4-3）。

表4-3　主要大气污染物质

名　称	成　分	主要来源
SO_x	SO_2 和 SO_3	燃烧含硫的煤和石油等燃料
NO_x	NO 和 NO_2	矿物质的燃烧、化工厂及金属冶炼厂所排放的废气、汽车尾气等
CO_x	CO 和 CO_2	燃料燃烧、汽车尾气、生物呼吸等
颗粒污染物	降尘、飘尘、气溶胶等	燃料不完全燃烧的产物，采矿、冶金、建材、化工等多种工业

4.4.1.2　大气污染对园林植物的危害

大气污染对园林植物的危害是从叶片开始的。污染物不同，对园林植物的危害方式也不同。

固体颗粒，如煤、石灰粉尘、硫黄粉等，大量吸附在植物叶片上，一方面堵塞叶子的气孔及皮孔，阻挡空气的顺利交换和水分的蒸腾，同时还起到遮光作用，降低光合强度；另一方面，微尘中的一些有毒物质可溶解渗透，进入到植物体内毒害植物，并且植物易遭受附着在粉尘上的病菌感染，影响植物的生长发育。

气态污染物可以从叶片气孔侵入，然后扩散到叶肉组织和植物体的其他部分。污染物进入叶片后，损害叶片内部结构，影响气孔关闭，干扰光合作用、呼吸作用和蒸腾作用的正常进行，并破坏酶活性，同时有毒物质还能在植物体内进一步分解或参与合成，产生新的有害物质，进一步危害植物。

由于大气污染物多数是通过气孔进入植物的，植物首先受害的往往是叶片，受不同气体危害，叶片表现出的症状也不同。

(1) 二氧化硫（SO_2）对园林植物的危害

一般来讲，大气中的 SO_2 浓度超过 0.3mol/L，园林植物就能够表现出受伤害症状。SO_2 通过叶片呼吸进入组织内部后积累到致死浓度时，使细胞酸化中毒，叶绿体破坏，细胞变形，发生质壁分离，从而在叶片的外观形态上表现出不同程度的受害症状。大部分阔叶树受 SO_2 危害后，在叶片的脉间出现大小不等、形态不同的坏死斑，因树种不同而呈现出褐色、棕色或浅黄色。受害部分与健康组织之间界限明显。针叶树受害后，叶色褪绿变浅，针叶顶部出现黄色坏死斑或褐色环状斑，并逐渐向叶基部扩展至整个针叶，最后针叶枯萎脱落。受害最严重的是当年发育完全的成熟叶，老叶和未成熟的叶受害较轻。

(2) 氯气(Cl_2)对园林植物的危害

Cl_2 对园林植物的危害表现在：使原生质膜和细胞壁解体，叶绿体受到破坏。树木受到 Cl_2 危害后的主要症状为出现水渍斑，在低浓度时水渍斑消退，出现褐色或褪绿斑，褪绿多发生在脉间。阔叶树受 Cl_2 危害后，症状最重的是发育完全生理活动旺盛的功能叶；针叶树受害后，叶色褪绿变浅，针叶顶端产生黄色或棕褐色伤斑，随症状发展向叶基部扩展，最后针叶枯萎脱落，与 SO_2 所产生的症状相似。

(3) 氟化氢(HF)对园林植物的危害

HF 使组织产生酸性伤害，原生质凝缩，叶绿素受到破坏。阔叶树受害后，叶尖和叶缘处出现褐色或深褐色坏死斑，坏死斑自叶尖沿叶缘向叶基部扩展，坏死斑与健康组织之间界限明显。针叶树受害后，针叶尖端出现棕色或红棕色坏死斑，与健康组织界限明显，最后干枯脱落。由于针叶树对氟化物十分敏感，大气中 HF 浓度在 $0.003mol/L$ 时就可以危害到园林植物。所以一般有氟化物的地方，很少有针叶树生长。

植物受 HF 危害后，枝条顶端的幼叶受害最重，这是与 SO_2 和氯气受害症状最显著的区别。

(4) 光化学烟雾对园林植物的危害

光化学烟雾是由汽车和工厂排放的氮氧化合物和碳氢化合物在太阳紫外线照射下，发生光化学反应产生的混合烟雾，其主要成分是臭氧。一般臭氧浓度超过 $0.05mol/L$ 时就会对植物造成伤害，主要破坏栅栏组织细胞壁和表层细胞，植物受害后，叶片失绿，叶表现出褐色、红棕色或白色斑点，斑点较细，一般分布整个叶片。

4.4.1.3　园林植物对大气的净化作用

园林植物对大气的净化作用主要表现为滞尘，吸收有毒气体，减少细菌，减弱噪声，吸收二氧化碳，释放氧气，增加空气负离子以及吸收放射性物质等。

(1) 滞尘

在重力和风的作用下，粉尘可沉降在植物表面，通过其枝叶对粉尘的截留和吸附作用，从而实现滞尘效应。当含尘气流经过树冠时，一部分颗粒较大的灰尘被树叶阻挡而降落；另一部分滞留在枝叶表面。园林植物枝叶对粉尘的截留和吸附是暂时的，随着下一次降雨的到来，粉尘被雨水冲洗掉，在这个间隔时期内，有的粉尘可由于风力或其他外力的作用而重新返回空气中。不同植物的滞尘能力和滞尘积累也有差异。

园林植物的滞尘量与叶片形态结构、叶面粗糙程度等因素有关。一般叶片宽大、平展、硬挺而风刮不易抖动，叶面粗糙的植物能吸滞大量的粉尘，如山毛榉林吸附灰尘量为同面积云杉林的 8 倍，而叶片光滑无茸毛（如小叶黄杨、紫叶小檗）的植物滞尘能力相对较弱，如杨树林的吸尘量仅为同面积榆树林的 1/7。此外，松柏类的总叶面积较大，并能分泌树脂、黏液，滞尘能力普遍较强。

园林植物的滞尘作用，也因季节不同而不同，如冬季叶量少，甚至落叶，滞尘能力弱，夏季滞尘作用最强。据测定，即使在树木落叶期间，它的枝丫、树皮也有蒙滞作用，也能减少空气含尘量的 18%~20%。有些植物单位叶面积滞尘量虽不高，但它的树冠高大、枝叶茂密，总叶面积大，所以植物个体滞尘能力就十分显著。

在我国，吸滞粉尘能力强的常见园林树种北方地区有刺槐、沙枣、槐树、榆树、核桃、构树、侧柏、圆柏、梧桐等；中部地区有榆树、朴树、木槿、梧桐、悬铃木、女贞、广玉兰、臭椿、龙柏、圆柏、楸树、刺槐、构树、桑树、夹竹桃、丝棉木、紫薇、乌桕等；南方地区有构树、桑树、鸡蛋花、黄槿、刺桐、吊灯树、黄槐、苦楝、黄葛榕、夹竹桃、高山榕、银桦等。

（2）吸收有毒气体

园林植物通过叶片吸收大气中的有毒物质，降低大气中有毒物质的含量，避免有毒气体积累到有害程度，从而达到净化大气的目的。

有毒物质在被植物吸收后，并不是完全被积累在植物体类，植物能使某些有毒物质在体内分解、转化为无毒物质，或毒性减弱。例如，SO_2 进入植物细胞后会引发一系列的氧化反应，产生大量的 H_2O_2、HSO_3^-、OH^- 等自由基和其他的活性氧，从而促使组成膜的类脂发生过氧化作用，并因此产生出新的自由基。植物体内的抗氧化酶、抗氧化物等能够清除自由基，降低 SO_2 产生的伤害作用。在清除过氧化物的同时，气态 SO_2 转化为亚硫酸，进一步转化为毒性比亚硫酸小的硫酸，在降低伤害的同时，S 元素也在叶片不断积累。

（3）杀菌抑菌作用

园林植物可以减少空气中的细菌数量，其原因有两方面：一方面，尘埃是细菌等的生活载体，园林植物的滞尘作用减少细菌载体，从而使大气中的细菌数量减少；另一方面，许多园林植物能分泌杀菌素，这些由芽、叶、枝干和花所分泌的挥发性物质能杀死细菌、真菌和原生动物。据测定，$1hm^2$ 松柏林 24h 可分泌 30kg 杀菌素，城市中绿化区域与无绿化的街道相比，每立方米空气中的细菌含量要减少 85% 以上。

常见的具有杀灭细菌等微生物能力的树种主要有松、冷杉、圆柏、侧柏、雪松、柳杉、黄栌、盐肤木、锦熟黄杨、大叶冬青、大叶黄杨、沙枣、核桃、黑核桃、月桂、欧洲七叶树、合欢、树锦鸡儿、刺槐、紫薇、广玉兰、木槿、楝树、大叶桉、蓝桉、柠檬桉、茉莉、女贞、丁香、悬铃木、石榴、枣树、枇杷、火棘、一些蔷薇属植物、银白杨、垂柳、栾树、臭椿等。

（4）减弱噪声

园林植物的减噪效应原理主要有两个方面：一方面是噪声声波被树叶各个方向不规则反射而使声音减弱；另一方面是噪声声波造成树叶、枝条轻微振荡而使声能部分消耗。因此，树冠的大小、形状及边缘凹凸的程度，树叶的厚薄、软硬及叶面的光滑度等，都与减噪的效果有关。

不同园林植物由于其外部形态等不同，其减噪效果有所不同。一般认为，叶片重叠排列、形状大、健壮、坚硬的树种减噪效果好，分枝低、树冠低的乔木比分枝高、树冠高的乔木减噪作用大。其中，阔叶树的树冠能吸收其上面声能的26%，反射和散射74%，而且有关研究指出，森林能更强烈地吸收和优先吸收对人体危害最大的高频噪声和低频噪声。

不同类型的绿地减弱噪声的效果也不同，阔叶林比针叶林减弱噪声效果好，疏散栽植的树丛比成行排列的效果好，宽林带比窄林带效果好，不同树种混种比单一树种效果好，乔木、灌木、草本相结合的绿化带减弱噪声效果最好。据测定，100m宽的片林可降低汽车噪声30%，40m宽的林带可以减弱噪声10～15dB，30m宽的林带可以减弱噪声6～8dB，4.4m宽的绿篱可减弱噪声6dB；攀缘植物覆盖屋顶，屋内噪声强度可减少50%。

4.4.2　风与园林植物

4.4.2.1　城市风环境

风是决定城市大气污染自然净化的主要因素。风可以让城市中的污染物迅速稀释扩散。在同一个区域，即使污染物排放保持一致，大气环境的质量可能存在很大的差异。这种差异就是由于不断改变的城市近地风状况造成的。城市内部的近地风速与风向对污染物的输送和扩散稀释造成很大差异，在不同的城市风环境状况下，同一污染源所造成的近地面局地大气污染浓度可相差几十倍乃至几百倍。

此外，风速直接决定污染物稀释的速度。当风速小时，会把吹来的污染物堆积起来，致使城市近地面污染浓度增高，造成严重污染。风速除了稀释作用外，还影响输送距离，由于强风，污染物可能输送很长距离，使浓度变得很小，相对来说危害性不大。因此，最大的污染状况经常出现在城市无风或静风的时候。

4.4.2.2　风对园林植物的影响

（1）风对园林植物生长的影响

风对园林植物蒸腾作用的影响非常显著。据测定，风速达0.2～0.3m/s时，能使蒸腾作用加强3倍。适度的风可促进植物蒸腾作用，降低植物体温度，提高植物对养分、水分的吸收效率。从而营造局部特殊的小气候，使得在园林中局部地方，可以栽种不同的植物。但当风速较大时，植物蒸腾作用过大，消耗水分过多，植物根系不能供应足够的水分满足蒸腾作用所需，叶片气孔便会关闭，光合作用因此下降，植物生长减弱。

适度的风还可以促进园林植物的光合作用和呼吸作用。微风能加快空气流通，使得由于植物光合作用降低的二氧化碳浓度升高，促进光合作用的进行，因此适当速度的风能促进植物生长。有研究表明，温室中植物长得细弱与缺乏风引起的机械运动有关。但长时间强风吹袭下，植物会降低生长量，使器官小型化、旱生，甚至发生枯梢和干死。

（2）风对园林植物繁殖的影响

风对园林植物繁殖的影响，主要体现在"风播"和"风媒"上。有些种子靠风传播到远处，称为风播种子，如兰、石楠、列当等种子。有许多植物靠风授粉，称为风媒植物，如榛、杨、柳、榆等。风影响植物花粉的传播、种子和果实的散布。无风时，风媒植物不能授粉，风播植物不能传播他处，这对植物的繁殖产生了一定的影响。另外，风还可以传播病原体和害虫，造成病虫害蔓延，从而对园林植物造成危害。

（3）风对园林植物的机械损害影响

风对园林植物的机械损害是指折断枝干、拔根等，其危害程度主要决定于风速、风的阵发性和植物的抗风性、环境特点等。在强风的作用下，植物枝干被吹断，叶片受到损伤，花果吹落，严重影响其观赏价值，而一些浅根性树种甚至被连根刮倒。特别是对受病虫危害、老龄过熟、生长衰退的树木，其危害更为严重。

不同树种对大风的抵抗力不同。一般来说，凡树冠紧密、材质坚韧、根系深广强大的树木抗风力强，而树冠庞大、材质柔软或硬脆、根系浅者抗风力弱。而同一树种也因繁殖方法、立地条件和栽培方式不同而各有差异。扦插繁殖者比播种繁殖者根系浅，故易风倒。在土壤松软而地下水位较高处根系浅，树木易风倒。稀疏种植的树木和孤立树木比密植树木易受风害。在城市地区，硬质铺装地面积大，土壤紧实，透气性差，会导致一些园林树木根系不发达，分布较浅，更易风倒。

（4）风对园林植物形态的影响

在多风的环境下，会引起植物叶面积减小，节间缩短，变得低矮、平展。例如，生长在高海拔地区的树木往往低矮弯曲，这是常年遭受大风影响造成的。盛行一个方向强风的地区常形成"旗形树"，这是因为树木向风面的芽，受风作用常干枯死亡，背风面成活芽较多，枝条生长较好，如黄山迎客松。

4.4.2.3 　 防风林带

防风林带可以有效地防止强风，大大改善生态环境。而防风林带减弱风速的程度，主要决定于植物的体形大小、枝叶茂密程度。一般乔木的防风能力大于灌木，灌木又大于草本植物；阔叶树比针叶树防风效果好，常绿阔叶又优于落叶阔叶树；深根性树种强于浅根性树种；木材坚韧者强于材质脆弱者。

防风林带结构的设计，应考虑风状况、庇护作物类型等因素的影响。一般认为，防风林带宜采用深根性、材质坚韧、叶面积小、抗风力强的树种。林带防风范围在林前（迎风面）为林带高度的 5~10 倍，林后（背风面）为林带高度的 30 倍左右，防风效应较好的是上面稠密、下面透风的透风林带和上面透风、下面稀疏的疏透林带；太密林带防风距离小，太稀林带防风效果小。

4.5 　 土壤与园林植物

土壤能为植物提供生长所必需的矿质营养元素和水分，以保证植物正常的生理活动，土壤也对植物起支撑作用。由于植物的根系和土壤直接接触，因而土壤的质地、酸碱度、含盐量以及微生物等因素，对园林植物的生长发育具有重要影响。

4.5.1　土壤质地

土壤是由固体、液体和气体组成的三相系统，其中固体颗粒是组成土壤的物质基础，占土壤总重量的85%以上。这些由不同大小的固体颗粒的组合称为土壤质地。土壤按质地可分为砂土（sandy soil）、壤土（loamy soil）、黏土（clayey soil）三大类。同一类别中由于砂黏程度的差别又有不同名称，如砂壤土、轻壤土、中壤土和重壤土等。

国际制土壤质地分类称为三级分类法，按砂粒、粉砂粒、黏粒的质量分数百分比组合将土壤质地划分为4类12级，具体分类标准见表4-4。

表4-4　国际制土壤质地分类表

质地类别	质地名称	各级土粒质量（%）		
		黏粒（<0.002mm）	粉砂粒（0.002~0.02mm）	砂粒（0.02~2mm）
砂土类	砂土及壤质砂土	0~15	0~15	85~100
壤土类	砂质壤土	0~15	0~45	55~85
	壤　土	0~15	30~45	40~55
	粉砂质壤土	0~15	45~100	0~55
黏壤土类	砂质黏壤土	15~25	0~30	55~85
	黏壤土	15~25	20~45	30~55
	粉砂质壤土	15~25	45~85	0~40
黏土类	砂质黏土	25~45	0~20	55~75
	壤质黏土	25~45	0~45	10~55
	粉砂质黏土	25~45	45~75	0~30
	黏　土	45~65	0~35	0~55
	重黏土	65~100	0~35	0~35

（1）砂土类

砂质土颗粒间空隙大，总孔隙度低，毛管作用弱，保水性差，通气透水性强。矿物质成分以石英为主，养分贫乏；由于颗粒大，比表面小，吸附、保持养分能力较差；好氧性微生物活动旺盛，土壤中有机养分分解迅速，供肥性强但持续时间短，易发生植物苗木生长后期脱肥现象，即生产上的"发小苗不发老苗"现象。砂质土热容量小，土温不稳定，昼夜温差大。早春时节，砂质土易于转暖，有利于植物苗木早生快发。砂质土松散易耕，耕作质量较好，耕后疏松不板结，植物种子容易出苗和扎根。

（2）黏土类

黏质土壤颗粒细小，土壤总孔隙度高，但粒间空隙较小，通气透水性差，土壤内部排水困难，容易积水而涝。土中胶体数量多，比表面大，吸附能力强，保水保肥性好；矿质营养丰富，富含钾、钙、镁等营养元素；供肥能力相对平稳，但前期弱后期强，即"发老苗不发小苗"。黏质土蓄水多，热容量大，温度稳定。因其通气性能较差，容易产生还原性气体，影响植物正常生长。黏质土比较紧实，易板结，耕作费力，易耕期短；受干湿影响，常形成龟裂，使植物苗木根系伸展受阻。

（3）壤质土

壤质土是介于砂质土和黏质土之间的土壤质地类型。其中砂粒、粉粒和黏粒含量比较适宜，因而同时兼具砂质土和黏质土的优点，砂黏适中，土壤大小空隙比例适当，通气透水性好，土温稳定。养分含量较高，有机质分解速度适当，既有保水保肥的能力，又有较强的供水供肥性，耕作性表现良好。壤质土中水、肥、气、热以及植物扎根条件协调，适种范围较广，是园林植物生长较为理想的土壤质地类型。

4.5.2　土壤酸碱度

依照中国科学院南京土壤研究所 1978 年的标准，我国的土壤酸碱度可分为五级，即强酸性为 pH < 5.0，酸性为 pH 5.0～6.5，中性为 pH 6.5～7.5，碱性为 pH 7.5～8.5，强碱性为 pH > 8.5。依据园林植物对土壤酸碱度的要求，可分为以下 3 类：

① 酸性土植物　在土壤 pH 值小于 6.5 时生长最好，在碱性土或钙质土上生长不良或不能生长。酸性土植物主要分布于暖热多雨的地区。常见的酸性植物有马尾松、池杉、红松、白桦、山茶、映山红、杜鹃花、吊钟花、栀子、桉树、含笑、红千层、苏铁、珙桐、木荷、红花檵木、马醉木、六月雪等。

② 碱性土植物　碱性土植物适宜生长于 pH 值大于 7.5 的土壤中。碱性土植物大多数是在大陆性气候条件下的产物，多分布于炎热干燥的环境中。如柽柳、红柳、沙棘、桂香柳、仙人掌、侧柏、紫穗槐等。

③ 中性土植物　中性土植物在土壤 pH 值为 6.5～7.5 之间最为适宜，大多数观赏植物都是中性土植物，如水松、桑树、苹果、樱花、金鱼草、香豌豆、紫苑、风信子、郁金香、四季报春等。

4.5.3　土壤含盐量

盐碱土是盐土和碱土以及各种盐化和碱化土的统称。盐土是指含有大量可溶性盐类而使大多数植物不能生长的土壤，其含盐量一般达 0.6%～1.0% 或更高；碱土是以含碳酸钠和碳酸氢钠为主，pH 值呈强碱性的土壤，多见于干旱、少雨的内陆。

根据植物在盐碱土上生长发育的类型，可分为：

① 喜盐植物　对一般植物而言，土壤含盐量超过 0.6% 时即不能生长，但喜盐植物却可在含盐量达 1% 的土壤上生长。如分布于干旱盐土地区的旱生喜盐植物乌苏里碱蓬、海蓬子等，分布于沿海滨河地带的湿生喜盐植物盐蓬等。

② 抗盐植物　植物的根细胞膜对盐类的透性很小，所以很少吸收土壤中的盐类。如田菁、盐地风毛菊等。

③ 耐盐植物　植物能从土壤中吸收盐分，但并不在体内积累，而是将多余的盐分经茎、叶上的盐腺排出体外，即有泌盐作用。如柽柳、大米草、二色补血草和红树等。

实际上，真正的喜盐植物较少，但耐盐植物居多，可用于盐碱地区的植物景观营造。常用的耐盐碱树种有：柽柳、白榆、加拿大杨、小叶杨、食盐树、桑、旱柳、杞柳、苦楝、臭椿、刺槐、紫穗槐、白刺花、黑松、皂荚、美国白蜡、桂香柳、合欢、乌桕、枣、复叶槭、杏、钻天杨、胡杨、侧柏等。

4.5.4　土壤微生物

土壤微生物是指土壤中肉眼无法辨认的微小有机体，包括细菌、真菌、放线菌、藻类和原生动物五大类。微生物在土壤中的作用是多方面的，对土壤的形成和发育、有机质的矿化和腐殖化、养分的循环和转化都有直接的影响。有的微生物能产生生长调节物质，这类物质在低浓度时刺激植物生长，而在高浓度时则起抑制作用。

根瘤菌能自由生存在土壤中，豆科（最近的分类系统中称为豆目，下同）植物根系能与土壤中的根瘤菌共生。根瘤菌侵入豆科植物根系，形成根瘤，并在根瘤中固氮，被固定的氮可转化为氨基酸供豆科植物利用，豆科植物则为根瘤菌提供糖类等碳水化合物。一些非豆科植物也能共生固氮，形成根瘤或叶瘤，已经报道的非豆科共生固氮植物有 8 科 21 属 192 种。许多学者认为，非豆科共生固氮植物对自然系统提供氮素的经济意义超过了豆科固氮植物。如桤木是非豆科固氮树种，红桤木林每年固氮可达 320 kg/hm^2；作为伴生树种，它能有效地促进下列树种生长：白蜡属、核桃属、美国枫杨、鹅掌楸属、悬铃木属、杨树、北美黄杉、云杉属以及柏木等。

外生菌根真菌与多种树根共栖，由于真菌的侵染，根的形态发生了变化，从而能接触更多的土壤，因此增加了对磷酸盐的吸收。

菌根是真菌和高等植物根系结合而共生的，在高等植物的许多属中都有发现。特别是真菌与兰科、杜鹃花科植物形成的菌根相互依存尤为明显。兰科植物的种子没有菌根、真菌共存就不能发芽，杜鹃花科植物的种苗没有菌根共存也不能成活。

4.5.5　园林植物栽培的其他基质

园林植物除了在自然土壤中栽培外，温室木本花卉、盆栽木本花卉和树木无性繁殖时还大量使用栽培基质。栽培基质应具备营养成分完整且丰富、通气透水性好、保水保肥能力强、酸碱度适宜或易于调节、无异味、无有毒物质和不易滋生病虫等条件。常用的栽培基质有以下几种：

① 河沙及砂土　取自河床或沙地，河沙及砂土养分含量很低，但是通气透水性好，pH 7.0 左右，一般用于掺入其他培养基质中，以利于排水。

② 园土　取自菜园、果园等地表层的土壤。含有一定腐殖质，并有较好的物理性质，常作为多数培养土的基本材料。

③腐叶土　又称腐殖土，是植物枝叶在土壤中经过微生物分解发酵后形成的营养

土。其土质疏松，营养丰富，腐殖质含量高，pH 4.6～5.2，为应用最广泛的培养土；注意堆积时应提供有利于发酵的条件，贮存时间不宜超过 4 年。

④松针土　用松、柏等针叶树的落叶或苔藓类植物经约一年的时间堆积腐熟而成。松针土属于强酸性土壤，pH 3.5～4.0，腐殖质含量高，适宜于栽培喜酸性土的植物，如杜鹃花、山茶等。

⑤沼泽土　取沼泽地上层 10 cm 土壤直接作栽培土或用水草酸腐烂而成的草炭土代替。沼泽土为黑色，腐殖质丰富且呈强酸性反应，pH 4.6～5.2；草炭土一般为微酸性，用于栽培喜酸性土的木本花卉及针叶树。

⑥泥炭土　取自山林泥炭藓长期生长并炭化的土壤。泥炭土一般有两种，一是褐泥炭，黄至褐色，富含腐殖质，pH 6.0～6.5，具有防腐作用，适宜于加河沙后作扦插床用土；二是黑泥炭，矿物质含量丰富，有机质含量较少，pH 6.5～7.4。

⑦堆肥土　用植物的残枝落叶、青草或有机废弃物与田园土分层堆积，每年翻动 2 次，经充分发酵而成。堆肥土含有丰富的腐殖酸和矿物质，pH 6.5～7.4，原料易得，但因需充分发酵而制备时间长。制备时应保持潮湿、堆积疏松，使用前需消毒。

⑧腐木屑　由锯末或碎木屑腐化而成，腐木屑的有机质含量高，保水保肥能力强，如果加入人粪尿腐化效果更好。

⑨蛭石、珍珠岩　不含营养物质，但其保肥保水性、通透性好，卫生洁净，一般作扦插用的插壤，利于插穗成活。在室内盆栽中也广泛使用。

⑩煤渣　含有矿物质，卫生清洁，通透性好，多用于排水层。

4.5.6　城市土壤特征

城市的土壤由于深受人类各种行为活动的影响，其物理、化学和生物学特性都与自然状态下的土壤有较大差异。城市土壤的特殊性对园林植物的生长发育产生了影响，从而对园林植物的栽培养护提出了更高的要求。

4.5.6.1　城市土壤特征

（1）土壤污染

当土壤中的有害物质含量过高，超过了土壤的自净能力时，会导致土壤自然功能失调，从而影响植物的生长和发育，且污染物可以在植物体内积累，通过食物链危害人类健康。

根据污染物的性质，可分为物理污染物、化学污染物和生物污染物三大类。物理污染物主要由城市建筑与生活垃圾、工业废渣以及废弃农膜等构成。化学污染物可分为无机污染物和有机污染物两大类，前者主要包括各种重金属、放射性元素、氟化物以及酸、碱、盐等物质；后者主要有苯类、酚类、氰化物、有机农药、除草剂、洗涤剂、石油及其产品等。生物污染物指来自粪肥、城市污水、垃圾或不合理轮作的寄生虫卵和有害微生物。

根据土壤污染物的来源及其污染途径，土壤污染可分为水质污染型、大气污染型、固体废弃物污染型、生产污染型。其中前3种发生类型可谓"三废污染型"，主要由"三废"不合理排放引起，后一种发生类型如农药、化肥污染等。如果几种类型的污染同时存在，则为综合污染型。

① 水质污染型 水质污染型的土壤污染源主要是工业废水、城市生活污水和受污染的地面水体。污染的途径主要为污水灌溉，另外，污水的直接排放、渗漏都会使土壤遭受污染。污染物的种类复杂，重金属、酸、碱、盐和有机物等都可能造成较严重的污染。重金属是土壤的主要污染物，它不能被微生物所降解，可在生物体内富集，其中常见的有镉、铬、汞、砷、铅等。一般自然土壤中也含有重金属元素，其浓度称为背景值，在不同土壤中重金属的背景值各异。

② 大气污染型 大气污染型的土壤污染可表现在很多方面，但以大气酸沉降(酸雨)、工业飘尘(散落物)及汽车尾气等最为普遍。大气酸沉降既可直接危害植物的地上部分，也可加剧土壤酸化。土壤酸化后，钙、镁、钾等养分元素有效性降低，而铝、锰、镉、铅等重金属的有效性却升高，土壤微生物系统被扰乱，结构破坏，易板结。

在城市和工业环境中，工业散落物对土壤表层的污染是相当普遍的。燃煤和冶炼厂飘尘中的污染物主要是重金属，有些工业飘尘(如水泥厂)中还有大量的碳酸盐。

一般认为，铅污染的主要来源是汽车尾气，而汽车轮胎的添加剂中含有锌，所以汽车轮胎磨损产生的粉尘是土壤锌污染的来源。

③ 固体废弃物污染型 固体废弃物包括工矿业废渣、城市垃圾(建筑和生活垃圾)及污泥，固体废弃物的种类和数量已经成为城市土壤分类的依据之一。这些废弃物多采取就地填埋，极大地改变了原自然土壤的特性，形成了具有自身特点的城市堆垫土，特别是一些历史悠久的城市，如北京老城区(二环以内)的大部分地段堆垫土深达 2～4m，少数地段达 4～6m，而在一些新发展起来的城区，堆垫土一般小于 1m。

④ 生产污染型 即化肥、农药的过度使用以及使用不当导致的土壤污染。化肥既是植物生长必需营养元素的供给源，又是日益增长的环境污染因子，而农药引起的环境污染历来就受到重视。由于原料、杂质以及生产工艺流程的污染，化肥中常含有一些副成分，包括重金属元素、有毒有机化合物及放射性物质等。长期施用化肥的情况下，这些物质在土壤中积累，从而产生土壤污染。农药对土壤的污染主要是破坏土壤的微生物及动物体系，影响盐分转化，有时也伤及植物的根系和发芽的种子。

⑤ 综合污染型 在现实中，土壤污染的发生往往是多源性的。对于同一区域受污染的土壤，其污染源可能同时来自污灌、大气酸沉降和工业飘尘、垃圾或污泥堆积以及农药、化肥等。因此，土壤污染往往是综合型的，土壤中的污染物质也往往是多种多样的。

(2) 土壤紧实

土壤紧实度(soil compaction)是衡量土壤疏松或紧实程度的重要指标，用单位体积或面积土壤所能承受的重量(土壤硬度，soil hardness)或者单位体积自然干燥土壤的质量(土壤容重，soil bulk density)等参数表示。在城市地区，由于人流的践踏和车辆的碾压，土壤紧实度明显高于周边郊区。土壤紧实度增加，土壤孔隙度相应减少，一方面使得大气降水渗入地下部分减少，地表径流增加；另一方面，土壤中氧气含量严重不足，对树木根系进行呼吸作用等生理活动产生严重影响，严重时可导致根组织窒息死亡，对通气性要求较高的植物如油松、白皮松、云杉、合欢等树种受影响尤为明显。

为了降低城市土壤的紧实度，可通过往土壤中掺入碎树枝、腐叶土等多孔性有机物或者混入适量的粗砂粒、碎砖瓦等以改善通气状况。对已种植树木的过实地段，可多年分期改良。对根系分布范围内的地面通过设置围栏、种植树篱、覆盖有机废弃物或铺设透气砖等措施以防止践踏，可收到良好效果。

（3）土壤贫瘠

城市绿地植物的枯枝落叶常被当作垃圾被清除运走，使土壤营养元素循环中断，降低了土壤有机质的含量。而有机质是土壤氮素的主要来源，城市土壤中有机质的减少直接导致氮素的减少。

渣土是城市土壤中的重要组成部分。城市渣土所含养分既少且难以被植物吸收。随着渣土含量的增加，土壤可给总养分相对减少。石灰渣土可使土壤钙盐类增加和pH 值升高。由于 pH 值升高，不仅土壤中铁、磷的有效性降低，土壤微生物的活性以及对养分的释放作用也受到抑制。夹杂物的存在又使土壤中的黏粒含量相对减少，胶结物质减少，阳离子交换量降低，成为保肥性差的土壤类型。

4.5.6.2　城市污染土壤改良

土壤污染与大气污染、水污染不同，土壤中的污染物多被土壤胶体吸附，运动的速度非常缓慢，特别是一些化学性质稳定的污染物（如重金属）可在土壤中不断积累，甚至达到很高的浓度，因此对污染土壤的修复相对困难，目前国内外主要采用的修复措施有排土与客土改良、施用化学试剂和植物修复等。

① 排土与客土改良　即挖去污染土层，用清洁土壤改造污染土壤。这种土壤修复措施修复效果好，但投入大。在挖取客土时，要求客土有良好的结构，疏松，中性或弱酸、弱碱性，盐分含量适合植物的生长发育，有效养分丰富。

② 施用化学改良剂　应用化学改良剂可使重金属成为难溶性的化学物质。一些重金属元素如镉、铜、铅等在土壤嫌气条件下易生成硫化物沉淀，灌水并施用适量硫化钠可获得较好的效果。此外，磷酸盐可有效抑制镉、铅、铜、锌对植物的毒害作用。

③ 植物修复（phytoremediation）　植物修复技术的原理是利用植物能够忍耐和超量积累某种或者某些化学物质的原理，通过植物及其共存微生物体系清除环境中污染物的一种环境污染治理技术。目前普遍认为，利用植物修复来净化受重金属污染的土地，是一种成本较低且方便的做法。在污染土壤上选择栽种对重金属元素有较强吸附能力的植物，使土壤中的重金属转移到植物体内，然后对植物进行集中处理，从而降低土壤中重金属的含量。一些蕨类植物对许多重金属有极强的吸附能力，铬含量可高达 1.2g/kg，是土壤中铬含量的几倍甚至几十倍；向日葵、菊花体内镉含量可高达400mg/kg、180mg/kg，石松科的石松、地刷子，野牡丹科的野牡丹、铺地锦能富集

大量的铝;十字花科的遏蓝菜属($Thlaspi$)是目前世界上研究最多的超富集植物,植物地上部分锌、镉的含量分别可高达 33.6 g/kg 和 1.14 g/kg,东南景天($Sedum\ alfredii$)也被发现具有超富集锌的,地上部分锌含量可达 5 g/kg。

复习思考题

1. 简述光对园林植物的生态作用。
2. 试分析园林植物在夏季对城市温度的调节作用。
3. 试分析园林植物在建设海绵城市中的作用。
4. 大气污染是如何危害植物生长发育的?
5. 城市土壤有何特点?什么是植物修复?

推荐阅读书目

1. 城市环境生态学. 戴天兴, 戴靓华. 水利水电出版社, 2013.
2. 生态学(第四版). 李振基, 等. 科学出版社, 2014.
3. 城市生态与城市环境. 沈清基. 同济大学出版社, 1998.
4. 城市环境与生态学. 郑博福. 水利水电出版社, 2016.

参考文献

冯娴慧. 2014. 城市的风环境效应与通风改善的规划途径分析[J]. 风景园林生态规划与设计(5):97 - 102.

贺芳芳. 2017. 上海市郊林带的防风效应分析[J]. 中国农业气象, 28(4):399 - 402.

冷平生. 园林生态学[M]. 北京:中国农业出版社, 2003.

李新宇, 赵松婷, 李延明, 等. 2015. 北京常用园林植物滞留颗粒物能力评价[J]. 中国园林(3):72 - 75.

鲁敏, 李英杰. 2002. 部分园林植物对大气污染吸收净化能力的研究[J]. 山东建筑工程学院学报, 17(2):45 - 49.

宋志伟. 2008. 园林生态与环境保护[M]. 北京:中国农业大学出版社.

孙晓丹, 李海梅, 周春玲, 等. 2015. 园林植物消减大气颗粒研究进展[J]. 北方园林(24):184 - 188.

唐祥宁. 2006. 园林植物环境[M]. 重庆:重庆大学出版社.

温国胜, 杨京平, 陈秋夏. 2007. 园林生态学[M]. 北京:化学工业出版社.

严贤春. 2013. 园林植物栽培养护[M]. 北京:中国农业出版社.

张越. 2014. 试述环境对园林植物生长发育的影响[J]. 现代园艺(10):120 - 121.

第 5 章
园林植物繁殖、栽培与养护

5.1 园林植物繁殖

5.1.1 概述

园林植物繁殖是繁衍后代，保存种质资源的手段，只有将种质资源保存下来，繁殖一定的数量，才能为园林应用，并为植物选种、育种提供条件。不同种或不同品种的园林植物，各有其不同的适宜繁殖方法和时期。

(1) 有性繁殖（sexual propagation）

有性繁殖也称种子繁殖，是经过减数分裂形成的雌、雄配子结合后，产生的合子发育成的胚再生长发育成新个体的过程。近年来也有将种子中的胚取出，进行培养以形成新株，称为"胚培养"方法。大部分一、二年生草花和部分多年生草花常采用种子繁殖，这些种子大部分为 F_1 代种子，具有优良的性状，但需要每年制种。如翠菊、鸡冠花、一串红、金鱼草、金盏菊、百日草、三色堇、矮牵牛等。

(2) 无性繁殖（vegetative propagation）

无性繁殖也称营养繁殖，是用园林植物营养体的一部分（根、茎、叶、芽）为材料，利用植物细胞的全能性而获得新植株的繁殖方法。通常包括分生、扦插、嫁接、压条等方法。温室木本花卉，多年生花卉，多年生作一、二年生栽培的花卉常用分生、扦插方法繁殖，如一品红、变叶木、金盏菊、矮牵牛、瓜叶菊等。仙人掌类多浆植物也常采用扦插、嫁接繁殖。

(3) 孢子繁殖（spores propagation）

孢子是由蕨类植物孢子体直接产生的，它不经过两性结合，因此与种子的形成有本质的不同。蕨类植物中有不少种类为重要的观叶植物，除采用分株繁殖外，也可采用孢子繁殖法，如肾蕨属、铁线蕨属、蝙蝠蕨属等都可采用孢子繁殖。

(4) 组织培养（tissue culture）

组织培养是指将植物体的细胞、组织或器官的一部分，在无菌的条件下接种到特定的培养基上，在培养容器内进行培养，从而得到新植株的繁殖方法。组织培养又称为微体繁殖（micro propagation）。

5.1.2 播种繁殖

园林植物的种子一般都比较细小、质轻；采收、贮存、运输、播种均较简便；繁殖系数高，短时间内可以产生大量幼苗；实生幼苗生长势旺盛，寿命长。种子繁殖的缺点是对母株的性状不能全部遗传，易丧失优良种性，F_1代植株种子必然发生性状分离等。

5.1.2.1 种子萌发条件

一般园林植物的健康种子在适宜的水分、温度和氧气等条件下都能顺利萌发。

（1）水分

种子萌发需要吸收充足的水分。种子吸水膨胀后，种皮破裂，呼吸强度增大，各种酶的活性也随之加强，蛋白质及淀粉等贮藏物质分解、转化，供胚萌发生长。

种子的吸水能力与种子的构造有关。如文殊兰的种子，胚乳本身含有较多的水分，播种后吸水量较少；而对于较干燥的植物种子，吸水量就大。

（2）温度

园林植物种子萌发的适宜温度，依种类及原产地的不同而有差异。通常原产热带的植物需要较高温度，亚热带及温带者次之，而原产温带北部的植物则需要一定的低温才易萌发。如原产美洲热带地区的王莲（*Victoria amazonica*）在 30～35℃ 水池中，经 10～21 d 萌发。而原产于南欧的大花葱则需要在 2～7℃ 条件下经过较长时间才能萌发，高于 10℃ 则几乎不能萌发。

一般来说，种子萌发适温比其生育适温高 3～5℃。原产温带的一、二年生花卉萌芽适温为 20～25℃，萌芽适温较高的可达 25～30℃，如鸡冠花、半支莲等，适于春播；也有一些种类适温为 15～20℃，如金鱼草、三色堇等，适于秋播。

（3）氧气

氧气是园林植物种子萌发的条件之一。供氧不足会妨碍种子萌发。但对于水生花卉来说，只需少量氧气就可满足种子萌发需要。

（4）光照

大多数种子的发芽与光照的有无无关。但有些园林植物种子需要在有光照的环境才能萌发，称好光性种子。这类种子常常较细小，发芽靠近土壤表面，在那里幼苗能很快出土并开始进行光合作用。这类种子没有从深层土中伸出的能力，所以在播种时覆土要薄或不覆土。如报春花（*Primula malacoides*）、毛地黄（*Digitalis purpurea*）、瓶子草类（*Sarraeenia* spp.）等。

还有一些植物的种子在光照下不能萌发或萌发受到光的抑制，称嫌光性种子，如黑种草（*Nigella damascena*）、雁来红（*Amaranthus gangeticus*）等。

（5）基质

基质将直接改变种子发芽的水、热、气、肥、病、虫等条件。播种用基质一般要求细而均匀，不带石块、植物残体及杂物，通气排水好，保湿性能好，肥力低且不带病虫。

5.1.2.2　播种时期与播种方法

播种期应根据各种植物的生长发育特性、计划供花时间以及环境条件与控制程度而定。保护地栽培条件下，可按需要时期播种；露地自然条件播种，则依种子发芽所需温度及自身适应环境的能力而定。适时播种能节约管理费用，出苗整齐，且能保证苗木质量。

(1)露地苗床播种

① 场地选择　播种床应选富含腐殖质、轻松而肥沃的砂质壤土，在日光充足、空气流通、排水良好的地方。

② 整地　播种床的土壤应翻耕深30cm，打碎土块、清除杂物后，上层覆盖约12cm厚的土壤，最好用1.5cm孔径的土筛筛过，再将床面耙平耙细。整地时最好施入少量过磷酸钙，以促进根系强大、幼苗健壮。此外，还可施以氮肥或细碎的粪干，但应于播种前一个月施入床内。播种床整平后应进行镇压，然后整平床面。

③ 播种　根据园林植物种子大小，可以采取点播、条播或撒播等方式。

④ 播后覆土　播种后覆土深度取决于种子的大小。通常大粒种子覆土深度为种子厚度的3倍；小粒种子以不见种子为度。覆盖种子用土最好用0.3cm孔径的筛子筛过。

⑤ 播后管理　覆土完毕后，在床面均匀地覆盖一层稻草，然后用细孔喷壶充分喷水。干旱季节可在播种前充分灌水，待水分渗入土中再播种覆土，这样可以较长时间保持湿润状态。雨季应有防雨设施。种子发芽出土时，应撤去覆盖物，以防幼苗徒长。

(2)露地直播

对于某些不宜移植的直根性种类，直接播种到应用地。如需要提早育苗时，可先播种于小花盆中，成苗后带土球定植于露地，也可用营养钵或纸盆育苗。如虞美人、花菱草、香豌豆、羽扇豆、扫帚草、牵牛及茑萝等。

(3)温室内盘播(盆播)

通常在温室内进行，受季节性和气候条件影响较小，播种期没有严格的季节性限制，常随所需花期而定。

① 播种用盆及用土　常用深10cm的浅盆，以富含腐殖质的砂质壤土为宜。

② 播种方法　用碎盆片把盆底排水孔盖上，填入碎盆片或粗砂砾，为盆深的1/3，其上填入筛出的粗粒培养土，厚约1/3，最上层为播种用土，厚约1/3。盆土填入后，用木条将土面压实刮平，使土面距盆沿约1cm。用"盆浸法"将浅盆下部浸入较大的水盆或水池中，使土面位于盆外水面以上，待土壤浸湿后，将盆提出，待过多的水分渗出后，即可播种。

细小种子宜采用撒播法，播种不可过密，可掺入细沙，与种子一起播入，用细筛筛过的土覆盖，厚度约为种子大小的 2~3 倍。秋海棠、大岩桐等细小种子，覆土极薄，以不见种子为度。大粒种子常用点播或条播法。覆土后在盆面上覆盖玻璃、报纸等，以减少水分的蒸发。多数种子宜在暗处发芽，像报春花等好光性种子，可用玻璃盖在盆面。

③ 播种后管理　应注意维持盆土的湿润，干燥时仍然用盆浸法给水。幼苗出土后逐渐移到日光照射充足之处。

5.1.3　分生繁殖

分生繁殖是指从植物体上分割或分离自然分生出来的幼植物体或营养器官的一部分，另行栽植形成独立植株的繁殖过程。这种方法成苗较快，开花早，能保持品种的优良特性，缺点是繁殖系数较小。

5.1.3.1　分株繁殖

将母株从土中掘起或从盆中倒出，分成数丛，每丛都带有根、茎、叶、芽，另行栽植，培育成独立生活的新株的方法。宿根花卉大多采用此法繁殖。另外，对于丛生性灌木，可以用锄头或利刀分离株丛周围的分蘖苗，每丛 2~3 根枝条（带根），另行栽植也可形成新的植株，如蜡梅、紫玉兰等可采用此法繁殖。

一般早春开花的种类在秋季生长停止后进行分株；夏秋开花的种类在早春萌动前进行分株。

5.1.3.2　分球繁殖

分球繁殖是指利用具有贮藏作用的地下变态器官（或特化器官）进行繁殖的一种方法。

① 鳞茎（bulbs）　由小鳞片组成，鳞茎中心的营养分生组织在鳞片腋部发育，产生小鳞茎。鳞茎、小鳞茎、鳞片都可作为繁殖材料。郁金香、水仙和球根鸢尾常用长大的小鳞茎繁殖。

② 球茎（corms）　为茎轴基部膨大的地下变态茎，短缩肥厚呈球形，为植物的贮藏营养器官。球茎上有节、退化叶片和侧芽。老球茎萌发后在基部形成新球，新球旁再形成子球。新球、子球和老球都可作为繁殖体另行种植，也可带芽切割繁殖。

③ 块茎（tubers）　是匍匐茎的次顶端部位膨大形成的地下茎的变态。块茎含有节，有一个或多个小芽，由叶痕包裹。块茎为贮藏与繁殖器官，冬季休眠，第二年春季形成新茎而开始一个新的周期。主茎基部形成不定根，侧芽横向生长为匍匐茎。块茎的繁殖可用整个块茎进行，也可带芽切割，如花叶芋、菊芋、仙客来等。但仙客来不能自然分生块茎，因此，生产中常用种子繁殖。

④ 根茎（rhizomes）　也是特化的茎结构，主轴沿地表水平方向生长。根茎鸢尾、铃兰、美人蕉等都有根茎结构。根茎含有许多节和节间，每节上有叶状鞘，节的附近发育出不定根和侧生长点。根茎代表着连续的营养阶段和生殖阶段，其生长周期是从在开花部位孕育和生长出侧枝开始的。根茎的繁殖通常在生长期开始的早期或生长末

期进行。根茎段扦插时，要保证每段至少带一个侧芽或芽眼，实际上相当于茎插繁殖。

5.1.4　扦插繁殖

切取植物的营养器官(茎、叶、根)的一部分插入沙或其他基质中，在适宜条件下，使其发生不定芽和不定根，成为新植株的繁殖方法。扦插繁殖的优点是：比播种苗生长快，开花时间早，短时间内可育成多数较大幼苗，能保持原有品种的特性。缺点是扦插苗无主根，根系常较播种苗弱，常为浅根。对不易产生种子的植物，多采用这种繁殖方法，也是多年生植物的主要繁殖方法之一。

5.1.4.1　影响扦插生根的因素

(1) 内在因素

① 植物种类　不同植物间遗传性也反映在插条生根的难易上，不同科、属、种，甚至品种间都会存在差别。如仙人掌、景天科、杨柳科的植物普遍易扦插生根；木犀科的大多数易扦插生根，但流苏树(*Chionanthus retusus*)则难生根；山茶属的种间反应不一，山茶、茶梅(*Camellia sadanqua*)易，云南山茶难；菊花、月季花等品种间差异大。

② 母体状况与采条部位　营养良好、生长正常的母株，体内含有各种丰富的促进生根物质，是插条生根的重要物质基础。不同营养器官的生根、出芽能力不同。有试验表明，侧枝比主枝易生根，硬木扦插时取自枝梢基部的插条生根较好，软木扦插以顶梢作插条比下方部位的生根好，营养枝比果枝更易生根，去掉花蕾比带花蕾者生根好，如杜鹃花。有研究表明，许多花卉如大丽花、木槿属、杜鹃花属、常春藤属等，光照较弱处母株上的插条比强光条件下的生根较好，但菊花却相反，充足光照下的插条生根更好。

(2)扦插的环境条件

① 温度　一般花卉插条生根的适宜温度，气温白天为 $18 \sim 27℃$ ，夜间为 $15℃$ 左右，基质温度(地温)需稍高于气温 $3 \sim 6℃$ ，可促使根的发生；气温低有抑制枝叶生长的作用。

② 水分与湿度　插穗在湿润的基质中才能生根。基质中适宜水分的含量，依植物种类的不同而异。通常以 $50\% \sim 60\%$ 土壤含水量为宜，水分过多常导致插条腐烂。扦插初期含水量可以较多，后期应减少水分。为避免插穗枝叶中水分的过分蒸腾，要求保持较高的空气湿度，通常以 $80\% \sim 90\%$ 的相对湿度为宜。

③ 光照　扦插生根期间，许多木本花卉，如木槿属、锦带花属、荚蒾属、连翘属，在较低光照下生根较好，但许多草本花卉，如菊花、天竺葵及一品红，适当的强光照生根较好。一般地，扦插后，前期需有 $60\% \sim 80\%$ 的遮阴，若具有自动喷雾系统，可以全光照扦插。

④ 扦插基质　要求质地均匀，疏松透气，排水和保水性能良好；以中性为宜，

酸性不易生根。扦插常用的基质有沙、蛭石和珍珠岩的混合物等。无论采用哪种基质，使用前都要进行严格的消毒。

5.1.4.2 扦插繁殖的种类及方法

园林植物依扦插材料可分为叶插(全叶插和片叶插)、茎插和根插。根据插穗的成熟度可以将茎插分为叶芽插、硬枝扦插、半硬枝扦插、软枝扦插等。

(1)叶插(leaf cutting)

叶插是指用一片全叶或叶的一部分作为插穗的一种方法。用于能自叶上发生不定芽及不定根的种类，如秋海棠、灰莉等。凡能进行叶插的植物，大都具有粗壮的叶柄、叶脉或肥厚的叶片。叶插须选取发育充实的叶片，在设备良好的繁殖床内进行，维持适宜的温度及湿度，才能获得良好的效果。

(2)茎插(stem cutting)

茎插是指用一带芽的茎段作为插条繁殖的方法。

① 叶芽插(leaf-bud cutting)　插穗仅一芽附带一叶片，扦插时仅露芽在外面。此法具有操作简单，节约插穗，单位面积产量高等优点，但成苗较慢。如橡皮树、山茶、天竺葵、宿根福禄考、八仙花及部分热带灌木可以采用此法进行繁殖。

② 软枝扦插(softwood cutting)　亦称绿枝扦插或嫩枝扦插。一般在生长期选取枝梢部分作为插穗，长度依植物种类、节间长度及组织软硬而定，一般 5~10cm 为宜，枝梢保留部分叶片。枝梢组织老熟适中，过于柔嫩易腐烂，过老则生根缓慢。枝条下切口以平剪、光滑为好。以浅插为宜，入土深度 3~4cm。此法适用于某些常绿木本及落叶木本植物和草本花卉。

③ 半硬枝扦插(semihardwood cutting)　以生长季节发育充实的带叶枝梢作为插条，若枝梢过嫩，可剪去嫩梢部分。此法常用于月季、米兰、海桐、黄杨、茉莉、桂花等扦插。

④ 硬枝扦插(hardwood cutting)　以生长成熟的休眠枝条作为插穗的繁殖方法。多用于落叶木本植物，如紫薇、紫藤、蜡梅、银芽柳等，一般在秋冬季休眠期进行。

所有扦插可以在露地进行，也可在室内进行。露地扦插可以利用露地插床进行大量繁殖，依季节及种类的不同，可以覆盖塑料棚保温或荫棚遮光或喷雾，以利成活。少量繁殖时或寒冷季节也可以在室内进行扣瓶扦插、大盆密插及暗瓶水插等方法。应依花卉种类、繁殖数量以及季节的不同采用不同的扦插方法。

(3)根插(root cutting)

有些植物能从根上产生不定芽形成幼株，可采用根插繁殖。可用根插繁殖的花卉大多具有粗壮的根，直径不应小于 2mm。晚秋或早春均可进行根插，也可在秋季掘起母株，贮藏根系过冬，至来年春季扦插。冬季也可在温室或温床内进行扦插。可采用根插繁殖的植物如芍药、蜡梅、非洲菊、牡丹、紫藤等。

(4)扦插时间

在花卉繁殖中以生长期的扦插为主。在温室条件下，可全年保持生长状态，不论草本或木本花卉均可随时进行扦插，但依花卉的种类不同，各有其最适时期。

一些宿根花卉的茎插，从春季发芽后至秋季生长停止前均可进行。在露地苗床或冷床中进行时，最适时期约在夏季 7、8 月雨季期间。多年生花卉作一、二年生栽培的种类，如一串红、金鱼草、三色堇、美女樱、藿香蓟等，为保持优良品种的性状，也可行扦插繁殖。

多数木本植物宜在雨季扦插，因此时空气湿度较大，插条叶片不易萎蔫，易生根成活。

5.1.5　嫁接繁殖

嫁接繁殖是将植物体的一部分(接穗，scion)嫁接到另外一个植物体(砧木，rootstock，stock)上，其组织相互愈合后，培养成独立个体的繁殖方法。砧木吸收的养分及水分输送给接穗，接穗又把同化后的物质输送到砧木，形成共生关系。同实生苗相比，这种方法培育的苗木可提早开花，能保持接穗的优良品质，可以提高抗逆性、进行品种复壮，克服其他方式不易繁殖(扦插难以生根或难以得到种子的花木类)。嫁接成败的关键是嫁接的亲和力。砧木的选择，应注意适应性及抗性。以及调节树势等优点。

园林植物中除了温室木本植物采用嫁接外，草本花卉应用不多，一是宿根花卉中菊花常以嫁接法进行菊艺栽培，如大立菊、塔菊等，用黄蒿(*Artemisia annua*)或白蒿(*Artemisia sieversiana*)为砧木嫁接菊花品种而成；二是仙人掌科植物常采用嫁接法进行繁殖，同时具有造型作用。

5.1.6　压条繁殖

压条繁殖是枝条在母体上生根后，再和母体分离成独立新株的繁殖方式。某些植物，如令箭荷花属(*Nopalxochia*)、悬钩子属(*Rubus*)的一些种，枝条弯垂，先端与土壤接触后可生根并长出小植株，是自然的压条繁殖，栽培上称为顶端压条(tip layering)。压条繁殖操作烦琐，繁殖系数低，成苗规格不一，难大量生产，故多用于扦插、嫁接不易的植物，有时用于一些名贵或稀有品种上，可保证成活并能取得大苗。

压条繁殖的原理和枝插相似，只需在茎上产生不定根即可成苗。不定根的产生原理、部位、难易等均与扦插相同，和植物种类有密切关系。

5.1.7　繁殖育苗新技术

5.1.7.1　组织培养

组织培养繁殖是将植物组织培养技术应用于繁殖上。种子、孢子、营养器官均可用组织培养法培育成苗，许多植物的组培繁殖已成为商品生产的主要育苗方法。近代的组织培养在花卉生产上应用最广泛，除具有快速、大量的优点外，还通过组织培养以获得无病毒苗。许多花卉，如波斯顿蕨、多种兰花、彩叶芋、花烛、喜林芋属

（*Philodendron*）、百合属、萱草属、非洲紫罗兰、唐菖蒲、非洲菊、芍药、秋海棠属、杜鹃花、月季及许多观叶植物用组织培养繁殖都很成功。

5.1.7.2　保护地育苗

保护地育苗是通过设置一系列保护性设施，在人为创造的较为理想的环境中进行育苗的方式，如塑料大棚、玻璃温室、人工气候室、电热温床等。利用保护地育苗，采用不同技术，培育不同苗龄和不同大小的苗再行定植，表现出不同季节多样化的育苗方式。

5.1.7.3　穴盘育苗

穴盘育苗技术（plug technology）是与植物温室化、工厂化育苗相配套的现代栽培技术之一，广泛应用于花卉、蔬菜、苗木的育苗，目前已成为发达国家的常用栽培技术。该技术的突出优点是：在移苗过程中对种苗根系伤害很小，缩短了缓苗的时间；种苗生长健壮，整齐一致；操作简单，节省劳力。该技术一般在温室内进行，需要高质量的种子和生产穴盘苗的专业技术，以及穴盘生产的特殊设备，如穴盘填充机、播种机、覆盖机、水槽（供水设施）等。此外，对环境、水分、肥料需要精确管理，如对水质、肥料成分配比精度要求较高。

种苗生产中常用的育苗容器有穴盘、育苗盘、育苗钵等。

5.1.7.4　工厂化育苗

工厂化育苗是指以机械化操作为主的，在室内高密度，按一定的工序进行流水作业、集中育苗的方式，是园林作物现代育苗发展的高级阶段。它应用控制工程学和先进的工业技术，也就是应用现代化设施温室、标准化的农业技术措施，以及机械化、自动化手段，不受季节和自然条件限制，培育出大量优质苗木。

5.2　园林植物栽培与养护

5.2.1　园林花卉的栽培与养护

5.2.1.1　露地栽培

（1）整地与作畦

根据不同种类花卉对土壤肥力的不同要求选择栽培地块，土壤肥力的好坏与土壤质地、土壤结构、土壤有机质以及土壤水分状况等密切相关。整地的目的是改良土壤结构，增强土壤的通气和透水能力，促进土壤微生物的活动，从而加速有机物的分解，以利于露地花卉的吸收利用。整地还可将土中的杂草、病菌、虫卵等暴露于空气中，通过紫外线及干燥、低温等逆境使之消灭。

① 整地深度　整地的深度依花卉的种类和土壤状况而定。一、二年生草花的根

系分布较浅，整地宜浅，一般耕深为 20cm 左右。宿根花卉、球根花卉、木本花卉整地宜深，耕深需 30~50cm。大型木本花卉要根据苗木根系情况，深挖定植穴。

② 整地方法　整地可用机耕或人力翻耕，整地翻耕的同时清除杂草、残根、石块等。不立即栽苗的休闲地，翻耕后不要将土细碎整平，待种植前再灌水耙平，否则易由于自然降水等造成再次板结。此外，在挖掘定植穴和定植沟时，应将表土（熟土）和底土（生土）分开投放，以便栽苗时使表土接触根系，促进根系对养分的及时吸收。

③ 整地时间　春季使用的土地最好在上一年秋季翻耕，这有利于使表层土保持相对良好的结构。秋季使用的土地应在上茬苗木出圃后立即翻耕。

耙地应在栽种前进行。如果土壤过干，土块不易破碎，可先灌水，灌后待土壤水分蒸发含水量达 60% 左右时，将田面耙平。土层过湿时耙地容易造成土表板结。

④ 作畦或作垄　畦面高度、宽度及畦埂方式可按照栽培目的、花卉习性、当地自然降水量、灌水量的多少和灌水方式进行。一般南方常采用高畦，北方采用低畦。在雨水较多的地区，牡丹、大丽花、菊花等不耐水湿的花卉地栽时，最好打造高畦或高垄，四周开挖排水沟，防止过分积水。

播种育苗后待移植的圃地畦宽多不超过 1.6m，以便进行中耕除草、移苗等田间作业。而球根类花卉的地栽繁殖、鲜切花生产、多年生木本花卉苗圃则应保留较宽的株行距，畦面应大些。

采用渠道自流给水时，如果畦面较大，畦埂应加高，以防外溢。用漫灌、喷灌或滴灌时，因水量不大，畦埂不必过高。畦埂的宽度和高度是对应的，砂质土应宽些，黏壤土可狭些，但一般不窄于 30cm，以便于来往行走作业。

（2）间苗与移栽

间苗主要是对露地直播而言。为了保证足够的出苗率，播种量都大大超过留苗量，因此需要间苗，以保证每棵花苗都有足够的生长空间和土壤营养面积。间苗还有利于通风透光，使苗木苗壮生长并减少病虫害的发生。通过间苗还能选优去劣，拔掉其中混杂的花种和品种，保持花苗的纯度，同时结合间苗可拔除杂草。

露地培育的花苗一般多间苗两次。第一次在花苗出齐后进行，第二次间苗谓之"定苗"。除成丛培养的草花外，一般均留一株壮苗，其余的拔掉。定苗应在出现三四片真叶时进行。间下来的花苗还可用来补栽，对于一些耐移栽的花卉，还可以把它们移到其他圃地上栽植。

不论是草本花卉还是木本花卉，除直播于花坛、路旁外，一般都需要进行移植。根据生产实际，许多花苗移植需分两次进行。第一次是从苗床移至圃地内，用加大株行距的方法来培养大苗；第二次是起苗出售，或者定植于园林中。用大苗布置园林可以短期内见到景观效果。

（3）灌溉与排水

各种花卉由于长期生活在不同的环境条件下，需水特点和需水量不尽相同；同一种花卉在不同生育阶段或不同生长季节对水分的需求也不一样。

① 灌水量与灌水次数　主要根据土壤干湿情况来掌握。就全年来说，春、夏两季气温高，蒸发量大，灌水量要大，灌水要勤。立秋以后露地花卉多数逐步停止生长，应减少灌水量和灌水次数，如果不是天气太旱，大多不再灌水，以防止秋后徒长和延长花期。就每次的灌水量来说，应以彻底灌透为原则，如果只灌表面水，使根系分布浅，就会大大降低花卉对高温和干旱的抗性。

就土质来讲，黏土的灌水次数要少，砂土的灌水次数要多。遇表土浅薄、下有黏土盘的情况，每次灌水量宜少，但次数宜多；土层深厚的砂质壤土，灌水应一次灌足，待见干后再灌。

② 灌水时间　生产实践中，通过测定土壤含水量来确定灌水时间是最科学、可靠的。土壤含水量为田间持水量的 60% ~ 80% 时，最适合大多数树木的生长需要；当土壤含水量低于田间持水量的 50% 时，就要进行灌溉。土壤含水量可以采用仪器测定；如果没有仪器，则需要根据经验来判断是否需要灌溉，如早晨时叶片下垂，中午时叶片严重萎蔫，傍晚时萎蔫的叶片恢复较慢或难以恢复、叶尖焦干等，出现这些情况则说明需要灌溉。

灌溉时期分为休眠期灌水和生长期灌水。休眠期灌水在植株处于相对休眠状态时进行，北方地区常对园林树木灌"封冻"防寒水。具体灌水时间因季节而异，在一天当中，夏季应在早、晚灌水；严寒的冬季因早晨气温较低，灌溉应在中午前后进行。春秋季以清早灌水为宜，这时风小光弱，蒸腾较低，傍晚灌水，湿叶过夜，易引起病菌侵袭。

③ 灌溉方式

漫灌　传统的大面积表面灌水方式。用水量最大，适用于夏季高温地区植物生长密集的大面积草坪。

沟灌　适用于宽行距栽培的花卉，采用行间开沟灌水的方式，水能完全到达根区。但灌水后易引起土面板结，应在土面见干后及时进行松土。

畦灌　将水直接灌于畦内，是北方大田低畦和树木移植时的灌溉方式。

喷灌　利用高压设备系统，使水在高压下喷至空中，再呈雨滴状落在植物上的一种灌溉方式。园林树木和大面积的草坪以及品种单一的花卉适用此法，一般根据喷头的射程范围安装一定数量的喷头。喷灌能使花卉枝叶保持清新状态，调节小气候，为新兴的节水灌溉形式。

滴灌　利用低压管道系统，使水缓慢地呈滴状浸润根系附近的土壤，使土壤保持湿润状态。滴灌也是一种节水灌溉形式，主要缺点是滴头易阻塞。

④ 水质　灌溉用水以软水为宜，避免使用硬水。河水富含养分，水温接近或略高于气温，是灌溉用水之首选。其次是池塘水和湖水。也可采用自来水或地下井水，当然，先将这些硬水贮存于池内，待水温升高及相对软化后再用，只是费用偏高。

⑤ 排水　除根据田间畦垄结构简单进行外，必要时可以铺设地下排水层，在栽培基质的耕作层以下先铺砾石、瓦块等粗粒，其上再铺排水良好的细沙，最后覆盖一定厚度的栽培基质。此法排水效果好，但工程面积大、造价高。

（4）施肥

关于露地花卉的施肥请参考"5.2.2.5 节园林树木的养分管理"，此处不再一一赘述。

（5）中耕除草

中耕能疏松表土，切断土壤毛细管，减少水分蒸发，增加土温，使土壤内空气流通，促进土中有机物的分解，为根系正常生长和吸收营养创造良好的条件；中耕还有利于防除杂草。中耕的深度应随着花木的生长逐渐加深，远离苗株的行间应深耕，花苗附近应浅耕，平均深度 3~6cm，并应把土块打碎。

除草是指除去田间杂草，不使其与花卉争夺水分、养分和阳光，杂草往往还是病虫害的寄主。除草工作应在杂草发生的初期尽早进行，在杂草结实之前必须清除干净，以免落下草籽。此外，不仅要清除花卉栽植地上的杂草，还应把四周的杂草除净，对多年生宿根杂草还应把根系全部挖出深埋或烧掉。

（6）修剪与整形

整形主要是对幼年花木采用的园艺措施。通过设立支架、拉枝等完成，使花木形成一定干形、枝形。修剪除作为整形的主要手段外，还可通过它们来调节植物的营养生长和生殖生长，协调各部器官的生理机能，从而满足人们对观赏植物的不同观赏要求。

园林植物整形的方式主要有：

① 单干式　一株一干，一干一花，不留侧枝。如独头大丽花等。

② 多干式　一株多本，每本一花，花朵多单生于枝顶。如牡丹、芍药、多本菊等。

③ 丛生式　许多一、二年生草花和宿根花卉都按此法整形。有的是通过花卉本身的自然分蘖而长成丛生状，有的则是通过多次摘心、平茬、修剪，促使根际部位长出稠密的株丛。

④ 悬挂式　当主干长到一定高度，将其侧枝引向某一方向，再悬挂下来。如悬崖菊、金钟连翘等。

⑤ 攀缘式　利用藤本植物善于攀缘的特性，使其附着在墙壁上或者缠在篱垣、枯木上生长。如茑萝、爬山虎、牵牛、金银花、凌霄等。

⑥ 圆球式　通过多次摘心或短剪，促使主枝抽生侧枝，再对侧枝进行短剪，抽生二次枝和三次枝，最后将整个树冠剪成圆球形。如作为园景树的大叶黄杨、锦熟黄杨、金叶女贞等。

⑦ 雨伞式　一般采用高接方式，将曲枝品种嫁接在干性强的砧木上，使接穗品种自然下垂而形成伞状。如龙爪槐、垂枝榆等。

园林植物修剪的主要措施有：

① 摘心　摘除主枝或侧枝上的顶芽。其目的在于解除顶端优势，促使发生更多的侧芽和抽生更多的侧枝，从而增加着花的部位和数量，使植株更加丰满。摘心可在一定程度上延迟花期。

② 除芽　摘除侧芽、腋芽和脚芽，可防止分枝过多而造成营养的分散。此外，还可防止株丛过密以及防止一些萌蘖力强的小乔木长成灌木状。

③ 剥蕾　剥掉叶腋间生出的侧蕾，使营养集中供应顶蕾开花，以保证花朵的质量。

④ 短截　剪去枝条先端的一部分枝梢，促使侧枝发生，并防止枝条徒长，使其在入冬前充分木质化并形成充实饱满的叶芽或花芽。

⑤ 疏剪　从枝条的基部剪掉，从而防止株丛过密，以利于通风透光。对木本植物常疏去内膛枝、交叉枝、平行枝、病弱枝等，使植株造型更完美。

(7)防寒与降温

防寒越冬是对耐寒能力较差的花卉实行的一项保护措施，以防发生低温冷害或冻害。常用的防寒方法有培土法、覆盖法和包扎法等。培土压埋的厚度和开沟的深度要根据花卉的抗寒力决定。对于一些需要每年萌发新枝后开花的花卉，在埋土前应进行强短剪，以减少埋土的工作量。翌春，萌芽前再将土扒开。覆盖的目的是防止地下球根或接近地表的幼芽受冻，尤其是晚霜危害。方法是在地面上覆盖稻草、落叶、草帘、塑料薄膜等，翌春晚霜过后清除覆盖物。对于无法压埋或覆盖的大型观赏乔木，常包扎草帘、纸袋或塑料薄膜等防寒。

在北方，也有在严寒来临前 1~2d，采用冬灌措施来提高地表温度的方法，此称灌封冻水。

另一方面，夏季温度过高时，可通过人工降温保护花木安全越夏，包括叶面或地面喷水、搭设遮阳网或覆盖草帘等措施。

5.2.1.2　容器栽培

(1)花盆及盆土

随着科技的发展和人们审美能力的提高，目前花卉栽培的容器类型已多种多样。常用的有素烧泥盆、塑料容器、陶瓷盆、混凝土容器、木桶、金属容器等，各种容器的优缺点不尽相同。泥盆透气性好，价格便宜，但美观性和耐久性差；塑料容器透气性差，价格便宜，美观，材质不同的塑料容器耐久性不同；陶瓷盆透气性好，美观和耐久，价格较贵；混凝土容器仅适于很少挪动时使用，一般表现空间较大；木桶等为简易容器，透气性好，耐久性较差；铜铁等金属做成的大型容器多用于立体组合装饰。

随着科技的进步和栽培手段的提高，目前，一些新的容器也逐步得到应用。

① 火箭盆控根容器　适用于木本植物的育苗与短期栽培。该容器主要用聚乙烯材料制成，包括底盘、侧壁和插杆(或铆钉)3 个部件。容器的直径一般在10~120cm，高度在 10~72cm。使用时根据需要选择合适规格的部件，组装起来即可。

火箭盆控根容器的底盘为筛状构造，可以防止根腐病和主根"窝根"现象；侧壁的内壁有一层特殊薄膜，且容器侧壁为凸凹相间的结构，表面积大，向外侧凸起的顶端开有小孔，与外界相通，当苗木根系向外生长接触到空气或侧壁的特殊薄膜时，根尖就停止生长(即所谓的"空气修剪"),而在根尖后部萌发数条新根继续向外向下生长,当新根再接触到空气或侧壁时,又停止生长,继而再发新根,依此类推。容器底盘的特殊结构,可使向下生长的根在基部被空气修剪,促使中小根比例增加,根系总量增多,但不易造成根系缠绕。

火箭盆控根容器提高了苗木的根系质量,加之其拆卸方便,移栽时伤根少,从而提高了苗木移栽的成活率和生长速度,也在一定程度上解决了大苗的全冠移栽和反季节移栽成活率低的问题。但是,在冬季严寒的地区,火箭盆控根容器苗的就地越冬问题还需要进一步探讨。目前采用的越冬防护措施有土埋法(将控根容器苗放入25cm深的沟中,周围培土)、覆盖法,也可将控根容器苗移入温室或冷棚。

② 控根花盆 控根花盆的体积较小,多用于中小型草本植物的育苗与栽培,可以增加侧根数量,提高盆栽植物的移栽成活率和抗性。它包括内外两个盆,两者通过卡扣连接,方便拆装。

控根花盆的控根原理与火箭盆控根容器相似。内盆的侧壁上均匀分布着竖直向下的导根槽和通风孔,可避免盘根、窝根现象,并实现空气控根。外盆与内盆之间有2~5mm 的空隙,外盆檐口和底部都开有多个通风孔,以实现两盆之间的空气流通。

不管哪种容器类型,在兼顾美观的同时,都必须考虑有利于园林植物的生长。

容器栽培时因容积有限,要求盆土必须具有良好的物理性状,如疏松透气,排水良好,富含腐殖质等。盆土通常由园土、沙、腐叶土、泥炭、松针土、谷糠及蛭石、珍珠岩、腐熟的木屑等材料按一定比例配制而成(培养土),培养土的酸碱度和含盐量要适合园林植物的需求,同时培养土中不能含有害微生物和其他有毒的物质。

盆栽园林植物除了以土壤为基质的培养土外,还可用人工配制的无土混合基质,如用珍珠岩、蛭石、蔗糠灰、泥炭、木屑或树皮、椰糠、造纸废料、有机废物等一种或数种按一定比例混合使用。由于无土混合基质有质地均匀、重量轻、消毒便利、通气透水等优点,在盆栽园林植物生产中越来越受重视。

培养土具体的配比比例要根据各种园林植物的不同习性、不同生长阶段、不同栽培目的来制定。以下是几种常见的培养土的配置比例:

育苗基质 泥炭:珍珠岩:蛭石为 1:1:1。

扦插基质 珍珠岩:蛭石:细沙为 1:1:1。

盆栽基质 腐叶土:园土:厩肥为 2:3:1。

(2)上盆与换盆

将花苗由苗床或小的育苗盘内移入花盆中的操作称为上盆。上盆前要根据植株的大小或根系的多少来选用大小适当的花盆,对未用过的新盆应泡水"退火";上盆时先放少量底土,将花苗放在盆的中央,使苗株直立,最后在四周填入培养土,并将花盆提起后尽量墩实。在可能的情况下尽量带土坨上盆;填土后应留出盆口 2~3cm,大盆和木桶应留出 4~6cm,以便于浇水。

所谓换盆,指的是换掉盆中大部分旧培养土,将原有植物材料移入新的容器。或对于多年生观赏植物,长期生长于容器内有限土壤中,会造成养分不足,加之冗根盈盆,因此随植物长大,需逐渐更换新的或大的花盆,扩大其营养面积,利于植株继续健壮生长。

换盆时应根据植物种类、植株发育程度确定花盆大小及换盆的时间和次数。

① 盆过大不便于管理，浇水量不易掌握，常会造成缺水或积水现象，不利植物生长。

② 换盆过早、过迟对植物生长发育均不利。当发现有根自排水孔伸出或自边缘向上生长时，就说明需要换盆了。

③ 多年生盆栽花卉换盆应在休眠期或花后进行，一般每年换一次。一、二年生草花的换盆时间可根据花苗长势和园林应用随时进行，并依生长情况可进行多次，每次花盆加大一号。

④ 多年生盆栽花卉或观叶植物换盆时，要将冗根剪除一部分，对于肉质根系类型应适当在阴处短时晾放，以防伤口感染病菌。

⑤ 换盆后应立即浇水，第一次必须浇透，以后浇水不宜过多，尤其是根部修剪较多时，吸水能力减弱，水分过多易使根系腐烂，待新根长出后再逐渐增加水量。为减少叶面蒸发，换盆后应放置阴凉处养护 2～3d，并增加空气湿度，有利于迅速恢复生长。

（3）浇水与施肥

① 浇水　盆花浇水的原则是"间干间湿，浇必浇透"，干是指盆土含水量到达再不加水植物就濒临萎蔫的程度。这样既使盆花根系吸收到水分，又使盆土有充足的氧气。

此外，还应根据花卉的不同种类、不同生育期和不同生长季节而采取不同的浇水措施。草本花卉本身含水量大、蒸腾强度也大，盆土应经常保持湿润；蕨类植物、天南星科、秋海棠类等喜湿花卉要保持较高的空气湿度，对水分要求较高，栽培过程"宁湿勿干"；仙人掌科等多浆植物花卉要少浇，即"宁干勿湿"；有些花卉（如兰花）要求有较高的空气湿度，盆栽场地应经常向地面或空间喷水、洒水。

夏季以清晨和傍晚浇水为宜，冬季以 10：00 以后为宜，一方面可防止植物与水的温差过大而造成伤害；另一方面，土壤温度情况也直接影响根系的吸水。

一般而言，花卉在幼苗期需水量较少，应少量多次；营养生长旺盛期消耗水量大，应浇透水；现蕾到盛花期应有充足的水分；结实期或休眠期则应减少浇水或停止浇水；气温高、风大多浇水；阴天、天气凉爽少浇水。

盆栽园林植物的根系生长局限在一定的空间，因此对水质的要求比露地花卉高。灌水应以天然降水为主，其次是江、河、湖水。以井水浇花应特别注意水质，如含盐分较高，尤其是给喜酸性土花卉灌水时，应先将水软化处理。无论是井水或是含氯的自来水，均应于贮水池 24h 之后再用，灌水之前，应该测定水分 pH 值和 EC 值，根据园林植物的需求特性分别进行调整。

② 施肥　盆栽园林植物生活在有限的基质中，因此所需要的营养物质要不断补充。

常用基肥主要有饼肥、牛粪、鸡粪等，基肥施入量不要超过盆土总量的 20%，与培养土混合均匀施入。追肥以薄肥勤施为原则，通常以沤制好的饼肥、油渣为主，也可用无机肥或微量元素追施或叶面喷施。

叶面追施要注意液肥的浓度要控制在较低的范围内。通常有机液肥的浓度不宜超过 5%，无机肥的施用浓度一般不超过 0.3%，微量元素浓度不超过 0.05%。叶片的气孔是背面多于正面，背面吸肥力强，所以喷肥应多在叶背面进行。

总体上看，盆养园林植物的施肥在 1 年当中可分为 3 个阶段。第一阶段基施应在春季出室后结合翻盆换土一次施用。第二阶段是在生长旺盛季节和花芽分化期至孕蕾阶段进行追肥，根据植株的大小、耐肥力的强弱，可每隔 6～15d 追肥一次。第三阶段在进入温室前进行，但要区别对待，对一些入室后仅仅为了越冬贮藏的花卉可不再施，而对一些需要在温室催花以供元旦或春节使用的盆花，则应在入室后至开花前继续追肥。

（4）整形修剪与植株调整

整形与修剪是盆花栽培管理工作中的重要一环，它可以创造和维持良好的株形，调节生长和发育以及地上和地下部分的比例关系，促进开花结果，从而提高观赏价值。

① 整形　整形的形式多种多样，概括有两种：

自然式　着重保持植株自然姿态，仅通过人工修整和疏删，对交叉、重叠、丛生、徒长枝稍加控制，使枝条布局更加合理完美。自然式多用于株形高大的观叶、观花类花木，如苏铁、棕榈、蒲葵、龟背竹、木槿等。

人工式　依人们的喜爱和情趣，利用植物的生长习性，经修剪整形做成各种意想的形姿，达到寓于自然、高于自然的艺术境界。

不论采用哪种整形方式，都应该使自然美和人工美相结合。在确定整形形式前，必须对植物的特性有充分了解。枝条纤细且柔韧性较好者，可整成镜面形、牌坊形、圆盘形或 S 形等，如常春藤、三角花、藤本天竺葵、文竹、令箭荷花等。枝条较硬者，宜做成云片形或各种动物造型，如蜡梅、一品红等。整形的植物应随时修剪，以保持其优美的姿态。在实际操作中，两种整枝方式很难截然分开。

② 修剪　主要包括疏剪和短截两种类型。疏剪指将枝条自基部完全剪除，主要针对病虫枝、枯枝、重叠枝、细弱枝等。短截指将枝条先端剪去一部分。

在整形修剪之前，必须对园林植物的开花习性有充分的了解。在当年生枝条上开花的扶桑、倒挂金钟、叶子花等，可在春季进行重剪，而对一些只在二年生枝条上开花的杜鹃花、山茶等，如果在早春短剪，势必将花芽剪掉，因此应在花后短剪花枝，使其尽早形成更多的侧枝，为翌年增加着花部位做准备。对非观果类园林植物，在花后也应将残花剪掉，以免浪费营养而影响再次开花。

修剪时还要注意留芽的方向。若使枝条向上生长，则留内侧芽；若使枝条向外倾斜生长，则留外侧芽。修剪时应在芽的对面下剪，距剪口斜面顶部 1～2cm。

③ 绑扎与支架　盆栽花卉中一些攀缘性强、枝条柔软、花朵硕大的花卉，常选择粗细适当、光滑美观的材料设支架或支柱。如 8 号铅丝、芦苇、毛竹等。捆绑时应采用尼龙线、塑料绳、棕线或其他具韧性又耐腐烂的材料，还可在材料上涂刷绿漆，给人以取自天然的感觉。

④ 摘心、抹芽、疏花、疏果　与露地花卉相同，只不过由于盆土的限制，应结合植物的长势，掌握摘心、抹芽、疏花疏果的程度。

5.2.1.3　水生植物的栽培与养护

(1)土壤和养分管理

栽培水生园林植物的水池、水塘应具有肥沃的塘泥，并且要求土质黏重。盆栽时的土壤也必须是富含腐殖质的黏土。

由于水生园林植物一旦定植，追肥比较困难，因此，需在栽植前施足基肥。已栽植过水生园林植物的池塘一般已有腐殖质的沉积，视其肥沃程度确定施肥与否。新开挖的池塘必须在栽植前加入塘泥并施入大量的有机肥料。

(2)种植深度及水质要求

不同的水生园林植物对水深的要求不同，同一种园林植物对水深的要求一般是随着生长要求不断加深，旺盛生长期达到最深水位。

清洁的水体有益于水生园林植物的生长发育，水生植物对水体的净化能力是有限的。水体不流动时，藻类增多，水浑浊，小面积可以使用 $CuSO_4$，分小袋悬挂在水中，$1kg/250m^3$；大面积可以采用生物防治，放养金鱼藻、狸藻等水草及河蚌等软体动物。轻微流动的水体有利于植物生长。

(3)越冬管理

王莲等原产热带的水生园林植物，在我国大部分地区进行温室栽培。其他一些不耐寒者，一般盆栽之后置池中布置，天冷时移入贮藏处。也可直接栽植，秋季掘起贮藏。

半耐寒性水生园林植物如荷花、睡莲、凤眼莲等可行缸植，放入水池特定位置观赏，秋冬取出，放置于不结冰处即可。也可直接栽于池中，冰冻之前提高水位，使植株周围尤其是根部附近不能结冰。少量栽植时可人工挖掘贮存。

耐寒性水生园林植物如千屈菜、水葱、芡实、香蒲等，一般不需特殊保护，对休眠期水位没有特别要求。

残花枯叶不仅影响景观，也影响水质，应及时清除。

(4)防止鱼食

同时放养鱼时，在植物基部覆盖小石子可以防止小鱼损害；在园林植物周围设置细网，稍高出水面以不影响景观为度，可以防止大鱼啃食。

5.2.2　园林树木的栽植与养护

园林树木是园林景观中不可或缺的一部分，其生命周期长，且在保护环境、改善环境和美化环境方面都发挥着草本植物无法替代的作用，因此在园林绿化中始终占据着重要地位。园林树木能否充分发挥其功能，与园林树木的栽植和养护有着直接关系，所谓"栽植是基础，养护是保证"，只有科学的栽植和合理的养护，才能使园林树木最大限度地发挥作用，更好地为人类服务。

5.2.2.1　园林树木的栽植

(1)树木栽植成活原理

从生理的角度来说，树木的根系是吸收土壤水分和养分的重要器官，而根系吸收的水分大多通过地上部分蒸腾到大气当中。移植树木时会使大量的吸收根遗留在土壤中，根总量减少，吸收功能减弱，而地上部分的水分散失仍在进行，这就打破了树木以水分代谢为主的平衡关系。树木栽植后，能否尽快发出新根，恢复吸收功能，对于树木的成活也至关重要。因此，栽植成活的关键在于维持和恢复树体以水分代谢为主的平衡。

为了提高栽植的成活率，在"适地适树"的基础上，起挖时应尽可能多保留吸收根，同时减少树木的水分散失；栽植时应使根系与土壤紧密接触，并促使根系快速再生新根；栽植后应提供适宜的水分和通气条件，帮助树木维持和尽快恢复以水分代谢为主的平衡。

(2)影响树木栽植成活的因素

① 树种特性　一般来说，多数落叶树比常绿树栽植成活率高；须根多而紧凑、根系再生能力强的树种栽植成活率高，如杨属、柳属、榆、槐、刺槐、银杏、白蜡、悬铃木等。即使是同一树种，在幼年期、青年期栽植，成活率也要高于壮龄期和衰老期栽植。

② 栽植季节　适宜的栽植季节对于提高成活率很重要。栽植季节应选择地上部分蒸腾量小，并且适合根系再生的时期，同时还要综合考虑树种的特性、当地的气候条件、季节变化以及土壤状况等。一般来说，以处于休眠期的晚秋和早春最为适宜。

早春栽植　早春气温逐渐回升，根系开始活动，但地上部分还未萌芽时，消耗的水分少，易于维持地上部分和地下部分的水分平衡；由于树体内贮藏的营养物质丰富，且早春根系有一个生长高峰，有利于再生新根；加之早春土壤化冻返浆，水分充足，便于树木的挖掘，有利于栽植后根系恢复生长。另外，春季栽植后，树木经过一个生长季，抗性逐渐增强，可以减少越冬防寒工作，对于冬季寒冷地区尤为适宜。

需要注意的是，早春栽植宜尽早进行。落叶树最好在新芽膨大之前栽植，以免新叶展开，散失的水分增多，影响成活。常绿树虽然在萌芽后也可以栽植，但成活率会有所降低。若同时栽植多种苗木，最好根据树种萌芽期的早晚安排好栽植顺序，萌芽早的先栽，萌芽晚的后栽。

晚秋栽植　地上部分进入休眠至土壤冻结之前的这段时间均可进行栽植。落叶树种在叶片脱落后即可移植。对于大部分地区，特别是春旱严重的地区，晚秋栽植是比较适宜的。但是，由于栽植之后要经过较长的冬季，需要对部分树种采取一定的防寒措施。冬季严寒的地区或耐寒性差的树种不宜在秋季栽植。

雨季栽植　对于有旱季、雨季之分的地区，可在雨季栽植。适宜的时间为春梢停止生长以后，并且要避开强光和高温，选择连绵的阴雨天进行，还要注意及时遮阴和排除积水。

冬季栽植　在冬季气温较温和、土壤不冻结的南方地区，可以在冬季栽植树木；对于冬季严寒、冻土层较深的地区，则可以采用冻土球移植的方法：当土层冻至10cm深时开始挖种植穴和起挖树木，根部土球的四周挖好后，不切断主根，待土球冻实后（也可以向土球洒水，加速其冻结），切断主根，再进行包装、运输、栽植。在寒冷的北方地区，常用冻土球移植法来移植大树，成活率较高，但要注意避开"三九"天。

③ 栽植方法　树木的栽植方法有裸根栽植和带土球栽植。前者起苗时根部不带土坨，适用于胸径较小、根系再生能力较强的树木；后者起苗时带土坨，适用于裸根栽植难以成活的情况。具体采用哪种方法应综合树种特性、树龄、栽植时期、栽植地的条件而定。栽植过程中的操作是否规范也对成活率有很大影响。

④ 立地条件　栽植地的立地条件与树木生态习性的吻合度越高，栽植成活率就越高。实践中可采用选树适地（选择能适应栽植地条件的树种）、选地适树（根据树种的习性为其选择合适的栽植地）、改地适树（人为改造栽植地条件以适应既定的树种）和改树适地（通过育种方法改良树种特性以适应栽植地条件）的方法尽量使两者相吻合，也就是绿化工作者经常强调的"适地适树"。

（3）栽植前的准备

① 明确栽植任务与勘察现场　首先要与设计单位沟通，充分了解设计意图，明确种植工程的施工期限，种植工程与其他相关工程（如道路、土方、给排水等）的关系，要栽植的树木种类、数量、规格和栽植位置，及时准备好栽植所需的机械、车辆、栽植工具和辅助用具。

进行现场勘察，掌握现场周围环境和施工条件，包括地上设施与地下管线的分布情况、交通状况、土壤条件、水源与电源情况等，编制翔实可行的栽植计划，做好施工组织工作。

② 整地　宜在植树前3个月或更早的时间进行，如果能经过一个雨季效果更好，以便发挥蓄水保墒的作用。

整地应因地制宜，既要满足树木生长发育对土壤的要求，还要注意地形的美观。整地工作包括清除障碍物、地形处理、翻地、碎土、施基肥、加厚土层、平地、土壤改良、客土、夯实等内容。

③ 定点放线　就是按照设计图纸要求，将树木种植点按照比例落实到地面上。定点放线可以采用仪器定位法、网格法（坐标定位法）、基准线定位法、交会法、支距法、目测法等方法。定好点后，采用白灰打点或打桩，并标明栽植树种、数量、种植穴规格等。定点放线时应注意对现场的各种设施、地下管线和隐蔽物进行合理的避让，并按照相关规定，与障碍物留出适当的水平距离。

④ 挖种植穴（槽）　种植穴（槽）的质量对树木的成活与生长有直接影响。种植穴（槽）最好提前一段时间挖好，以利于种植土的风化和基肥的分解。种植穴（槽）的位置应严格按照定点放线的标记，并依据一定的规格、形状及质量要求。

种植穴的平面形状可以根据现场的具体情况而定，以圆形和方形最常见。通常种植穴（槽）的规格要比根系或土球的宽度与高度大20~40cm甚至更多（表5-1~表5-4）。种植穴（槽）的尺寸还要视根系的分布特点、土层厚度、肥力状况、地下水位高低及土壤水分状况而定，如种植深根性的树种，则要求种植穴要挖得深一些；在贫瘠土壤植树，种植穴(槽)应更大更深些；在黏重土壤植树，大坑容易造成根部积水，应缩小种植穴的尺寸。种植穴(槽)的上、下口大小应一致，以免窝根。挖出的上层土(即表土)和下层土(即心土)应分开堆放，遇到妨碍根系生长的石块、杂物等应及时清除。肥力差的土壤应掺入适量的肥沃土壤或充分腐熟的有机肥；干旱地区应在栽植前对种植穴(槽)灌水；地下水位高的地区，应先排除积水。

表 5-1　落叶乔木类种植穴规格　　　　　　　　　　　　　　cm

胸 径	种植穴深度	种植穴直径	胸 径	种植穴深度	种植穴直径
2 ~ 3	30 ~ 40	40 ~ 60	5 ~ 6	60 ~ 70	80 ~ 90
3 ~ 4	40 ~ 50	60 ~ 70	6 ~ 8	70 ~ 80	90 ~ 100
4 ~ 5	50 ~ 60	70 ~ 80	8 ~ 10	80 ~ 90	100 ~ 110

表 5-2　常绿乔木类种植穴规格　　　　　　　　　　　　　　cm

树 高	土球直径	种植穴深度	种植穴直径	树 高	土球直径	种植穴深度	种植穴直径
150	40 ~ 50	50 ~ 60	80 ~ 90	250 ~ 400	80 ~ 100	90 ~ 110	120 ~ 130
150 ~ 250	70 ~ 80	80 ~ 90	100 ~ 110	400 以上	140 以上	120 以上	180 以上

表 5-3　花灌木类种植穴规格　　　　　　　　　　　　　　cm

冠 径	种植穴深度	种植穴直径	冠 径	种植穴深度	种植穴直径
100	60 ~ 70	70 ~ 90	200	70 ~ 90	90 ~ 110

表 5-4　绿篱类种植槽规格　　　　　　　　　　　　　　cm

苗木高度	单行(深×宽)	双行(深×宽)	苗木高度	单行(深×宽)	双行(深×宽)
30 ~ 50	30 × 40	40 × 60	100 ~ 120	50 × 50	50 × 70
50 ~ 80	40 × 40	40 × 60	120 ~ 150	60 × 60	60 × 80

⑤ 苗木的选择　建议使用苗圃苗，而且圃地距栽植地越近越好。苗圃苗根系距离主干较近且紧凑丰满，起苗时损失的吸收根较少，因此栽植成活率高。圃地距栽植地越近，两地的气候差异越小，且避免了长途运输对苗木的伤害，利于苗木的成活与生长。如果从外地调运苗木，最好选择与栽植地气候条件相似的苗源地。苗木要经过植物检疫，杜绝从病虫害严重的地区调运苗木，如有需要应对苗木进行彻底的消毒，以避免重大病虫害的传播。

选择苗木时，除了要满足设计对规格和树形的要求之外，还要达到以下标准：

➢ 生长健壮，枝条充实、不徒长；主侧枝分布均匀，冠形完整、优美，叶片色泽正常。干性强的针叶树，中央领导枝要有较强的优势。

➢ 苗干粗壮通直(藤本植物除外)，高度适中。

➢ 根系发达而完整，无劈裂，接近根颈一定范围内有较多的侧根和须根。

➢ 无病虫害、无机械损伤、无冻害。

➢ 苗圃的苗木应选择经过移植培育的植株。

（4）园林树木的栽植技术

完整的栽植过程包括起挖、运输和定植 3 个主要环节。

① 起挖　起挖前，应事先考察起挖地的土壤墒情，土壤过于干旱时，应在起苗前 3 ~ 5d 浇足水；土壤含水量过多时，应提前开沟排水。对于树冠较大的苗木，可用草绳绑扎树冠，以便于操作。

裸根起挖适用于大多数落叶树种（通常要求胸径小于 8cm）和部分常绿树的小苗。乔木裸根起挖的水平幅度应为其胸径（指乔木主干离地表面 1.3m 处的直径）的 6 ~ 8 倍，如果无法测得胸径，则取其基径（指苗木主干离地表面 0.3m 处的直径）；灌木裸根起挖的水平幅度以株高的 1/3 来确定，绿篱裸根起挖的水平幅度通常为 20 ~ 30cm。

起挖深度应比根系的主要分布区略深一些，根系的分布深度一般为 60 ~ 80cm，浅根性的树种多为 30 ~ 40cm，绿篱通常为 15 ~ 20cm。

切断挖掘过程中遇到的根系；对于较粗的骨干根，要用锋利的手锯锯断，保持切口平滑，不可用铁锹铲断。根系全部切断后，将植株放倒，小心去除根系外围土壤，尽量多保留护心土。及时对根系进行保湿处理，并注意遮阴。保湿处理可以用湿土、湿沙、湿润的草帘或苦布覆盖根系；也可以用保水剂（加水调成凝胶状）或泥浆等保水物质进行蘸根。

带土球起挖适用于珍贵的落叶树、常绿树、胸径在 8cm 以上的苗木及移植成活率低的树种。乔木的土球直径应不小于胸径的 8 倍，土球高度应为土球直径的 2/3；灌木的土球直径应为冠幅的 1/3 ~ 1/2，土球高度为土球直径的 2/3。苗木挖掘到规定深度后，用锹将土球修成苹果形（上宽下窄，土球下部的直径不超过上部直径的 2/3），土球的上表面中部应略高于四周，球体表面平整，以利于包装。

包装方法可以根据具体情况来决定。如果土球较小、土壤紧实且运输距离较短，可以不包装或用塑料布、粗麻布、草包、塑料胶带等软质材料进行简易的包装（图 5-1）。

A　　　　　　　　　　　　B

图 5-1　土球的简易包装

A. 塑料胶带包装　B. 遮阳网包装

图5-2 "西瓜皮式"包装法

直径在30cm以上的土球必须用草绳包装。如果土球不是很大,可以采用"西瓜皮式"包装法(图5-2),即用草绳沿土球的纵径向缠绕几道。如果土球较大,应采用精细的包装方法,最常用的是"橘子式"包装法:先扎腰箍(也称缠腰绳),即用湿草绳从土球的中上部开始横向缠绕土球数道,每道绳都要拉紧,且边缠边用工具拍打草绳,使之略嵌入土球,相邻两道草绳之间要彼此紧靠。腰箍的宽度应为土球高度的1/4~1/3。扎好腰箍后,在土球底部从四周向内掏挖底土(图5-3),遇到主根先不要切断,当挖至土球底部中心的土柱只有土球直径的1/4左右时,开始扎花箍(图5-4)。

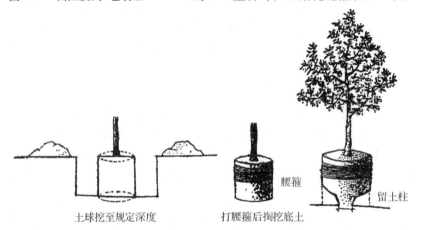

土球挖至规定深度   打腰箍后掏挖底土   腰箍   留土柱

图5-3 土球的挖掘、扎腰箍、掏挖底土

(引自叶要妹、包满珠《园林树木栽植养护学》(第4版),2017)

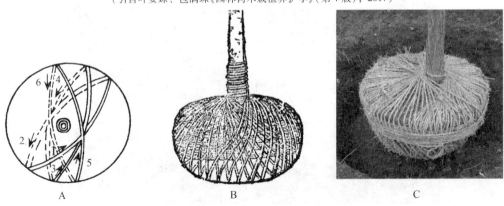

A   B   C

图5-4 "橘子式"包装法

A. 缠绕方法示意图 B. 立面示意图 C. 实物图

[A. 引自吴泽民、何小弟《园林树木栽培学》,2009;B. 引自陈有民《园林树木学》(第2版),2011]

树木起出后，首先要对树冠和根系进行必要的修剪，在不影响观赏效果的情况下，适当稀疏枝条，减少蒸腾面积，并修剪劈裂根、老根、烂根、过长根。主要目的是协调地上部分与地下部分的比例，利于维持树体的水分平衡，提高成活率。其次对直径在2.0cm以上的根修剪后要进行消毒处理，以防腐烂。

② 运输　尽量做到随挖随运，运输前要对苗木进行包装。裸根苗可以用麻袋、塑料薄膜等材料对根系进行包裹，根间应放湿的苔藓、锯末、稻草等湿润物，绑扎不宜过紧，以利通气。包装外要标明树种、苗龄、数量、规格及苗圃名称等。带土球的树木，若土球直径小于20cm，可紧密地码放2~3层；土球直径超过20cm，则只可码一层，土球上禁止放重物。较大的苗木装车时根系(或土球)应朝向车头，树梢朝向车尾。如果树冠较大，可用支架将树冠支起，以防止树梢拖地。苗木全部装车后，要用绳索固定，树身与车板接触处必须垫软物，以防摩擦损伤树体。土球直径超过70cm以上的，应使用吊车等机械装卸。

运输途中应注意根部保湿，可以用苫布等材料覆盖，防止暴晒和雨淋。长途运输应适时适量地进行根部洒水，并保持良好的通气条件。

③ 假植　如果苗木起出后不能及时运输或定植，要用湿的沙子或土壤对苗木进行临时的保护性埋植，这就是假植。它的作用是保持苗木根系的湿润，维持根系的活力。假植时间不宜超过1个月。

裸根苗如果2d内可以定植，只需对根部喷水，再用湿的苫布或稻草帘盖好即可。假植时间超过2d以上，则应选择靠近栽植地点且排水良好、阴凉背风的地方，挖假植沟，按苗木种类分别假植，并做好标记。若苗木较小，可将苗木逐层码放，每放一层苗木，就覆一层土。假植期间要经常检查，保持适宜的湿度，必要时可向树冠适量喷水。

带土球苗木如果2d内能定植，可不必假植，适当喷水保持土球湿润即可。若假植时间较长，应将树木集中直立放好，用绳扎拢树冠，在土球四周培土，定期向土球、枝干及叶片喷水，保持适度湿润。

④ 定植　是指苗木一经栽植后不再移植的栽植方式。

裸根苗定植前应进行必要的冠根修剪，剪除运输过程中劈裂、磨损和折断的根或枝条，并适当修整树形。起苗后未进行修剪的，可在此期完成。低矮的树木也可以在定植后再修剪地上部分。同时，应按照林业技术部门提倡的"三埋两踩一提苗"的方法进行定植。

第一埋：将表土碾碎，取一部分填入种植穴底，并培成小土堆，然后将苗木放入穴内，使根系舒展地分布在土堆上，苗木的主干要与地面垂直，且位置端正(行列式栽植要注意对齐)，使树冠最美的一面朝向观赏方向。

第二埋：继续将其余的表土埋入穴中，表土填完后可继续填心土。

一提苗：当填土高度到种植穴的1/2时，将树干稍微向上提一下，以使根自然舒展，并使土壤颗粒填满根间的缝隙。

第一踩：将已埋的土向下踩实，使根系和土壤紧密接触，利于根系从土壤中吸水，如果土壤黏重，则不要踩得过实，以防通气不良。

第三埋：继续往穴中填土，直至与地面平齐。

第二踩：再一次将土踩实，最后再盖上一层土。如果树木较大，种植穴较深，则要增加埋土和踩实的次数，通常是每填土 20～30cm，就要踩实一次，以防止根系与土壤之间有空隙。

带土球苗木的定植与裸根苗略有差异：将种植穴底的土壤踩实，将苗木放入种植穴内调整深度、位置和角度后，在土球四周垫入适量的土，使苗木直立稳定，拆除土球外的包装材料，此后不可再挪动土球，以防其碎裂（腰箍可以在土填至腰箍下部时再拆除）。先将表土回填入种植穴，然后再填心土，每填土 20～30cm 就踩实一次，注意保持土球完好。

定植苗木要注意栽植深度，不可栽得过深或过浅，填土后的高度要与树木的根颈（地上部分与地下部分的交界处）痕迹相平或比根颈高 3～5cm。

对于交通方便、运输距离短、平坦场地的大树移植，可以使用大树移植机完成。移植机可以完成挖种植穴、起挖树木、运输、定植等一系列作业，起挖和栽植速度快，栽植成活率较高。

⑤ 裹干　用于常绿乔木和胸径较大的落叶乔木的反季节栽植。用草绳、草帘等保湿、保温且透气的材料严密包裹主干，必要时可以连同一、二级主枝一起包裹，目的是减少水分散失，保持枝干湿润，避免极端温度对枝干造成伤害，提高成活率。

⑥ 筑灌水堰　用土在种植穴外沿筑 15～20cm 高的灌水堰（图 5-5），堰埂应踩实或用锹拍实，以防灌水时漏水。栽植密度较大时，可以几株树筑 1 个灌水堰。

⑦ 立支撑　胸径在 5cm 以上的乔木及树冠较大的灌木都应在种植后及时立支撑，以防止新栽树随风摇摆，影响根系生长或造成树体倒伏，还可以防止灌水或降雨后土壤沉降引起的树体倾斜。支撑点的位置一般在苗木高度的 1/3～2/3 处。事先用胶皮、草绳、软布等软材料将树干的支撑点包好，再用粗铁丝、绳索或其他连接物将树干与支撑杆绑扎牢固。常见的支撑方式有以下几种：

单支式　在适当位置将木桩或水泥桩垂直埋入土中 40～60cm，可于树木定植时埋入，也可定植后在不损伤根系的前提下打入土中，用粗铁丝或尼龙绳等扭成"8"字形将树干与支撑杆绑紧（图 5-6A、B）；或采用专门的支撑配件，一端套在树干上，另一端用螺丝固定在支撑杆上（图 5-6C、D）。也可以将支撑杆支于下风方向，与地面呈 45°角对树干进行支撑。

双支式　将两根支撑杆垂直打入树干两侧的土中，在两根支撑杆上端固定一根横梁，并将其与树干固定（图 5-7）。

图 5-5　灌水堰

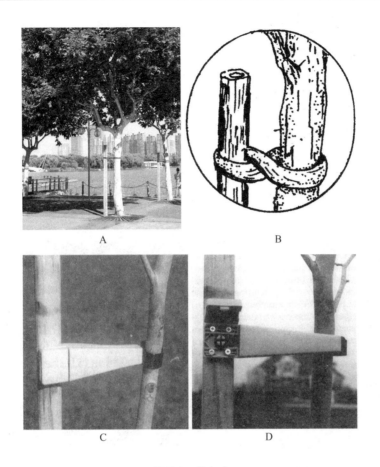

A　　　　　　　　B

C　　　　　　　　D

图 5-6　单支式

［B. 引自郭学望、包满珠《园林树木栽植养护学》，2004；C、D、引自 Richard W. Harris，James R. Clark，Nelda P. Matheny，〈Arboriculture：Integrated management of landscape trees，shrubs，and vines〉，2004］

图 5-7　双支式　　　　　　　　图 5-8　三支式

　　三支式 将 3 根支撑杆均匀分布在树干周围，斜撑在树干的支撑点（图 5-8），其中一根支撑杆应在主风向上位。

　　四支式 将 4 根支撑杆均匀分布在树干周围，斜撑在树干的支撑点（图 5-9）；为了支撑得更牢固，也可以增加辅助的横梁。三支式和四支式的固定效果最好，园林中应用较多。

　　目前市场上成套出售的树木支撑架，由套杯、绑带和支撑杆组成（图 5-10），绑带长度可调，将 3~4 个套杯穿在绑带上，绑带固定在主干的支撑点上，将支撑杆一端插入套杯的下口，另一端支撑于地面。支撑杆的规格一致，可以是木质或其他材质。此支撑架的优点是整齐、美观，使用方便，但牢固程度不如上述的三支式和四支式支撑。

图 5-9　四支式　　　　　　　　　　图 5-10　树木支撑架

　　联合桩支撑 适用于栽植密度较大的情况。将支撑杆与树干相垂直，横向固定在相邻树木的支撑点上，每株树木都通过支撑杆与邻近树木相连，最终将整片苗木联合成网格形式，可根据树木的多少，在地面增加几根斜撑的支撑杆，以使整个支撑架更稳固（图 5-11）。

图 5-11　联合桩支撑

5.2.2.2 园林树木的植后管理

(1)水分管理

树木栽植当天应灌 1 遍透水(称为"定根水"),以使土壤与根系紧密接触,并能为根系提供充足的水分,利于维持地上部分与地下部分的水分平衡,提高成活率。以后再根据土壤类型、土壤墒情、树木规格和降水情况及时补水。北方地区定植后,至少要灌水 3 遍,此后的灌水频率和灌水量应视具体情况而定,不可过于频繁。灌水时水流不宜过大,以防止灌水堰被冲毁或根系裸露,最好使水缓慢渗入土壤。灌水结束后,应撤除灌水堰,并用围堰土封树穴,以防积水。必要时还可以对树冠和树干进行喷水,以增加空气湿度,降低环境温度,减少蒸腾失水。

土壤含水量并不是越大越好,湿度越大则土壤的透气性越差,不利于生根,甚至会引起烂根。土壤含水量达到田间持水量的 60%~80%,是最适宜的土壤湿度,因此土壤过湿时也要注意排水。

(2)培土与扶正

新栽树木经过灌水或降雨后,若回填土未踩实,则容易出现局部土壤下陷、根系外露、甚至苗木松动。此时应及时回填种植土,掩埋外露的根系,填平下陷处并踩实。若苗木出现倾斜,应及时扶正,操作时不能用蛮力,以免损伤根系。

(3)补植

栽植后应进行植后调查:①如有漏植,应及时补植;②统计成活率,并仔细分析植株死亡的原因,为避免"假活"现象的影响,成活率的统计最好在秋末进行。

根据调查的情况确定补植任务。补植的树木要在树种、规格、形态和质量上满足要求。

(4)搭遮阳架

高温干燥季节应给新栽植的树木(特别是大树)搭遮阳架,以减少水分蒸腾。遮阳度以 70% 为宜。遮阳架应与树冠的上方和四周保持 30~50cm 的距离,以利于空气流通。

(5)越冬防寒

北方地区在严冬到来之前,要对不耐寒的树种及秋、冬季栽植的树木进行越冬防寒,如地面盖草,树干基部培土,用草绳、稻草、植物绷带等包裹主干,设防风障,树干涂白等。

5.2.2.3 园林树木的整形修剪

整形修剪可以培养优美的树形,调整树木体量,增强配置效果,改善通风透光条件,减少病虫害发生,调控开花与结果,提高移植成活率,促进老树更新复壮,提高树木安全性,是园林树木养护管理工作中必不可少的内容。

(1)修剪时期

① 休眠期修剪 也称冬季修剪,适用于大多数落叶树种,宜在树木自然落叶后

至春季萌芽前进行。北方地区冬季寒冷，为避免伤口出现冻害，应在早春修剪；需要防寒越冬的花灌木，宜在秋季落叶后重剪，然后再做防寒处理。有伤流现象(指树木体内的养分与水分在树木伤口处外流的现象)的树种，应避开伤流期修剪。

②生长期修剪　也称夏季修剪，指在整个生长季内进行的修剪，即树木萌芽后至进入休眠以前的这段时间。生长期修剪的作用是改善树冠的通风透光条件，一般采用轻剪。常绿树种在冬季修剪的伤口不易愈合，因此应该在枝叶开始萌发后再修剪。对于夏季开花或一年内多次抽梢开花的树木，宜在花后及时修剪。

(2)修剪手法

园林树木的修剪与露地花卉和盆栽花卉的修剪差不多，只是因目的不同，而有不同的方式或轻重程度。其主要修剪手法有摘心、摘叶、抹芽、除萌、去蘖、除蕾、疏花疏果、短截、回缩等。下面重点介绍几种手法。

①短截　又称短剪。短截可刺激保留下来的侧芽萌发，增加枝条数量，促进营养生长或开花结果。剪除的长度不同，修剪效果也不同(图5-12)。

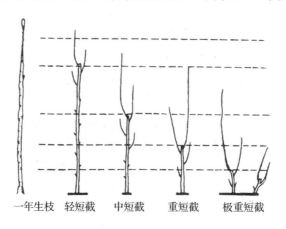

一年生枝　轻短截　中短截　重短截　极重短截

图5-12　不同短截强度的修剪效果

(引自张钢等《图解园林树木整形修剪》，2010)

轻短截　剪除枝条全长的1/5~1/4，由于保留的芽较多，修剪后这些芽萌发，形成中短枝，分化较多的花芽。主要用于修剪观花、观果类树木的强壮枝。

中短截　剪除枝条全长的1/3~1/2，剪口处留饱满芽，修剪后养分供应集中，促使这些饱满芽萌发长成营养枝，主要用于培养骨干枝、延长枝以及弱枝的复壮，连续中短截还具有延缓花芽形成的作用。

重短截　剪除枝条全长的2/3~3/4，刺激作用较大，修剪后可使枝条基部的隐芽萌发，适用于老树、弱树和老弱枝的复壮更新。

极重短截　只保留枝条基部的2~3个弱芽，其余全部剪除，修剪后会萌生1~3个中、短枝，可以削弱旺枝、徒长枝的生长，并促进花芽形成，还能够降低枝条的位置，主要用于竞争枝的处理。

②回缩　又称缩剪，指剪除多年生枝条(枝组)的一部分。修剪量大，刺激较重，修剪后可促使剪口下方的枝条旺盛生长或刺激休眠芽萌发徒长枝，多用于衰老枝的复

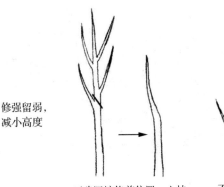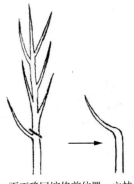

修强留弱，
减小高度

正确回缩修剪位置，立枝
方向与干一致，姿态自然

不正确回缩修剪位置，立枝
方向与干不一致，姿态不自然

图5-13　回缩修剪示意图

（引自鲁平《园林植物修剪与造型造景》，2006）

壮和结果枝的更新。对中央领导干回缩时，要选留剪口下的直立枝作头，直立枝的方向与主干一致时，新的领导干才会姿态自然，剪口方向应与剪口下枝条的伸展方向一致（图5-13）。

③ 除萌、去蘖　除萌即去除主干上的萌蘖，采用嫁接方法繁殖的树木，要及时去除砧木上的萌蘖，以防止其与接穗争夺养分及干扰树形，如垂枝榆、龙爪槐等。去蘖即去除根际滋生的根蘖，生长季要随时除去根蘖，不仅可以减少养分的消耗，还可以保持树干基部的卫生状况，减少病虫害的发生。除萌、去蘖越早进行越好。

（3）整形方式

园林树木整形的方式首先应根据树种的特征灵活掌握。主要去除扰乱树形和影响树体健康的枝条，按照顺其自然的原则，对树冠的形状只做辅助性修整，促使其形成优美的自然形态。

当然，也有根据植物景观设计中的特殊要求，将树木整剪成各种形体，如球体、柱体、锥体等规则的几何形体或亭、门、动物造型等非几何形体（图5-14），在西方园林中应用较多，被称为人工式整形。此整形方式适用于枝繁、叶小且密，萌芽力强的树种，如榆、小叶女贞、水蜡、黄杨等。这种整形方式虽然具有特殊的观赏效果，但它以人的主观想法为出发点，不符合树木的生长发育特性，对树木生长不利。此外，为了维持观赏效果需要频繁修剪，所以在具体应用时应全面考虑。

对于树木整形目前常用的有如下几种形式：

中央领导干形　适用于干性强的树种，如银杏、松、杉、柏等。这类树种具有明显的中央领导主干，通过整形使主干上的主枝分布自然、结构合理，是人工干预相对较少的一种整形方式。

多主干形　适用于生长旺盛、易形成丛生冠形的树种，如白皮松、桂花等。选留2～4个领导干，干上合理地分布主枝和侧枝，形成饱满、优美的树冠。这种整形方式多用于孤植树和庭荫树。

图 5-14　人工式整形

杯状形　适用于干性较弱的树种，如悬铃木。这种树形仅有一定高度的主干，主干上部保留 3 个主枝(即三股)，均匀分布于四周，每个主枝各自保留 2 个侧枝(即六杈)，每个侧枝再各自保留 2 个枝(即十二枝)，形成"三股、六杈、十二枝"的骨架(图 5-15)。杯状形树冠需要从幼树就开始培养，成形后为了保持树冠内膛中空，每年要去除冠内的直立枝、内向枝、交叉枝等。这种树形整齐美观，通风透光性好，在城市行道树中较为常见，但这种整形方式容易引起树势衰弱。

自然开心形　适用于干性弱且枝条开展的树种，如桃、石榴等。自然开心形是杯状形的改良形式，主要的不同点在于自然开心形分枝点较低，3 个主枝分布有一定间隔，自主干向四周放射而出，中心开展，但内膛不空，主枝及侧枝上保留的分枝多于 2 个，相互错落分布，可以更好地利用空间。

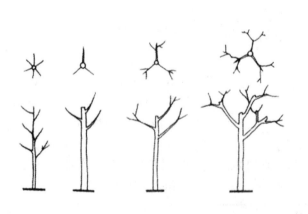

图 5-15　杯状形整剪过程及实例

(左图引自鲁平《园林植物修剪与造型造景》，2006)

灌丛形　适用于小型灌木。自灌丛基部选留主枝 10 余个，根据各主枝的生长状况及其在灌丛中所处的位置，每年剪掉 3~4 个老主枝，并重新选留 3~4 个主枝，以保持树冠的形状和旺盛的生长势。

棚架形　适用于藤本树种的整形，是立体绿化常用的一种整形方式。首先建立各种形式的支撑物，如廊架、柱体、凉亭、栅栏等，然后在合适的位置栽植藤本树种，根据支撑物引导枝蔓的走向，并整剪出需要的形式，如棚架式、篱垣式、附壁式等。日常修剪时，主要去除下垂枝、直立枝、过密枝和病虫枝。

5.2.2.4　园林树木的水分管理

园林树木的水分管理是指通过适当的技术措施和管理手段，满足树木生长对水分的需求，包括灌水与排水两方面。

树木的需水特性是制订科学的水分管理方案、合理安排灌排工作的根本。一方面，树木的需水特性会因树种及树木所处的生长发育阶段的不同而有很大差别。一般说来，生长速度快，花、果、叶量大的种类需水量较大；生长期的需水量大于休眠期；喜光树种比耐阴树种、浅根性树种比深根性树种、湿生和中生树种比旱生树种的需水量大；呼吸、蒸腾作用最旺盛时期以及果实迅速生长期都需要充足的水分。另一方面，需水特性还与栽植地的立地条件、树木的栽植年限和园林用途有关。气温高、光照强、空气干燥、风大、土壤保水性差的地区需水较多，栽植年限短的树木以及观花灌木、珍贵树种、孤植树、古树、大树通常都是灌溉的重点。

关于具体的灌水时间、灌水量及灌水方式见露地花卉的栽培。

另外，排水也是园林树木养护中不可忽视的一项内容。常见的排水方法有地面排水、明沟排水、暗沟排水和滤水层排水等。

5.2.2.5　园林树木的养分管理

园林树木是体量较大的多年生植物，生长发育需要的养分较多；树木长期生长于同一地点，从土壤中选择性吸收某些营养元素，会造成这些元素的匮乏；城市园林绿地土壤的理化性质较差，土壤养分的有效性较低；加之城市园林绿地中的枯枝落叶常被清扫，无法回归土壤，切断了营养物质的循环。上述原因致使城市园林绿地的土壤普遍存在营养物质含量低的情况。因此，为了确保园林树木健康生长，花繁叶茂，就要通过正确的施肥，提高土壤肥力。

（1）施肥类型

① 基肥　是指能在较长时间段内供给树木多种养分的基础性肥料，以有机肥为主，如厩肥、堆肥、人粪尿、骨粉等。基肥通常在春季和秋季结合土壤深翻施入，也可以在树木定植前施入。

② 追肥　是指为了满足树木生长过程中对营养物质的迫切需求、补充基肥的不足而施用的肥料，主要为速效性的无机肥。在各个需肥的生长发育阶段施用，如抽梢期、花芽分化期、果实膨大期等；当树木表现出缺素症状时也应及时施追肥。

（2）施肥量

施肥量受树种特性、树龄、物候期、土壤条件、气候条件、施肥方法等诸多因素的影响，因此其计算方法也莫衷一是。

① 理论施肥量　理论上可以采用以下公式计算。

施肥量 =（树木吸收营养元素量-土壤可供给营养元素量）/营养元素的利用率

计算前应测定树木每年从土壤中吸收各营养元素的量及当前土壤可供给的各营养元素含量。

② 经验施肥量　按照每厘米胸径 180 ~ 1400g 的无机肥计算，普遍使用的最安全用量是每厘米胸径 350 ~ 700g 完全肥料。胸径小于 15cm 的树木及对化肥敏感的树种施肥量应减半。大树可按每厘米胸径施用 10 - 8 - 6 的 N - P - K 混合肥 700 ~ 900g（10 - 8 - 6 表示肥料中有 10% 的 N，8% 的 P_2O_5，6% 的 K_2O）。常绿针叶树的幼树最好不施无机肥，而应施有机肥。

最科学的施肥量应通过对肥料的成分分析结合营养诊断，从而计算出最佳的营养元素配比和施肥量。

（3）施肥方法

适当的施肥方法，对于提高肥料的利用率、促进树木的健康生长至关重要。

① 土壤施肥　是指将肥料直接施入土壤中，通过根系进行吸收，是园林树木的主要施肥方法。肥料应施在吸收根集中分布的区域或比这个区域稍深、稍远的地方，以促进根系扩大。从深度来看，树木的吸收根主要分布在土壤表层以下 10 ~ 60cm 深的范围内（依树种而定）；从水平幅度来看，吸收根主要分布在树冠垂直投影的外缘线附近，而树干基部几乎没有吸收根。实践中以树冠垂直投影半径的 1/3 值画圆，再以基径的 10 倍值为半径画圆，两圆圈之间的区域即为施肥区域。施肥后要及时灌水，既利于根系吸收养分，又可以避免因局部肥料浓度过高造成烧根现象。

生产上常用的土壤施肥方法有以下几种：

全面施肥　是指将肥料均匀施于土壤。可先将肥料均匀地撒布于地表，然后再通过翻地或灌水使肥料进入深层土中；也可以先将肥料配成溶液，再通过喷灌或滴灌的方式将肥液均匀施入土壤中。全面施肥操作方便、肥效均匀。缺点是用肥量大，且养分有一定量的流失；另外，因肥料施入的土层较浅，容易使根系上浮，从而造成根系的抗性下降，故不宜长期应用。

沟状施肥　即在施肥区域内挖 30 ~ 40cm 宽的沟，将肥料均匀地施入沟内，用土将沟填平。沟的走向可以结合实际情况灵活掌握，如条状、环状、放射状等。条状沟施是指在树木行间或株间挖施肥沟，适用于呈行列式栽植的树木。环状沟施是在树冠垂直投影附近挖环状沟，沟可以是连续的，也可以是断续的（图 5-16A、B），适用于孤植树或株距较大的情况。放射状沟施是以树木为中心挖放射状沟（图 5-16C），下一次施肥时应更换沟的位置，以扩大施肥面积。沟状施肥的优点是操作简便，用肥经济；缺点是在开沟的过程中会对根系造成一定损伤，且不宜用于草坪上生长的树木，因开沟会破坏草皮。

穴状施肥　是指在施肥区域内挖数个直径 20 ~ 30cm 的施肥穴，穴通常以同心圆的方式排布，根据树木的大小，挖 2 ~ 4 圈，内外圈的施肥穴应交错排列，肥料施入穴内后覆土。此法伤根较少。穴状施肥也可以使用专门的打孔施肥设备来完成，该设备的驱动机构可使钻头旋转，在土壤中形成孔洞，钻头内设有与肥料箱相连的通道，完成施肥。打孔施肥设备的作业效率高，对地面破坏小，适用于铺装地面和草坪中生

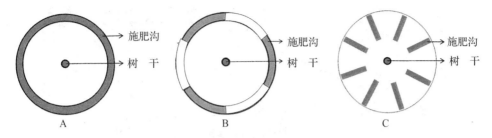

图5-16　沟状施肥平面示意图（阴影部分为施肥沟）
A. 连续环状沟施　B. 断续环状沟施　C. 放射状沟施

长的树木施肥。

营养钉与营养棒施肥　树木营养钉是将复合肥与树脂黏合剂结合在一起，通过木槌打入深约45cm的根区，其溶解释放的营养元素可以被根系吸收利用。高密度营养棒以有机质为主，含有少量的氮、磷、钾元素，使用时将其埋入吸收根集中分布的土壤中即可。

②根外施肥　就是利用树木的叶片、枝条和树干吸收养分。根外施肥可以避免肥料在土壤中的固定和淋失，养分吸收速度快，用肥量少，利用率高，但只能施用易于溶解的无机肥，而且要注意浓度不可过高。根外施肥不能完全代替土壤施肥，两者应结合使用。常用的方法有叶面施肥和枝干施肥。

叶面施肥　将配好的无机肥溶液以喷雾的方式均匀喷洒到叶片，养分通过气孔和角质层进入到树体内，并运输到各个器官，适合于在土壤中容易被固定的元素和微量元素的施用，以及土壤施肥效果不好或土壤施肥难以操作的情况。叶面施肥常作追肥使用，并可结合病虫害防治同时进行。最佳喷洒时间为10：00之前和16：00之后，应主要喷洒叶片背面，喷至肥液开始从叶片滴落为度。

枝干施肥　通过枝或干的木质部吸收营养，并运输到树体的其他部位。枝干施肥可以采用涂抹或输液的方法。

涂抹法是先将枝干刻伤至木质部，再在伤口处放置含有营养液的棉条，注意伤口不可过大。

枝干输液技术适用于胸径10 cm以上的树木。输液孔的位置应低一些，以使营养液有充分的时间在枝干内横向扩散，有助于营养液在整个植株中均匀分布；对于树脂较多的树种则应提高输液孔的位置，以防堵塞针孔。操作方法是：用木工钻在树干自地面以上20～30cm处斜向下（与地面约呈45°角）打孔至木质部，孔深3～5cm，孔的直径应与输液插头直径相匹配，孔的数量依树体大小而定，若需要多个输液孔，则应注意不要使输液孔位于树干的同一纹理上。将输液插瓶插入输液孔（若为输液袋，则将袋挂在距地面1.3m左右的树干上，并注意避光，待营养液从输液插头流出时将插头插入输液孔），如图5-17所示。输液的速度不宜过快，以利于木质部充分吸收营养液，减少浪费。输液完毕后，将插头拔出，并用小木棍或泥土将孔封严，在孔口处喷上杀菌剂，以防止病菌侵入。枝干输液技术不仅可以用于施肥，还可以用于树木的补水、促进移栽成活以及病虫害防治。

A　　　　　　　　　B

图 5-17　枝干输液

A. 输液插瓶　　B. 输液袋

5.2.3　园林草坪的建植与养护

本小节所指的草坪，是指由人工建植的绿草地，主要供人们休憩、娱乐和观赏。

根据气候可以将草坪分为冷季型草坪和暖季型草坪。冷季型草坪草一般在长江流域以北地区生长，包括白三叶、早熟禾、黑麦草等；而暖季型草坪草主要生长在长江流域以南，广泛分布于亚热带、热带地区，包括画眉草、结缕草、百喜草、狗牙根等。

根据植物材料组合可以将草坪分为以下几种：单播、混播、缀花。所谓单播草坪是指以 1 种草坪草通过播种形成的草坪；以 2 种或 2 种以上草坪草播种形成的草坪称为混播草坪；以多年生禾草为主，混有少量草本花卉的称为缀花草坪。

5.2.3.1　草坪建植技术

（1）场地的清理

清除场地的施工障碍物、杂物、杂草等。在有树木的情况下，根据具体情况，全部或部分移走原有的植物，为后续的施工做好准备。一般情况下，在 35cm 以内的表土中，不应有大的砾石瓦块。

（2）土壤翻耕与改良

根据场地面积采取相宜的施工机械对土地进行犁耕，耕作时要注意土壤的含水量。对于保水性差、养分缺乏、通气不良、酸碱度过高等土壤可以通过加入改良物质来改善土壤的理化性质。同时，必要时要使用底肥，使之更适宜植物的生长。例如，对于酸性土壤可以使用石灰来降低酸度。土壤使用肥料和改良剂后，要通过耙、旋耕等方式把肥料、改良剂翻入土壤一定深度并混合均匀。

（3）整理地形

根据设计意图，做到表面平整，满足设计标高。填充土壤松软的地方，由于土壤会沉实下降，故填土的高度要高出设计的高度。一般用细质土壤填充时，要高出大约15%；粗质土稍低些。在填土量大的地方，每填 30cm 就要镇压以加速沉实。为了更好地排除场地的地表水，体育草坪多设置成中间高、四周低的地形。地形之上至少需要有 15cm 厚的覆土。

进一步整平地面坪床，同时对表层土壤少量施用氮肥和磷肥，以促进草坪幼苗的发育。

（4）排水与灌溉系统的设置

草坪多采用缓坡排水。缓坡排水就是指在一定面积内修一条缓坡的沟渠，其最低处一段可设雨水口接纳排出的地面水，并经由地下管道排走，或者以沟直接与湖池连接。对于地势过于平坦或者地下水位过高的草坪，应设置明沟排水或暗管排水。

灌溉管网系统一般应在场地最后整平之前全部埋设完毕。

（5）直播法建坪

① 选种以及种子的处理　选取适合当地气候条件的优良草种，选种时要重视草种的纯度以及发芽率。对于混合草籽要对其中的不同草种分别进行测定，以免造成损失。

另外，根据种子的具体生理情况，必要时，可以在播种前，对种子进行流水冲洗，或化学药物处理，或机械揉搓等处理，以提高种子的发芽率。

② 播种的时间与播种量　单播时，一般用量为 $0.01 \sim 0.02 kg/m^2$，具体应根据草种及种子发芽率而定。一般地，暖季型草种为春播，可在春末夏初播种；冷季型草种为秋播，北方最适合的播种时间为 9 月上旬。

几种草坪草混合播种，虽然不易得到颜色纯一的草坪，但是可以适应较差的环境条件，更快地形成草坪，并使其寿命延长，混播时，混合草种包含了主要草种和保护草种。一般情况下，常采用发芽迅速的草种为保护草种，以便为生长缓慢和柔弱的主要草种遮阴及抑制杂草，并在早期可以显示草坪的边沿以方便修剪。

③ 播种的方法　一般采用人工或机械播种。

人工播种　包括撒播和条播，其中撒播出苗均匀整齐，易于快速成坪，条播则利于播后管理。撒播前要先将草种掺入到 2～3 倍的细沙或细土中。撒播时，先用细齿耙松表土，再将种子均匀撒在耙松的表土上，并再次用细齿耙反复耙拉表土，然后，用碾子滚压，或用脚并排踩压，使得土层的种子与土壤密切结合，同时播种人应做回纹式或纵横式后退播种。

条播则是在整理好的场地上开沟，沟深 0.05～0.1m，沟距 0.15m，用等量的细土或沙子与种子混合均匀撒入沟中，播后用碾子碾压等。

机械播种　常采用草坪喷浆播种法。即利用装有空气压缩机的喷浆机组，通过较强的压力将混合有草籽、肥料、保湿剂、除草剂、颜料以及适量松软的有机物及水等配制成的绿色泥浆液，直接均匀喷送至已经整理好的场地或陡坡上。这种方法机械程度高，易完成陡坡处的播种工作，且种子不会流失，故为公路、铁路、水库的护坡及飞机场等大面积播种草坪的好方法。同时，由于草籽泥浆具有很好的附着力和鲜明的颜色，施工操作能做到不遗漏、不重复，均匀地将草籽喷播到目的地。

(6) 植草法建坪

① 栽植时间　全年生长季均可进行，但最好在生长季的中期种植，此段时间栽植能确保草坪成型。过晚栽植，则草当年不能长满草坪，影响景观。

② 栽植方法

点栽法　种植时，一人用铲子挖穴，穴深 6~7cm，株距 15~20cm，呈三角形排列；另一人将草皮撕成小块栽入穴中埋实、拍实，并随手搂平地面，最后再碾压一遍，及时浇水。此法植草均匀，形成草坪迅速，但费时费工。

条栽法　条栽法比较省工，省草，施工速度快，但形成草坪时间慢，且成草不均匀。栽植时，一人开沟，沟宽 5~6cm，沟距 20~25cm；另一人将草皮撕成碎片放于沟中，再埋土、踩实、碾压和灌水。

密铺法　采用成块带土的草皮连续密铺形成草坪的方法。具有快速形成草坪且易于管理的优点，常用于施工短、成型快的草坪作业。密铺法作业除了冻土期外，不受季节影响。铺草时，先将草皮切成方形草块，按设计标高拉线打桩，沿线铺草。铺草的关键在于草皮间应错缝排列，缝宽 2cm，缝内填满细土，用木片拍实。最后用碾子滚压，喷水养护，一般 10d 后形成草坪。

植生带栽植法　这是一种人工建植草坪的新方法。具有出苗整齐、密度均匀、成坪迅速等优点。特别适合用于斜坡、陡坡的草坪施工。它是先利用两层特制的无纺布作为载体，在其中放置优质草种并施入一定的肥料，经过机械复合、定位后成品。产品规格每卷长 50m，宽 1m，可铺设草坪 50m²。植生带铺设时，先将铺设地的土壤翻耕整平，将准备好的植生带铺于地上，再在上面覆盖 1~2cm 厚的过筛细土，用碾子压实，洒水保养，若干天后，无纺布慢慢腐烂，草籽也开始发芽。1~2 个月后，即可形成草坪。

喷浆栽植法　可以用于播种法也可以用于植草法。用于植草时，先将草皮分松、洗净，切成小段，其长度视草种而定，一般 4~6cm，但要保持芽的完整。然后在栽植地上喷洒泥浆(用塘泥、河泥、黄心土及适量的肥料加水混合而成)，再将草段均匀撒在泥浆上即可。此法成坪速度快，草坪长势良好。

5.2.3.2　草坪的养护管理

为了充分发挥草坪的功能，还需要对其进行必要的养护管理，包括修剪、施肥、浇水及病虫害防治等。

(1) 草坪的修剪

为了使草坪整齐、美观，要适时对草坪进行修剪。同时通过修剪，不仅可以促进草坪植物的新陈代谢，改善密度和通气性，减少病原体和虫害的发生，还可以有效抑制部分杂草的发生。

①　修剪高度的确定　草坪修剪的基本原则为每次修剪量一般不能超过茎叶组织纵向总高度的1/3，即修剪的1/3原则。例如，若草坪需要修剪的高度为2cm，那么当草坪草长至3cm高时就应进行修剪，剪掉1cm。如果草坪草长得太高，不应一次将草剪到标准高度，这样会使草坪草的根系停止生长，因此可以增加修剪次数，逐渐修剪到要求高度。

②　修剪的时间和次数　草坪修剪的时间和次数，不仅与草坪的生长发育有关，还跟草坪的种类有关，同时跟肥料的供给有关，特别是氮肥的供给，对修剪的次数影响较大。一般说来冷季型草坪草有春秋两个生长高峰期，因此在两个高峰期应加强修剪。在夏季，冷季型草坪进入休眠，一般2~3周修剪1次，但在秋、春两季由于生长茂盛，冷季型草需要经常修剪，至少1周1次。

目前，部分地方为了节约修剪成本或低养护的草坪，如路边、难以修剪的坡地等，常使用植物生长调节剂来延缓草坪草的生长，但要注意生长调节剂的浓度及施用时间。

③　修剪草屑处理　如果剪下的草叶短，最好不要清除出去，如能严格按照1/3原则修剪，修剪物短小，在一般草坪上通常可不用清除；如果草屑较长，会影响草坪的美观，草堆或草的覆盖也将会引起草坪草的死亡或发生疾病，则应收集起来运出草坪。高尔夫球场、足球场等运动场草坪，由于运动的需要，必须清除草屑。有病虫害的草坪的草屑必须清除。

（2）草坪的灌溉与施肥管理

草坪浇水以喷灌为主，以地面不干为准。实际生产中，常用一把小刀或土壤探测器检查土壤。如果10~15cm深处的土壤是干燥的，就应该浇水。多数草坪草的根系位于土壤上层10~15cm处。干土壤色淡，湿土壤颜色较深暗。

草坪植物含水量占鲜重的75%~85%，草坪一旦缺水，会对叶片的蒸腾作用和根系吸收等造成不良影响，因此在生长季节根据降水量和草种类型适时灌溉极为重要。细质黏土与粉沙所需水量大于砂土。雨季空气湿度较大，土壤含水量较高，可基本停止灌水。

湿度高、温度低又有微风时是灌溉的最好时机。因此晚上或早晨浇水，蒸发损失最小，中午及下午大约喷灌水分的50%在到地面前就被蒸发掉。另外，中午浇水还容易使草坪草受到灼伤，进而影响草坪的使用和其他管理操作。

施用氮肥可提高草坪观赏性。春季施肥可促进草坪返青，秋季施肥可延长草坪绿色期。冷季型草坪早春、早秋各施1次肥比较适宜，3、4月前期施肥利于草坪提前2~3周萌发。初夏和仲夏施肥要尽量避免或尽量少施，以利提高冷季型草坪抗胁迫能力。

生产实践中，为了节约成本，往往采用灌溉结合施肥的方式，但要注意灌溉的均一性，而且灌溉后应立即用少量的清水洗掉叶片上的化肥，以防止烧伤叶片。

（3）草坪病虫害的防治

草坪一旦发生病虫害，扩展速度很快，极易造成大面积损失。因此，要加强管理，及时清除枯草层，特别是要及时清除修剪后的残草，注意增加通风并适度多次修剪。草坪的病害主要有德氏霉叶枯病、白粉病、锈病等。德氏霉叶枯病的预防要加强肥水管理，用 50% 乙生 600 倍与绿先锋 700 倍混合每隔 7d 喷施 1 次，一般连续喷 3 次。锈病和白粉病的预防可用腈菌唑 5000 倍与 15% 三唑酮 1500 倍混合每隔 14d 喷 1 次。草坪害虫主要有草地螟、地老虎、金针虫等，用敌杀死 2000 倍和 15% 灭虫因 1500 倍混合每隔 15d 交替喷雾 1 次，连续喷 2 次。喷施的时间选择在无露水的早上或者太阳照射倾斜后的下午，除碱性农药与酸性农药不能混合外，一般的药剂可混合喷施，喷后 8h 内若遇雨应进行补喷。

5.2.4　园林地被植物的栽培与养护

　　园林地被植物是指那些株丛密集、低矮，经简单管理即可用于代替草坪覆盖在地表，防止水土流失，能吸附尘土、净化空气并具有一定观赏和经济价值的植物。它不仅包括多年生低矮草本植物，还有一些适应性较强的低矮、匍匐型的灌木和藤本植物。

5.2.4.1　地被植物的栽植方法

　　地被植物栽植前，需要进行种植设计。其种植设计是一门综合艺术，设计得当，不仅会给人以开阔愉快的美感，同时也会给绿地中的花草树木以及山石建筑以美的衬托。

　　(1) 种植前现场施工准备

　　地被植物种植前，首先要对照设计图纸，踏勘现场。

　　① 场地的清理与平整　场地清理的任务就是要拆除所有弃用的建筑物或构筑物，清除所有无用的地表杂物，包括清除土壤中大的石砾、生活垃圾、建筑垃圾等。现场清理后的残土要及时回填，回填后应满足场地排水、植物生长及其他功能要求，力求场地平滑自然。地被植物一般为多年生植物，大多没有粗大的主根，根系主要分布在土层 30 cm。因此栽植地平整深度应达30～40 cm，在种植地被植物前尽可能使种植场地的表层土壤土质疏松、透气、肥沃，地面平整，排水良好，为其生长发育创造良好的立地条件。

　　② 改良土壤、提高肥力　可以使用有机物质或土壤改良剂，腐熟的人畜粪尿和粪肥、堆肥、碎树皮、树叶覆盖层以及泥炭藓、煤渣、锯木屑等都可以作为土壤改良物，以期为地被植物的苗壮生长营造一个良好的生境。

　　(2) 种植方法

　　① 定点放线　种植地被应按照设计施工图定点放线，确定种植范围。定点必须按要求保证株行距。面积较大的花坛，可用方格线法，按比例放大到地面。

　　② 种植时间　在晴朗天气、春秋季节、最高气温 25℃ 以下时可全天种植；当气温高于 25℃ 时，应避开中午高温时间。

　　③ 种植的顺序　花坛、花境中的地被植物种植顺序应由上而下、由中心向四周。

高矮不同品种地被混植时，应按先高后矮的顺序种植。种植面积大的地被要先种图案的轮廓线，后种植内部填充部分。

④ 种植密度　种植地被的株行距，应按植株高低、分蘖多少、冠丛大小决定。以成苗后不露出地面为宜。根据苗木品种、规格不同来确定种植密度，一般为 16～36 株/m²，色块、色带的宽度超过 2m 时，中间应留 20～30 cm 宽作业道。地被植物不宜种植过密。

5.2.4.2　地被植物养护管理措施

(1)水肥管理

地被植物在种植后要及时浇灌。灌水以少量多次为原则，每天早晚各 1 次，每次灌水深度以浸透表层土 3～5 cm 为宜，同时，应避免地表积水。随着地被植物的发育，灌水次数相对逐渐减少，每次的灌水量相应加大。地被植物一般均选取适应性强的抗旱品种，成活后可不必浇水，但出现连续干旱无雨时，应进行浇水。一是浇好返青水，一般应在 2 月底或 3 月初进行。二是北方栽植的地被植物要浇足冻水，灌冻水时间约为 11 月底或 12 月初。三是生长季灌水，时间依具体情况而定，当表层 10 cm 土壤出现干旱时即开始进行灌溉，每次灌水深度不小于 10 cm。

地被植物生长期内，根据各类植物的生长习性要求，应及时补充肥力。如果发现幼苗颜色变浅泛黄，生长发育缓慢，则表明缺肥，应以 0.2% 的复合肥或尿素进行喷施。有时也可在早春和秋末或植物休眠期前后，结合覆土进行撒施。施肥要均匀，施后立即灌水。

(2)防治空秃

在地被植物大面积栽培中，由于光照不均、排水不畅或病虫为害等因素影响，往往会造成地被生长不良或死亡而形成空秃，有碍景观。因此，一旦出现，应立即检查原因，翻松土层。如土质欠佳应换土，并及时进行补栽。

(3)修剪平整

一般低矮类型品种不需要进行经常修剪，以粗放管理为主。但由于近年来，各地大量引入观花地被植物，少数带残花或者花茎高的，需在开花后适当压低，或者结合种子采收，适当修剪。修剪工作最好安排在傍晚前后地被植物上没有露水时进行，可以避免地被植物的人为损害和日间阳光的灼晒。剪下的碎屑应及时清理。

(4)更新复苏与群落调整

当地被植物出现过早衰老时，应根据不同情况，对表土进行刺孔，使根部土壤疏松透气，同时加强施肥浇水，有利于更新复苏。对一些观花类的多年生地被，则必须每隔 5～6 年进行 1 次分根翻种，以防止衰退。

地被比其他植物栽培期长，但并非一次栽植后一成不变。除了有些品种具有自身更新能力外，一般均需要从观赏、覆盖效果等方面考虑，在必要时进行适当的调整。在种植过程中应注意花色协调，宜醒目，忌杂草。如在绿茵草地上适当布置种植一些观花地被，其色彩容易协调，如低矮的白三叶、紫花地丁，开黄花的蒲公英等。又如在道路或草坪边缘种上雪白的香雪球、太阳花，则更显得高雅、醒目和华贵。

（5）病虫害防治

多数地被植物品种具有较强的抗病虫能力，但有时由于排水欠佳或施肥不当及其他原因，也会引起病虫害发生。在种植前，对于土中的碎石、草根、甲虫、虫卵应尽量清除干净。大面积地被植物栽植，最容易发生的病害是立枯病，能使成片的地被枯萎，应采用喷药措施予以防治，阻止其蔓延扩大。其次是灰霉病、煤污病，亦应注意防治。虫害最易发生的是蚜虫、红蜘蛛等，虫情发生后应及时喷药。由于地被植物种植面积大，防治方法应以预防为主。

5.3 园林植物繁殖栽培设施

5.3.1 设施的主要类型

繁殖栽培设施是指人为建造的适宜或保护不同类型的植物正常生长发育的各种建筑及设备，主要包括温室、塑料大棚、荫棚、冷床与温床、风障、冷窖，以及机械化、自动化设备、各种机具和容器等。

5.3.2 现代化温室

现代化温室主要指大型的(覆盖面积多为 $1hm^2$ 或更大)，环境调控能力强，基本不受自然气候条件的影响，可实现自动化控制，能全天候进行植物生产的连接屋面温室。现代化温室按屋面特点主要分为屋脊形连接屋面温室和拱圆形连接屋面温室。

5.3.2.1 温室的结构与类型

（1）屋脊形连接屋面温室

荷兰芬洛型(Venlo)温室是屋脊形连接屋面温室的典型代表。这种温室大多数分布在欧洲，以荷兰的面积最大。这种温室的骨架采用钢架和铝合金构成，透明覆盖材料为 4mm 厚平板玻璃。温室屋顶形状和类型主要有多脊连栋型和单脊连栋型两种(图 5-18)。

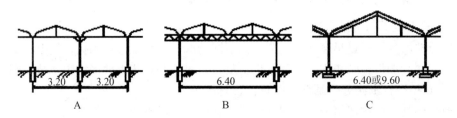

图 5-18 屋脊型连接屋面温室

多脊连栋型温室的标准脊跨为 3.2m 或 4.0m，单间跨度为 6.4m、8.0m、9.6m，大跨度的可达 12.0m 和 12.8m。温室柱间距目前多采用 4.0～4.5m。该型温室的传统屋顶通风窗宽 0.73m、长 1.65m；以 4.00m 脊跨为例，通风窗玻璃宽度为 2.08～2.14m。在室内高度和跨度相同的情况下，单脊连栋型温室较多脊连栋温室的开窗通风率高。

（2）拱圆形连接屋面温室

主要以塑料薄膜为透明覆盖材料，主要在法国、以色列、美国、西班牙、韩国等国家广泛应用，我国华北的连栋塑料温室也属此种类型。其骨架由热浸镀锌钢管及型钢构成，透明覆盖材料为双层充气塑料薄膜。温室单间跨度为 8m，开间 3m，天沟高度最低 2.8m，拱脊高 4.5m，8 跨连栋的建筑面积为 $2112m^2$。东西墙为充气膜，北墙为砖墙，南侧墙为进口 PC 板(图 5-19)。这种温室设有完善而先进的附属设备，如加温系统、地中热交换系统、湿帘风机降温系统、通风系统、灌水(施肥)系统、保温幕以及数据采集与自动控制装置等。

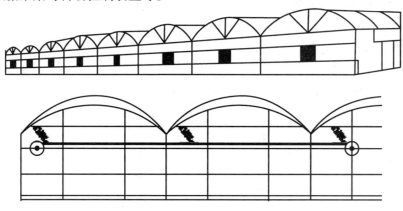

图 5-19　华北连栋塑料温室

5.3.2.2　温室的性能特点

现代化温室主要应用于高附加值的园艺作物生产上，如喜温果类蔬菜、切花、盆栽观赏植物、果树、观赏树木的栽培及育苗等。其中具有设施园艺王国之称的荷兰，其现代化温室的 60% 用于花卉生产，40% 用于蔬菜生产。在生产方式上，荷兰温室基本上全部实现了环境控制自动化，作物栽培无土化，生产工艺程序化和标准化，生产管理机械化、集约化。

我国引进和自行建造的现代化温室除少数用于培育林业上的苗木以外，绝大部分也用于园艺作物育苗和栽培，而且以种植花卉、瓜果和蔬菜为主。

5.3.3　塑料大棚

5.3.3.1　塑料大棚的结构与类型

目前生产中应用的大棚，按棚顶形状可以分为拱圆形和屋脊形，但我国绝大多数

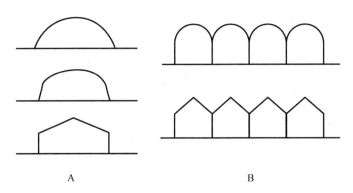

图 5-20　塑料薄膜大棚的类型

A. 单栋大棚　B. 连栋大棚

为拱圆形。按骨架材料则可分为竹木结构、钢架混凝土柱结构、钢架结构、钢竹混合结构等。按连接方式又可分为单栋大棚、双连栋大棚及多连栋大棚。我国连栋大棚的棚顶多为半拱圆形，少量为屋脊形（图 5-20）。

塑料大棚的骨架是由立柱、拱杆（拱架）、拉杆（纵梁、横拉）、压杆（压膜线）等部件组成，俗称"三杆一柱"。

（1）竹木结构单栋大棚

大棚的跨度为 8 ~ 12m，高 2.4 ~ 2.6m，长 40 ~ 60m，每栋生产面积 333 ~ 666.7m²。由立柱（竹、木）、拱杆、拉杆、吊柱（悬柱）、棚膜、压杆（或压膜线）和地锚等构成（图 5-21）。

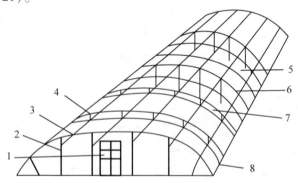

图 5-21　竹木结构大棚示意图

1. 门　2. 立柱　3. 拉杆（纵向拉梁）　4. 吊柱　5. 棚膜　6. 拱杆　7. 压杆（或压膜线）　8. 地锚

（2）GP 系列镀锌钢管装配式大棚

该系列由中国农业工程研究设计院研制成功，并在全国各地推广应用。骨架采用内外壁热浸镀锌钢管制造，抗腐蚀能力强，使用寿命 10 ~ 15 年，抗风荷载 31 ~ 35kg/m²，抗雪荷载 20 ~ 24kg/m²。代表性的 GP - Y8 - 1 型大棚，其跨度 8m，高度 3m，长度 42m，面积 336m²；拱架以 1.25mm 薄壁镀锌钢管制成，纵向拉杆也采用薄壁镀锌钢管，用卡具与拱架连接；薄膜采用卡槽及蛇形钢丝弹簧固定，还可外加压膜线，做辅助固定薄膜之用；该棚两侧还附有手动式卷膜器，取代人工扒缝放风（图 5-22）。

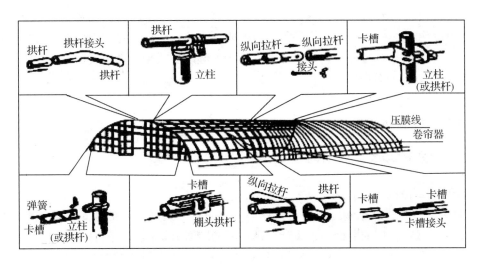

图 5-22　钢管装配式大棚的结构

5.3.3.2　塑料大棚的性能特点

塑料大棚的增温能力在早春低温时比露地高 $3 \sim 6℃$。其在园艺作物的生产中应用非常普遍，主要用于园艺作物的提早和延后栽培。园林上主要用作切花生产、盆花摆放和育苗等。

5.3.4　荫棚

5.3.4.1　荫棚的结构

荫棚的种类和形式大致分为临时性和永久性两种。

（1）临时性荫棚

除放置越夏的温室花卉外，还可用于露地繁殖床和切花栽培（如紫菀、菊花等）。临时性荫棚建造一般的方法是：早春架设，秋凉时逐渐拆除。主架由木材、竹材等构成，上面铺设苇秆或苇帘，再用细竹材夹住，用麻绳及细铁丝捆扎。荫棚一般都采用东西向延长，高 2.5m，宽 $6 \sim 7m$，每隔 3m 立柱一根。为了避免上下午的阳光从东或西面照射到荫棚内，在东西两端还设遮阴帘。注意遮阴帘下缘应距地 60cm 左右，以利通风。

（2）永久性荫棚

用于温室花卉和兰花栽培，在江南地区还常用于杜鹃花等耐阴性植物的栽培。形状与临时性荫棚相同，但骨架多由铁管或水泥柱构成。铁管直径为 $3 \sim 5cm$，其基部固定于混凝土中，棚架上覆盖苇帘、竹帘或板条等遮阴材料。

5.3.4.2　荫棚在花卉栽培中的作用

不少温室花卉种类属于半阴性的，如观叶植物、兰花等，不耐夏季温室内的高温，一般均于夏季移出室外，在遮阴条件下培养；夏季的嫩枝叶扦插及播种、上盆或分株植物的缓苗，在栽培管理中均需注意遮阴。因此，荫棚是花卉栽培必不可少的设备。荫棚下具有避免日光直射、降低温度、增加湿度、减少蒸发等特点，给夏季的花卉栽培管理创造了适宜的环境。

5.3.5　繁殖栽培设施的规划布局与环境调控

5.3.5.1　光照环境及其调节控制

（1）增强光照

① 通过改进设施结构以提高透光率　主要包括：选择适宜的建筑场地及合理的建筑方位；设计合理的屋面角；设计合理透明的屋面形状；选择截面积小，遮光率低的骨架材料；选择透光率高且耐候性好的透明覆盖材料等。

② 改进管理措施　如保持透明屋面清洁，在保温前提下尽可能早揭晚盖外保温和内保温覆盖物，合理密植，合理安排种植行向，选用耐弱光的品种，覆盖地膜，加强地面反光，（后墙）利用反光幕等。

③ 通过人工补光的方式　以弥补光照的不足。

（2）减弱光照

降低光照目的主要有两个：一是减弱设施内的光照强度，二是降低设施内的温度。遮光常用的方法是覆盖各种遮阴材料，如遮阳网、无纺布、苇帘等，或将采光屋面涂白，主要用于玻璃温室，可遮光 50%~55%，降低室温 3.5~5.0℃。

5.3.5.2　温度环境及其调节控制

温度环境的调控包括保温、加温和降温。

（1）保温

根据温室的热量收入和支出规律，保温措施应主要从减少贯流放热、换气放热和地中热传导等方面进行。

① 减少贯流和换气放热　目前减少贯流和换气放热主要采取减小材料间的缝隙、使用热阻大的材料和采用多层覆盖 3 项措施。

在减小材料间的缝隙方面，发达国家温室主要采取铝合金骨架再加密封胶条，我国日光温室则逐渐实行标准化，进而大大减小各种缝隙。总之，减小缝隙主要是在园艺设施建造及覆盖透明材料时加以注意。另外，温室的保温性能除与各种材料的热阻有关外，还与其厚度有关。多层覆盖主要采用室内保温幕、室内小拱棚和外面覆盖等措施。据测定：玻璃温室和塑料大棚在内加一层 PVC 保温幕时，可分别降低热贯流率 35% 和 40%；而在外部只加一层草苫时，可分别降低 60% 和 65%。

② 减少地中热传导　地中热传导有垂直传导和水平横向传导。垂直传导的快慢主要与土质和土壤含水量有关，通常黏重土壤和含水量大的土壤导热率低；而水平横向传导除了与土质和土壤含水量有关外，还与室内外地温差有关。因此，可以通过土

壤改良、增施有机质使土壤疏松，减少土壤含水量，在室内外土壤交界处增加隔热层等措施减少地中热转导。

③ 增大温室的透光率　这样可以使温室内积累更多的太阳能，是增温的重要措施。其方法如前所述。

④ 蓄积太阳能　白天温室内的温度常常高于作物生育适温，如果把这些多余的能量蓄积起来，以补充晚间低温时的不足，将会大量节省寒冷季节温室生产的能量消耗。具体方法主要有地中热交换、水蓄热、砾石和潜热蓄热4种方式。

（2）加温

① 热水加温　温室中通常使用铸铁的圆翼形散热器，也可采用其他形式的暖气片。热水加温法加热缓和，温度分布均匀，热稳定性好，余热多，停机后保温性高。是温室加温诸多方法中较好的办法之一，但是设施一次性投资较高。

② 暖风加温　其具体设备是热风炉，常用的燃料有煤、天然气或柴油。这种方法预热时间短，加热快；容易操纵，热效率高，可达70%~80%；设备成本低（燃油的较高），大约是热水采暖成本的1/5；但是停机后保温性差，需要通风换气。暖风采暖可广泛应用于多种类型的温室中。

③ 电热加温　这种方式是用电热温床或电暖风加热。特点是预热时间短，设备费用低。但是停机后保温性能差，而且使用成本高，生产用不经济。主要适用于小型温室或育苗温室地中加温或辅助采暖。

④ 火炉加温　这种方法设备投资少，保温性能较好，使用成本低。但是操作费工，容易造成空气污染。多用于土温室或大棚短期加温。

除了上述方法之外，在有地热资源的地方还可以将地热（如辽宁海城腾鳌地区）资源用于冬季温室内部取暖。

（3）降温

① 通风换气　这是最简单而常用的降温方式，通常可分为强制通风和自然通风两种。自然通风的原动力主要靠风压和温差，据测定，风速为2m/s以上时，通风换气以风压为主要动力；风速为1m/s时，通风换气以内外温差为主要动力；风速在1~2m/s之间时，根据换气窗位置与风向间的关系，有时风力换气和温差换气相互促进，有时相互颉颃。强制通风的原动力是靠换气扇，在设计安装气扇时，要注意考虑换气扇的选型、吸气口的面积、换气扇和吸气口的安装位置以及根据静压—风量曲线所确定的换气扇常用量等。

② 减少进入园艺设施内的太阳辐射能　主要是采取各种遮光方法（如前所述）。

③ 蒸发冷却法　又可分为湿热风扇法、水雾风扇法、细雾降温法和屋顶喷雾法等，这些方法主要是通过水分蒸发吸热而使气体降温后进入温室内，从而起到降低室内温度的目的。

④ 植物喷雾降温法　此法是直接向植物体喷雾，或室内地面洒水。这种方法会显著增加室内湿度，通常仅在扦插、嫁接和高温干燥季节采用。

⑤ 地中热交换　如前文所述。

5.3.5.3　气体环境及其调节控制

气体环境及其调节控制主要涉及室内空气湿度、CO_2 气体交换等。

（1）空气湿度的调控

由于园艺设施内空气常常处于多湿状态，因此，空气湿度的调控主要考虑排湿问题。其主要途径有通风换气排湿，升温或保持气温在露点以上，使用无滴覆盖材料或流滴剂，使水滴顺覆盖材料流下，抑制地表蒸发以及使室内空气流动，促进植株露水或吐水蒸发等。

（2）温室内 CO_2 气体环境及其调控

CO_2 是光合作用的重要原料之一。通常大气中的 CO_2 平均浓度为 $330mg/L$（$0.65g/m^3$ 空气）左右，而白天植物光合作用吸收 CO_2 量为 $4 \sim 5g/(m^2 \cdot h)$，在无风或风力较小情况下，作物群体内部的 CO_2 浓度常常低于平均浓度。特别是在半封闭的园艺设施系统中，作物常处于 CO_2 饥饿状态，从而严重影响作物光合作用和生长发育。因此，需要通过适时通风换气、土壤增施有机质或人工增施 CO_2 等方式调控室内 CO_2 浓度。

另外，如果设施内植物种植采用地栽方式，还要对栽植的土壤环境加以适当调控。主要涉及土壤的盐碱化、土壤有机质和肥料的利用、土壤湿度、土壤病虫害的预防与治理等。

5.4　古树名木的养护管理

5.4.1　古树名木的概念与价值

5.4.1.1　古树名木的概念

古树是指树龄在 100 年以上的树木，其中树龄在 300 年（含 300 年）以上的古树为一级古树；树龄在 100~299 年的为二级古树。名木是指稀有、名贵的或具有重要历史价值、纪念意义以及重要科研价值的树木。名木的外延较广，如国家主要领导人亲手种植并且有纪念意义的树木，外国元首种植或赠送的"友谊树""礼品树"，与某个历史典故有关的树木以及珍贵或濒危树种都在名木的范畴之内。古树名木是活文物，在历史、文化、经济、科研等方面都具有重要价值。

5.4.1.2　古树名木的价值

（1）古树名木具有历史价值

我国的许多古树跨越多个时代，经历世事变迁，留下了历史的烙印。如晋祠的周代柏树，是古老晋祠历史文化发展的见证者；西安观音禅寺内的千年银杏相传为唐太宗李世民亲手所栽，接受了沧桑岁月的洗礼，如今仍在注视西安的发展和变化。

（2）古树名木具有经济价值

每一株古树名木都有着苍劲挺拔的奇特姿态或传奇的故事与经历，是名胜古迹的重要组成部分，如北京北海公园的"白袍将军"（白皮松）、享有"世界柏树之父"美誉的陕西黄陵轩辕庙的"轩辕柏"、号称"世界寿命最长的桂树"的陕西汉中圣水寺的汉桂等，都已成为重要的旅游资源，吸引着无数游客前往观赏，同时也带来了巨大的经济收入。有些古老的经济树种如银杏、核桃等仍具有较强的结实能力，可以为当地带来经济效益。

（3）古树名木具有文化艺术价值

从古至今，以古树名木为题材的诗篇、散文、画作及摄影作品层出不穷，是我国文化艺术的宝贵财富。

（4）古树对树种规划具有指导价值

古树多为适应当地气候和土壤条件的乡土树种，在树种规划中，以当地的古树树种作为基调树种和骨干树种，既能够体现当地的地域特色，还可以在很大程度上避免因盲目引种而造成的损失。

（5）古树为研究树木生理提供材料

树木的生命周期很长，以人的生理年限，很难对树木从萌芽到衰老的生长发育规律进行跟踪研究，而古树的存在使我们可以在相对短的时间内研究不同年龄阶段的树木，从而发现该树种幼年—成年—衰老—死亡的生理规律。

（6）古树是研究古气候、古地理的珍贵资料

古树承载着地球自然变迁的信息：复杂的年轮结构和古树树种的分布能反映古代气候与地理的变化情况，对研究古代自然史具有宝贵价值。

（7）古树是优良的种质资源

古树经历漫长的岁月而能顽强地生存下来，其中往往携带着某些优良的基因，是宝贵的种质材料。育种中可以这些古树为亲本，培育寿命长且抗逆性强的杂交种，或者通过基因工程获得性状优良的个体。在条件允许的情况下，还可以用古树培育无性系，以使古树的优点得以充分发挥。

5.4.2　古树名木的保护管理

5.4.2.1　调查、登记、备案

组织专人进行系统调查，摸清我国的古树资源。对古树的树种、树龄、胸径、树高、冠幅、生长状况、生长位置及生长地的综合条件等方面内容进行登记，并建立档案。

5.4.2.2　法规建设

为了加强对古树名木的保护与管理工作，国家和地方先后出台了一些相关的法规和管理办法，如《城市古树名木保护管理办法》《北京市古树名木保护管理条例》《上海

市古树名木保护管理条例》《苏州市古树名木保护管理条例》等，使我国对古树名木的保护与管理逐步走向规范化。

5.4.2.3　分级管理

在调查、鉴定的基础上，根据古树名木的树龄、价值、作用和意义等进行分级，实行分级养护管理。一级古树名木由省、自治区、直辖市人民政府确认，报国务院建设行政主管部门备案；二级古树名木由市级人民政府确认，直辖市以外的城市报省、自治区建设行政主管部门备案。古树名木保护管理工作实行专业养护部门保护管理和单位、个人保护管理相结合的原则。城市人民政府园林绿化行政主管部门应对城市古树名木按实际情况分株制订养护、管理方案，落实养护责任单位、责任人，并进行检查指导。生长在城市园林绿化养护管理部门管理的绿地、公园等的古树名木，由城市园林绿化养护管理部门保护管理；生长在铁路、公路、河道用地范围内的古树名木，由铁路、公路、河道管理部门保护管理；生长在风景名胜区内的古树名木，由风景名胜区管理部门保护管理；散生在各单位管界内及个人庭院中的古树名木，由所在单位和个人保护管理。

5.4.3　古树名木的常规养护

5.4.3.1　树体支撑与加固

对树冠大、主枝中空、易遭风折或树体明显倾斜的古树名木，可采用硬支撑、拉纤等方法进行支撑和加固；对树体劈裂或有断裂隐患的大分枝可采用螺纹杆加固、铁箍加固。支撑和加固材料应经过防腐蚀保护处理。

（1）硬支撑

硬支撑是指从地面至古树支撑点用硬质材料支撑的方法（图 5-23）。

支撑物常采用结实的钢管、原木等材料。在要支撑的树干、大枝及地面选择受力稳固、支撑效果最好的支撑点。支撑物顶端的托板与树体支撑点的接触面要大，托板和树皮间要垫有弹性的橡胶垫，支撑物下端应埋入地下，确保稳固安全。

（2）拉纤

拉纤是指在主干或大侧枝上选择一牵引点，在附着体上选择另一牵引点，两点之间用弹性材料牵引的方法。

① 硬拉纤　根据大枝的粗度预制圆形或成对的半圆形铁箍，在内侧加橡胶垫围在牵引点上，将长度适中的钢管两端压扁，分

图 5-23　硬支撑

图 5-24 拉 纤

A. 硬拉纤 B. 软拉纤

别固定在两个牵引点的铁箍对接处(图 5-24A)。

② 软拉纤 在被拉的树枝或主干的重心以上选择牵引点,将直径 8~12mm 的钢丝通过铁箍或螺纹杆与两牵引点连接,注意接触树皮处加橡胶垫固定。用紧线器调节钢丝绳松紧度。随着树木的生长,要适当调节铁箍大小和钢丝的松紧度(图 5-24B)。

(3) 加固

① 螺纹杆加固 在树体劈裂处打孔,将螺纹杆穿过树孔,两头垫胶圈,拧紧螺母,使树木裂缝封闭,伤口要消毒,并涂抹保护剂。

② 铁箍加固 在树体劈裂处安装铁箍,铁箍下要垫橡胶垫(图 5-25)。

图 5-25 铁箍加固

5.4.3.2 清洁周围环境

保持古树名木周围环境的清洁,拆除古树名木周边的违章建筑和设施。清除古树名木周围对其生长有不良影响的植物,修剪影响古树名木光照的周边树木枝条,以保证古树名木有充足的光照条件和生长空间。

5.4.3.3 树盘处理

先清理树下的杂物,特别是对土壤理化性质有严重影响的物质;拆除古树名木吸收根分布区内不透气的硬铺装,扩大树盘面积,以改善根际土壤的通气透水情况。在树盘内可以铺树皮(图 5-26A)、卵石、陶粒,或种植浅根系且有改土作用的地被植物,还可以铺植草砖、树箅子(图 5-26B)或倒梯形砖。铺砖前应在熟土上加沙垫层,

图 5-26　树盘处理

A. 树盘内铺树皮　B. 树盘内铺树算子

砖缝要用细沙填充，不得用水泥、石灰勾缝，以留出透气和渗水的通道。

5.4.3.4　自然灾害的预防

降雪时，应及时去除古树名木树冠上覆盖的积雪，以防压断树枝。及时对存在雷击隐患的古树名木安装专业的防雷电装置，对已遭受雷击的古树名木应及时进行损伤部位的保护处理。根据当地气候特点和天气预报，适时做好强风防范工作，防止树体倒伏或枝干劈裂；对存在隐患的古树名木应及时进行树体支撑或加固。对生长势衰弱的古树名木可采用设风障、树干涂白、主干包裹等方法进行防寒。

5.4.3.5　水分与养分管理

早春应根据当年气候特点、树种特性和土壤水分状况，适时浇灌"返青水"。冬季寒冷地区，在土壤上冻之前要灌"封冻水"。土壤干旱缺水时，应及时进行根部缓流浇水，浇水后要松土。当土壤含水量较大，影响根系正常生长时，应采取措施排涝。当古树的枝叶积累过多灰尘时，可以采用喷水的方法加以清洗。

古树施肥要慎重，应依据土壤肥力状况和树木生长需要，适量施肥，不可造成古树生长过旺，加重根系的负担。肥料以腐熟的有机肥为宜，也可根据具体情况适当补充微量元素。施肥可结合复壮沟和地面打孔、挖穴等技术进行，无机肥也可以采用叶面喷施。

5.4.3.6　病虫害防治

合理修剪，及时清除古树名木的枯死枝、病虫枝，加强树冠通风透光。清除带有病原物的落叶、树上及树木周围隐蔽缝隙处的幼虫、蛹、成虫、茧、卵块，减少病虫源。加强有害生物日常监测，提倡以生物防治、物理防治为主。

（1）病害治理

对处于发病初期的叶部病害（如白粉病、叶枯病等），可以喷石硫合剂等进行防治；发病期可以用多菌灵等杀菌剂喷药防治。对于枝干病害（如腐烂病、木腐病等）可在早春对树干涂抹石硫合剂或喷施波尔多液进行预防；发病期内需使用适当的杀菌剂防治。对于根部病害（如烂根病）等可以根据病情适量挖除病根，发病期应使用立枯灵等杀菌剂浇灌根区土壤。

（2）虫害治理

虫害的防治应使用低毒无公害的农药，如吡虫啉、苯氧威、灭幼脲、菊酯类药物等。常见的施用方法有喷施、枝干注射、根部浇灌、土壤埋施等。在使用杀虫剂的同时，建议配合使用人工捕杀、灯光诱杀、性信息素诱杀、生物防治等方法。

5.4.3.7　设围栏与立标牌

古树名木周围应设置保护围栏，以防止过度践踏和人为破坏。围栏与树干的距离应不小于3m，也可以将围栏设在树冠的投影范围之外。特殊立地条件无法达到3m的，以人摸不到树干为最低要求。围栏的地面高度通常在1.2m以上。

古树名木应配有明显的标牌，标明树种、树龄、等级、编号、管护责任单位等信息。同时应设立宣传板，介绍古树名木的来历与意义，以起到科普宣传和激发民众保护意识的作用（图5-27）。

图5-27　古树标牌与宣传板

5.4.4　古树名木的复壮

5.4.4.1　地面处理

拆除古树名木吸收根主要分布区内的硬铺装，在露出的土面上均匀布3~6个点，钻孔或挖土穴。钻孔直径10~12cm，深80~100cm，孔内填满草炭土和腐熟有机肥。土穴的长、宽均为50~60cm，深80~100cm，土穴内从底往上并排铺两块空心透水砖，砖垒至略高于原土面，土穴内其他空处填入掺有腐熟有机肥的熟土，填至原土面。然后在整个原土面铺掺有草炭土的湿沙并压实，最后直接铺透气砖并与周边硬铺装地面找平。

5.4.4.2　挖复壮沟

在树冠垂直投影外侧，挖深 80 ~ 100cm，宽 60 ~ 80 cm 的沟，长度和形状依具体环境而定，多为弧状或放射状。单株古树可挖 4 ~ 6 条复壮沟，群株古树可在古树之间设置 2 ~ 3 条。复壮沟内可根据土壤状况和树木特性添加复壮基质，补充营养元素。复壮基质常由壳斗科树木的腐熟和半腐熟落叶混合而成，再掺入适量含氮、磷、铁、锌等矿质元素的肥料，也可以埋入适量健康枝条。

复壮沟的一端或中间常设直径 1.2m，深 1.2 ~ 1.5m 的渗水井（要比复壮沟深 30 ~ 50cm），井底掏 3 ~ 4 个小洞，内填树枝、腐叶土、微量元素等，井内壁用砖砌成坛子形，下部不用水泥勾缝，以保证可以向四周渗水，井口加铁盖。渗水井的作用主要是透水存水，改善根系的生长条件。雨季如果渗水井不能将多余的水渗走，可以用泵将水抽出。

5.4.4.3　埋条促根

在树冠垂直投影外侧挖长 120cm，宽 40 ~ 60cm，深 80cm 的放射状沟。埋条的地方不能低，以免积水。将苹果、海棠、紫穗槐等的健康树枝剪成 40cm 左右的枝段，捆成直径 20cm 左右的捆。沟内先铺 10cm 厚的松土，上面平铺一层成捆的枝段，上覆少量松土，结合覆土施入麻酱渣、尿素、动物骨头或脱脂骨粉，覆土 10cm 后放第二层成捆的枝段，最后覆土踏平。回填的基质也可以采用"5.4.4.2 节"中的复壮基质。埋条促根可以与挖复壮沟法结合进行，两者均可促进土壤微生物活动，促进团粒结构的形成和根系生长，还可以增加土壤肥力。

5.4.4.4　埋通气管

在树冠垂直投影外侧埋设通气管，以改善古树名木根系土壤的通气状况。通气管可以用直径 10 ~ 15cm 的硬塑料管打孔外包棕片制成，也可以用外径 15cm 的塑笼式通气管外包无纺布制成，管高 80 ~ 100cm，从地表层到地下竖埋，管口加带孔的铁盖。通过通气管还可以对古树名木进行浇水、施肥和病虫害防治。1 株古树可设 3 ~ 5 个通气管。通气管可以单独埋设，也可以埋设在复壮沟的两端。

5.4.4.5　换营养土

在树冠垂直投影范围内，对根系主要分布区域的土壤进行挖掘，注意不要伤根，暴露出来的根要及时用浸湿的稻草、海绵等物覆盖，或用含有生长素的泥浆保护。挖土深度 50cm 左右，将挖出的旧土与砂土、腐叶土、锯末、粪肥、少量化肥混合均匀后填埋回去。对根际土层变薄、根系外露的情况，也应以营养土填埋。此法可以增加土壤肥力，改善土壤的理化性质。对生长于坡地且树根周围出现水土流失的古树名木，应砌石墙护坡，填土厚度以达到原土层厚度为宜。

换土要分次进行，每次换土面积不超过整个改良面积的 1/4，两次换土的间隔时间为 1 个生长季。

5.4.4.6　适当修剪

古树的修剪量不宜过大，通常以疏剪为主，修剪对象为枯死枝、病虫枝、老弱枝、重叠枝等。落叶树通常在落叶后与新梢萌动之前进行修剪；易伤流、易流胶树种的修剪应避开生长季和落叶后伤流盛期；生长季可及时疏花疏果，降低古树的生殖生长；存在安全隐患的枯死枝、断枝、劈裂枝应及时修剪。

锯除大枝要采用"三锯下枝法"，先在要锯除枝条的预定切口以外 25~30cm 处，自下而上锯一伤口，深达枝干直径的 1/3~1/2；然后在第一锯口外侧自上而下锯截，将树枝锯掉；第三锯再根据预定切口将残桩锯除。锯口断面要平滑，不劈裂。

对于断枝、劈裂枝，若残留的枝杈上尚有活枝，则应在距离断口 2~3cm 处修剪；若无活枝且直径小于 5cm，应尽量靠近主干或枝干修剪；直径 5cm 以上的枝杈则在保留树形的基础上将伤口附近适当处理。

所有锯口、劈裂伤口须首先均匀涂抹消毒剂，如 5% 硫酸铜、季铵铜消毒液等。消毒剂风干后再均匀涂抹伤口保护剂或愈合敷料。

5.4.4.7　树体防腐与树洞修补

此工作宜在树木休眠期天气干燥时进行。防腐材料要对树体活组织无害，且防腐效果持久。填充材料应能充满树洞，并与树洞内壁结合紧密。外表的封堵修补材料应具有防水、抗冷、抗热性能，且不易开裂。

对树体稳固性影响小的树洞可以不做填充，但要注意避免积水，必要时可设导流管（孔）。对于皮层或木质部腐朽造成主干、主枝形成空洞或轮廓缺失，应进行防腐和填充处理：先清除腐朽的木质碎末等杂物，清理需要填充部位的朽木，并对其边缘做相应的清理，以利于封堵，裸露的木质部用 5% 的季铵铜溶液喷雾两遍，以防腐杀虫。填充部位的表面经消毒风干后，可填充聚氨酯（图 5-28）。树洞较大时，可先填充经消毒、干燥处理的同类树种木条，木条间隙以聚氨酯填充，再填充整个树洞。如果

图 5-28　聚氨酯填充树洞

树洞太大影响树体稳定，可以先用钢筋做稳固支撑龙骨，外罩铁丝网造型，然后再填充。填充好的外表面，用利刀随树形削平整，然后在聚氨酯表面喷一层阻燃剂。留出与树体表皮适当距离，罩铁丝网，外贴一层无纺布，在上面涂抹硅胶或玻璃胶，厚度不小于 2cm，至树皮形成层，封口外面要平整严实，洞口边缘也做相应处理，用环氧树脂、紫胶脂或蜂胶等进行封缝。封堵完成后，最外层可做仿真树皮处理。

5.4.4.8　嫁接更新

在古树周围种植同树种幼树(也可以直接利用古树基部生出的萌蘖),当幼树旺盛生长后,在适当位置将幼树与古树靠接,因幼树根系的吸收能力强,可以在一定程度上解决古树水分、养分吸收不足的问题。

如果树体有难以愈合的大伤口,可以选择同树种的一年生枝条,将枝条的两端分别接入伤口上、下部的健康部位,通过桥接的嫩枝来输送水分和养分。

5.4.4.9　施用菌根菌与生长调节剂

松类、栎类、桤木等树种的根部都有菌根菌与其共生,树木利用根外菌丝可以扩大根系的吸收面积,获得更多的水分和养分。对于这些古树可采用人工施入菌根菌的方法,提高古树的吸收能力,增强其抗逆性,从而达到复壮的目的。

科学使用细胞分裂素、生长素、激动素、赤霉素等生长调节剂,可以促进枝叶和根系的生长,有助于古树的复壮。施用方法有叶面喷施和根部浇灌等。

复习思考题

1. 园林植物有哪些繁殖方法?
2. 园林植物种子繁殖有哪些特点?
3. 园林植物种子萌发所需要的条件是什么?
4. 简述园林植物种子繁殖的时间及方法。
5. 园林植物分生繁殖的特点是什么?
6. 园林植物扦插繁殖有哪些类别?
7. 简述影响扦插生根的因素。
8. 露地花卉的栽培管理有哪些注意事项?
9. 盆栽花卉的栽培管理有哪些注意事项?
10. 草坪、地被植物、水生植物栽培养护的要点有哪些?
11. 简述园林树木的起挖与定植技术。
12. 园林树木的整形方式有哪些? 各有何特点?
13. 简述园林树木的施肥方法。
14. 简述温室的类型及其性能。
15. 园林植物栽培有哪些设施?
16. 简述温室环境调控的方法。
17. 简述古树名木的复壮方法。

推荐阅读书目

1. 家庭花卉的栽培与养护. 褚建君, 杜红梅. 上海交通大学出版社, 2011.

2. 穴盘苗生产原理与技术．R. C. Styer，刘滨，译．化学工业出版社，2011.

3. 水培花卉．彭东辉．化学工业出版社，2012.

4. 园林树木栽培学(第3版)．黄成林．中国农业出版社，2017.

5. 园林树木栽植养护学(第4版)．叶要妹，包满珠．中国林业出版社，2017.

6. 园林树木栽培学(第2版)．祝遵凌．东南大学出版社，2015.

参考文献

北京市园林绿化局，北京市农业标准化技术委员会．2009. DB11/T 212—2009 园林绿化工程施工及验收规范[S]．北京：北京地标出版社．

北京市质量技术监督局．2003. DB11/T 211—2003 城市园林绿化用植物材料木本苗[S]．北京：中国标准出版社．

北京市质量技术监督局．2009. DB11/T 632—2009 古树名木保护复壮技术规程[S]．北京：中国标准出版社．

北京市质量技术监督局．2010. DB11/T 767—2010 古树名木日常养护管理规范[S]．北京：中国标准出版社．

陈有民．2011. 园林树木学[M]．2版．北京：中国林业出版社．

邓华平，杨桂娟，王正超，等．2011. 容器大苗培育技术研究现状[J]．世界林业研究，24(2)：36-41.

方丰太．2008. 论我国古树名木的复壮[J]．山西建筑，34(12)：345-346.

高国兴，左春霞，沈伯军，等．2009. 如皋市古树名木保护管理技术[J]．江苏林业科技，36(6)：45-46.

林国祚，彭彦，谢耀坚．2012. 国内外容器苗控根技术研究[J]．桉树科技，29(2)：47-52.

鲁平．2006. 园林植物修剪与造型造景[M]．北京：中国林业出版社．

宋立洲．2009. 自然灾害对古树名木的危害及预防和保护措施[J]．北京园林，25(4)：59-63.

吴泽民，何小弟．2009. 园林树木栽培学[M]．2版．北京：中国农业出版社．

叶要妹，包满珠．2017. 园林树木栽植养护学[M]．4版．北京：中国林业出版社．

张钢，陈段芬，肖建忠．2010. 图解园林树木整形修剪[M]．北京：中国林业出版社．

张秀英．2012. 园林树木栽培养护学[M]．2版．北京：高等教育出版社．

中华人民共和国建设部，天津市园林管理局．1999. CJJ/T 82—1999 城市绿化工程施工及验收规范[S]．北京：中国建筑工业出版社．

朱用明．2009. 古树名木保护与复壮技术的研究现状[D]．扬州：扬州大学．

祝遵凌．2015. 园林树木栽培学[M]．2版．南京：东南大学出版社．

RICHARD W HARRIS，JAMES R CLARK，NELDA PMATHENY. 2004. Arboriculture：Integrated Management of Landscape Trees，Shrubs and Vines[M]．4th edition．New Jersey：Prentice Hall.

第6章
园林植物应用方式与类型

园林植物是园林四大要素之一，不仅可以丰富园林色彩，组合园林空间，控制风景视线，还可以增强自然气氛，装点山水建筑。英国造园家克劳斯顿（B. Clauston）也曾指出："园林设计归根结底是植物材料的设计，其目的就是改善人类的生态环境，其他的内容只能在一个有植物的环境中发挥作用。"所以，园林植物应用设计至关重要。园林植物种类繁多、色彩丰富、用途广泛，应用方式也多种多样。其主要应用形式有花坛、花境、园林树木配置（孤植、对植、列植、丛植、群植、林植、散点植、篱植）、立体绿化（垂直绿化、屋顶绿化、花卉立体装饰）、花丛、花台、花池、花钵、草坪与地被、专类园和室内绿化装饰（盆栽、盆景、插花）等。

6.1 花坛

花坛是一种古老的花卉应用形式，也是现代最主要的园林花卉应用形式之一。现代城市广泛应用的花坛布置方式主要是受到西方园林的影响。较为流行的花坛起源说法是，古罗马人在方形或者长方形的种植床内栽植不同的蔬菜和药草，在盛花时形成了绚丽的效果，这就是花坛的雏形。

6.1.1 花坛的概念

花坛是按照设计意图，在具有一定几何轮廓的植床内，种植颜色、形态、质地不同的花卉，以体现其色彩美或图案美的园林应用形式。一般来说，花坛中种植的是同期开放的多种花卉或不同颜色的同种花卉，主要表现其群体美，是园林绿地花卉布置中最常见的表现形式，能美化和装饰环境，增加节日的欢乐气氛，同时还有标志宣传和组织交通等作用。

6.1.2 花坛的类型

根据外形轮廓、表现主题、布局方式、空间形式的不同，花坛有多种分类方式，在景观空间构图中可用作主景或配景。

6.1.2.1　按表现主题分类

（1）花丛花坛

花丛花坛也称盛花花坛，主要由观花草本花卉组成，表现花盛开时群体的色彩美。这种花坛在布置时不要求花卉种类繁多，而要求图案简洁鲜明、对比度强。独立的盛花花坛可作主景应用，设立于广场中心、建筑物正前方、公园入口处、公共绿地中。

（2）模纹花坛

模纹花坛主要由低矮的观叶植物或花叶兼俱的植物组成，表现植物群体的图案美。包括毛毡花坛、浮雕花坛、标题花坛和装饰物花坛等形式。毛毡花坛由各种植物组成一定的装饰图案，表面被修剪得十分平整，整个花坛好像是一块华丽的地毯；浮雕花坛的表面是根据图案要求，将植物修剪成凸出和凹陷的式样，整体具有浮雕的效果；标题花坛是用观花或观叶植物组成具有明确主题思想的图案，按其表达的主题内容可分为文字花坛、肖像花坛、象征性图案花坛等。装饰物花坛是用观花或观叶植物组成日历、日冕、时钟等实用性装饰物的花坛。模纹花坛可作为主景应用于广场、街道、建筑物前、会场、公园、住宅小区的入口处等。

（3）造型花坛

造型花坛是将枝叶细密、耐修剪的植物种植于一定结构的造型骨架上，形成包括卡通形象、花篮或建筑等在内的多种立体造型形式，常出现在各种节日庆典时的街道布置上。

（4）混合花坛

这是目前应用非常普遍的一种花坛形式，由两种或两种以上类型的花坛组合而成，如盛花花坛＋模纹花坛、平面花坛＋立体花坛，或者水景、雕塑等组合形式景观。

（5）造景花坛

造景花坛是指借鉴园林营造山水、建筑等景观的手法，运用以上花坛形式，并和花丛、花境、立体绿化等相结合，布置出模拟自然山水或人文景点的综合花卉景观，如"山水长城""江南园林""三峡大坝"等景观。一般布置于较大的空间，多用于节日庆典，如天安门广场的"国庆"花坛。

6.1.2.2　按布局方式分类

（1）独立花坛

独立花坛由单个花坛或多个花坛紧密结合形成，多用来构成局部构图的中心，一般设置在广场中心、交通道路口、建筑物前庭，其外形呈对称状，轮廓与周围环境协调一致，但也可有些变化。

（2）组合花坛

组合花坛又称花坛群，由多个花坛组成，不可分割，各花坛之间用道路或草皮连接，还可设置座凳、座椅，或直接将花坛植床床壁设计成座凳，人们可以进入组合花坛内观赏、休憩。但其造价较高，只用在重要地段和重要场合，如国庆期间天安门广场上的组合花坛。

6.1.2.3　按空间形式分类

（1）平面花坛

花坛表面与地平面基本一致，其外部轮廓多为规则的几何体。一般情况下，以大面积草坪作陪衬，常用于环境较为开阔的开敞空间内，如城市出入口或者市内广场。

（2）斜面花坛

在较缓的坡地上或台阶上可设置斜面花坛，但坡度不宜过大，否则水土流失严重，花材和花纹不易保持完整和持久。

（3）高设花坛

由于功能及景观的需要，园林中也常将花坛的种植床抬高，这类花坛称为高设花坛，也称作花台。

（4）立体花坛

立体花坛又叫造型花坛，即用花卉栽植在各种立体造型物上而形成竖向造型景观。造型花坛可创造不同的立体形象，如动物、人物或实物，通过骨架和各种植物材料组装而成。一般作为大型花坛的构图中心，或造景花坛的主要景观，也可独立应用于街头绿地或公园中心。

6.1.3　花坛的植物选择

6.1.3.1　盛花花坛

盛花花坛主要由观花草本（观花的一、二年生花卉，开花繁茂的宿根花卉或球根花卉）组成。要求株丛紧密、开花繁茂，最好开花时只见花不见叶；花期较长，且开放一致；株高为 10~40cm 的矮性品种。常用的草花有一串红、福禄考、矮雪轮、矮牵牛、金盏菊、孔雀草、万寿菊、雏菊、三色堇、石竹、美女樱、千日红、百日草、滨菊、银叶菊、羽衣甘蓝、风信子、郁金香、球根鸢尾、地被菊、满天星、四季海棠等。为了维持花坛的华丽效果，需要经常更换花卉。

6.1.3.2　模纹花坛和立体（造型）花坛

模纹花坛和立体花坛需要长期维持图案纹样的清晰和精美。因此，应选用低矮、分枝密、发枝强、耐修剪、枝叶细小的观叶植物（最好高度低于10cm）或常绿小灌木，有时也选用低矮整齐的草本花卉。五色苋是最理想的模纹花坛和造型花坛植物材料，因为它不仅色彩整齐，而且叶片细小、株型紧密，能形成细致精美的装饰图案。其他适于表现花坛平面图案变化的低矮植物还有花叶细小的香雪球、雏菊、银叶菊、四季海棠、孔雀草、三色堇等，以及一些生长缓慢、耐修剪的常绿小灌木类，如黄杨、紫叶小檗、金叶女贞等。由于模纹花坛的施工费用较大，所以选用的花卉最好具有较长的观赏期。

6.1.3.3　造景花坛

因为造景花坛一般在综合运用多种花坛形式的基础上，也和花丛、花境、立体绿化等相结合，所以其植物选择更具多样性，可根据不同部位的设计形式分别进行合理选择。

6.2　花境

花境是源于欧洲的一种花卉种植形式。19世纪后期，英国的画家和园艺学家模拟自然界林地边缘地带多种野生花卉交错生长的状态，运用艺术设计手法，将宿根花卉按照色彩、高度、花期搭配在一起成群种植，开创了一种全新的花卉种植形式，这就是花境的雏形。此后，花境开始在西方国家广为流传。20世纪70年代后期，花境传到中国，开始在上海、杭州等地公园应用。近些年来，随着花卉种类的丰富和布置形式的多样化，花境也越来越受到我国群众的喜爱，成为园林中一种主要的花卉景观布置形式。

6.2.1　花境的概念

花境是模拟自然界林地边缘地带多种野生花卉交错生长的状态，经过艺术设计，将多年生花卉为主的植物以平面上斑块混交、立面上高低错落的方式，沿花园边界或路缘布置而成的一种园林植物景观。花境是从规则式构图到自然式构图的一种过渡和半自然式的带状种植形式，它既表现了植物个体的自然美，又展现了植物自然组合的群落美。

6.2.2　花境的特点

① 花境种植床的边缘线是连续不断的平行直线，或有几何轨迹可循的曲线，是沿长轴方向演进的动态连续构图。花境种植床的边缘可以有边缘石也可无，但通常要求有低矮的镶边植物。

② 单面观赏的花境需要有背景，其背景可以是装饰围墙、绿篱、树墙或格子篱等，通常呈规则式种植。

③ 花境的植物配置是自然式的斑块状混交。所以，花境是过渡的半自然式种植。其基本构成单位是一组花丛，每组花丛由5～10种花卉组成，每种花卉集中栽植。

④ 花境主要表现花卉群丛平面和立面的自然美，是竖向和水平方向的综合景观。

既表现植物个体的自然美，又表现植物自然组合的群落美。

⑤ 花境植物配置有季相变化。四季(三季)美观，每季有 3 ~ 4 种花为主基调开放，形成鲜明的季相景观。

6.2.3 花境的类型

花境的形式多种多样，可以根据设计形式、植物材料、生长环境和功能等分成不同的类型。

6.2.3.1 按设计形式分类

(1)单面观花境

这是传统的花境形式，多临近道路设置，常以建筑物、矮墙、树丛、绿篱等为背景，前面为低矮的边缘植物，整体前低后高，供一面观赏。

(2)双面观花境

这种花境没有背景，多设置在草坪上或树丛间，植物种植是中间高两侧低，供两面观赏。

(3)对应式花境

在园路的两侧、草坪中央或建筑物周围设置相对应的两个花境。这两个花境呈左右二列式。在设计上统一考虑，作为一组景观，多采用拟对称的手法，以求有节奏和变化。

6.2.3.2 按植物材料分类

(1)宿根花境

花境全部由可露地过冬、适应性较强的宿根花卉组成，如芍药、萱草、鸢尾、玉簪、荷包牡丹等。

(2)球根花境

花境内栽植的花卉为球根花卉，如百合、大丽花、水仙、郁金香、唐菖蒲等。

(3)灌木花境

花境内所用的观赏植物全部为灌木时，所选用材料以观花、观叶或观果，且体量较小的灌木为主。

(4)混合花境

花境种植材料以耐寒的宿根花卉为主，配置少量的花灌木、球根花卉或一、二年生花卉。这种花境季相分明，色彩丰富。

(5)专类花境

由同属不同种类或同种不同品种植物为主要种植材料的花境叫作专类花境。作专类花境的花卉要求花期、株形、花色等有较丰富的变化，以体现花境的特点，如百合类花境、鸢尾类花境、菊花类花境、月季类花境等。实际应用中，可以扩展范围，如芳香植物花境、切花花境等。

(6)观赏草花境

这是由不同类型的观赏草组成的花境。观赏草种类繁多，可以组合出多种形式。观赏草花境自然优雅，朴实刚强，富有野趣，别具特色且管理粗放。

6.2.4　花境的植物选择

在花境设计中，首先应该考虑所选用植物的生长习性，然后根据其观赏特点及栽培养护的难易程度，结合立地环境和功能合理配置。一般来说，花境植物选择的原则是：以在当地能露地越冬、不需特殊管理的宿根花卉为主，兼顾小灌木、球根和一、二年生花卉；有较长的花期，且花期能分布于各个季节；株高、株形、花序形态等变化丰富，有水平线条和竖直线条的交错；色彩丰富，质地有异。

另外，根据位置和用途，花境植物通常可以分为：镶边植物或前景植物，一般为植株低矮或呈匍匐状的植物，起到界定边缘轮廓的作用；中景植物，一般高度在30~80cm之间，色彩丰富、株形丰满，成为花境的主景；背景植物，一般为高大的植物，种植在花境的后部或中部，成为前面植物的背景，起到衬托作用。

6.3　园林树木配置

6.3.1　树种选择原则

(1)适地适树原则，以乡土树种为主，外来树种为辅

原产于当地的植物种类，最能适应那里的土壤和气候条件，有较强的抗逆性，易形成稳定的植物群落，获得最佳的生态环境效益，最能体现地方风格，易购置易成活，降低投资成本。因此城市绿化应大力提倡种植乡土树种，体现地方特色。但适当应用外来树种，可以打破当地植物种类的单调，丰富绿化景观，有助于提高城市品位。

(2)乔木为主，乔、灌、草相结合

乔木是城市绿化的骨架和基础，对光、热、气、水、土等生态因子具有重要的调节作用，在改善城市生态、环境保护中起着不可替代的作用。乔木树冠发达，枝叶茂盛，不仅能扩大叶面积系数，增加绿量，还能遮阳蔽日，提高环境效益。因此，园林绿化应以乔木为主体，采取乔、灌、草搭配的复层种植模式，构成多层次植被组合结构，构建稳定的生态植物群落，充分利用空间资源，发挥最大生态效益。

(3)常绿树种与落叶树种相结合

四季常绿是园林绿化普遍追求的目标之一，园林中采用常绿树与落叶树相结合的搭配形式可以创造四季有景的绿化效果。因此，要注意常绿树种的选择应用，但也要因地制宜。南方地区气候条件好，常绿植物种类多，可以常绿树为主。北方地区气候

条件差，应以适应当地气候的落叶树为主，适当点缀常绿树种，既可以保持冬季有景，又可体现地方特色。

（4）速生树和长寿树相结合

北方地区由于冬季漫长，植物生长期短，选择速生树种见效快，特别是行道树和庭荫树。长寿树树龄长，但生长缓慢，短期内达不到绿化效果。所以，在不同的园林绿地中，因地制宜地选择不同类型的树种是必要的。如行道树以速生树为主，游园、公园、庭院绿地中可以长寿树为主。

6.3.2　树木配置原则

（1）主次分明，疏朗有致

园林空间有主次之分，植物配置也要注意主体树种和次要树种搭配，做到主次分明，疏朗有致。主次分明即是突出某一种或两种树种，其他植物作陪衬，形成局部空间主色调。具体应用时可根据树形、高低、大小、常绿落叶，选择主调树种，当然也要结合环境，营造空间氛围，以利于突出主题。但也要注意变化，切忌千篇一律，平均分配。疏朗有致即是模拟自然进行栽植，尽量避免人工之态，疏密相间，错落有致，虽由人作，宛自天开。

（2）注意四季景色季相变化

植物配置过程中，在突出一季景观同时，要兼顾其他三季，做到一季为主，季季有景。或花色，或叶色，都可成为季相变化的主流色调，如碧桃、石榴、美国红栌、紫叶李、金枝槐、金丝垂柳、紫叶小檗、金叶女贞、金叶卫矛、日本红枫、花叶复叶槭等都是优良的观花或彩叶树种，均可取得很好的季相变化色彩。

（3）空间立体轮廓线要有韵律感

林缘线和林冠线是很好的空间立体轮廓线。进行植物造景时要充分考虑树木的立体感和树形轮廓，通过里外的错落种植，以及对曲折起伏的地形合理利用，使林缘线和林冠线有高低起伏和蜿蜒曲折的变化韵律，形成韵律美。几种高矮不同的植物成块或断续地穿插组合，前后栽植，互为背景，互为衬托，半隐半现，既加大景深，又丰富景观在线条、色彩上的搭配形式。

6.3.3　树木配置方式

所谓树木配置，就是按照树木的生态习性，运用美学原理，依其姿态、色彩、干形进行平面和立面构图，形成不同形式的有机组合，构成千姿百态的美景，创造出各种引人入胜的树木景观。树木配置的形式虽然多种多样，千变万化，但可大致归纳为两大类，即规则式配置和自然式配置。规则式又称整形式、几何式、图案式等，包括对植、列植等，常用于规则式园林和庄重场合，如寺庙、陵墓、广场、道路、入口以及大型建筑周围等。自然式又称风景式、不规则式，适用于自然式园林、风景区和普通庭院，如大型公园和风景区常见的疏林草地就属于自然式配置。

6.3.3.1　孤植

（1）孤植概念

在一个较为开旷的空间，远离其他景物种植一株乔木称为孤植。孤植树也叫园景树、独赏树或标本树，在设计中因多处于绿地平面的构图中心和园林空间的视觉中心而成为主景，也可起引导视线的作用，并可烘托建筑、假山或活泼水景，具有强烈的标志性、导向性和装饰作用。

（2）孤植位置

孤植常用于庭院、草坪、假山、水面附近、桥头、园路尽头或转弯处等，广场和建筑旁也常配置孤植树。孤植树是园林局部构图的主景，因而要求栽植地点位置较高，四周空旷，以便于树木向四周伸展，并有较适宜的观赏视距，一般在4倍树高的范围里要尽量避免被其他景物遮挡视线，如可以设计在宽阔开朗的草坪上或水边等开阔地带的自然重心上。秋色金黄的鹅掌楸、无患子、银杏等，若孤植于大草坪上，秋季金黄色的树冠在蓝天和绿草的映衬下显得极为壮观。事实上，许多古树名木从景观构成角度而言，实质上起着孤植树的作用。此外，几株同种树木靠近栽植，或者采用一些丛生竹类，也可创造出孤植的效果。

（3）孤植树种选择

孤植树主要突出表现单株树木的个体美，一般为大中型乔木，寿命较长，既可以是常绿树，也可以是落叶树。要求植株姿态优美，或树形挺拔、端庄、高大雄伟，如雪松、南洋杉、樟树、榕树、木棉、柠檬桉；或树冠开展、枝叶优雅、线条宜人，如鸡爪槭、垂柳；或秋色艳丽，如银杏、鹅掌楸、白蜡；或花果美丽、色彩斑斓，如樱花、玉兰、木瓜。如选择得当，配置得体，孤植树可起到画龙点睛的作用。此外，可作孤植树使用的还有：黄山松、栎类、七叶树、栾树、槐树、金钱松、海棠、樱花、白兰花、白皮松、圆柏、油松、白桦、元宝枫、糠椴、柿树、皂角、白榆、朴树、冷杉、云杉、乌桕、合欢、枫香、广玉兰、桂花、喜树、小叶榕、凤凰木等。

6.3.3.2　对植

（1）对植概念

将树形美观、体量相近的同一树种，以呼应之势种植在构图中轴线的两侧称为对植。对植强调对应的树木在体量、色彩、姿态等方面的一致性，只有这样，才能体现出庄严、肃穆的整齐美。

（2）对植位置

对植常用于房屋和建筑前、广场入口、大门两侧、桥头两旁、石阶两侧等，起衬托主景的作用，或形成配景、夹景，以增强透视的纵深感。例如，公园门口对植两棵体量相当的树木，可以对园门及其周围的景物起到很好的引导作用；桥头两旁的对植则能增强桥梁构图上的稳定感。对植也常用在有纪念意义的建筑物或景点两边，这时选用的对植树种在姿态、体量、色彩上要与景点的思想主题相吻合，既要发挥其衬托作用，又不能喧宾夺主。

（3）对植树种选择

对植多选用树形整齐优美、生长较慢的树种，以常绿树为主，但很多花色优美的树种也适于对植。常用的有松柏类、南洋杉、云杉、冷杉、大王椰子、假槟榔、苏铁、桂花、玉兰、碧桃、银杏、蜡梅、龙爪槐等；或者选用可整型修剪的树种进行人工造型，以便从形体上取得规整对称的效果，如整形的大叶黄杨、石楠、海桐等也常用作对植。

（4）对植设计

两株树的对植一般要用同一树种，姿态可以不同，但动势要向构图的中轴线集中，不能形成背道而驰的局面。也可以用两个树丛形成对植，这时选择的树种和组成要比较近似，栽植时注意避免呆板和绝对对称，但又必须形成对应，给人以均衡的感觉。

对植可以分为对称对植和非对称对植。对称对植要求在轴线两侧对应地栽植同种、同规格、同姿态树木，多用于宫殿、寺庙和纪念性建筑前，体现一种肃穆气氛。在平面上要求严格对称，立面上高矮、大小、形状一致。非对称对植只要求体量均衡，并不要求树种、树形完全一致，既给人以严整的感觉，又有活泼的效果。

6.3.3.3 列植

（1）列植概念

树木呈带状的行列式种植称为列植，有单列、双列、多列等类型。就行道树而言，既可单树种列植，也可两种或多种树种混用，但应注意节奏与韵律的变化。西湖苏堤中央大道两侧以无患子、重阳木和三角枫等分段配置，效果很好。

（2）列植位置

列植主要用于公路、铁路、城市街道、广场、大型建筑周围、防护林带、农田林网、水边种植等。列植应用最多的是道路两旁。道路一般都有中轴线，最适宜采取列植的配置方式，通常为单行或双行，选用一种树木，必要时亦可多行，且用数种树木按一定方式排列。

（3）列植树种选择

行道树列植宜选用树冠形体比较整齐一致的种类。常用树种中，大乔木有油松、圆柏、银杏、槐树、白蜡、元宝枫、毛白杨、柳杉、悬铃木、榕树、臭椿、垂柳、合欢等；小乔木和灌木有丁香、红瑞木、小叶黄杨、西府海棠、玫瑰、木槿等。列植时的株距和行距应视树种种类和需要遮阴的郁闭程度而定。一般大乔木株行距为5~8m，中小乔木为3~5m，大灌木为2~3m，小灌木为1~2m。

（4）列植设计

列植树木要保持两侧的对称性，平面上要求株行距相等，立面上树木的冠径、胸径、高矮则要大体一致。当然这种对称并不一定是绝对的对称，如株行距不一定绝对相等，可以有规律地变化。列植树木形成片林，可作背景或起到分割空间的作用，通往景点的园路可用列植的方式引导游人视线。

6.3.3.4 丛植

(1) 丛植概念

由二三株至一二十株同种或异种的树木按照一定的构图方式组合在一起，使其林冠线彼此密接而形成一个整体的外轮廓线，这种配置方式称为丛植。丛植景观主要反映自然界小规模树木群体的形象美。这种群体形象美又是通过树木个体之间的有机组合与搭配来体现的，彼此之间既有统一的联系，又有各自形态变化。

(2) 丛植位置

在自然式园林中，丛植是最常用的配置方法之一。可用于桥、亭、台、榭的点缀和陪衬，也可专设于路旁、水边、庭院、草坪或广场一侧，以丰富景观色彩和景观层次，活跃园林气氛。丛植形成的树丛既可作主景，也可以作配景。树丛作主景时四周要空旷，宜用针阔叶混植的树丛，有较为开阔的观赏空间和通道视线，栽植点位置较高，使树丛主景突出。树丛还可以作假山、雕塑、建筑物或其他园林设施的配景，如用作小路分歧的标志或遮蔽小路的前景，峰回路转，形成不同的空间分割。同时，树丛还能作背景，如用樟树、女贞、油松或其他常绿树丛植作为背景，前面配置桃花等早春观花树木或宿根花境，均有很好的景观效果。

(3) 丛植树种选择

以遮阴为主要目的的树丛常选用乔木，并多用单一树种，如毛白杨、朴树、樟树、橄榄，树丛下也可适当配置耐阴花灌木；以观赏为目的的树丛，为了延长观赏期，可以选用几种树种，并注意树丛的季相变化，最好将春季观花、秋季观果的花灌木和常绿树种配合使用，并可于树丛下配置常绿地被。

(4) 丛植设计

我国画理中有"两株一丛的要一俯一仰，三株一丛要分主宾，四株一丛的株距要有差异"的说法，这也符合树木丛植配置的构图原则。在丛植中，有两株、三株、四株、五株以至十几株的配置。

一般而言，两株丛植宜选用同一种树种，但在大小、姿态、动势等方面要有所变化，才能生动活泼；三株树丛的配合中，可以用同 1 个树种，也可用 2 个树种，但最好同为常绿树或同为落叶树，忌用 3 个不同树种；四株树丛的配合，用一个树种或两种不同的树种，必须同为乔木或同为灌木才较调和。如果应用 3 种以上的树种，或大小悬殊的乔木、灌木，就不易调和。所以原则上四株的组合不要乔、灌木合用。当树种完全相同时，在体形、姿态、大小、距离、高矮上应力求不同，栽植点标高也可以变化；五株同为一个树种的组合方式，每株树的体形、姿态、动势、大小、栽植距离都应不同。最理想的分组方式为 3:2，就是三株一小组，二株一小组。五株由两个树种组成的树丛，配置上可分为一株和四株两个单元，也可分为二株和三株的两个单元。

6.3.3.5　群植

(1)群植概念

群植指成片种植同种或多种树木,常由二三十株乃至数百株的乔灌木组成,可以分为单纯树群和混交树群。单纯树群由一种树种构成。混交树群是群植的主要形式,从结构上可分为乔木层、亚乔木层、大灌木层、小灌木层和草本层。群植主要表现树木的群体美,要求整个树群疏密自然,林冠线和林缘线变化多端,并适当留出林间小块隙地,配合林下灌木和地被植物的应用,以增添野趣。

(2)群植位置

群植主要表现群体美,观赏功能与树丛近似。在大型公园中可作为主景,主要布置在有足够距离的开阔场地上,如靠近林缘的大草坪上、宽广的林中空地、水中小岛上、宽广水面的水滨、小山的山坡和土丘上等。树群主要立面的前方,至少在树群高度的 4 倍,宽度的 1.5 倍距离范围内要留出空地,以便游人欣赏。树群内部通常不允许游人进入,因而不利于作庇荫休憩之用,但树群的北面,以及树冠开展的林缘部分,仍可供庇荫休憩之用。树群也可作背景,两组树群配合还可起到框景的作用。

(3)群植树种选择

群植是为了模拟自然界中的树群景观,根据环境和功能要求,可多达数百株,但应以一两种乔木树种为主体和基调树种,分布于树群的各个部位,以取得和谐统一的整体效果。其他树种不宜过多,一般不超过 10 种,否则会显得零乱和繁杂。在选用树种时,应考虑不同树层的特点。乔木层选用的树种树冠姿态要特别丰富,使整个树群的天际线富于变化,亚乔木层选用开花繁茂或叶色美丽的树种,灌木一般以花木为主,草本植物则以宿根花卉为主。此外,还应考虑树群外貌的季相变化,使树群景观具有不同的季节景观特征。

(4)群植设计

群植设计的基本原则为,高度喜光的乔木层应该分布在中央,亚乔木在其四周,大灌木、小灌木在外缘,这样不致相互遮掩。但其各个方向的断面,不能像金字塔那样机械,树群的某些外缘可以配置一两个树丛和几株孤植树。树群内植物的栽植距离要有疏密变化,构成不等边三角形,切忌成行、成排、成带地栽植。常绿、落叶、观叶、观花的树木,其混交组合不可用带状混交,应该用复层混交和小块混交与点状混交相结合的方式。树群内,树木的组合必须很好地结合生态要求,第一层乔木应该是喜光树,第二层亚乔木可以是喜弱光性的,种植在乔木庇荫下和北面的灌木应该喜阴或耐阴;喜温暖的植物应该配置在树群的南方和东南方。

6.3.3.6　林植

(1)林植概念

林植是大面积、大规模的成带成林状的配置方式,形成林地和森林景观。这是将森林学、造林学的概念和技术措施按照园林的要求引入自然风景区、大型公园、风景区或休闲疗养区以及防护林带建设中。林植一般以乔木为主，有林带、密林和疏林等形式，而从植物组成上分，又有纯林和混交林的区别。

（2）林植位置

林带一般为狭长带状，多用于周边环境，如路边、河滨、广场周围等，既有规则式的，也有自然式的；密林一般用于大型公园和风景区，郁闭度常在 0.7~1.0 之间，阳光很少透入林下，土壤湿度大，地被植物含水量高、组织柔软脆弱，经不起踩踏，容易弄脏衣物，不便于游人活动；疏林常用于大型公园的休憩区，并与大片草坪相结合，形成疏林草地景观。

（3）林植树种选择

林带一般选用 1~2 种高大乔木，配合林下灌木组成，具体的树种选择应根据环境和功能而定。如工厂、城市周围的防护林带应选择适应性强的种类，如刺槐、杨树、白榆、侧柏等；河流沿岸的林带则应选择喜湿润的种类，如赤杨、落羽杉、桤木等；而广场、路旁的林带应选择遮阴性好、观赏价值高的种类，如常用的有水杉、白桦、银杏、女贞、柳杉等。密林又有单纯密林和混交密林之分。单纯密林由一个树种组成，一般应选用观赏价值较高、生长健壮的适生树种，如马尾松、油松、白皮松、水杉、枫香、桂花、黑松以及竹类植物。混交密林是一个具有多层复合结构的植物群落，一般应根据不同层次植物的生态要求和彼此相互依存的条件来加以选择；疏林常由单纯的乔木构成，一般应选择具有较高观赏价值、树冠开展、树荫疏朗、生长强健、花和叶色彩丰富、树枝线条曲折多变、树干美观的树种，如白桦、水杉、银杏、枫香、金钱松、毛白杨等。

6.3.3.7　散点植

散点植以单株为一个点在一定面积上进行有韵律、有节奏的散点式种植，有时可以双株或三株的丛植作为一个点来进行疏密有致的扩展。对每个点不是如独赏树般给以强调，而是强调点与点之间的呼应和动态联系，特点是既体现个体的特征又使其处于无形的联系之中。

6.3.3.8　篱植

（1）篱植概念

由灌木或小乔木以近距离密植成行，形成规则的绿篱或绿墙，这种配置形式称为篱植，园林中常用来分隔空间、屏障视线，作范围或防范之用。

（2）篱植树种选择

绿篱多选用树体低矮紧凑、枝叶稠密细小、萌芽力强、耐修剪、生长较缓慢的常绿树种。按照用途，绿篱可分为保护篱、观赏篱、境界篱等。保护篱主要用于住宅、庭院或果园周围，多选用有刺树种，如枸橘、花椒、枸骨、火棘、椤木石楠等。境界篱多用于庭园周围、路旁或园内之局部分界处，也供观赏，常用的有黄杨、大叶黄杨、罗汉松、侧柏、圆柏、小叶女贞、紫杉等。观赏篱见于各式庭园中，以观赏为目的，如花篱可选用茶梅、杜鹃花、扶桑、木槿、锦鸡儿等；果篱可选用火棘、南天竹、小檗、枸子等；蔓篱可选用葡萄、蔷薇、金银花等；竹篱可选用凤尾竹、菲白竹等。大叶黄杨、罗汉松和珊瑚树被称为"海岸三大绿篱树种"。

6.4　立体绿化

立体绿化是指运用攀缘植物或其他植物依附于各种构筑物及其他空间结构的一种绿化造景方式。广泛应用于亭台、楼阁、篱垣、立柱、绿廊、棚架、墙面、屋顶、阳台、假山置石、桥梁、驳岸、护坡、室内装饰及各种构筑物设施上。简单地说，也就是利用不同植物绿化方式由平面空间向立体空间发展的多层次、多形式、多功能的新型绿化模式。

6.4.1　墙面绿化

墙面垂直绿化泛指在建筑或其他人工构筑物的墙面上进行绿化的种植形式，可以利用吸附性攀缘植物直接攀附墙面而形成，也可在墙面安装条状或格状支架供卷攀型、钩刺型、缠绕型植物攀附而形成，还可以在墙垣顶部或墙面上设置的种植槽里种植蔓性强的攀缘、匍匐或垂吊型植物而形成。

在墙面绿化中应用最广泛的植物是爬山虎。爬山虎枝叶茂密，生长迅速，可以迅速覆盖墙面，起到美化和改善环境的作用，但过于千篇一律。可以考虑在不同地区、不同环境增加其他种类或几种合栽，使墙面绿化丰富多彩，如凌霄、常春藤等均可攀缘到5~6层楼房的高度。对围墙而言，除墙面绿化外，如果墙体坚固，还可以在墙顶做一种植槽，种植小型的蔓生植物，如云南黄馨、探春、蔓长春花等，让细长的枝蔓披散而下，与墙面向上生长的吸附类植物配合，相得益彰。墙面的附壁式造景除了应用吸附类攀缘植物以外，还可使用其他植物，但一般要对墙体进行简单的加工和改造。如将镀锌铁丝网固定在墙体上，或靠近墙体扎制花篱架，或仅仅在墙体上拉上绳索，即可供葡萄、猕猴桃、蔷薇等大多数攀缘植物缘墙而上。固定方法的解决，为墙面绿化的品种多样化创造了条件。

6.4.2　篱、垣、栅栏的绿化

主要用于篱架、栏杆、铁丝网、栅栏、矮墙、花格的绿化。这类设施在园林中最基本的用途是防护或分隔，也可单独使用，构成景观。由于这类设施大多高度有限，对植物材料攀缘能力的要求不太严格，几乎所有的攀缘植物均可用于此类造景方式，但不同的篱垣类型各有适宜的植物材料。

竹篱、铁丝网、围栏、小型栏杆的绿化以茎柔叶小的种类为宜，如防己、千金藤、络石、牵牛花、月光花、茑萝等。在庭院和居民区，应尽量选择可供食用或药用的种类，如金银花、绞股蓝，以及丝瓜、苦瓜、扁豆、豌豆、菜豆等各种瓜豆类。在公园中，利用富有乡村特色的竹竿等材料，编制各式篱架或围栏，配以红花菜豆、菜豆、香豌豆、刀豆、落葵、蝴蝶豆、相思子等，结合葡萄棚架、茅舍，可以形成一派朴拙的村舍风光。栅栏绿化应当根据其在园林中的用途、结构、色彩等而定。如果栅栏是作为透景之用，应是透空的，能够内外相望，种植攀缘植物时宜以疏透为宜，并选择枝叶细小、观赏价值高的种类，如络石、铁线莲等，切忌因过密而封闭。如果栅栏起分隔空间或遮挡视线之用，则可选择枝叶茂密的木本种类，包括花朵繁密、艳丽的种类，将栅栏完全遮蔽，形成绿墙或花墙，如胶州卫矛、凌霄、蔷薇、常春藤等。普通的矮墙、石栏杆、钢架等可选植物更多，如缠绕类的使君子、金银花、北清香藤、何首乌等，具卷须的炮仗花、甜果藤、大果菝葜等，具吸盘或气生根的五叶地锦、蔓八仙、钻地枫、凌霄等。

6.4.3 棚架式绿化

棚架是用竹木、石材、金属、钢筋混凝土等材料构成一定形状的格架，供攀缘植物攀附的园林设施，也称花架。棚架绿化装饰性和实用性均强，既可作为园林小品独立形成景观或点缀园景，又具有遮阴和休闲功能，有时还具有分隔空间的作用。绿亭、绿门、拱门一类的绿化也属于棚架的范畴。

卷须类和缠绕类攀缘植物均可供棚架绿化使用，紫藤、中华猕猴桃、葡萄、木通、五味子、菝葜、木通、马兜铃、常春油麻藤、瓜馥木、炮仗花、黎豆藤、西番莲、蓝花鸡蛋果等都是适宜的材料。如大理玉洱园的炮仗花棚架、昆明翠湖公园的黎豆藤棚架以及各地最常见的紫藤棚架，甚至爬山虎、五叶地锦等吸附类攀缘植物也可作棚架造景。部分枝蔓细长的蔓生种类同样也是棚架造景的适宜材料，如叶子花、木香、蔷薇、荷花蔷薇、软枝黄蝉等，但前期应当注意设立支架、人工绑缚以帮助其攀附。绿亭、绿门、拱架等绿化在植物材料选择上更应偏重于花色鲜艳、枝叶细小的种类，如铁线莲、叶子花、蔓长春花等。以金属或木架搭成的拱门，可用木香、蔓长春花、西番莲、夜来香、常春藤、藤本月季等攀附，形成绿色或鲜花盛开的拱门。

6.4.4 杆柱式绿化

随着城市建设，各种立柱如电线杆、路灯灯柱、高架路立柱、立交桥立柱不断增加，它们的绿化已经成为垂直绿化的重要内容之一。园林中一些枯树如能加以绿化，也可给人一种枯木逢春的感觉。

从一般意义上讲，吸附类的攀缘植物最适于立柱造景，不少缠绕类植物也可应用。但立柱所处的位置大多交通繁忙，汽车废气、粉尘污染严重，土壤条件也差，高架路下的立柱还存在着光照不足的缺点。选择植物材料时应当充分考虑这些因素，选用适应性强、抗污染并耐阴的种类。如上海的高架路立柱主要选用五叶地锦、常春油麻藤、常春藤等起到了很好的效果。此外，还可用木通、南蛇藤、络石、金银花、蝙蝠葛、小叶扶芳藤等耐阴种类。电线杆和灯柱的绿化可选用凌霄、络石、素方花、西番莲等观赏价值高的种类，并防止植物攀爬到电线上。岱庙内枯死的古柏分别用凌霄、紫藤和栝楼绿化，景观各异，平添无限生机。在不影响树木生长的前提下，活的树木也可用络石、薜荔、小叶扶芳藤或凌霄等攀缘植物攀附，形成一根根"绿柱"，但活的树木一般不宜用缠绕能力强的大型木质藤本植物。

6.4.5 屋顶绿化

6.4.5.1 屋顶绿化概念

屋顶绿化是以建筑物的顶部平台为依托进行蓄水、覆土来营造园林景观的一种空间绿化美化形式。它是根据屋顶的结构特点及屋顶上的生境条件，选择生态习性与之相适应的植物材料，通过一定的配置设计，从而达到丰富园林景观的一种形式。屋顶绿化，特别是密集城市地区的屋顶绿化，不仅能有效地改善室内热环境，大幅度缓解城市的"热岛效应"，同时能节约城市用地，增加城市绿化面积，丰富城市绿色景观。

6.4.5.2 屋顶绿化特点

(1)土层薄，易干燥，养分少

由于建筑荷重的限制，屋顶供种植的土层厚度较薄，没有地下毛管水的上升作用，有效土壤水的容量小，土壤易干燥。屋顶种植的植物所需水分完全依靠自然降水和人工浇灌。此外，由于屋顶绿化种植层的土壤易失水，浇灌相对频繁，因而易造成养分流失，故需常补充肥料。

(2)昼夜温差大，植物易受害

由于屋顶种植土层薄、热容量小，白天接受太阳辐射后迅速升温，晚上受气温变化的影响又迅速降温，致使屋顶上的最高温度高于地面最高温度，最低温度又低于地面的最低温度，日温差和年温差均比地面变化大。过高的温度会使植物的叶片焦灼、根系受损，过低的温度又给植物造成寒害或冻害。

(3)光照充足，利于阳性植物生长

屋顶上光照充足，光照强，接受日辐射较多，为植物光合作用提供了良好环境，利于喜光植物的生长发育。同时建筑物的屋顶上紫外线较多，日照长度比地面显著增加，这就为某些植物，尤其为沙生植物的生长提供了较好的环境。

(4)风速大，宜选择低矮、抗风植物

因屋顶位于高处，四周相对空旷，风速比地面大，水分蒸发快，故屋顶栽植的植物所受风害的可能性比平地大。故选择植物时，应以浅根性、低矮而又抗强风的植物为主。

6.4.5.3 屋顶绿化类型

一般来说，屋顶绿化有 3 种普遍形式，即开敞型屋顶绿化、半密集型屋顶绿化和密集型屋顶绿化。也有人认为屋顶绿化可以分为两种类型，即植被屋面和屋顶花园，前者属于粗放型屋顶绿化，后者属于密集型屋顶绿化。

① 开敞型屋顶绿化　又称粗放型屋顶绿化或地毯式屋顶绿化，是屋顶绿化中最简单的一种形式。养护和灌溉频率低，仅能应用整体高度 6～20cm、重量为 60～200kg/m² 的苔藓、景天、草坪等地被植物。

② 半密集型屋顶绿化　介于开敞型和密集型屋顶绿化之间的一种形式。需要适时养护，及时灌溉，可应用整体高度为 12～25cm、重量为 120～250kg/m² 的草坪和灌木型等。

③ 密集型屋顶绿化　植被绿化与人工造景、亭台楼阁、溪流水榭等完美组合。需要经常养护、经常灌溉，整体高度为 15～100cm、重量为 150～1000kg/m² 的草坪、常绿植物、灌木和小乔木均可应用。

6.4.5.4　屋顶绿化植物选择

屋顶绿化所用的植物材料应具有根系浅、耐瘠薄、耐干旱、耐寒冷、耐风、宿根、喜光的习性，以在屋顶上生长安全可靠为首选。所以屋顶绿化的植物种类一般选择地被植物、低矮的灌木、宿根花卉、藤本植物等。原则上不用高大乔木。为了防止植物根系穿破建筑防水层，应优先选择须根发达的植物，而不要选择直根系植物或根系穿刺性较强的植物。

① 草本花卉、草坪及地被植物　草本花卉有天竺葵、球根秋海棠、菊花、石竹、一串红、风信子、郁金香、金盏菊、凤仙花、鸡冠花、大丽花、金鱼草、雏菊、羽衣甘蓝、翠菊、美女樱、马缨丹、半支莲、千日红、虞美人、美人蕉、萱草、鸢尾、芍药、葱莲等。草坪与地被植物常用的有天鹅绒草、早熟禾、酢浆草、土麦冬、蟛蜞菊、吊竹梅、吉祥草、佛甲草、黄花万年草等。此外，仙人掌科植物也常用于屋顶花园。

② 花灌木、矮生乔木　目前可用作屋顶绿化的花灌木或小乔木，如鸡爪槭、红枫、南天竹、紫薇、木槿、贴梗海棠、蜡梅、月季、玫瑰、海棠、红瑞木、山茶、茶梅、牡丹、结香、八角金盘、金钟花、连翘、迎春、栀子、金丝桃、紫叶李、绣球、棣棠、枸杞、石榴、六月雪、福建茶、变叶木、石楠、黄金榕、一品红、龙爪槐、龙舌兰、假连翘、桃花、樱花、小叶女贞、合欢、夹竹桃、无花果、番石榴、珍珠梅、黄杨、雀舌黄杨等，以及紫竹、箬竹、孝顺竹等多种竹类植物。这些植物已经历了多年考验，效果不错。

③ 爬蔓攀缘植物　爬山虎、紫藤、常春藤、常春油麻藤、炮仗花、凌霄、扶芳藤、葡萄、薜荔、木香、蔷薇、金银花、西番莲、木通、牵牛花、茑萝、丝瓜、佛手瓜等攀缘植物对屋顶设备和广告架的覆盖有独到长处，可在屋顶建筑物承重墙处建种植池，也可在地面种植向屋顶攀爬。

6.4.5.5　屋顶绿化种植方式

种植层厚度一般依据所选用的植物种类而定：草坪和低矮的草花 15～30cm，小灌木 30～45cm，大灌木 45～60cm，小乔木 60～90cm，深根性大乔木 90～150cm。草坪和乔灌木之间以斜坡过渡。低限值是只能满足植物基本生存所需的最低土壤条件。

所以，种植层的厚度应大于此最小值。

种植方式主要有地栽、盆栽、桶栽、种植池栽和立体种植(栅架、垂吊、绿篱、花廊、攀缘种植)等。选择种植方式时不仅要考虑功能及美观需要，而且要尽量减轻非植物重量(如花盆、种植池之重)。绿篱和栅架不宜过高，且其每行的延伸方向应与常年风向平行。如果当地风力常大于20m/s，则应设防风篱架，以免遭风害。

6.4.5.6　屋顶绿化基质选择

屋顶种植区由于受到屋顶承重、排水、防水等条件的限制，应选择轻量、保水、透水性稳定、可持续利用的基质。目前，比较常用的屋顶轻质材料有稻壳灰、锯木屑、蛭石、珍珠岩、灰渣、泥炭土、泡沫有机树脂制品等，在应用时要根据各种基质的特点和绿化要求与原则适当选择，合理搭配。

6.4.5.7　屋顶绿化防排水处理

防排水是屋顶绿化成败的关键，故在设计时应按屋面结构设置多道防水设施，做好防排水构造的系统处理。一般防水层处理应采用复合防水设施，即设置涂膜防水层和配筋细石混凝土刚性防水层两道防线。涂膜防水层应用无纺布做一布二涂或二布六涂，在此基础上做刚性防水层。防水层施工完成之后，应进行24h蓄水检验。紧接着就是设置完善的排水系统，排水层设在防水层上，多用砾石、陶粒等材料。可与屋顶雨水管道相结合，将过多水分排出，以减轻防水层的负担。排水层上放置隔离层，其目的是将种植层中因下雨或浇水后多余的水分及时过滤后排出，以防植物烂根，同时也可将种植层介质保留下来，以免流失。隔离层可采用重量不低于$250g/m^2$聚酯纤维土工布或无纺布。最后，在隔离层上铺置种植层。除此之外，屋面四周还应砌筑挡墙，挡墙下部留置泄水孔，泄水口应与落水口连通。形成双层防水和排水系统，以便及时排除屋面积水。

6.4.6　花卉立体装饰

6.4.6.1　花卉立体装饰的概念

花卉立体装饰是相对于一般平面花卉装饰而言的一种园林装饰手法，即通过适当的载体(各种形式的容器及组合架)，结合园林美学及装饰绿化原理，经过合理的植物配置，将植物的装饰功能从平面延伸到空间，形成立体或三维的装饰效果。

6.4.6.2　花卉立体装饰的类型

(1)花篮

花篮又分为吊篮、壁挂篮、立篮等多种形式。花篮的形状多为半球形、球形、圆柱体或多边体，是从各个角度展现花材立体美的一种方式。多用金属、塑料或木材等做成网篮或以玻璃钢、陶土做成花盆式吊篮，广泛应用于门厅、墙壁、街头、广场以及其他空间狭小的地方。

（2）大型花球、花柱、花树、花塔等组合装饰体

从严格意义上来说，这些组合装饰体属于立体花坛。多以卡盆为基本单位，结合先进的灌溉系统，进行造型外观效果的设计与栽植组合，是最能体现设计者创造力与想象力的一种手法。装饰手法灵活方便，具有新颖别致的观赏效果。

（3）花箱、花槽

花箱、花槽有木质、陶质、塑料、玻璃纤维、金属等多种材质，多为长方体壁挂式，安装在阳台、窗台、建筑物的墙面，也可装点于护栏、隔离栏等处，是目前国外最为流行的居室外部花卉装饰手段。

（4）花钵

花钵是用盆钵配置花卉的一种形式，分为高脚钵和落地钵两种类型。用花钵配置花卉的特点是装饰性强，可以随意移动和组合。多用于公园的园路两侧、广场、出入口、花坛中央等地作为装饰点缀。

6.4.6.3　花卉立体装饰的植物选择

根据植物材料的外部生长形态，一般分为垂吊蔓生植物、直立式植物、攀缘植物三大类。

（1）垂吊蔓生植物

这类植物枝条长且常柔软下垂，适合配置在组合花塔、花槽、花篮和大型花钵的边缘，能有效地遮挡容器，更能充分地展示植物材料的美化效果。几乎所有垂吊植物都能用在立体装饰上，但从花量大、花期长、垂吊形状好等综合效果看，使用最多的是盾状天竺葵和垂吊矮牵牛，其他植物如倒挂金钟、鸭趾草、'龙翅'海棠等也时有运用，但主要是用于小型装饰产品上。

（2）直立式植物

直立式植物材料的种类最为丰富。其中株形低矮、花朵密集、花期较长的种类可用于以卡盆为组合单元的立体装饰造型，突出群体的美化效果；株形较高的种类，可用于大型花钵、花槽、花篮等。用于立体装饰的常见直立式植物有四季海棠、非洲凤仙、矮牵牛、三色堇、彩叶草、长寿花、小菊等。

（3）攀缘植物

攀缘植物是大体量立体绿化的重要材料，通常应用于建筑墙面、立交桥、过街天桥、隔离栏杆、花廊棚架、室内立体装饰等。常用的植物材料有爬山虎、葡萄、紫藤、攀缘月季、常春藤、绿萝、铁线莲等。

6.5　其他应用方式与类型

6.5.1　花丛

花丛是直接布置于绿地中、植床无围边材料的小规模花卉群体景观，更接近花卉

的自然生长状态。花丛景观色彩鲜艳，形态多变，自然美丽，可布置于树下、林缘、路边、河边、湖畔、草坪四周、疏林草地、岩石边等处。如果面积较大，也可称为花群，具有强烈的色块效果，形状自由多变，布置灵活，与花坛、花台相比，更易与环境取得协调，常用于林缘、山坡、草坪等处。

宜选择一种或几种多年生花卉，单种或混交，忌种类多而杂，或选用野生花卉和自播繁衍能力强的一、二年生花卉。常见的花丛花卉有：蜀葵、芍药、萱草、鸢尾、菊花、玉簪、石竹、金鸡菊、百合、石蒜、郁金香、葱兰、射干等。

6.5.2 花台

在高于地面的空心台座(一般高 40～100 cm)中填土或人工基质并栽植观赏植物，称为花台。通常设置于庭院中央或两侧角隅、建筑物的墙基、窗下、门旁或入口处。花台按形式分为规则式和自然式两种。规则式花台有圆形、椭圆形、方形、梅花形、菱形等，多用于规则式园林中。自然式花台常用于中国传统的自然式园林中，形式较为灵活，常结合环境与地形布置。

植物材料应根据花台形状、大小和所在环境来选择。规则式花台多选用花色艳丽、株高整齐、花期一致的草本花卉，如鸡冠花、万寿菊、一串红、郁金香等，还可用麦冬类、南天竹、金叶女贞等配置；自然式花台在植物种类选择上更为灵活，花灌木和宿根花卉最为常用，如芍药、玉簪、麦冬、牡丹、南天竹、迎春、竹类等，在配置上可以单种栽植如牡丹台等，也可以不同植物进行高低错落、疏密有致的搭配，不同植物种类混植时要考虑各种植物的生物学特性及生态要求。

6.5.3 花池

花池是以山石、砖、瓦、原木或其他材料直接在地面上围成具有一定外形轮廓的种植地块。花池与花台、花坛、花境相比，特点是植床略低于周围地面或与周围地面相平。一般面积不大，多用于建筑物前、道路边、草坪上等。花卉布置灵活，设计形式也有规则式和自然式。规则式多为几何形状，多种植低矮的草花。自然式以流畅的曲线组成抽象的图形，常用植物材料有南天竹、沿阶草、土麦冬、芍药等，还可点缀湖石等景石小品。花池有围边时，植床略低于周围地面，具池的特点。无围边时，植床中部与周围地面相平，植床边缘略低于地面。

6.5.4 草坪与地被

6.5.4.1 草坪

(1)草坪及草坪植物概念

草坪是园林中用人工铺植草皮或播种草籽培养形成的整片绿色地面。草坪植物是组成草坪的植物总称，也称草坪草。实际上，草坪植物也属于地被植物的范畴。但由于草坪对植物种类有特定的要求，建植和养护管理与地被植物差异较大，在长期的实践中，已经形成独立的体系，目前均将草坪草从园林地被植物中分离出来，主要是指一些适应性强的矮生禾草。

（2）草坪植物特点

草坪草的特点如下：便于修剪，生长点低，比如高尔夫球场草坪修剪高度在 5mm 左右，一般植物很难满足其要求；叶片多，且具有较好的弹性、柔软度、色泽，外观要美观漂亮，脚踏上去要柔软舒服；具有发达的匍匐茎，能迅速覆盖地面；生长势强、繁殖快、再生力强；耐践踏，比如经得住足球运动员来回踩踏；修剪后不流浆汁，没有怪味，对人畜无毒害；抗逆性强，在干旱、低温条件下能很好生长。

（3）草坪植物类型

根据草坪植物对生长适宜温度的不同要求和分布的地域，可以将其分为暖季型草坪草和冷季型草坪草。但即使是同一类型的草坪草，其耐践踏、耐寒、耐热等特性仍有较大差别。

① 暖季型草坪草　又称夏绿型草，其主要特点是早春返青后生长旺盛，进入晚秋遇霜茎叶枯萎，冬季呈休眠状态，最适生长温度为 26～32℃。这类草种适宜我国黄河流域以南的华中、华南、华东、西南广大地区。常用的暖季型草有狗牙根、地毯草、结缕草、假俭草、百喜草、铺地狼尾草、画眉草等。

② 冷季型草坪草　亦称寒地型草，其主要特征是耐寒性强，冬季常绿或仅有短期休眠，不耐夏季炎热高湿，春、秋两季是最适宜的生长季节。适合我国北方地区栽培，尤其适应夏季冷凉的地区，部分种类在南方也能栽培。常用的冷季型草有加拿大早熟禾、苇状羊茅、高羊茅、细羊茅、匍茎剪股颖、细弱剪股颖、绒毛剪股颖、美国海滨草、扁穗冰草、多年生黑麦草等。

（4）草坪类型

① 游憩性草坪　一般建植于医院、疗养院、机关、学校、住宅区、公园及其他大型绿地之中，供人们工作、学习之余休憩和开展娱乐活动。这类草坪多采取自然式建植，没有固定的形状，大小不一，允许人们入内活动，管理较粗放。选用的草种要求适应性强，耐践踏，质地柔软，叶汁不易流出以免污染衣服。

② 观赏性草坪　园林绿地中专供观赏的草坪，也称装饰性草坪。常铺设在广场、道路两边或分车带中，雕像、喷泉或建筑物前以及花坛周围，独立构成景观或对其他景物起装饰衬托作用。这类草坪栽培管理要求精细，严格控制杂草生长，有整齐美观的边缘并多采用精美的栏杆加以保护，仅供观赏，不能入内游乐。

③ 运动场草坪　指专供开展体育运动的草坪，如高尔夫球场草坪、足球场草坪、网球场草坪、赛马场草坪、垒球场草坪、射击场草坪等。此类草坪管理精细，要求草种韧性强、耐践踏，并耐频繁修剪，形成均匀整齐的平面。

④ 环境保护草坪　这类草坪主要是为了固土护坡，覆盖地面，起保护生态环境的作用。如在铁路、公路、水库、堤岸、陡坡处铺植草坪，对路基和坡体起到良好的防护作用。这类草坪要求草种适应性强、根系发达、草层紧密、抗旱、抗寒、抗病虫害能力强，耐粗放管理。

⑤ 其他草坪　指一些特殊场所应用的草坪，如停车场草坪、人行道草坪。建植时多用空心砖铺设停车场或路面，在空心砖内填土建植草坪，这类草坪要求草种适应能力强、耐高度践踏和干旱。

以上对草坪应用的分类不是绝对的，只是侧重于某一方面来界定其类型，一种草坪往往具有双重或多重功能，如观赏性草坪同样具有改善环境的生态作用，而环境保护草坪本身就包括美化环境的观赏功能。

6.5.4.2　地被

(1)地被及地被植物概念

园林地被是通过栽植低矮的园林植物覆盖于地面而形成的植物景观。地被植物是指株丛紧密、低矮，用以覆盖地面并形成一定园林景观的植物种类。

(2)地被植物特点

优良的地被植物一般植株低矮，可分为 30cm 以下、50cm 左右、70cm 左右 3 种；绿叶期较长，一般不少于 7 个月，且能长时间覆盖裸露的地面；生长迅速，繁殖容易，管理粗放；适应性强，抗寒、抗旱、抗病虫害、抗瘠薄，利于粗放管理及节约管理费用。

(3)地被植物类型

地被植物种类繁多，既有草本植物，也包括部分低矮的木本和藤本植物。

① 草本地被植物　在园林绿化中使用最为广泛。这类植物生长低矮、管理粗放，开花见效快，色彩艳丽，形态优雅多姿，其中以多年生的球根类、宿根类草本最普遍。宿根植物有土麦冬、萱草、玉簪、石菖蒲、红花酢浆草、马蔺、沿阶草、'金叶'过路黄、白三叶、蛇莓、紫花苜蓿等；球根种类有石蒜、忽地笑、葱莲、番红花等；一、二年生植物有二月蓝、紫茉莉、扫帚草、月见草等。

② 藤本地被植物　这类植物具有常绿蔓生性、攀缘性和耐阴性强等特点，通常作垂直绿化应用。代表性植物有常春藤、铁线莲、爬山虎、络石、金银花、扶芳藤等。

③ 矮竹地被植物　通常指茎干低矮的矮竹种类。代表植物有菲白竹、凤尾竹、倭竹、箬竹等。

④ 蕨类地被植物　是园林绿化常用的耐阴地被植物。代表性植物有肾蕨、凤尾蕨、铁线蕨、波斯顿蕨等。

⑤ 矮灌木地被植物　枝叶茂密、丛生性强的矮灌木常常用作地被植物，要求枝叶的形状和色彩富有变化，或具有鲜艳的果实，或易于修剪造型。代表植物有杜鹃花、金叶女贞、小叶女贞、红花檵木、八角金盘等。

6.5.5　专类园

6.5.5.1　专类园概念

植物专类园是指根据地域特点，专门收集同一个"种"内的不同品种或同一个

"属"内的若干种和品种的著名观赏树木或花卉，运用园林配置艺术手法，按照科学性、生态性和艺术性相结合的原则，构成的观赏游览、科学普及和科学研究场所。近代的植物专类园主要见于植物园和树木园中，在形式上常常为附属于植物园和树木园的"园中园"。

6.5.5.2 专类园类型

近年来，植物专类园在主题上不断创新，除了展示植物的观赏特点外，还利用植物的作用、应用价值、生长环境等展示别具风格的园林景观。就目前的植物专类园来说，大致可分为以下4类。

（1）体现亲缘关系的植物专类园

将具有亲缘关系，如同种、同属、同科等的植物作为专类园主题，配置丰富的其他植物，营造出自然美的园林，如牡丹园、梅园、兰圃、菊圃、竹园等。

（2）展示生境的植物专类园

用适合在同一生境下生长的植物造景，表现此生境的特有景观。这一类型的植物专类园表现主体是植物，表现主题则是不同类型的生境，如盐生园、湿生园、岩石园等。

（3）突出观赏特点的植物专类园

有相同观赏特点的植物并不一定具有亲缘关系。只要是符合植物专类园所确定的观赏主题，这些植物就可以配置在一起。它的观赏内容可以是树皮颜色、树叶颜色、树叶形状、气味、声音等。例如，收集具有芳香气味的植物，配置其他植物，形成一个以嗅觉欣赏为主要特色的芳香植物专类园。再如，展现植物除了绿色之外的彩叶植物专类园。

（4）注重经济价值的植物专类园

17世纪以前，植物园主要栽培研究药用植物，其目的不是观赏，而是进行医药教学和研究。发展成药用植物专类园后，其观赏功能逐渐得到了提高。可见，经济植物首先是满足人们的生存需求，其次才是满足人们的观赏需求。经济植物除了药用植物外，还有纤维植物、鞣料植物、油脂植物、蜜源植物、香料植物、栲胶植物等。

6.5.5.3 专类园植物选择

适宜营造专类园的植物，一般要求在具有较高观赏价值的前提下，同一属（或科）内种类繁多，或同一种内品种繁多，或二者兼而有之。属于第一种情况的如丁香、蔷薇、竹类、木兰、棕榈、苏铁、松柏、蕨类、猕猴桃、枸子、秋海棠等均可建立专类园；属于第二种情况的有梅花、牡丹、桂花、碧桃、蜡梅、月季、石榴、菊花、郁金香、荷花等，如现代月季品种有3万个以上，且类型丰富，包括杂种茶香月季、丰花月季、壮花月季、微型月季和藤本月季等，观赏特性各不相同。属于第三种情况的有杜鹃花、海棠、山茶、樱花、槭树、紫薇、芍药、睡莲、百合、水仙、鸢尾、兰花等，不但属内种类繁多，而且普遍栽培的种类拥有大量品种，如山茶属约有

120 种，我国有 97 种，栽培最普遍的山茶、云南山茶、茶梅均拥有大量品种，至 20 世纪末，已经登录的山茶品种达 2.2 万个以上；再如樱花类有 100 余种，常见栽培的中国樱花、日本樱花、日本晚樱均拥有大量品种。

从自然条件的角度考虑，在适合建设专类园的植物类群中，丁香、碧桃、菊花、牡丹、石榴等最适合我国北方，梅花、桂花、山茶、猕猴桃、竹子等最适合长江流域及其以南地区，棕榈类、苏铁类等最适于华南地区，而樱花、绣线菊、月季、蔷薇、松柏类、荷花、睡莲、鸢尾、百合等则由于种类繁多，各地均可选择出适合当地的种类和品种，或者由于植物的适应性强，在全国各地均可栽培应用。

6.5.5.4　专类园植物配置

进行专类园植物配置时，要根据景观设计和营造的要求，主要应考虑以下几个方面。

(1) 确定基调品种(或种)

选择最适应当地土壤和气候条件，花期(或观赏期)较长、着花繁密的品种(或种)作为专类园的基调品种(或种)，以形成专类园的基调和特色。如梅花在长江下游地区，宜选择直枝梅类的朱砂型和宫粉型品种如'粉红朱砂''白须朱砂''粉皮宫粉'等作为梅花专类园的基调品种；在长江以北地区则宜选择杏梅类和樱李梅类的耐寒性品种如'丰后''美人'梅等。

(2) 考虑花色(或其他观赏要素)搭配

大多数专类植物以观花为主，为了造景中色彩搭配的需要，在确定基调品种以后，还必须选择其他花色的品种。如梅花专类园以朱砂类和宫粉类的红、粉红色为基调，仍需搭配白色、淡粉、乳黄等颜色的品种，如'素白台阁''紫蒂白''徽州檀香''小绿萼''黄山黄香''江梅'等。

(3) 合理安排花期(观赏期)

合理安排花期，可以尽可能地延长整个专类园的观赏期。如桂花中最重要的秋桂类，在长江下游地区盛花期一般为 9 月。但早花品种如'早籽黄''早银'桂在 8 月上、中旬始花，而晚花品种如'晚银'桂、'晚金'桂于 10 月始花，不少多批次开花的品种，花期甚至可以延迟到 11 月。因此，仅秋桂类花期可长达 3 个月，如果再适当配置四季桂类的品种和部分木犀属野生种，则桂花专类园的观赏期可长达 8~10 个月。因此，就花期而言，应尽量收集早花和晚花品种，尤其是晚花品种，以延长观赏期。

(4) 适当引种名贵品种

适当引种稀有名贵种或品种，是为了提高植物专类园的吸引力和满足人们的好奇心理。如山茶属的金花茶，牡丹中的黄牡丹和'豆绿'等品种，梅花中的黄香型和洒金型品种，樱花类中花朵黄绿色的品种'御衣黄'，荷花专类园或水生植物专类园中的王莲、'并蒂莲'等名贵种类和品种，竹类植物中的方竹、佛肚竹；仙人掌类中的金琥；蕨类植物中的桫椤和胎生狗脊蕨等，都能起到意想不到的效果。

此外，在大型专类园中，应适当选择部分能够结合生产的品种，将观赏与生产结合起来。例如，梅花、碧桃等专类园中，均可选择优良的果用品种或者食用兼观赏的品种，配置于整个专类园中或者在专类园的一侧专门设立果用生产区，则既可观赏，又具有一定的经济效益。

6.5.6　室内绿化装饰

6.5.6.1　概念与意义

室内绿化装饰是室内设计不可分割的一部分，也是近些年来新兴的一门室内装饰艺术。它不同于室内建筑装饰，主要是利用室内观赏植物、盆景、插花等绿色生命材料，结合室内设计、园林设计手法，创造出充满自然气息，满足人们生理和心理需要的室内空间环境。室内绿化装饰可以缓和人与呆板建筑之间的生硬感，更好地协调人与建筑环境的关系。它不仅能美化环境、组织空间，而且可以提高和改善室内环境质量，对人体健康有积极的影响作用。

6.5.6.2　装饰材料

根据观赏部位及艺术形式的不同，室内绿化装饰材料大致可分为盆栽、盆景、插花和水培花卉等。

(1)盆栽

盆栽是将已经具备观赏价值的室内花卉定植于适宜的容器中，然后布置到各种室内空间，用以美化和装饰环境，是室内绿化装饰最广泛的一种应用形式，具有造价低、布置灵活、便于更新的特点，尤其适用于小空间及局部空间的点缀。

盆栽按照栽植形式可分为单株盆栽和组合盆栽。其中，单株盆栽只栽种一株植物，是最传统的盆栽形式，但色彩单调。组合盆栽主要是通过艺术配置的手法，将多种观赏植物栽植在同一个容器内，观赏性更强，在荷兰花艺界有"活的花艺、动的雕塑"之美誉。另外，按照观赏部位不同，还可将盆栽分为观叶盆栽、观花盆栽、观果盆栽、多肉盆栽等。

(2)盆景

盆景是以植物、山石、水、土壤等为素材，经过一定的艺术处理和园艺加工，以及长期的精心培育，种植或布置在盆钵之中，集中再现大自然的优美景色，同时以景抒情，表现深远意境的艺术品。盆景被称为"无声的诗，立体的画"，能陶冶人们的性情，给人以美的享受。

植物是用于盆景制作的主要材料之一，然而不是任何植物都可以用作盆景材料。盆景植物必须具备以下特点：首先，植物形态特征要符合盆景造型要求。通常所选用的植物以木本植物为主，尤以乔木居多，也有藤、蔓类灌木及少数草本植物和竹类。所选用的植物要求树干易弯曲造型；树皮斑驳、爆裂或鱼鳞片状；茎干枝节间短；叶小，不宜过大，叶形变化奇特，叶色随季相变化；花果要鲜艳、饱满、润泽，形态不宜过大，要奇特，有较高的观赏价值。其次，植物的生物学特征要适合盆景栽培。所选用的植物一般是慢生树种，并且有寿命长、萌芽力强、耐修剪、适应性强，抗旱、寒、涝等不良环境，以及少病虫害或抗病虫害能力较强等特点，故各地常选用乡土树种或园艺栽培品种。

（3）插花

插花是用剪切下来的植物的枝、叶、花、果等作为素材，经过一定的技术（修剪、整枝、弯曲等）和艺术（构思、造型、配色等）加工，重新配置成的一件精致完美、富有诗情画意，能再现大自然美和生活美的花卉艺术品。

插花按照花材性质可分为鲜花插花、干花插花和人造花插花。其中，鲜花插花的花材为新鲜的花卉，主要应用于盛大场合和重要的庆典活动；干花插花的花材为经脱水加工后的自然植物材料，主要应用于宾馆走廊、无采光大厅、餐厅、酒吧、咖啡厅等；人造花插花是利用仿制的绢花、涤纶花、棉纸花、塑料花、水晶花等作插花材料，主要应用于婚礼、家庭居室、橱窗摆设等，价格昂贵但多年可用。另外，按照艺术风格还可分为东方式插花、西方式插花和现代自由式插花。其中，东方式插花以中国和日本传统插花为代表，讲求构思及意境，多采用非对称构图，花材用量较少，着重表现花材神韵及形体美；西方式插花以欧美各国的传统插花为代表，多呈几何形和图案式构图，体现均衡、对称、稳重，应用大量花材形成丰富的色块，花色浓重、华丽而和谐，构图轮廓清晰、透视感强、富有感染力；现代自由式插花兼蓄东、西方插花特点，主题重于写意或遐想，不拘泥构图形式，除使用花材之外，常运用尼龙纱、饰纸等各类饰物烘托气氛，有思路广泛自由和抒发个性的时代风。

插花花材应具有较高观赏价值；剪下后水养持久，不易萎蔫；生长强健，无病虫害；无毒、无臭及其他刺激性气味，不污染环境及衣物。具有以上条件的植物都可用作插花。此外，有些植物具有苍劲古朴或坚韧挺拔的枝干，有些植物有艳丽的花色或枝条（红瑞木），有些植物虽没有耀眼的色彩，但小花点点，轻盈柔美（满天星、情人草），还有的枝叶纤细、蓬松碧绿（文竹、天门冬）……这些都是很好的插花材料。还有很多野草、野花、枯枝、枯叶也很有观赏价值，如干枯的荷叶、莲蓬、芦苇等。再就是一日三餐中离不开的黄瓜、茄子、辣椒、苹果、梨等水果和蔬菜，也可以和鲜花搭配用作插花，还是当前世界插花的热门花材。

复习思考题

1. 园林植物应用方式有哪些？简述其概念及特点。
2. 园林植物不同应用方式对植物材料的选择有哪些要求？举例说明。
3. 选择一处园林绿地，分析其园林植物应用方式及存在问题。

推荐阅读书目

1. 园林花卉应用设计（第3版）. 董丽. 中国林业出版社，2015.

2. 园林植物造景(第 2 版). 臧德奎. 中国林业出版社，2014.

3. 花坛与花境. 徐峰. 化学工业出版社，2008.

参考文献

董丽. 2015. 园林花卉应用设计[M]. 3 版. 北京：中国林业出版社.

李萍. 2011. 植物专类园发展及类型研究[D]. 北京：北京林业大学.

李晓莹. 2015. 立体绿化在城市中的研究与应用——以青岛为例[D]. 青岛：青岛理工大学.

孙茂林. 2011. 室内绿化装饰设计研究[D]. 重庆：西南大学.

魏艳，赵慧恩. 2007. 我国屋顶绿化建设的发展研究——以德国、北京为例对比分析[J]. 林业科学，43(4)：95 – 101.

徐峰. 2008. 花坛与花境[M]. 北京：化学工业出版社.

臧德奎. 2014. 园林植物造景[M]. 2 版. 北京：中国林业出版社.

第7章
常见园林花卉

7.1 一、二年生花卉

7.1.1 概述

7.1.1.1 含义与类型

一年生花卉(annuals)是指在一个生长季节内完成生活史的花卉。花卉从播种到开花、死亡在当年内完成。一般春天播种，夏秋开花，入冬前死亡，如鸡冠花、百日草、半支莲、翠菊、牵牛花等。也有部分多年生花卉因不适应当地露地环境而作一年生栽培的，如美女樱、藿香蓟、紫茉莉、一串红等。

二年生花卉(biennials)是指在两个生长季节完成生活史的花卉。花卉从播种到开花、死亡跨越两个年头，第一年营养生长，然后经过冬季，第二年开花结实、死亡。一般秋天播种，种子发芽，营养生长，第二年的春天或初夏开花、结实，在炎夏到来时死亡，如须苞石竹、紫罗兰、毛地黄等。也有部分不耐高温的多年生花卉作二年生栽培的，如雏菊、金鱼草等。

7.1.1.2 一、二年生花卉的异同

① 大多数一、二年生花卉以播种繁殖为主；生长阶段喜阳光充足，仅少部分喜半阴环境，如醉蝶花、三色堇等；除了重黏土和过于疏松的土壤外，都可以生长，以深厚肥沃、排水良好的壤土为好；不耐干旱，根系分布浅，易受表土影响，要求土壤湿润；大多数生长周期都比较短，花期集中。

② 一年生花卉大多属短日照；喜温暖，不耐严寒，大多不能忍受0℃以下的低温，生长发育主要在无霜期进行，因此主要在春季播种。二年生花卉大多属长日照；喜冷凉，耐寒性强，可耐0℃以下的低温，一般在0~10℃下30~70d完成春化作用；不耐夏季炎热，主要采用秋播。

7.1.1.3 栽培要点

① 苗期管理 经人工播种或自播种子萌发后，可施稀薄水肥并及时灌水。但要

控制水量，水多则根系发育不良并易引起病害。苗期避免阳光直射，应适当遮阴。为培育壮苗，苗期还应进行多次间苗或移植，以防黄化和老化，移苗最好选在阴天进行。现在一、二年生花卉多采用穴盘育苗。

② 摘心与抹芽　为了使植株生长整齐，株形丰满，促进分枝或控制植株高度，常采用摘心措施。如万寿菊、波斯菊生长期长，为控制高度，可于生长初期摘心。需要摘心的种类还有五色苋、三色苋、金鱼草、石竹、霞草、千日红、百日草、一串红、银边翠等。摘心还有延迟花期的作用。有时为了促使植株向高处生长，减少花朵的数目，使养分集中供应顶花，而摘除侧芽，如鸡冠花、观赏向日葵等。

③ 设支柱与绑扎　一、二年生花卉中有些株形高大，上部枝叶、花朵过于沉重，尤其遇风易倒伏，还有一些蔓生性花卉等，均需设支柱绑扎。

④ 剪除残花　对于单株花期长的花卉，如一串红、金鱼草、石竹类等，花后应及时剪除残花。同时加强水肥管理，以保证植株生长健壮，继续开花，同时还有延长花期促使二次花形成的作用。

7.1.1.4　一、二年生花卉的园林应用

一、二年生花卉色彩鲜艳，花期集中，在园林中应用美化装饰速度快，可以起到画龙点睛的作用，是花坛的重要装饰材料；既有花大色艳的种类，也有繁花似锦的类型，既可丛植，也可布置成地被，构成花海景观；与球根花卉和观赏草搭配还可以作花境和缀花草坪；物美价廉，既可盆栽观赏，有的种类也可以用作切花，如观赏向日葵、翠菊、金盏菊、金鱼草等。

7.1.2　常见一、二年生花卉

1. 鸡冠花 *Celosia cristata*（图7-1）

[别名] 老来红、芦花鸡冠、笔鸡冠、大头鸡冠、鸡公花、鸡角根

[科属] 苋科青葙属

[形态特征与识别要点] 一年生草本，株高30~80cm。全株无毛，粗壮。分枝少，上部扁平，绿色或带红色，有棱纹凸起。叶互生，具柄；叶片先端渐尖或长尖，基部渐窄成柄，全缘。胞果卵形，熟时开裂，包于宿存花被内。种子肾形，黑色，光泽。花期8~10月。

[生态习性与栽培要点] 原产于非洲、美洲热带和印度，现世界各地广为栽培。喜高温、阳光充足、湿热，不耐寒，怕涝，不耐瘠薄，喜疏松肥沃和排水良好的土壤。

[观赏特点与园林应用] 高茎种可用于花境，点缀树丛外缘，作切花、干花等。矮生种用于栽植花坛或盆栽观赏。

图7-1　鸡冠花

2. 一串红 *Salvia splendens*（图7-2）

[别名]爆仗红、象牙红

[科属]唇形科鼠尾草属

[形态特征与识别要点]多年生亚灌木作一年生栽培。株高20～90cm。茎四棱，无毛光滑。叶对生，卵圆形或三角状卵圆形，两面无毛，下面具腺点；茎生叶叶柄长3～4.5cm，无毛。花萼钟形，花冠唇形，唇裂达花萼长1/3。小坚果椭圆形，内有黑色种子，容易脱落。花期7～10月；果熟期8～10月。

[生态习性与栽培要点]喜光，也耐半阴，要求疏松、肥沃和排水良好的砂质壤土。对用甲基溴化物处理的土壤和碱性土壤反应非常敏感，适宜于pH 5.5～6.0的土壤中生长。

[观赏特点与园林应用]一串红为常用红花品种，秋高气爽之际，花朵繁密，色彩艳丽。常用作花丛花坛的主体材料。也可植于带状花坛或自然式纯植于林缘。矮生品种更宜用于花坛，白花品种与红花品种配合观赏效果较好。

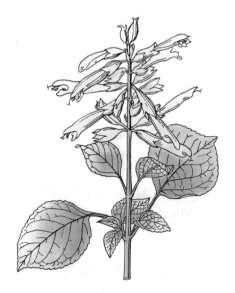

图7-2 一串红

3. 百日草 *Zinnia elegans*（图7-3）

图7-3 百日草

[别名]鱼尾菊、百日菊、步步高、火球花、对叶梅

[科属]菊科百日菊属

[形态特征与识别要点]一年生草本，株高40～100cm，被糙毛或长硬毛。叶对生，宽卵圆形或椭圆形。头状花序单生枝端，花序梗中空肥厚；总苞钟状，舌状花深红色、玫瑰色、紫堇色或白色，雌花倒卵圆形，有单瓣、重瓣、卷叶、皱叶和各种不同颜色的园艺品种。花期6～9月；果期8～10月。

[生态习性与栽培要点]原产于墨西哥，喜温暖、不耐寒、喜阳光、怕酷暑、性强健、耐干旱、耐瘠薄、忌连作。宜在肥沃深土层土壤中生长。生长期适温15～25℃。

[观赏特点与园林应用]百日草花大色艳、开花早、花期长、株形美观，可按高矮分别用于花坛、花境、花带。矮型品种也常用于盆栽。

4. 万寿菊 *Tagetes erecta*（图7-4）

[别名] 臭芙蓉、蜂窝菊、臭菊、蝎子菊、金菊花

[科属] 菊科万寿菊属

[形态特征与识别要点] 一年生草本，株高20~100cm。茎直立，粗壮，具纵细条棱，分枝向上平展。叶羽状分裂，裂片长椭圆形或披针形。头状花序单生，花径5~12cm，花序梗顶端棍棒状膨大；舌状花黄色或暗橙色；管状花花冠黄色，长约9mm，顶端具5齿裂。花期7~9月。

[生态习性与栽培要点] 原产于墨西哥，喜温暖，向阳，但稍能耐早霜，耐半阴，抗性强，生长适温15~20℃，冬季温度不低于5℃；夏季高温30℃以上，则植株徒长，茎叶松散，开花少；对土壤要求不严，但以肥沃、深厚、富含腐殖质、排水良好的砂质土壤为宜。耐移植，生长迅速，栽培容易，病虫害较少。

图7-4　万寿菊

[观赏特点与园林应用] 万寿菊花大、花期长。其中，矮生品种分枝性强，花多株密，植株低矮，生长整齐，球形花朵完全重瓣，最适做花坛布置或花丛、花境栽植；中型品种花大，花期长，管理粗放，是草坪点缀的花卉之一；高型品种，花朵硕大，色彩艳丽，花梗较长，可作切花，水养时间持久，是优良的鲜切花材料。

5. 麦秆菊 *Helichrysum bracteatum*

[别名] 蜡菊、贝细工

[科属] 菊科蜡菊属

[形态特征与识别要点] 一年生草本，株高40~90cm。茎直立，多分枝，全株具微毛。叶互生，长椭圆状披针形，全缘、无或短叶柄。头状花序单生于主枝或侧枝的顶端，花径3~6cm；总苞苞片多层，呈覆瓦状，外层椭圆形呈膜质，干燥具光泽，形似花瓣，有白、粉、橙、红、黄等色；管状花位于花盘中心，黄色。晴天花开放，雨天及夜间关闭。瘦果小棒状。花期7~9月；果期9~10月。

[生态习性与栽培要点] 原产于澳大利亚，常作一、二年生栽培。喜温暖和阳光充足的环境，生长适温15~25℃。不耐寒、不耐阴和水湿，忌酷热，适应性强，耐粗放管理。在肥沃、湿润而排水良好的土壤上生长良好。施肥不宜过多以免花色不艳。

[观赏特点与园林应用] 麦秆菊花色多，苞片色彩艳丽，因含硅酸而呈膜质，干后有光泽。干燥后花色、花形经久不变不褪，是作干花的重要植物，也用作切花、插花，或做成花篮、花束等礼仪用品。既可供冬季室内装饰用，又可布置花坛、花境，还可在林缘丛植以及秋播，冬春在温室盆栽。

6. 凤仙花 *Impatiens balsamina*（图 7-5）

[别名] 指甲花、透骨草、洒金花、金凤花

[科属] 凤仙花科凤仙花属

[形态特征与识别要点] 一年生草本，株高30～
100cm。茎粗壮，肉质，节部膨大，呈绿色或深褐
色，茎色与花色相关。叶互生，最下部叶有时对生，
叶片披针形、狭椭圆形或倒披针形。花单生或数朵
簇生于叶腋，无总花梗，单瓣或重瓣；花色有白、
水红、粉、玫瑰红、大红、洋红、紫、雪青等。萼
片3，特大一片膨大、中空，向下弯曲为矩。蒴果
宽纺锤形，长10～20mm，成熟时自行爆裂，将种子
弹出。花期6～10月。

[生态习性与栽培要点] 原产于印度、中国南
部、马来西亚。凤仙花性喜阳光，怕湿，耐热不耐
寒。喜向阳的地势和疏松肥沃的土壤，在较贫瘠的
土壤中也可生长。凤仙花适应性强，移植易成活，生长迅速。

图 7-5 凤仙花

[观赏特点与园林应用] 凤仙花在我国各地庭园广泛栽培，为常见的观赏花卉。
其适应性强，因其花色、品种极为丰富，观赏价值高，是花坛、花境的常用材料，可
丛植、群植和盆栽，也可作切花水养。

7. 矮牵牛 *Petunia hybrida*（图 7-6）

[别名] 碧冬茄、灵芝牡丹、毽子花、矮喇叭、番薯花、撞羽朝颜

[科属] 茄科矮牵牛属

图 7-6 矮牵牛

[形态特征与识别要点] 多年生草本，株高
15～50cm；也有丛生和匍匐类型，全株上下有黏毛。
叶椭圆或卵圆形，互生，嫩叶略对生。播种后当年可
开花，花期长达数月，花冠喇叭状；花单生于叶腋或
顶生，花形有单瓣、重瓣、瓣缘皱褶或呈不规则锯齿
等；花色繁多，有红、白、粉、紫及各种带斑点、网
纹、条纹等。蒴果，种子极小，千粒重约0.1g。花期
4～10月。

[生态习性与栽培要点] 原产于南美洲巴西、阿
根廷、智利及乌拉圭等地，喜温暖和阳光充足的环
境。不耐霜冻，怕雨涝，生长适温为15～20℃，冬季
温度在4～10℃，如低于4℃，植株生长停止。夏季能
耐35℃以上的高温，对温度的适应性强。喜疏松肥沃
和排水良好的砂壤土或弱酸性土壤。

［观赏特点与园林应用］矮牵牛花大而多，开花繁盛，花期长，色彩丰富，是优良的花坛和种植钵花卉，也可自然式丛植。气候适宜或温室栽培可四季开花。可以广泛用于花坛布置，花槽配置，景点摆设，窗台点缀，家庭装饰。

8. 半支莲 *Portulaca grandiflora*

［别名］松叶牡丹、龙须牡丹、洋马齿苋、午时花、太阳花

［科属］马齿苋科马齿苋属

［形态特征与识别要点］一年生肉质草本，高 10 ~ 15cm。茎直立或上升，分枝，稍带紫色，光滑。叶圆柱形，互生或散生、肉质，圆柱形；茎部有 8 ~ 9 枚轮生的叶状苞片，在叶腋有丛生白色长柔毛。花单独或数朵顶生，直径 3 ~ 4cm；碟形花瓣 5 枚或重瓣，花色有白、黄、红、紫、粉红色等。种子生于蒴果中，种子细小，深灰黑色金属光泽，肾状圆锥形，直径不及 1mm，有小疣状突起。花期 6 ~ 8 月；果期 7 ~ 10 月。

［生态习性与栽培要点］原产于巴西。适应性强，极易栽培。性喜温暖、充足的阳光，阴暗潮湿之处生长不良。极耐瘠薄，一般土壤都能适应，对排水良好的砂质土壤特别钟爱。生长适温为 15 ~ 25℃。见阳光花开，早、晚、阴天闭合，故有"太阳花""午时花"之名。

［观赏特点与园林应用］优良的地被花卉，既可作为花坛及花境镶边材料，又可植于公路边、江河边、湖岸边；既能美化环境，又能护坡。园林中可用于布置花坛或岩石园，亦能盆栽观赏。

9. 千日红 *Gomphrena globosa*（图 7-7）

［别名］火球花、百日红

［科属］苋科千日红属

［形态特征与识别要点］一年生直立草本，株高 20 ~ 60cm，矮生品种 15 cm；全株密被纤细毛。茎粗壮直立，多分枝。单叶对生，长椭圆形或矩圆状倒卵形。花多数，密生，成顶生球形或矩圆形头状花序；小花干后不落，不变色；花色有紫红色，有时淡紫色或白色；花期 7 ~ 10 月。胞果近球形，种子密被白色纤毛，褐色。

［生态习性与栽培要点］千日红对环境要求不严，性喜阳光，生性强健，耐干热、耐旱、不耐寒、怕积水，宜疏松肥沃土壤，生长适温为 20 ~ 25℃，在 35 ~ 40℃范围内生长也良好，冬季温度低于 10℃以下植株生长不良或受冻害。耐修剪，花后修剪可再萌发新枝，继续开花。

［观赏特点与园林应用］千日红花期长、花色鲜艳，为优良的园林观赏花卉。适于花坛、花境、盆栽。亦可作鲜切花和干花。花色明艳，若搭配其他植物，则色彩更为出色。

图 7-7　千日红

10. 观赏向日葵 *Helianthus annus*

[别名] 美丽向日葵、太阳花

[科属] 菊科向日葵属

[形态特征与识别要点] 一年生草本，株高30~60cm（有品种差异）。茎直立，不分枝或上部分枝。叶互生，心状卵圆形，边缘有粗锯齿，两面被短糙毛，具长柄。头状花序大；舌状花有黄、橙、乳白、红褐等色；管状花有黄、橙、褐、绿和黑等色；有单瓣和重瓣。早花种，花径12cm，分枝性强。果实褐色、白色、黑色等，瓜子形。

[生态习性与栽培要点] 喜温暖、稍干燥和阳光充足环境，耐旱，不耐阴，忌高温多湿。露地栽培，光照时间长，往往开花略早。温差在8~10℃对茎叶生长最为有利。对土壤的要求不严。

[种类与品种] '大笑'（'Big Smile'），株高30~35cm，早花种，舌状花黄色管状花黄绿色，花径12cm，分枝性强。'太阳斑'（'Sun Spot'），株高60cm，大花种，花径25cm，舌状花黄色，花盘绿褐色。'玩具熊'（'Teddy Bear'），超级重瓣，矮生，株高40~80cm，自然分枝，多花，全花呈球形、橙色。应用较多的切花品种如'阳光'（'Sun Bright'）、'巨秋'（'Autumn Giant'）、'意大利白'（'Italian White'）、'橙阳'（'Orange Sun'）、'节日'（'Holiday'）等也可通过生长调节剂的处理作为盆花观赏。

[观赏特点与园林应用] 观赏向日葵花朵硕大、鲜艳夺目、枝叶茂密，具有较高的观赏价值，是新颖的盆栽和切花植物。

11. 美女樱 *Verbena hybrida*（图7-8）

[别名] 草五色梅、苏叶梅、铺地马鞭草、铺地锦、四季绣球、美人樱

[科属] 马鞭草科马鞭草属

图7-8 美女樱

[形态特征与识别要点] 多年生草本，作一、二年生栽培。株高10~50cm；全株有细绒毛，植株丛生而铺覆地面。茎四棱。叶对生，深绿色。穗状花序顶生，密集呈伞房状，花小而密集，有白色、粉色、红色、复色等，具芳香。

[生态习性与栽培要点] 喜阳光、不耐阴，较耐寒、不耐旱，北方多作一年生草花栽培，在炎热夏季能正常开花。喜温暖湿润气候，对土壤要求不严，但在疏松肥沃、较湿润的中性土壤能节节生根，生长健壮，开花繁茂。在上海小气候较温暖处能露地越冬。

[观赏特点与园林应用] 美女樱茎秆矮壮匍匐，为良好的地被材料，可用于城市道路绿化带、交通岛、坡地、花坛等。混色种植或单色种植，多色混种可显其五彩缤纷，单色种植可形成色块。

12. 观赏南瓜 *Cucurbita pepo*（图7-9）

[别名] 倭瓜、番瓜、饭瓜、番南瓜、北瓜

[科属] 葫芦科南瓜属

[形态特征与识别要点] 一年生蔓生草本。深绿色掌状叶。花黄色，喇叭状，雌雄同株，异花授粉。每株结瓜5~7个，第4~5叶节处结第一个瓜，以后几乎每一叶都结瓜；从播种到采收第一批瓜需58d左右。

[生态习性与栽培要点] 喜温暖，怕酷热，根系发达，抗逆性强，耐低温。

[观赏特点与园林应用] 观赏南瓜色彩艳丽，有白、黄、绿等多种颜色，瓜形小巧美观，有球形、洋梨形、长球形、皇冠形等。其表面奇硬，泛有蜡光。可盆栽观赏，也可于庭院居民阳台种植。

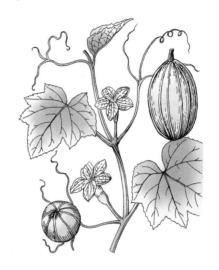

图7-9　观赏南瓜

13. 福禄考 *Phlox drummondii*（图7-10）

[别名] 福禄花、福乐花、五色梅

[科属] 花荵科天蓝绣球属

[形态特征与识别要点] 一年生草本，株高15~45cm。茎直立，单一或分枝，被腺毛。下部叶对生，上部叶互生，宽卵形、长圆形和披针形，长2~7.5cm，顶端锐尖，基部渐狭或半抱茎，全缘，叶面有柔毛；无叶柄。聚伞花序顶生，有短柔毛，花梗很短；雄蕊和花柱比花冠短很多。花期6~9月。蒴果椭圆形，下有宿存花萼；种子长圆形，褐色。

[生态习性与栽培要点] 性喜温暖，稍耐寒，忌酷暑。在华北一带可冷床越冬。宜排水良好、疏松的壤土，不耐旱，忌涝。常用播种繁殖，暖地秋播，寒地春播，发芽适温为15~20℃。种子生活力可保持1~2年。秋季播种，幼苗经1次移植后，至10月上中旬可移栽冷床越冬，早春再移至地畦，及时施肥，4月中旬可定植。花期较长。蒴果成熟期不一，为防种子散落，可在大部分蒴果发黄时将花序剪下，晾干脱粒。

[观赏特点与园林应用] 福禄考植株矮小，花色丰富，可作花坛、花境及岩石园的植株材料，亦可作盆栽供室内装饰。植株较高的品种可作切花。

图7-10　福禄考

14. 金鱼草 *Antirrhinum majus*（图7-11）

[别名]龙头花、狮子花、龙口花、洋彩雀

[科属]玄参科金鱼草属

[形态特征与识别要点]多年生直立草本作一、二年生栽培。株高可达80cm。茎基部无毛，有时木质化，中上部被腺毛，基部有时分枝。叶片无毛，下部叶对生，上部叶常互生，具短柄；披针形至矩圆状披针形，全缘。花冠颜色多种，从红色、紫色至白色；雄蕊4枚，2强。花期5~7月。蒴果卵形，被腺毛，顶端孔裂。

[生态习性与栽培要点]喜阳光，也能耐半阴。性较耐寒，不耐酷暑。适生于疏松肥沃、排水良好的土壤，在石灰质土壤中也能正常生长。

[观赏特点与园林应用]金鱼草是夏秋开放之花，在中国园林广为栽种，适合群植于花坛、花境，与百日草、矮牵牛、万寿菊、一串红等配置效果尤佳。高性品种可用作背景种植，矮性品种宜植于岩石园或窗台花池，或边缘种植。此花亦可作切花之用。

图7-11 金鱼草

15. 雏菊 *Bellis perennis*（图7-12）

[别名]春菊、马兰头花、延命菊

[科属]菊科雏菊属

[形态特征与识别要点]多年生宿根草本作一、二年生栽培。株高10~20cm。叶基生，草质，匙形，顶端圆钝，基部渐狭成柄，上半部边缘有疏钝齿或波状齿。头状花序单生，花葶被毛；总苞半球形或宽钟形。瘦果扁，有边脉，两面无脉或有1脉。

[生态习性与栽培要点]原产于西欧，性喜冷凉气候，忌炎热。喜光，又耐半阴，对栽培地土壤要求不严格。种子发芽适温22~28℃，生育适温20~25℃。西南地区适宜种植中、小花单瓣或半重瓣品种。中、大花重瓣品种长势弱，结籽差。

[观赏特点与园林应用]雏菊的叶为匙形丛生，呈莲座状，密集矮生，颜色碧翠。是装饰花坛、花带、花境的重要材料，或用来装饰岩石园。也可植于草地边缘，还可盆栽装饰台案、窗几等。

图7-12 雏 菊

16. 金盏菊 *Calendula officinalis*（图 7-13）

［别名］金盏花、黄金盏、长生菊、金盏

［科属］菊科金盏菊属

［形态特征与识别要点］多年生草本，作一、二年生栽培。株高 30～60cm，全株被白色茸毛。单叶互生，椭圆形或椭圆状倒卵形，全缘，基生叶有柄，上部叶基抱茎。头状花序单生茎顶。瘦果，呈船形、爪形。花期 12～6 月，盛花期 3～6 月；果熟期 5～7 月。

图 7-13　金盏菊

［生态习性与栽培要点］喜阳光充足环境，适应性较强，能耐 –9℃低温，怕炎热天气。不择土壤，以疏松、肥沃、微酸性土壤最好，能自播，生长快。

［观赏特点与园林应用］金盏菊是早春园林和城市中最常见的草本花卉。金盏菊的抗二氧化硫能力很强，对氰化物及硫化氢也有一定抗性，为优良抗污花卉，常作为晚秋、冬季和早春的重要花坛、花境材料，也可作为草坪的镶边花卉，还可作切花及盆栽观赏。

17. 三色堇 *Viola tricolor*（图 7-14）

［别名］三色堇菜、猫儿脸、蝴蝶花、人面花、猫脸花、阳蝶花、鬼脸花

［科属］堇菜科堇菜属

［形态特征与识别要点］多年生草本，作二年生栽培。株高 10～40cm，全株光滑。地上茎较粗，直立或稍倾斜，有棱，单一或多分枝。基生叶长卵形或披针形，具长柄；茎生叶卵形、长圆状圆形或长圆状披针形。花大，通常每花有紫、白、黄三色；花瓣 5 枚，花冠呈蝴蝶状。蒴果椭圆形，无毛。

［生态习性与栽培要点］原产于欧洲南部，较耐寒，喜凉爽，喜阳光，在昼温15～25℃、夜温 3～5℃的条件下发育良好。忌高温和积水，昼温若连续在 30℃以上，则花芽消失，或不形成花瓣；昼温持续 25℃时，只开花不结实，即使结实，种子也发育不良。根系可耐 –15℃低温，但低于 –5℃叶片受冻边缘变黄。日照长短比光照强度对开花的影响大。喜肥沃、排水良好、富含有机质的中性壤土或黏壤土。

［观赏特点与园林应用］三色堇除庭院布置外常地栽于花坛上，可作毛毡花坛、花丛花坛，成片、成

图 7-14　三色堇

图7-15 石 竹

线、成圆、镶边栽植都很相宜。还适宜布置花境、草坪边缘；另外，也可盆栽或布置阳台、窗台、台阶或点缀居室、书房、客堂，颇具新意，饶有雅趣。

18. 石竹 *Dianthus chinensis*（图7-15）

[别名]洛阳花、中国石竹、石竹子花

[科属]石竹科石竹属

[形态特征与识别要点]多年生草本，作一、二年生栽培。株高15~75cm。茎由根颈生出，疏丛生，直立，上部分枝。单叶对生，线状披针形，顶端渐尖，基部稍狭，全缘或有细小齿，中脉较显。花单生枝端或数花集成聚伞花序。蒴果圆筒形，包于宿存萼内，顶端4裂；种子黑色，扁圆形。花期5~6月；果期7~9月。

[生态习性与栽培要点]原产于中国及东亚地区。其性耐寒、耐干旱，不耐酷暑，夏季多生长不良或枯萎，栽培时应注意遮阴降温。喜阳光充足、干燥，通风及凉爽湿润气候。要求肥沃、疏松、排水良好及含石灰质的壤土或砂质壤土，忌水涝，好肥。

[观赏特点与园林应用]园林中可用于花坛、花境、花台或盆栽，也可用于岩石园和草坪边缘点缀。大面积成片栽植时可作景观地被材料。另外，石竹能吸收二氧化硫和氯气，凡有毒气的地方可以多种。切花观赏亦佳。

19. 虞美人 *Papaver rhoeas*（图7-16）

[别名]丽春花、赛牡丹、满园春、仙女蒿、虞美人草、舞草

[科属]罂粟科罂粟属

[形态特征与识别要点]一、二年生草本植物。株高25~90cm；全株被伸展的刚毛。茎直立，具分枝，被淡黄色刚毛。叶互生，披针形或狭卵形。花单生于茎和分枝顶端；雄蕊多数，花丝丝状，深紫红色，花药长圆形，黄色；子房倒卵形，无毛。蒴果宽倒卵形，无毛，具不明显的肋；种子多数，肾状长圆形。花果期3~8月。

[生态习性与栽培要点]耐寒，怕暑热，喜阳光充足的环境，喜排水良好、肥沃的砂壤土。不耐移栽，忌连作与积水。生长发育适温5~25℃，春夏温度高地区花期缩短。夜间低温有利于生长开花，在高海拔山区生长良好，花色更为艳丽。能自播。

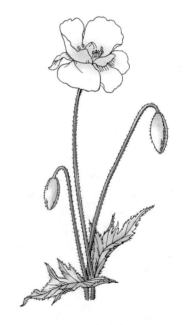

图7-16 虞美人

[观赏特点与园林应用] 虞美人的花色艳丽，花姿轻盈，花期长，适宜用于花坛、花境栽植，也可盆栽或作切花用。用作切花时须在半放时剪下，立即浸入温水中，防止乳汁外流过多，否则花枝很快萎缩，花朵也不能全开。

20. 翠菊 *Callistephus chinensis*（图7-17）

[别名] 江西腊、七月菊、格桑花

[科属] 菊科翠菊属

[形态特征与识别要点] 一年生或二年生草本。株高30～100cm。茎直立，单生，有纵棱，被白色糙毛，分枝斜生或不分枝。叶互生，广卵形至长椭圆形。头状花序单生于茎枝顶端，有长花序梗；雌花1层，在园艺栽培中可为多层，红色、淡红色、蓝色、黄色或淡蓝紫色，两性花花冠黄色。瘦果长椭圆状倒披针形，稍扁，中部以上被柔毛。花果期5～10月。

[生态习性与栽培要点] 原产于我国东北、华北以及四川、云南各地。为浅根性植物，生长过程中要保持盆土湿润，有利茎叶生长。同时，盆土过湿易引起徒长、倒伏和发生病害。喜温暖、湿润和阳光充足环境。怕高温多湿和通风不良。耐寒性弱，也不喜酷热，生长适温为15～25℃，冬季温度不能低于3℃，若0℃以下茎叶易受冻害。相反，夏季温度超过30℃，开花延迟或开花不良。为长日照植物，在每天15h长日照条件下，保持植株矮生，开花可提早。若短日照处理，植株长高，开花推迟。喜肥沃湿润和排水良好的壤土、砂壤土，积水时易烂根死亡。

图7-17　翠　菊

[观赏特点与园林应用] 翠菊是国内外园艺界非常重视的观赏植物。国际上将矮生种用于盆栽、花坛观赏；高秆种用作切花观赏。翠菊在中国主要用于盆栽和庭园观赏较多，已成为重要的盆栽花卉之一。

7.1.3 其他一、二年生花卉

中文名 (学名)	原产地	花期 (月)	形态特征	同属种、品种等	繁殖	应用
天人菊 Gaillardia pulchella	北美	7~10	叶互生,披针形、矩圆形至匙形;头状花序,舌状花先端黄色,基部褐紫色	宿根天人菊、大花天人菊、堆心菊	播种、扦插	花坛、花境、盆花、切花
羽扇豆 Lupinus micranthus	北美	3~5	掌状复叶,小叶倒披针形至倒披针形;总状花序顶生,花冠蓝色	白羽扇豆、狭叶羽扇豆、埃及羽扇豆	播种、扦插	花境、丛植或地被
花烟草 Nicotiana alata	阿根廷和巴西	夏、秋	叶基部稍抱茎或具翅状柄,向上成卵状矩圆形;花冠淡绿色	光烟草、黄花烟草、烟草	播种	花境、花丛、盆栽、切花
红叶甜菜 Beta vulgaris	欧洲	5~7	叶片长圆状卵形,全绿、深红或红褐色;花小,单生或2~3朵簇生叶腋	甜菜	播种	观叶植物、花坛、花境或露地地被
瓜叶菊 Senecio cruentus	大西洋加那利群岛	1~4	叶肾形至宽心形,有时上部叶三角状心形;头状花序,小花紫红色,淡蓝色,粉红色或近白色		播种	盆栽或露地布置
蒲包花 Calceolaria herbeohybrida	江苏、浙江南部、江西南部	5~11	叶片圆心形,基部心形;二歧聚伞花序组成顶生大而开展的圆锥花序,花冠黄色,稀白色		播种、扦插	盆栽观赏
报春花 Primula malacoides	云南、贵州和广西	2~5	叶片卵形至椭圆形或矩圆形,伞形花序;苞片线形或线状披针形;花冠粉红色,淡紫红色,紫红色或近白色	西洋樱草、多花报春、四季报春	播种、扦插	盆栽观赏或地被
新几内亚凤仙 Impatiens hawkeri	新几内亚	6~8	叶片卵状披针形,叶脉红色;伞房花序,花瓣桃红色、粉红色、橙红色、紫红色、白色等	凤仙花、神父凤仙花、太子凤仙花	组培、扦插	盆栽观赏或悬挂装饰
非洲紫罗兰 Saintpaulia ionantha	非洲东部热带地区		无茎,全株被毛,叶片圆形或卵圆形;聚伞花序,花色有紫红、白、蓝、粉红和双色等		播种、组培、扦插	盆栽观赏
波斯菊 Cosmos bipinnata	墨西哥	6~8	叶二次羽状深裂,裂片线形或丝状线形;头状花序单生,舌状花紫红色、粉红或白色	秋英、黄秋英	播种、扦插	地被、花境、草地边缘、树坛、宅旁、路旁
香雪球 Lobularia maritima	欧洲及西亚	温室3~4, 露地6~7	多分枝,叶互生,叶条形或披针形;花序伞房状,花瓣淡紫色或白色		播种	盆栽、花坛、花境、岩石园、地被

（续）

中文名（学名）	原产地	花期（月）	形态特征	同属种、品种等	繁殖	应用
毛地黄 Digitalis purpurea	欧洲	5~6	植株被毛,叶片圆形或卵状披针形;顶生总状花序,花冠紫红色		播种	花境、花坛、岩石园或自然式布置
桂竹香 Cheiranthus cheiri	南欧	4~5	茎直立,多分枝,叶片倒披针形,披针形至线形;总状花序,花橘黄色或黄褐色,倒卵形	红紫桂竹香、匍匐桂竹香,无茎桂竹香	播种、扦插	盆花或花坛、花境,还可食用和药用
高雪轮 Silene armeria	欧洲南部	5~6	基生叶匙形,茎生叶卵心形至披针形;复伞房花序较紧密,红褐色	绳子草、矮雪轮	播种	花径、花境、岩石园或地被,也可盆栽或作切花
龙面花 Nemesia strumosa	南非	春夏	叶对生,基生叶长圆状匙形,茎生叶针形;总状花序,色彩多变,有白、淡黄、橙红、深红和玫紫等色		播种	花坛布置或片植,也可盆栽
布洛华丽 Browallia speciosa	美洲热带	7~10	叶对生或互生,卵形,花冠高筒形;花瓣5,淡蓝色		播种	花坛、花境、盆栽
大花亚麻 Linum grandiflora	非洲北部	5~6	叶互生,条形至条状披针形,灰绿色;花单生,玫红色,花瓣5枚,形成稀疏的聚伞花序	长蒴亚麻、野亚麻、异蒴亚麻	播种	优良花坛材料以及庭园栽植
含羞草 Mimosa pudica	热带美洲	9	羽毛状复叶互生,呈掌状排列;头状花序长圆形,花为白色,粉红色	巴西含羞草、光荚含羞草	播种	盆栽或庭园栽植
旱金莲 Tropaeolum majus	南美秘鲁、巴西	6~10	互生叶,圆形,边缘为波浪形的浅缺刻,单花腋生,花黄色、紫色、橘红色或杂色		播种、扦插	盆栽或阳台、几架装饰
茑萝 Quamoclit pennata	热带美洲	7~9	卵圆形或长圆形;花腋生,由少数花组成聚伞花序,颜色深红鲜艳,除红色外,还有白色	橙红茑萝、圆叶茑萝	播种	绿篱或棚架应用
牵牛花 Pharbitis nil	热带美洲	夏秋	叶互生,全缘或具叶裂,聚伞花序腋生,1朵至数朵,花冠喇叭状	变色牵牛、圆叶牵牛、大花牵牛	播种	棚架、阳台应用
一点缨 Emilia flammea	美洲热带	6~9	单叶互生,阔披针形,头状花序着生茎顶,花为红色,橙黄色	绒缨菊、小一点红	播种	树坛、林缘、隙地应用
蛇目菊 Sanvitalia procumbens	墨西哥	夏秋	叶对生,菱状卵形或圆状卵形,黄色或橙黄色;头状花序单生,两性花暗紫色		种子	花境、地被、切花

（续）

中文名（学名）	原产地	花期（月）	形态特征	同属种、品种等	繁殖	应用
猩猩草 Euphorbia cyathophora	美洲热带地区	5~11	单叶互生,卵状椭圆形至阔披针形;伞房花序总苞形似叶片,基部大红色,也有半边红色半边绿色的	齿裂大戟、海南大戟、白苞猩猩草	播种	花境、盆栽、切花
五色椒 Capsicum annuum	江苏沭阳一带	5~7	单叶互生,卵状披针形或矩圆形;花小,白色,单生叶腋或簇生枝梢顶端	辣椒、小米辣	播种、扦插	花坛、花境、盆栽、食用杀虫剂
金银茄 Solanum texanum	亚洲东南热带	7~10	单叶互生;花单生或簇生,花冠紫色	狭叶茄、天堂花	播种	盆栽观果
乳茄 Solanum mammosum	美洲	8~11	叶卵形,单叶互生枝端,花两性,单生或数朵丛生叶腋处		播种	药用、盆栽观赏
红花菜豆 Phaseolus vulgaris	中美洲	7~10	羽状三出复叶,互生;花冠鲜红色,蝶形,多数密集聚生成总状花序		播种	盆栽
屈曲花 Iberis amara	南欧	春夏	叶对生,倒披针形至匙形;花序球状伞房状,不久即生长成总状花序	伞形屈曲花、常青屈曲花、岩生屈曲花	播种	花境、岩石园、组合盆栽
红花 Carthamus tinctorius	河南、湖南、四川、新疆、西藏等地	5~8	中下部茎叶披针形、披针形或长椭圆形;头状花序多数,在茎枝顶端排成伞房花序	毛红花	播种	药用、染色、盆栽观赏
尾穗苋 Amaranthus caudatus	热带,全世界各地栽培	7~8	叶片菱状卵形或菱状披针形,绿色或红色;圆锥花序顶生	千穗谷、繁穗苋、反枝苋	种子	花境、花坛、盆栽
钓钟柳 Penstemon campanulatus	美洲	4~5	叶对生,基生叶卵形,茎生叶披针形;圆锥形花序,钟状花,混色,花冠隐状唇形,花为红、蓝、紫、粉等颜色		播种、扦插、分株	花坛、花坛、绿岛栽植
冬珊瑚 Solanum pseudocapsicum	巴西	4~7	叶双生,大小不相等,椭圆状披针形,包括三角形;尾状花序,花冠白色,筒部隐于萼内	狭叶茄、天堂花	播种、扦插	盆栽观赏
夜落金钱 Pentapetes phoenicea	印度、广东、广西、云南南部等地多有栽培	夏秋	叶条状披针形,圆形或截形,边缘有钝锯齿;花披针形,花藏5片,红色		播种、扦插	庭园、路边、花境、盆栽
草原龙胆 Eustoma grandiflorum	美国南部至墨西哥之间的石灰岩地带	4~12	叶对生,灰绿色,卵形至长椭圆形;花冠钟状,淡紫、浓红、白等色		播种	盆栽、切花
皱叶紫苏 Perilla frutescens	印度至东亚	秋季	叶对生,紫红或紫红铜色,宽卵形至卵圆形;轮伞花序顶生或侧生,花冠粉红、紫红至白色	紫苏、野生紫苏、回回苏	播种	花坛、花境、香料园

（续）

中文名（学名）	原产地	花期（月）	形态特征	同属种、品种等	繁殖	应用
吉利花 Gilia achilleaefolia	美国加利福尼亚州		叶2回羽状全裂;顶生圆锥花序,花冠喇叭形,花蕾蓝色或天蓝色	球花吉利花、黄花吉利花	播种	花坛、地被
观赏葫芦 Lagenaria siceraria	欧亚大陆热带地区	7~9	叶互生,心状卵形或肾状卵形;花单生,白色	长柄葫芦、鹤首葫芦	播种	立体绿化
黑种草 Nigella damascena	南欧及北非	6~7	叶为1回或2回羽状深裂;茎下部的叶有柄,上部无柄;花单生枝顶,浅蓝色,椭圆状卵形	腺毛黑种草	播种	盆栽、地栽观赏、药用
半边莲 Lobelia chinensis	中国长江中、下游及以南各地	5~10	叶互生,椭圆状披针形至条形,先端急尖;花通常1朵,生分枝的上部叶腋,花冠粉红色或白色	短柄半边莲、假半边莲、顶花半边莲、卵叶半边莲	播种、扦插、分株	药用、地被、盆栽
曼陀罗 Datura stramonium	墨西哥	6~10	叶片卵形或宽卵形,基部不对称楔形;花冠漏斗状,下半部带绿色,上半部带紫色	紫花曼陀罗、多刺曼陀罗、栎叶曼陀罗、无刺曼陀罗	播种	花境、丛植
水飞蓟 Silybum marianum	欧洲、亚洲中部,非洲,地中海地区	5~10	莲座状基生叶与下部茎叶有叶柄,绿色;具大型白色花斑;头状花序较大,总苞球形或卵球形		播种	药用、花境、地被、散植
扁豆 Lablab purpureus	亚洲西南部和地中海东部地区	4~12	茎蔓生;小叶披针形,花白色或紫色;荚果长椭圆形,扁平,微弯		播种	地栽、棚架绿化
蜀葵 Althaea rosea	中国西南地区	2~8	叶近圆心形,裂片三角形或圆形,托叶卵形;花腋生,单生或近簇生,排列成总状花序式,有红、紫、白、粉红、黄和黑紫等色	裸花蜀葵、药蜀葵	播种、扦插	花境、林缘、切花
诸葛菜 Orychophragmus violaceus	中国东北、华北等地区	4~5	基生叶和下部茎生叶大头羽状全裂,花紫色或白色,花萼筒状,紫色		播种	地被、花坛、切花
丝石竹 Gypsophila paniculata	新疆阿尔泰山区和塔什库尔干	9~12	根粗壮;茎单生,或数个丛生,直立,多分枝,无毛或下部被腺毛	头状石头花、草原石头花、华山石头花	播种、扦插	盆栽、切花
肉黄菊 Faucaria tigrina	南非干旱的亚热带地区	9~12	叶肉质,偏菱形,常2~3对交互对生,叶面扁平,花径5cm,黄色	长齿肉黄菊、猫肉黄菊等	分株、播种	盆栽观赏

（续）

中文名 (学名)	原产地	花期 (月)	形态特征	同属种、品种等	繁殖	应用
宝绿 *Glottiphyllum linguiforme*	南非	9~12	株形像佛手;叶色鲜绿,对生,鲜绿色;花冠金黄色;花自叶丛中抽出		播种、分株	盆栽观赏
荭草 *Polygonum orientale*	中国和澳大利亚	6~8	叶卵状披针形至阔卵形,基部近圆形;圆锥花序,顶生或腋生,亮粉红或玫瑰红色		播种	地被
送春花 *Godetia amoena*	北美西部	7~8	叶互生,条形至披针形,穗状花序,花色有粉、白、紫、洋红及复色	山字草	播种	花坛、花境、盆栽
锦葵 *Malva sinensis*	中国南北城市均常见	5~10	叶圆心形或肾形;花紫红色或白色	冬葵、圆叶锦葵、野葵	播种	盆栽、地被
雨菊 *Dimorphotheca plmvialis*	南非	4~6	叶互生披针形;头状花序,舌状花正面白色,背面紫色或紫铜色;管状花黄色	异果菊、大花异果菊	播种	花坛、花境、花径、盆栽
鸭跖草 *Commelina communis*	云南、甘肃以东的南北各地		叶形为披针形至卵状披针形;花朵为聚花序,花苞呈佛焰苞状,绿色	波缘鸭跖草、大苞鸭跖草、大叶鸭跖草	播种、扦插、分株	药用、岩石园、地被
黄海罂粟 *Glaucium flavum*	中欧	7~10	基部叶有柄,羽状中裂;单花顶生,金黄至橙红色	红海罂粟、天山海罂粟	播种	花坛、自然群植
羽衣甘蓝 *Brassica oleracea var. acephala f. tricolor*	地中海沿岸至小亚西亚一带	4~5	叶片倒卵形,外部叶片粉蓝绿色,边缘皱褶,内叶叶色极为丰富;花序总状;果实为角果	芥蓝、青菜、甘蓝、苦芥、芥菜、欧洲油菜	播种	观叶、花坛、花境
彩叶草 *Coleus scutellarioides*	印尼	夏秋	茎为四棱;单叶对生,卵圆形缘具钝齿	光萼鞘蕊花、肉叶鞘蕊花、毛萼鞘蕊花、毛喉鞘蕊花、五彩苏、黄鞘蕊花	播种、扦插	花坛、花境、盆栽
紫罗兰 *Mathiola incana*	欧洲南部	4~5	全株密披灰白色具柄的分枝柔毛;茎直立,多分枝,基部稍木质化;花瓣紫红、淡红或白色,近卵形	秋紫罗兰、新疆紫罗兰、夏紫罗兰	播种	花坛、切花、盆栽

（续）

中文名（学名）	原产地	花期（月）	形态特征	同属种、品种等	繁殖	应用
长春花 Catharanthus roseus	非洲东部	几乎全年	全株无毛或仅有微毛，茎近方形，有条纹，灰绿色；叶膜质，倒卵状长圆形，基部广楔形至楔形		播种、扦插	盆栽、地被
藿香蓟 Ageratum conyzoides	热带美洲地区	全年	叶基部钝或宽楔形，绝非心形或截形；总苞片宽，长圆形或披针状长圆形，外面无毛无腺点，顶端急尖，边缘桥齿状，或速状缘毛状撕裂，非全缘	大花藿香蓟、熊耳草	播种	花坛、花境、地被
矢车菊 Centaurea cyanus	欧洲	2~8	全部茎枝灰白色，被薄蛛丝状卷毛；头状花序多数，或少数在茎枝顶端排成伞房花序或圆锥花序，总苞椭圆状，有稀疏蛛丝毛	糙叶矢车菊、铺散矢车菊、针刺矢车菊、欧亚矢车菊、天山矢车菊、矮小矢车菊、小花矢车菊	播种	花坛、花境、盆栽、切花
醉蝶花 Cleome spinosa	热带美洲	夏末秋初	全株被黏质腺毛，有特殊臭味，有托叶刺，尖利，外弯；总状花序，密被黏质腺毛，花瓣粉红色，少见白色	白花菜、皱子白花菜、美丽白花菜、黄花草、滇白花菜	播种	花坛、丛植、盆栽、切花
雁来红 Amaranthus tricolor	墨西哥	6~10	下部叶对生，上部叶互生，无叶柄；圆锥状聚伞花序顶生，有短柔毛，花梗很短，花冠高脚碟状，淡红、深红、紫、白、淡黄等色	天蓝绣球、针叶天蓝绣球	播种	花坛、篱垣、丛植、盆栽
五色苋 Alternanthera bettzickiana	巴西	8~9	叶柄极短；单叶对生，叶小，椭圆状披针形，红色、黄色或紫褐色，或绿色中具彩色斑，花腋生或顶生，花小，白色	喜旱莲子草、刺花莲子草、莲子草	分株、播种、扦插	花坛、切花
香豌豆 Lathyrus odoratus	意大利	6~9	全株被白色毛，茎棱状有翼；羽状复叶；花大蝶形，旗瓣色深艳丽，有紫、红、蓝、粉、白等色	安徽山黧豆、昆叶山黧豆、大山黧豆、中华山黧豆、新疆山黧豆	播种	立体绿化、切花
飞燕草 Consolida ajacis	欧洲南部和亚洲西南部	5~7	株与花序均被弯曲的短柔毛，中部以上分枝；茎下部叶有长柄，在开花时多枯萎，萼片紫色、粉红色或白色，宽卵形，外面中央被疏被短柔毛，距钻形	凸脉飞燕草	播种、扦插	花坛、花境、切花

（续）

中文名（学名）	原产地	花期（月）	形态特征	同属种、品种等	繁殖	应用
银边翠 Euphorbia marginata	北美	6~9	茎单一，自基部向上极多分枝，光滑，常无毛，有时被柔毛；叶互生，椭圆形，先端钝，具小尖头，基部平截状圆形，绿色，全缘，无柄或近无柄	紫锦木	播种	花坛、花境、岩石园、切花
夏堇 Torenia fournieri	越南	6~12	方茎，分枝多；叶对生，卵形或卵状披针形，边缘有锯齿，叶柄长，秋季叶色变红；腋生或总状花序，花色有紫青色、桃红色、深桃红色及紫色等	长叶蝴蝶草、毛叶蝴蝶草、二花蝴蝶草、西南蝴蝶草、单色蝴蝶草、黄花蝴蝶草、紫斑蝴蝶草	播种	花坛、地被
紫茉莉 Mirabilis jalapa	热带美洲	6~10	根肥粗，倒圆锥形，黑色或黑褐色，茎直立，圆柱形，多分枝，无毛或疏生细柔毛，节稍膨大；叶片卵状三角形		播种	地被、盆栽
四季秋海棠 Begonia semperflorens	巴西	12月至翌年5月	茎直立，肉质，无毛，基部分枝；叶多，叶卵形或宽卵形，基部略偏斜，边缘有锯齿和睫毛，两面光亮，绿色；花淡红或带白色	毛叶秋海棠	播种、扦插	花坛、花境、盆栽
地肤 Kochia scoparia	欧洲及亚洲	6~9	茎直立，圆柱状，淡绿色或带红色，有多数条棱，稍有短柔毛或几无毛；叶为平面叶，披针形或条状披针形，无毛或稍有毛	伊朗地肤、全翅地肤、毛花地肤、黑翅地肤、尖翅地肤、木地肤、地肤	播种	花境、盆栽、边缘种植
花菱草 Eschscholtzia californica	美国加利福尼亚州	4~8	茎直立，分枝多，呈二歧状，无毛，植株带灰色；基生叶叶柄长，叶片灰绿色，花单生于茎和分枝顶端；种子球形，具明显的网纹		播种	花坛、花境、地被、盆栽

7.2　宿根花卉

7.2.1　概述

7.2.1.1　宿根花卉的定义域范畴

宿根花卉是指地下部形态正常，入冬地上部分枯死或进入休眠状态，根系在土壤中宿存，来年春暖后再萌发生长的一类草本植物。

宿根花卉依耐寒力不同可分为耐寒宿根花卉和不耐寒宿根花卉。耐寒宿根花卉一般原产于温带，性耐寒或半耐寒，可以露地栽培。此类花卉冬季有完全休眠的习性，其地上部分茎叶入冬枯死，以地下茎或根越冬，如芍药、鸢尾。不耐寒宿根花卉大多原产于热带、亚热带，耐寒力弱，在冬季温度低时停止生长，叶片常绿，以观花为主的温室宿根花卉，如鹤望兰、花烛、君子兰等。

7.2.1.2　宿根花卉的特点及园林应用

① 具有一次种植、多年开花的习性，简化了种植程序，观赏期较长。这是宿根花卉在花坛、花境、地被中广泛应用的主要优点。但应用时要预计种植年限并留出适宜空间。

② 作为切花生产，一次种植可以多年连续采花可以大大减少育苗程序。因为多数宿根花卉的主根、侧根可存活多年，由根颈部的芽每年萌发形成新的地上部并开花、结实，如芍药、火炬花、东方罂粟、玉簪、飞燕草等。也有不少种类地下部每年横向延伸形成根状茎，根茎上着生须根和芽，每年由新芽形成地上部并开花、结实，如荷包牡丹、鸢尾、玉竹、肥皂草等。

③ 在栽培管理上，多数宿根花卉对环境条件要求不严，适应性较强，我国大多数地区可以露地越冬，管理可粗放。对土壤的适应范围也较广，多数不耐涝。以分株（脚芽、根蘖、茎蘖）和扦插繁殖为主，多数宿根花卉还可采用播种繁殖。

④ 种类丰富，品种繁多，花大色艳，开发应用前景广阔。

⑤ 在应用上的不足主要体现在多数宿根花卉一年只开一季花，不能形成时间较长的群体观赏性；结实能力差，遇到特殊情况时不利于种质资源的保存；生长一定年限以后会出现株丛过密，植株衰老，产花量下降和品质低劣，需要及时更新。

7.2.2　常见宿根花卉

1. 菊花 *Dendranthema morifolium*（图 7-18）

[别名] 黄华、女华、陶菊

[科属] 菊科菊属

[形态特征与识别要点] 多年生宿根草本。茎直立，被柔毛。叶卵形至披针形，

羽状浅裂或半裂，有短柄，叶下面被白色短柔毛。头状花序，大小不一；总苞片多层，外层外面被柔毛；舌状花颜色多种，管状花黄色。

[种类与品种] 园艺品种主要有野菊、甘菊。同属相近种有小红菊（*Dendranthema chanetii*），多年生草本，高 15～60cm，上部茎叶椭圆形或长椭圆形，花果期 7～10 月。分布在东北及西北部地区。

[生态习性与栽培要点] 短日照植物，在短日照下能提早开花。喜阳光，忌荫蔽，较耐旱，怕涝。喜温暖湿润气候，但亦能耐寒，严冬季节根茎能在地下越冬。花能经受微霜，但幼苗生长和分枝孕蕾期需较高的气温。常采用扦插繁殖。

[观赏特点与园林应用] 广泛用于花坛、地被、盆花和切花等。

图 7-18 菊 花

2. 芍药 *Paeonia lactiflora*（图 7-19）

[别名] 将离、离草、没骨花

[科属] 芍药科芍药属

[形态特征与识别要点] 多年生宿根草本，株高 40～70cm，无毛。根粗壮，分枝黑褐色。小叶狭卵形，椭圆形或披针形。花数朵，花瓣倒卵形，白色，有时基部具深紫色斑块；花丝黄色。蓇葖果，种子多数，球形，黑色。花期 5～6 月；果期 8 月。

[种类与品种] 园艺变种主要有毛果芍药（*Paeonia lactiflora* var *trichocarpa*）。同属相近种有美丽芍药（*Paeonia mairei*）叶为二回三出复叶，花瓣 7～9，红色。花期 4～5 月。分布于东南部地区。

[生态习性与栽培要点] 喜光，耐旱，北方均可陆地越冬。芍药属长日照植物，花芽要在长日照下发育开花，混合芽萌发后，若光照时间不足，或在短日照条件下通常只长叶不开花或开花异常，以分株繁殖和播种繁殖为主。

[观赏特点与园林应用] 在中国古典园林中与山石相配，相得益彰，常作专类花园观赏，或用于花境、花坛，也可作切花；在林缘或草坪可作自然式种植或群植。

图 7-19 芍 药

3. 紫菀 *Aster tataricus*

［别名］驴耳朵菜、青菀、还魂草

［科属］菊科紫菀属

［形态特征与识别要点］多年生草本。茎直立，粗壮，上部有分枝。叶披针形至长椭圆状披针形，基部叶大，上部叶狭、粗糙，边缘有疏锯齿。头状花序多数，在茎和枝端排列成复伞房状。瘦果倒卵状长圆形，紫褐色。花期7～9月。

［种类与品种］变种有舌片浅蓝紫色（var. *minor*），舌片白色而较长，同属相近种有圆苞紫菀（*Aster maackii*），头状花序，管状花黄色。花果期7～10月。

［生态习性与栽培要点］生于低山阴坡湿地、山顶和低山草地及沼泽地，耐涝、怕干旱，耐寒性较强。

［观赏特点与园林应用］高型种类可布置花境；矮型种可盆栽或用作花坛。多数种类可作切花生产栽培。

4. 玉簪 *Hosta plantaginea*（图7-20）

［别名］玉春棒、白鹤花、玉泡花、白玉簪

［科属］百合科玉簪属

［形态特征与识别要点］根状茎粗厚。叶卵状心形或卵形，长14～24cm，宽8～16cm，先端近渐尖，基部心形，具6～10对侧脉；叶柄长20～40cm。花莛高40～80cm，具几朵至十几朵花；花的外苞片卵形或披针形，长2.5～7cm，宽1～1.5cm；内苞片很小，花单生或2～3朵簇生，长10～13cm，白色，芳香；花梗长约1cm，雄蕊与花被等长或略短。蒴果圆柱状，有三棱，长约6cm，直径约1cm。花果期8～10月。

［种类与品种］同属相近种有紫萼，又名东北玉簪（*Hosta ensata*），叶矩圆状披针形、狭椭圆形至卵状椭圆形，花紫色。花期8月。产于吉林南部和辽宁南部。

［生态习性与栽培要点］玉簪性强健，耐寒冷，性喜阴湿环境，不耐强烈日光照射，要求土层深厚、排水良好且肥沃的砂质壤土。中国大部分地区均能在露地越冬，地上部分经霜后枯萎，翌春萌发新芽。

图7-20 玉 簪

［观赏特点与园林应用］玉簪是较好的阴生植物，在园林中可用于树下作地被植物，或植于岩石园或建筑物北侧，可盆栽观赏或作切花用，也可三两成丛点缀于花境中。因花夜间开放，芳香浓郁，是夜花园中不可缺少的花卉。

5. 萱草 *Hemerocallis fulva*（图7-21）

[别名] 鹿葱、川草花、忘郁

[科属] 百合科萱草属

[形态特征与识别要点] 多年生草本，株高达1m以上。根状茎粗短，具肉质纤维根。叶基生成丛，条状披针形。花葶长于叶，圆锥花序顶生，有花6~12朵；小花冠漏斗形。花期5~7月。

[种类与品种] 园艺变种及变型或品种主要有长管萱草（var. *disticha*）、重瓣萱草（var. *kwanso*）。同属相近种有西南萱草（*Hemerocallis forrestii*）。

[生态习性与栽培要点] 性强健，耐寒，华北可露地越冬，适应性强，喜湿润也耐旱。繁殖方法以分株繁殖为主，育种时用播种繁殖。

[观赏特点与园林应用] 园林中多丛植或于花境、路旁栽植。萱草类耐半阴，又可作疏林地被植物。

图7-21 萱草

6. 鸢尾属 *Iris*（图7-22）

[别名] 爱丽丝

[科属] 鸢尾科鸢尾属

[形态特征与识别要点] 多年生草本。根状茎长条形或块状，横走或斜伸，纤细或肥厚。叶多基生，剑形至线形，嵌叠着生。蒴果椭圆形、卵圆形或圆球形，顶端有喙或无，成熟时室背开裂；种子梨形、扁平半圆形或为不规则的多面体。

[种类与品种] 鸢尾属有西藏鸢尾（*Iris clarkei*），叶灰绿色，条形或剑形，花蓝色，花期6~7月，产于云南、西藏。

[生态习性与栽培要点] 鸢尾类植物耐寒性普遍较强，喜微酸性土壤，喜光，亦耐半阴。主要采用分株繁殖。

图7-22 鸢尾属

[观赏特点与园林应用] 耐水湿类品种可布置在小溪池边、湖畔等水体环境，耐干旱品种可作花境材料，布置于路边、花坛之中。

7. 蜀葵 *Althaea rosea*（图7-23）

[别名] 一丈红、大蜀季、戎葵

[科属] 锦葵科蜀葵属

［形态特征与识别要点］直立草本植物，茎枝密被刺毛。叶近圆心形，掌状 5~7 浅裂或波状棱角，裂片三角形或圆形。雄蕊多数，花丝连合成茧状并包围花柱；花柱线形，突出于雄蕊之上。果盘状，被短柔毛。花期 6~8 月。

［种类与品种］同属相近种有药蜀葵（*Althaea officinalis*），叶卵圆形或心形，3 裂或不分裂；花淡红色。花期 7 月。

图 7-23　蜀　葵

［生态习性与栽培要点］蜀葵喜阳光充足，耐半阴，但忌涝。耐寒冷，在华北地区可以安全露地越冬。在疏松肥沃、排水良好、富含有机质的砂质土壤中生长良好。

［观赏特点与园林应用］宜种植在建筑物旁、假山旁或点缀花坛、草坪，成列或成丛种植，也可剪取作切花。

8. 金光菊属 *Rudbeckia*

［别名］黑眼菊、黄菊、黄菊花、假向日葵

［科属］菊科

［形态特征与识别要点］本属植物约 30 种。叶互生，稀对生，全缘或羽状分裂。头状花序大或较大，有多数异形小花，周围有一层不结实的舌状花，中央有多数结实的两性花。瘦果具 4 棱或近圆柱形，稍压扁，上端钝或截形；冠毛短冠状或无冠毛。

［种类与品种］同属种金光菊（*Rudbeckia laciniata*），叶互生，无毛或被疏短毛；头状花序单生于枝端，舌状花金黄色。

［生态习性与栽培要点］性喜通风良好，阳光充足的环境。适应性强，耐寒又耐旱。对土壤要求不严，但忌水湿。多采用分株及播种繁殖。

［观赏特点与园林应用］株形较大，盛花期花朵繁多，且开花观赏期长、落叶期短，花期长达半年之久，因而适合公园、机关、学校、庭院等场所布置。

9. 勋章菊 *Gazania rigens*

［别名］勋章花、非洲太阳花

［科属］菊科勋章菊属

［形态特征与识别要点］株高 15~40cm。具根茎。叶丛生，叶披针形或线形，深绿色，全缘或有浅羽裂。一些品种能四季开花，花色包括红、橙、黄、粉、白等颜色。花期 4~5 月。

［种类与品种］蔓生勋章菊（var. *leucolaena*）。

［生态习性与栽培要点］勋章菊性喜温暖向阳，此花性健壮，喜凉润环境，忌炎热雨涝。

［观赏特点与园林应用］勋章花花形奇特，花色多彩，花心具深色眼斑，形似勋章，具浓厚的野趣，是园林中常见的盆栽花卉和花坛植物之一。

10. 宿根福禄考 *Phlox paniculata*

［别名］天蓝绣球、大花福禄考

［科属］花荵科天蓝绣球属

［形态特征与识别要点］多年生草本，株高 60～100cm。茎丛生，直立，粗壮，有柔毛或无毛。叶对生。圆锥花序顶生，多花密集成塔形；花萼筒状，裂片刺毛状，花冠高脚碟状，红、淡红、蓝紫、紫或白色。蒴果卵形，3 瓣裂，有多数种子。

［种类与品种］同属种针叶天蓝绣球（*Phlox subulata*），花有紫红色、白色、粉红色等。

［生态习性与栽培要点］性喜温暖、湿润、阳光充足或半阴的环境，宜在疏松、肥沃、排水良好的中性或碱性的砂壤土中生长。主要采用播种、分株繁殖，也可扦插繁殖。

［观赏特点与园林应用］夏季的主要观花植物。姿态幽雅，花朵繁茂，色彩艳丽，花色丰富，多用作花坛、花境，也可盆栽或作切花欣赏。

11. 随意草 *Physostegia virginiana*（图 7-24）

图 7-24　随意草

［别名］芝麻花、假龙头、囊萼花

［科属］唇形科随意草属

［形态特征与识别要点］株高 60～120cm，有根茎。地上茎丛生，直立呈四棱状。叶对生，长椭圆至披针形，缘有锯齿，呈亮绿色。小花玫瑰紫色；花期夏季、持久。

［种类与品种］变种有念珠随意草（f. *candida*），锯齿随意草（var. *denticulata*）。

［生态习性与栽培要点］主要采用分株、扦插繁殖，也可采用繁殖。喜温暖，耐寒性也较强。喜阳光充足的环境，宜疏松、肥沃和排水良好的砂质壤土。

［观赏特点与园林应用］株形整齐，花期集中，常用于秋季花坛、草地，可成片种植，也可盆栽，亦可用于花境或作切花。

12. 金鸡菊 *Coreopsis basalis*

［别名］小波斯菊、金钱菊、孔雀菊

［科属］菊科金鸡菊属

［形态特征与识别要点］多年生宿根草本。叶片多对生，稀互生、全缘、浅裂或

切裂。花单生或疏圆锥花序，总苞两列，每列3枚，基部合生；舌状花1列，宽舌状，呈黄、棕或粉色；管状花黄色至褐色。

　　[种类与品种]同属相近种有大花金鸡菊(*Coreopsis grandiflora*)，原产于美洲，在我国各地常有栽培。

　　[生态习性与栽培要点]金鸡菊性耐寒耐旱，对土壤要求不严，喜光，但耐半阴，适应性强，对二氧化硫有较强的抗性。多采用播种或分株繁殖，夏季也可进行扦插繁殖。

　　[观赏特点与园林应用]是极好的疏林地被。可观叶，也可观花。在屋顶绿化中作覆盖材料效果极好，还可作花境材料。

13. 桔梗 *Platycodon grandiflorus*（图7-25）

[别名]铃当花

[科属]桔梗科桔梗属

[形态特征与识别要点]株高20～120cm。叶全部轮生，部分轮生至全部互生，无柄或有极短的柄，叶片卵形、卵状椭圆形至披针形。花单朵顶生，花冠大，蓝色、紫色或白色。蒴果球状，或球状倒圆锥形，或倒卵状。花期7～9月。

[种类与品种]单种属，产亚洲东部。

[生态习性与栽培要点]喜凉爽气候，耐寒，喜阳光。宜栽培在海拔1100m以下的丘陵地带，半阴的砂质壤土中，以富含磷钾肥的中性夹砂土生长较好。

[观赏特点与园林应用]良好露地观赏花卉，可用于岩石园，也可作切花。

图7-25　桔　梗

14. 荷包牡丹 *Dicentra spectabilis*（图7-26）

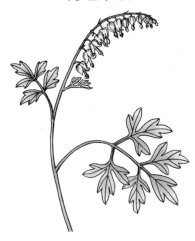

图7-26　荷包牡丹

[别名]荷包花、蒲包花、兔儿牡丹

[科属]罂粟科荷包牡丹属

[形态特征与识别要点]直立草本植物，株高30～60cm或更高。茎圆柱形，带紫红色。叶片轮廓三角形。总状花序，有8～11花，苞片钻形或线状长圆形；萼片披针形，玫瑰色，于花开前脱落；外花瓣紫红色至粉红色，稀白色。果未见。花期4～6月。

[种类与品种]同属相近种有大花荷包牡丹(*Dicentra macrantha*)，叶片轮廓卵形，总状花序聚伞状，花果期4～7月。

[生态习性与栽培要点]性耐寒而不耐高温，喜

半阴的生境，炎热夏季休眠。不耐干旱，喜湿润、排水良好的肥沃砂壤土。主要采用分株、扦插和播种繁殖。

［观赏特点与园林应用］荷包牡丹是盆栽和切花的好材料，也适宜于布置花境和在树丛、草地边缘湿润处丛植。

15. 万年青 *Rohdea japonica*（图 7-27）

［别名］开喉剑、九节莲、冬不凋、铁扁担

［科属］百合科万年青属

［形态特征与识别要点］根状茎粗大。叶披针形或倒披针形。花药卵形。浆果直径约 8mm，熟时红色。花期 5～6 月；果期 9～11 月。

［种类与品种］栽培变种有金边万年青（var. *magi-nata*），叶边缘黄色；银边万年青（var. *variegata*），叶边缘白色。

［生态习性与栽培要点］喜高温、高湿、半阴或荫蔽环境。不耐寒，忌强光直射，要求疏松、肥沃、排水良好的砂质壤土。主要采用分株繁殖。

［观赏特点与园林应用］万年青是观叶、观果兼用的花卉，适宜点缀客厅、书房。可作幼株小盆栽，置于案头、窗台观赏。中型盆栽可放在客厅墙角、沙发边作为装饰，令室内充满自然生机。

图 7-27 万年青

16. 虎尾兰 *Sansevieria trifasciata*（图 7-28）

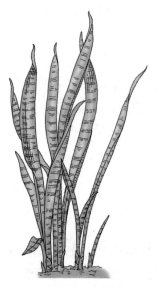

图 7-28 虎尾兰

［别名］虎皮兰、千岁兰、虎尾掌、锦兰

［科属］百合科虎尾兰属

［形态特征与识别要点］虎尾兰有横走根状茎。叶基生，直立，硬革质，扁平。花淡绿色或白色，每 3～8 朵簇生，排成总状花序。花期 11～12 月。

［种类与品种］园艺变种有金边虎尾兰，叶基生，长条状披针形，花淡绿色或白色。原产非洲西部，我国各地有栽培，供观赏。

［生态习性与栽培要点］虎尾兰适应性强，性喜温暖湿润，耐干旱，喜光又耐阴。对土壤要求不严，以排水性较好的砂质壤土为佳。其生长适温为 20～30℃，越冬温度为 10℃。主要采用分株和扦插繁殖。

［观赏特点与园林应用］室内盆栽观叶花卉，可点缀窗台。

17. 景天 *Sedum spectabile*

[别名] 八宝、蝎子草

[科属] 景天科景天属

[形态特征与识别要点] 多年生宿根草本，株高30~70cm。块根粗壮。茎直立，不分枝。叶对生，稀互生或三叶轮生，长圆形至卵形，无叶柄。伞房花序顶生；花密生；花梗较花短，或与花等长；萼片5，披针形；花瓣5，白色至浅红色，宽披针形。花期8~9月；果期9~10月。

[种类与品种] 同属相近种有合果景天，花茎上的叶倒卵形，花序伞房状。

[生态习性与栽培要点] 喜日光充足、温暖、干燥通风环境，忌水湿，对土壤要求不严格。主要采用扦插、分株繁殖。

[观赏特点与园林应用] 可布置花坛、花境，还可作切花。

18. 松果菊 *Echinacea purpurea*

[科属] 菊科紫松果菊属

[形态特征与识别要点] 多年生草本植物，株高60~150cm。具纤维状根，全株具粗硬毛，茎直立。头状花序单生或几朵聚生枝顶；苞片革质，端尖刺状；舌状花瓣宽，下垂，玫瑰红色；管状花橙黄色，突出呈球形。

[生态习性与栽培要点] 喜欢温暖，性强健而耐寒，喜光，耐干旱。不择土壤，在深厚肥沃富含腐殖质土壤上生长良好。可播种和根插繁殖。

[观赏特点与园林应用] 紫松果菊是野生花园和自然地的优良花卉，也可用于花境或丛植于树丛边缘；水养持久，是优良的切花品种。

19. 蓍草 *Achillea sibirca*

[科属] 菊科蓍草属

[形态特征与识别要点] 多年生宿根草本。株高35~100cm。茎直立，下部变无毛，中部以上被较密的长柔毛。叶无柄。管状花淡黄色或白色，管部压扁具腺点。瘦果矩圆状楔形，具翅。花果期7~9月。

[种类与品种] 同属相近种有亚洲蓍(*Achillea asiatica*)，多年生草本植物，株高15~50cm。

[生态习性与栽培要点] 春季进行摘心和修剪可促进夏季开花。栽培容易，但以排水良好、富含有机质的砂质土壤最佳。常用分株和扦插繁殖。

[观赏特点与园林应用] 蓍草可丛植布置花境，岩石园。也可作切花，水养持久。

7.2.3 其他宿根花卉

中文名（学名）	原产地	花期（月）	形态特征	同属种、品种等	繁殖	应用
耧斗菜属 Aquilegia	分布于北温带	5~7	从茎基生出多数直立的茎；小叶倒卵形或近圆形；花序为单歧或二歧聚伞花序		播种	盆栽、花坛、花境
野芝麻 Lamium barbatum	东北及西北地区	4~6	轮伞花序，花冠白色或浅黄色	短柄野芝麻（L. album）	播种	药用、路旁、溪旁绿化
锦葵 Malva sinensis	大部分地区	5~10	叶圆心形，花紫红色或白色	野葵（M. verticillata）	播种、分株	地植、盆栽
麦冬 Ophiopogon japonicus	中国、日本	5~8	叶基生成丛，总状花序	沿阶草（O. bodinieri）	分株、播种	药用、草坪、地被
沙参 Adenophora stricta	大部分地区	8~10	叶椭圆形，花冠宽钟状蓝色或紫色	川西沙参（A. aurita）	播种	花坛、花境、林缘栽植
白头翁 Pulsatilla chinensis	北方地区	4~5	叶宽卵形，萼片蓝紫色，长圆状卵形	蒙古白头翁（P. ambigua）	播种、分株	地被植物、花坛、花境
地榆 Sanguisorba officinalis	大部分省区	7~10	基生叶为羽状复叶，穗状花序椭圆形	高山地榆（S. alpina）	播种、分株	花境、药用、地被
岩白菜 Bergenia purpurascens	西南地区	5~10	叶主要倒卵形；聚合花序圆锥状，花瓣紫红色	厚叶岩白菜（B. crassifolia）	播种	地被植物、盆栽观叶
千鸟花 Gaura lindheimeri	华东地区	5~9	叶对生；披针形；花小，白色或粉红色	阔果山桃草（G. biennis）	播种	花坛、花境、地被、草坪点缀
天胡荽 Hydrocotyle sibthorpioides	热带及亚热带地区	4~9	叶圆形；伞形花序与叶对生，花瓣卵形，绿白色	吕宋天胡荽（H. benguetensis）	播种	盆景、铺装点缀
菊苣 Cichorium intybus	南欧	5~10	叶卵形；穗状花序，舌状小花蓝色	栽培菊苣（C. endivia）	播种	疏林杂植
金叶过路黄 Lysimachia nummularia	中国南方地区	5~7	叶对生，卵圆形；花单生叶腋，花冠黄色	云南过路黄（L. albescens）	分株、扦插	色块、地被、盆栽
蛇莓 Duchesnea indica	亚洲、欧洲及美洲	6~8	小叶片倒卵形，花单生于叶腋，花瓣倒卵形，黄色	皱果蛇莓（D. chrysantha）	播种、分株	药用、地被植物

（续）

中文名（学名）	原产地	花期（月）	形态特征	同属种、品种等	繁殖	应用
博落回 Macleaya cordata	中国南方地区	6~11	叶片淡红色;大型圆锥花序多花,萼片黄白色	小果博落回（M. microcarpa）	播种	垂直绿化、药用
海石竹 Armeria maritima	欧洲,美洲	3~5	叶基生,长剑形;花为粉红色	'饰品'（A. hybrida）	播种、分株	盆栽和景观布置
老鹳草 Geranium wilfordii	中国大部分地区,朝鲜,日本	6~8	假二叉状分枝,茎生叶长卵形;花瓣白色	白花老鹳草（G. albiflorum）	分株	药用、地被
委陵菜 Potentilla chinensis	中国多地	4~10	羽状复叶上部小叶较长,无柄,长圆形	细裂委陵菜（P. chinensis）	分株	药用、林缘、地被
美国薄荷 Monarda didyma	美洲	7	茎锐四棱形,具条纹,近无毛;叶片卵状披针形;轮伞花序多花	拟美国薄荷（M. fistulosa）	分株、播种、扦插	花境、盆栽、入药
鹤望兰 Strelitzia reginae	非洲南部	冬季	叶片长圆状披针形,顶端急尖;花数朵生于与叶柄等长或略短的总花梗上,花柱突出	大鹤望兰（S. nicolai）	分株、播种	盆栽、切花
落新妇 Astilbe chinensis	黑龙江流域	6~9	根状茎暗褐色,粗壮,须根多数;茎无毛;茎生叶片小;圆锥花序,叶较长被银白色柔毛,叶片较长	大落新妇（A. grandis）、长果落新妇（A. longicarpa）	播种、分根	花坛、花境、盆栽、切花、岩石园
银叶菊 Senecio cineraria	地中海沿岸	6~9	叶匙形或羽状裂叶,正反面均披银白色柔毛,叶片质较薄,叶片缺裂,具长柄;头状花序单生枝顶	尖羽千里光（S. acutipinnus）	扦插、播种	花坛、地被
火炬花 Kniphofia uvaria	南非	6~7	茎直立;总状花序着生数百朵筒状小花,呈火炬形,花冠橘红色	小火炬花（K. trangularis）	播种、分株	切花、盆栽、花境、丛植
一叶兰 Aspidistra elatior	中国南方各地	6~7	叶单生,矩圆状披针形,披针形至近椭圆形;花钟状,外面带紫色或暗紫色	大花蜘蛛抱蛋（A. tonkinensis）	分株	观叶、药用、花境、盆栽
金莲花 Trollius chinensis	中国多地	6~7	基生叶1~4个,叶片五角形,三全裂;花单独顶生或2~3朵组成稀疏的聚伞花序	宽瓣金莲花（T. asiaticus）	播种	地被、药用
紫露草 Tradescantia reflexa	中国华北地区	6~10	茎直立分节,簇生;叶互生,每株5~7片线形或披披针形苞叶;针形茎叶,苞片茎生,花序顶生,伞形,花紫色	白花紫露草（T. fiumiensis）	分株、扦插	地被、监测污染

（续）

中文名（学名）	原产地	花期（月）	形态特征	同属种、品种等	繁殖	应用
芙蓉菊 *Crossostephium chinense*	中国东南部	全年	上部多分枝，密被灰色短毛；叶聚生枝顶，狭匙形或狭倒披针形，全缘或有时 3～5 裂，呈头状花序盘状		播种、扦插	盆栽
非洲菊 *Gerbera jamesonii*	非洲	11 月至翌年 4 月	叶基生；花托扁平，裸露，蜂窝状，外层花冠舌状，舌片淡红色至紫红色，或白色及黄色，呈圆形	毛大丁草（*G. piloselloides*）	播种、组培、分株	花坛、花境、切花
婆婆纳属 *Veronica*	主产欧亚大陆	3～10	叶多数为对生，少轮生和互生；总状花序顶生或侧生叶腋，花萼深裂；种子圆形	婆婆纳（*V. didyma*）	分株、播种	花坛、花境
八仙花 *Hydrangea macrophylla*	中国多地	6～8	茎常于基部发出多数放射枝；叶大而稍厚，对生；花粉红色、淡蓝色或白色	大八仙花（var. *hortensis*）紫茎八仙花（var. *mandshurica*）	扦插、播种	花篱、花境、盆栽
虎耳草 *Saxifraga stolonifera*	中国和日本	4～11	具鳞片状叶；茎被长腺毛；聚伞花序圆锥状，花梗细弱，被腺毛，花两侧对称	龙胜虎耳草（*S. longshengensis*）	分株、播种	盆栽、药用、岩石园
乌头 *Aconitum carmichaeli*	中国多地	9～10	茎中部叶有长柄；叶片薄革质或纸质，五角形；顶生总状花序，花瓣无毛	长喙乌头（*A. georgei*）	播种、分株	花境、林下栽植、切花
白头翁 *Pulsatilla chinensis*	中国多地	4～5	叶片宽卵形，有密长柔毛，花深裂片线形，或上部三浅裂，不分裂；背面密被长柔毛，花直立；萼片蓝紫色	蒙古白头翁（*P. ambigua*）	播种、分株	花坛、花境、地被
矾根 *Heuchera micrantha*	美洲中部	4～10	多年生耐寒草本花卉；浅根性；叶基生，阔心形；花红色，两侧对称	紫叶矾根	分株、播种	花坛、花境、地被、庭院绿化
大花秋葵 *Hibiscus moscheutos*	北美	6～9	株高 1～2m；茎粗壮；叶背及柄生灰色星状毛；花大，花色玫瑰红色，花萼宿存	旱地木槿（*H. aridicola*）	播种、分株	花境、丛植、列植、草坪点缀
堇菜属 *Viola*	温带、热带及亚热带		地上茎发达或缺少，有时具匍匐枝；叶为单叶，互生或基生；花丝极短，花药环生于雌蕊周围	香堇菜（*V. odorata*）	播种	花坛、花境、地被
鼠尾草属 *Salvia*	巴西	6	叶为单叶或羽状复叶；轮伞花序 2 至多花，组成总状或总状圆锥或穗状花序，稀全部花为腋生	铁线鼠尾草（*S. adiantifolia*）	播种	花坛、花境、地被

（续）

中文名（学名）	原产地	花期（月）	形态特征	同属种、品种等	繁殖	应用
补血草属 Limonium	地中海沿岸及北欧		多年生草本；叶基生；花序轴单生或丛生，花冠由5个花瓣基部联合而成，下部以内曲的边缘密接成筒，上端分离而外展	黄花补血草（L. aureum）	播种、组培	花坛、盆栽、切花、干花
蝎尾蕉属 Heliconia	热带美洲		叶二列，叶片长圆形；花两性，两侧对称；蒴果通常天蓝色；种子近三棱形，无假种皮	蝎尾蕉（H. metallica）	播种、分株、组培	盆栽、切花、地被、草坪点缀
花烛属 Anthurium	热带美洲	7~8	叶形各式，全缘或各式分裂，具明显叶柄；花序柄大都伸长	深裂花烛（A. variabile）	播种、分株、组培	盆栽、切花
秋海棠属 Begonia	热带和亚热带		茎直立，叶片常偏斜；花单性，花丝离生或基部合生；种子极多数，小，长圆形	莲叶秋海棠（B. nelumbiifolia）	播种、扦插、分株、组培	盆栽、地被、花坛、花境
大花君子兰 Clivia miniata	南非南部	全年	茎基部宿存的叶基部扩大呈二列叠出，宽阔呈带形，顶端从根部短缩的茎上呈二列叠出，宽阔呈带形，顶端圆润，质地硬而厚实，并有光泽及脉纹；基生叶质厚，叶形似剑，叶片革质，深绿色，具光泽	花园君子兰（C. gardenii）	播种、分株	盆栽
天竺葵 Pelargonium hortorum	非洲南部	5~7	茎直立；托叶宽三角形或肾形；蒴果被柔毛	蔓生天竺葵（P. peltatum）	播种、扦插、组培	花坛、花境、盆栽
龙胆 Gentiana scabra	亚洲东部	5~11	花单生，直立；种子褐色，线形或锤形		播种	地被、林缘种植
洋桔梗 Eustoma grandiflorum	美国南部至墨西哥		茎直立；叶对生；花色丰富，有单色及复色，花瓣有单瓣与双瓣之分	美人鱼系列（E. mermaid）	播种、分株	花坛、花境、切花
蓝刺头 Echinops sphaerocephalus	中国多地	8~9	基部和下部茎叶全形宽披针形 三角形或披针形，边缘刺齿，顶端刺尖渐尖，全部叶质地薄，纸质，两面异色，上面绿色，被稠密短糙毛，下面灰白色	截叶蓝刺头（E. coriophyllus）	播种、扦插、组培	地被、丛植、片植、盆栽、切花
木茼蒿 Argyranthemum frutescens	加那利群岛	2~10	叶宽卵形；舌状头状花序，在枝端排成不规则的伞房花序；瘦果有3条具白色膜质宽翅形的肋		扦插、播种	盆栽、地被

（续）

中文名（学名）	原产地	花期（月）	形态特征	同属种、品种等	繁殖	应用
风铃草 Campanula medium	北温带、地中海地区和热带山区	5~6	株高50~120cm；茎粗壮，有糙硬毛；基生叶卵状披针形；花色为白、蓝紫、淡红等色	钻裂风铃草（C. aristata）	播种	花坛、花境、岩石园
蓝盆花属 Scabiosa	地中海地区	6~7	叶对生，叶片羽状半裂或全裂；花柱细长，柱头头状或盾形；瘦果包藏在小总苞内，顶端冠以宿存萼刺	紫盆花（S. atropurpurea）	分株、播种	花坛、花境、盆栽、切花
唐松草 Thalictrum aquilegifolium	中国多地	7	小叶厚膜质，倒卵形或近圆形，3浅裂，全缘或具疏粗齿；瘦果倒卵形，具3~4条纵翅，基部突变狭长成细柄	欧洲唐松草（T. aquilegifolium）	播种、分根	花境、花坛
滨菊 Leucanthemum vulgare	中国多地	5~10	茎直立，通常不分枝，被纤毛或卷毛至无毛；基生叶花期生存，长椭圆形、倒披针形、倒卵形或卵形，基部楔形，渐狭成柄，柄长于叶片目身，边缘圆或钝锯齿	大滨菊（L. maximum）	播种	地被、切花
除虫菊 Pyrethrum cinerariifolium	欧洲	5~8	株高17~60cm；根状茎短；叶子卵形或椭圆形；瘦果有约5~7条椭圆形纵肋，舌状花瘦果的肋常集中于瘦果腹面	藏匹菊	播种、分株、扦插	配制各种杀虫剂、地被
兔儿伞 Syneilesis aconitifolia	东北、华北及华东	6~7	根状茎匍匐；茎叶互生，叶片圆盾形，掌状深裂；头状花序多数，淡红色；瘦果圆柱形，有纵条纹	高山（S. subglabrata）	播种	药用、地被
大吴风草 Ligularia tussilaginea	中国多地	8~11	叶基生，有长柄，基部鞘状抱茎，叶浓绿色，上密布黄色斑点；头状花序排成伞房状，舌状花黄色		分株	药用、地被、盆栽
亚菊 Ajania pallasiana	黑龙江东南部	8~9	株高30~60cm；茎直立；边缘雌花约3个，雌花与两性花花冠全部黄色，外面有腺点	短冠亚菊（A. brachyantha）	分株、扦插	林缘、片植
玉竹 Polygonatum odoratum	中国多地	5~6	地上茎高20~50cm；具地下肉质根状茎，地下茎竹鞭状圆柱形；花序腋生，每花序具花1~3朵，花被白色，或顶端黄绿色，合生呈筒状		播种、分株	地被、花境、盆栽

（续）

中文名 （学名）	原产地	花期 （月）	形态特征	同属种、品种等	繁殖	应用
翠雀属 *Delphinium*	北温带	11	叶为单叶；花药椭圆球形，花丝披针状线形；种子四面体形或近球形		播种	药用、盆栽
迷迭香 *Rosmarinus officinalis*	欧洲及北非地中海沿岸		叶常在枝上丛生，具极短的柄或无柄，叶片线形；花近无梗，对生，少数聚集在短枝的顶端组成总状花序，花冠蓝紫色		播种、扦插、压条	工业、药用、食用、盆栽、花境
筋骨草 *Ajuga ciliata*	美国	4~8	株高25~40cm；叶片纸质，卵状椭圆形至狭椭圆形；穗状聚伞花序顶生	网果筋骨草 （*A. dictyocarpa*）	分株、扦插	药用、片植、地被
荆芥 *Nepeta cataria*	中国多地	7~9	株高40~150cm；叶卵状心形；聚伞花序呈二歧状分枝，花柱线形，子房无毛，小坚果卵形，几三棱状，灰褐色	黑龙江荆芥 （*N. manchuriensis*）	播种	药用、食用、盆栽、花境
薄荷 *Mentha haplocalyx*	北半球的温带地区	7~9	株高30~60cm；茎直立；叶片长圆状披针形；坚果卵圆形，黄褐色，具小腺窝	圆叶薄荷 （*M. rotundifolia*）	根茎、分株、扦插	药用、食用、花境、盆栽、地被
藿香 *Agastache rugosa*	中国各地	6~9	株高0.5~1.5m；茎直立，四棱形；叶心状卵形至长圆状披针形；轮伞花序多花，花盘厚环状，子房裂片顶部具绒毛	山藿香 （*A. viscidum*）	播种	药用、食用、花境、盆栽
香茶菜 *Rabdosia amethystoides*	中国各地	6~10	叶卵状圆形；花序为由聚伞花序组成的顶生圆锥花序，雄蕊及花柱与花冠等长；成熟小坚果卵长，黄褐色	毛叶香茶菜 （*R. japonica*）	播种	药用、盆栽、花境
活血丹 *Glechoma longituba*	中国各地	4~5	茎基部通常呈淡紫红色，几无毛；叶草质，叶片心形或近肾形；花冠淡蓝色	欧活血丹 （*G. hederacea*）	分株、扦插、压条	药用、盆栽、岩石园、林缘
水苏属 *Stachys*	南北半球的温带	7	茎叶全缘或具圆齿，苞叶与茎叶同形或退化成苞片；花红或粉白色，通常较小；小坚果卵珠形或长圆形	直花水苏 （*S. strictiflora*）	播种	药用、食用、盆栽、地被、花境

7.3 球根花卉

7.3.1 概述

7.3.1.1 球根花卉的概念及分类

球根花卉(bulb flower)是指植株地下部分变态，膨大形成球状或块状的多年生草本花卉。这类花卉一般是在不良的环境条件下，植株地下部的茎或根膨大形成贮藏器官，并以地下球根的形式度过其休眠期(寒冷的冬季或炎热的夏季)，至环境条件适宜时，再度萌发生长并开花。因此球根花卉主要采用分球繁殖(子球、分割母球)，也可采用播种繁殖(仙客来、大岩桐、球根秋海棠)，少部分采用扦插繁殖(如大丽花、百合)。

(1)根据球根的形态和变态部位分类

① 鳞茎类(bulb) 地下茎是由肥厚多肉的变态叶即鳞片抱合而成，鳞片生于茎盘上。茎盘基部具有根原基可形成根，而肥厚的变态叶腋有侧芽，均为次年开花和生长的顶端。鳞茎又可以分为有皮鳞茎和无皮鳞茎两类：

有皮鳞茎类如水仙花、郁金香、朱顶红、风信子、文殊兰、百子莲等，其鳞片薄且紧紧地包裹主芽和侧芽；无皮鳞茎类如百合类等，百合的鳞片分离，不包被全球。

② 球茎类(corm) 地下茎短缩膨大呈实心球状或扁球形或圆锥形，它没有如鳞茎一样具有新鲜的变态叶片，它只有干枯呈膜质状的叶基紧紧地包裹着球茎，将干膜质外皮剥除后，可见球茎上有环状的节，节上着生膜质鳞叶和侧芽。如唐菖蒲、小苍兰、番红花、西班牙鸢尾等。其球茎基部常分生多数小球茎，称子球，可用于繁殖。

③ 块茎类(tuber) 地下茎膨大呈不规则实心块状或球状，外形不整齐。它与鳞茎和球茎的区别是外部没有干膜质状的变态叶包裹，基部也没有次年发根的底盘。此外，也没有明显茎节，块茎上长有不明显的芽或芽眼，从此处可长出芽和茎、叶等，根可从表皮许多部位长出来。这类球根花卉有仙客来、大岩桐、马蹄莲、球根秋海棠、花叶芋、冠状银莲花等。

部分球根花卉可在块茎上方生小块茎，常用之繁殖，如马蹄莲等；而仙客来、大岩桐、球根秋海棠等，不分生小块茎；秋海棠地上茎叶腋处能产生小块茎，称为零余子，可用于繁殖。

④ 根茎类(rhizome) 地下茎肥大，似根状水平生长，具分枝。地下茎上具有明显的节和节间，节上有小而退化的鳞片叶，叶腋有腋芽，尤以根茎顶端侧芽较多，由此发育为地上枝，并产生不定根。而且在这些茎生长后，在其基部又会独立膨大贮藏养分形成新的根茎。此类花卉有美人蕉、荷花、姜花、睡莲、球根鸢尾、铃兰、六出花等。

⑤ 块根类(tuberous root) 地下膨大部分由根变态而来，这是唯一由根部贮藏养分的球根类。它的特点是芽和芽眼长在根和茎相连的根颈部。另外，在块根表皮具有根眼，为将来发生新根的部位，如大丽菊、花毛茛、蛇鞭菊、红花酢浆草等。块根不

能萌生不定芽，繁殖时须带有着生休眠芽的根颈部(休眠芽着生在根颈附近，由此萌发新梢，新根伸长后下部又生成多数新块根)。

(2) 根据栽植习性分类

球根花卉由于栽植时间不同，分为春植球根和秋植球根两类。

① 春植球根　是指春季栽植，夏季完成生长发育，于寒冷到来之前球根进入休眠，花、叶凋谢的种类，如唐菖蒲、美人蕉、晚香玉、大丽花、球根秋海棠、朱顶红、大岩桐、石蒜、葱兰、蜘蛛兰、文殊兰、网球花等。

② 秋植球根　是指秋季栽植后，在冷凉的气温下开始生长发育，翌年开花或栽植后植株在土壤中萌动，翌年出土后生长开花的种类，如郁金香、水仙、风信子、葡萄风信子、小苍兰、仙客来、番红花、花毛茛、绵枣儿、花贝母、六出花、铃兰、欧洲银莲花等。

7.3.1.2　球根花卉的栽培与管理要点

(1) 整地

栽培条件的好坏，对于球根花卉新球的生长发育和开花有很大影响。所以对整地、施肥、松土等过程均须注意。花坛或栽培床如果低洼积水，下层应垫设排水物，如炉渣、碎石、瓦砾等，亦可设排水管。栽培土质黏重或排水较差地方的可设高床，在园林中为了美观，床的边坡常铺设草皮或用石块砌筑。

(2) 栽植

按照球根习性可分为春植和秋植。栽植方式可采用沟植或穴植。球根较大或数量较少时，常采取穴栽的方式；球小而量多时，多开沟栽植，穴或沟底要平整，不宜过于狭窄而使球根底部悬空。床上在整地后应适当予以镇压，使栽后不致下陷，如需在穴或沟中施基肥，应适当增加穴或沟的深度，撒入基肥后，应覆上一层园土后再栽植球根。

(3) 栽植深度和株行距的确定

球根栽植的深度因土质、栽植目的及种类不同而异。黏重土壤栽植应略浅，疏松土壤可略深。为繁殖而要多生子球，或每年掘起采收的球根，栽植宜稍浅；如需开花多和大，或准备多年采收的，可略深。栽植深度，大多数为球高的 3 倍(即覆土约为球高的 2 倍)，但晚香玉及葱兰以覆土至球根顶部为适度；朱顶红需要将球根的1/4 ~ 1/3 露于土面之上；百合类的多数品种，要求栽植深度为球高的 4 倍以上。

栽植株行距视植株大小而异，如大丽花为 60 ~ 100cm；风信子、水仙 20 ~ 30cm；葱兰、番红花等仅为 5 ~ 8cm。

(4) 栽后肥水管理

栽培球根花卉所施用的有机肥必须充分腐熟，否则会导致球根腐烂。磷肥对球根的充实及开花极为重要，常用骨粉与其他肥料混合一起作基肥，钾肥需量中等，氮肥不宜过多。

(5) 栽植注意事项

① 分级栽植　球根栽植时应分离侧面的小球，另行栽植，以免分散养分致使开花不良。

② 一般不移植　球根花卉的多数种类，因吸收根少且脆嫩，碰断后不能再生新根，故球根一经栽植后，在生长期不可移植。

③ 保护叶片　球根花卉大多叶片甚少或有固定叶数，栽培中应注意保护，避免损伤，否则影响养分的吸收与合成，不利于开花和新球的成长，也有碍观赏。

④ 剪除残花　内容略。

⑤ 花后肥水管理　花后正值地下新球膨大充实之际，须加强水肥的管理。

(6) 种球采收与贮藏

球根花卉在停止生长进入休眠后，大多数种类的球根需要采收，并进行贮藏，待度过休眠期后再进行栽植。有些种类的球根虽可留在地中生长数年，但在专业栽培上仍然每年采收。其主要原因有下列几点：

① 防寒防热防病　春植球根在寒冷地区为防冬季冻害，需于秋季采收贮藏越冬；秋植球根夏季休眠时，如留置土中，会因多雨湿热而腐烂，亦需采收贮藏。

② 利于分级　球根采收后，区分大小优劣，合理繁殖和培养，充实的大球，可用于布置观赏。

③ 避免养分分散　新球或子球增殖较多时，常因拥挤而生长不良，并因养分分散而不易开花。

④ 便于后熟　发育不够充实的球根，在采收后置于干燥通风处，可促使其后熟，而在土壤中容易腐烂死亡。

⑤ 利于土地管理　采收后可将土地翻耕，加施基肥，有利于下一季的栽培，并可于球根的休眠期间栽种其他作物，充分利用土地。

种球采收应在生长停止、茎叶枯黄而尚未脱落时进行。过早则养分尚未充分积聚于球根中，球根不够充实；过晚则茎叶枯落，不易确定土中球根的位置，采收时易损伤球根，且子球也易散失。叶片 1/2 ~ 2/3 枯黄时，为最佳采收期。采收时土壤应适度湿润。

种球贮藏的方法因种类不同而异。对于通风要求不高，且需保持适度湿润的种类，如美人蕉、大丽花等多混入湿润砂土堆藏；对要求通风干燥贮藏的种类，如唐菖蒲、郁金香、风信子等需要存放在通风处。专业单位或用浅重筛、箩筐存放，或摊放在帘子上，或在室内设架，铺以粗铁丝网、苇帘等。球根不能堆积太厚，以利通风避免发热。春植球根冬季贮藏应保持在 5℃ 左右，不可低于 0℃ 或高于 10℃；秋植球根夏季贮藏时，要保持贮藏环境的高燥与凉爽；防止病虫及鼠类危害；避免混杂。

7.3.1.3　球根花卉的园林应用及特点

球根花卉种类丰富，花色艳丽，花期较长，栽培容易，适应性强，是园林布置中比较理想的一类植物材料。荷兰的郁金香、风信子，日本的麝香百合，中国的中国水仙和百合等，在世界广为栽培，均享有盛誉。

① 香花多　百合、水仙、姜花、晚香玉、风信子。这些球根花卉可提取香精。

② 花期长　郁金香、风信子、晚香玉。

③ 开花整齐、花色艳丽、花型优美。

④ 切花与盆花的优良材料　球根花卉多是重要的切花花卉，每年有大量生产，如唐菖蒲、郁金香、小苍兰、百合、晚香玉等。还可盆栽，如仙客来、大岩桐、水仙、大丽花、朱顶红、球根秋海棠等。

⑤ 广泛用作花丛、花坛、花境、地被等　球根花卉常用于花坛、花境、岩石园、基础栽植、地被、美化水面（水生球根花卉）和点缀草坪等。

7.3.2　常见球根花卉

1. 百合属 *Lilium*

［科属］百合科

［形态特征与识别要点］鳞茎卵形或近球形；鳞片多数，肉质，卵形或披针形，白色，少有黄色。茎圆柱形，有的带紫色条纹。叶通常散生，较少轮生，披针形、矩圆状披针形、椭圆形或条形，无柄或具短柄，全缘或边缘有小乳头状突起。花单生或排成总状花序，花常有鲜艳色彩，有时有香气；雄蕊6，花丝钻形；子房圆柱形，花柱一般较细长；柱头膨大，3裂。蒴果矩圆形，室背开裂；种子多数，扁平，周围有翅。

［种类与品种］园艺变种及变型或品种主要有卷丹百合、兰州百合、麝香百合、宜昌百合、东北百合等。

［生态习性与栽培要点］性喜温暖湿润环境，稍冷凉地区也能生长，能耐干旱、怕炎热酷暑、怕涝，对土壤要求不甚严格。百合感温性强，需经低温阶段，即越冬期。栽植后在土中越冬，至翌年3月中下旬出苗。生长适温为15~25℃，气温高于28℃生长受到抑制，于8月上中旬地上茎叶进入枯萎期，鳞茎成熟。种植时间6~7个月。

［观赏特点与园林应用］百合鲜花，花大奇特，色彩艳丽。它不仅适宜用作切花、盆花，还可用作园林布景。百合很适宜布置成专类花园，亦可作花坛中心及花境背景。

2. 郁金香 *Tulipa gesneriana*（图7-29）

［别名］洋荷花、草麝香、郁香、荷兰花

［科属］百合科郁金香属

［形态特征与识别要点］多年生草本。鳞茎卵形，直径2.5~3.5cm，外层皮纸质，内面顶端和基部有少数伏毛。叶片长椭圆状披针形或卵状披针形。花单生茎顶，大形直立，杯状，鲜黄色或紫红色，基部常黑紫色；具黄色条纹和斑点。

［种类与品种］郁金香原种主要有克氏郁金香（*Tulipa clusiana*）、香郁金香（*Tulipa*

suaveolens)、格里氏郁金香(*Tulipa greigii*),其栽培变种、变型及品种较多。

[生态习性与栽培要点]郁金香属长日照花卉,性喜向阳、避风,耐寒性很强,在严寒地区如有厚雪覆盖,鳞茎就可在露地越冬,但怕酷暑。要求腐殖质丰富、疏松肥沃、排水良好的微酸性砂质壤土。忌碱土和连作。

[观赏特点与园林应用]郁金香是重要的春季球根花卉,宜作切花或布置花坛、花境,也可丛植于草坪上、落叶树树荫下。中、矮性品种可盆栽。具有较高的观赏价值。

图 7-29　郁金香

3. 风信子 *Thyacinthus orientalis* (图 7-30)

[别名]洋水仙、五色水仙

[科属]风信子科风信子属

图 7-30　风信子

[形态特征与识别要点]鳞茎球形或扁球形,有膜质外皮,未开花时形如大蒜。叶 4～9 枚,狭披针形,肉质,基生,肥厚,具浅纵沟,绿色有光泽。花茎肉质,花莛高15～45cm,中空,顶端着生总状花序;小花 10～20 朵密生上部,多横向生长,少有下垂,漏斗形,花被筒形,上部四裂,基部花筒较长,裂片 5 枚。蒴果,花期早春。

[种类与品种]园艺变种及变型或品种主要有'阿姆斯特丹'('Amsterdam')花红色、'简·博斯'('Jan Bos')、'安娜·玛丽'('Anna Marie')花粉红色、花蓝色的'大西洋'('Atlantic')、'德比夫人'('Lady Derby')。

[生态习性与栽培要点]风信子喜阳、耐寒,忌积水。喜冬季温暖湿润、夏季凉爽稍干燥、阳光充足或半阴的环境。喜肥,宜肥沃、排水良好的砂壤土。

[观赏特点与园林应用]是春季布置花坛及草坪边缘的优良球根花卉,也可盆栽、水养或作切花。

4. 百子莲 *Agapanthus africanus*(图 7-31)

[别名]紫君子兰、蓝花君子兰、非洲百合

[科属]石蒜科百子莲属

[形态特征与识别要点]多年生草本。根状茎。叶线状披针形,近革质。花茎直立,高可达60cm;伞形花序,有花 10～50 朵,花漏斗状,深蓝色或白色,花药最初

为黄色，后变成黑色。花期 7~8 月。

[种类与品种] 园艺变种及变型或品种主要有白花、龙之花、海德伯恩。同属相近种有铃花百子莲（*Agapanthus campanulatus*）、寇第百子莲（*Agapanthus coddii*）。

[生态习性与栽培要点] 百子莲喜温暖、湿润和阳光充足环境。要求夏季凉爽、冬季温暖，5~10 月温度在 20~25℃，11 月至翌年 4 月温度在 5~12℃。如冬季土壤湿度大，温度超过 25℃，茎叶生长旺盛，妨碍休眠，会直接影响翌年正常开花。光照对生长与开花也有一定影响，夏季避免强光长时间直射，冬季栽培需充足阳光。土壤要求疏松、肥沃的砂质壤土。

[观赏特点与园林应用] 百子莲叶丛浓绿、光亮，花色淡雅，适宜盆栽和布置花径、花坛，亦可作切花、插瓶之用，是装饰美化的好材料。

图 7-31　百子莲

5. 贝母属 *Fritillaria*

[科属] 百合科

[形态特征与识别要点] 多年生草本。鳞茎深埋土中，外有鳞茎皮，通常由 2~3 枚白粉质鳞片组成。茎直立，不分枝，一部分位于地下。基生叶有长柄；茎生叶对生、轮生或散生。雄蕊 6 枚，花药近基着或背着，2 室，内向开裂；花柱 3 裂或近不裂；柱头伸出于雄蕊之外；子房 3 室，每室有 2 纵列胚珠，中轴胎座。蒴果具 6 棱，棱上常有翅，室背开裂；种子多数，扁平，边缘有狭翅。

[种类与品种] 主要种类有川贝母（*Fritillaria praewalskii*）、轮叶贝母（*Fritillaria maximowiczii*）、平贝母（*Fritillaria ussuriensis*）。

[生态习性与栽培要点] 大多性喜凉爽湿润气候，耐寒性强，喜充足阳光，忌炎热干燥。要求土层深厚、排水良好并富含腐殖质的砂壤土。贝母从种子萌发到开花结果，一般要 5 年时间。

[观赏特点与园林应用] 贝母属植物其花婀娜多姿，果、叶形态奇特诱人，花色绚丽斑斓。宜作林下地被、布置岩石园或自然式配置，也可盆栽观赏。

6. 唐菖蒲 *Gladiolus gandavensis*（图 7-32）

[别名] 十样锦、剑兰、菖兰、荸荠莲

[科属] 鸢尾科唐菖蒲属

[形态特征与识别要点] 多年生草本。球茎扁圆球形，直径 2.5~4.5cm，外包有棕色或黄棕色的膜质包被。叶基生或在花茎基部互生，剑形，长 40~60cm，宽 2~4cm。花茎直立，高 50~80cm，不分枝，花茎下部生有数枚互生的叶；花药条形，红紫色或深紫色，花丝白色，着生在花被管上。蒴果椭圆形或倒卵形；种子扁而有翅。

图7-32 唐菖蒲

花期7~9月；果期8~10月。

[种类与品种] 园艺变种及变型或品种主要有圆叶唐菖蒲、鹦鹉唐菖蒲、多花唐菖蒲、报春花唐菖蒲。

[生态习性与栽培要点] 唐菖蒲喜温暖，但气温过高对生长不利，不耐寒，生长适温为20~25℃，球茎在5℃以上的土温中即能萌芽。它是典型的长日照植物，长日照有利于花芽分化，光照不足会减少开花数，但在花芽分化以后，短日照有利于花蕾的形成和提早开花。

[观赏特点与园林应用] 人们对唐菖蒲的观赏，不仅在于其形其韵，而且更重视其内涵。唐菖蒲色系十分丰富：红色系雍容华贵，粉色系娇娆剔透，白色系娟娟素女，紫色系烂漫妖媚，黄色系高洁优雅，橙色系婉丽资艳，堇色系质若娟秀，蓝色系端庄明朗，烟色系古香古色，复色系犹如彩蝶翩翩。唐菖蒲可作为切花、花坛或盆栽。又因其对氟化氢非常敏感，还可用作监测污染的指示植物。

7. 球根鸢尾 *Iris* spp.

[别名] 爱丽丝、篮蝴蝶

[科属] 鸢尾科鸢尾属

[形态特征与识别要点] 株高60~80cm。其地下鳞茎，植株与唐菖蒲相似。单叶丛生，叶形为长披针形，先端尖细，基部为鞘状。叶片长出6~7枚，抽出单一花茎，花形姿态优美，有3瓣花瓣，为单顶花序，花色有金、白、蓝及深紫色。

[种类与品种] 园艺变种及变型或品种主要有英国鸢尾、西班牙鸢尾、荷兰鸢尾。同属相近种有德国鸢尾(*Iris germanica*)根状茎粗壮，带肉质，横生而有分枝或直生；叶剑形，纸质；花莛长60~90cm，常有花4朵；花大形，栽培种有纯白、黄色两色，有香味。

[生态习性与栽培要点] 球根鸢尾对于气候的适应性比较广，耐寒性较强，在华东地区均可露地越冬。有些种类的植株不耐夏季高温，常在夏季高温来临前叶子枯萎，进入休眠期。切花栽培类型主要是荷兰鸢尾类。

[观赏特点与园林应用] 球根鸢尾花色丰富，花大而花型奇特，花枝长，主要用作切花，也可布置庭院。

8. 番红花 *Crocus sativus*(图7-33)

[别名] 西红花、藏红花

[科属] 鸢尾科番红花属

图 7-33　番红花

[形态特征与识别要点] 多年生草本。球茎扁圆球形，外有黄褐色的膜质包被。叶基生，9~15 枚，条形，灰绿色，边缘反卷；叶丛基部包有 4~5 片膜质的鞘状叶。花茎甚短，不伸出地面；花 1~2 朵，淡蓝色、红紫色或白色；有香味。

[种类与品种] 同属相近种有白番红花(*Crocus alatavicus*)多年生草本，球茎扁圆形，外有浅黄色或黄褐色的膜质包被；根细弱，黄白色。我国主要分布在新疆。

[生态习性与栽培要点] 为秋植球根花卉，喜冷凉湿润和半阴环境，较耐寒，宜排水良好、腐殖质丰富的砂壤土。球茎夏季休眠，秋季发根、萌叶。

[观赏特点与园林应用] 是点缀花坛和布置岩石园的好材料，也可盆栽。

9. 石蒜属 *Lycoris*（图 7-34）

[科属] 石蒜科

[形态特征与识别要点] 多年生草本。具地下鳞茎；鳞茎近球形或卵形，鳞茎皮褐色或黑褐色。叶于花前或花后抽出，带状。花茎单一，直立，实心，花被漏斗状；雄蕊 6 枚，着生于喉部，花丝丝状，花丝间有 6 枚极微小的齿状鳞片，花药丁字形着生；雌蕊 1 枚，花柱细长，柱头极小，头状，子房下位，3 室，每室胚珠少数。蒴果通常具三棱，室背开裂；种子近球形，黑色。

[种类与品种] 园艺变种及变型或品种主要有乳白石蒜、安徽石蒜、中国石蒜、玫瑰石蒜。

[生态习性与栽培要点] 石蒜属植物原生地多为阴湿山坡的多石地段，或者山野的阴

图 7-34　石蒜属

湿林下、林缘或河岸边，喜阴湿排水良好环境，不择土壤，但以肥沃的砂壤土、黏壤土、石灰质壤土为佳，性强健，有一定耐寒性，极少病害。

[观赏特点与园林应用] 石蒜属植物的最大缺点是在 5~6 月会出现叶枯后开花前的林地裸露，适用于阴湿林地绿化，土壤干燥地栽培或适用于花坛栽培，也可盆栽。

10. 水仙花 *Narcissus tazetta*

[别名] 中国水仙

［科属］石蒜科水仙属

［形态特征与识别要点］多年生草本。鳞茎卵球形。叶宽线形，扁平，长20～40cm，宽8～15mm，钝头，全缘，粉绿色。花茎几与叶等长；伞形花序有花4～8朵；佛焰苞状总苞膜质；雄蕊6，着生于花被管内，花药基着；子房3室，每室有胚珠多数，花柱细长，柱头3裂。蒴果室背开裂。花期春季。

［种类与品种］园艺变种及变型或品种主要有单瓣花品种称为'金盏银台'，复瓣花品种称为'玉玲珑'。同属相近种有黄水仙（*Narcissus pseudonarcissus*），鳞茎球形。叶直立向上，宽线形，钝头。花茎高约30cm，顶端生花；佛焰苞状；花被管倒圆锥形，花被裂片长圆形，淡黄色；副花冠稍短于花被或近等长。花期春季。

［生态习性与栽培要点］水仙秋季开始生长，冬季开花，春季贮存养分，夏季休眠，所以需要冬季暖和地区，才能适合生长，但也有一定的耐寒能力。中国江南一带，冬季不加防寒措施，亦可露地越冬。喜湿润肥沃的砂质壤土。

［观赏特点与园林应用］布置花坛、花境，也适宜在疏林下、草坪中成丛、成片种植。配置在一些疏林草地、滨河绿地，景观都很好。还可盆栽造型。

11. 朱顶红 *Hippeastrum rutilum*

［别名］红花莲、华胄兰、柱顶红、四大炮

［科属］石蒜科朱顶红属

［形态特征与识别要点］多年生草本。地下鳞茎肥大球形。叶着生于球茎顶部，4～8枚呈二列迭生，带状质厚，花、叶同发，或叶发后数日即抽花莛，花莛粗状，直立，中空，高出叶丛。近伞形花序，每个花莛着花2～6朵，花较大，漏斗状，红色或具白色条纹，或白色具红色、紫色条纹，花期4～6月。果实球形。

［种类与品种］园艺变种及变型或品种主要有'红狮'（'Redlion'）：花深红色；'大力神'（'Hercules'）：花橙红色；'智慧女神'（'Minerva'）：大花种，花红色，具白色花心。同属相近种有花朱顶红（*Hippeastrum vittatum*），多年生草本，鳞茎大，球形。

［生态习性与栽培要点］春植球根，喜温暖，适合18～25℃的温度，冬季休眠期要求冷凉干燥，适合5～10℃的温度，喜阳光，但光线不宜过强，喜湿润，但畏涝，喜肥，要求富含有机质的砂质壤土。

［观赏特点与园林应用］朱顶红花大、色艳，常作盆栽或作切花观赏，也可露地布置花坛，作切花的要在花蕾含苞待放时采收。

12. 晚香玉 *Polianthes tuberosa*（图7-35）

［别名］月下香、夜来香

［科属］石蒜科晚香玉属

［形态特征与识别要点］多年生草本，高可达1m。具块状的根状茎。茎直立，不分枝。基生叶6～9枚簇生，线形，长40～60cm，宽约1cm，顶端尖，深绿色，在花茎上的叶散生，向上渐小呈苞片状。穗状花序顶生，每苞片内常有2花，苞片绿色；

花乳白色，浓香，花被裂片彼此近似，长圆状披针形，钝头。蒴果卵球形，顶端有宿存花被；种子多数，稍扁。花期 7~9 月。

[种类与品种]园艺变种及变型或品种主要有'Albino'：芽变形成的单瓣品种，花纯白色；var. *flore-pleno*：重瓣花变种；'Variegale'：叶长而弯曲，具金黄色条斑。

[生态习性与栽培要点]性喜温暖湿润、阳光充足的环境；要求肥沃、黏质土壤，砂土不宜生长；忌积水，干旱时，叶边上卷，花蕾皱缩，难以开放。热带地区无休眠期，一年四季均可开花，在其他地区冬季落叶休眠。

[观赏特点与园林应用]晚香玉是一种很好的夏季切花材料，可与唐菖蒲配制花束、花篮、瓶花，布置室内可使满室生辉、芳香四溢。也可在园林中的空旷地成片散植或布置岩石园、花坛、花境。因开花时夜晚有浓香，又是配置夜花园的美好材料。

图 7-35　晚香玉

13. 香雪兰 *Fressia hybrida*（图 7-36）

[别名]小苍兰、小菖兰、剪刀兰、素香兰、香鸢尾、洋晚香玉

[科属]鸢尾科香雪兰属

[形态特征与识别要点]多年生球根类草本，地下具圆锥形的小球茎，一般为 6 节，直径约 2cm，每节上包有纤维质的外被，褐色，较粗糙。茎纤细，有分枝，柔软而不能直立生长，绿色，长 30~45cm。基生叶和茎近等长，呈长剑形，全缘，具平行脉，茎生叶和基生叶相似，稍短，长约 10cm；均无叶柄。花序梗自茎顶的叶腋间抽生而出，先端一侧扭曲；顶生总状花序，每序着生小花 6~10 朵以上，色彩丰富，有黄、白、红、紫等不同颜色，芳香。

[种类与品种]园艺变种及变型或品种主要有小苍兰（*F. refracta*）、红花小苍兰（*F. armstrongii*）和花色丰富的大花小苍兰品种等。

[生态习性与栽培要点]喜温暖湿润的气候条件，忌炎热、畏严寒，生长发育的适温为 15~20℃，最低能耐 3~5℃，昼夜温差大，有利于生长发育，夜间温度以 10~15℃为宜，白天不能超过 20℃，否则生长不良。喜光照，要求阳光充足，但日照对花芽分化前后的反应不同。花芽分化前，短日照有利于诱导花芽分化；花芽分化后，长日照有利于花芽发育和花期提前。普通栽培 3~4 月开花，冷藏促成栽培花期可提前到 12

图 7-36　香雪兰

月至翌年3月。喜疏松、排水良好、富含腐殖质的土壤。

[观赏特点与园林应用] 香雪球花开一片、幽香宜人，是花坛、花境镶边的优良材料，宜于岩石园、墙垣、坡地地被栽种，也可盆栽观赏，同时是很好的切花材料。

14. 大丽花 *Dahlia pinnata*

[别名] 大理花、大丽菊、地瓜花、洋芍药、苕菊、西番莲、天竺牡丹、苕花

[科属] 菊科大丽花属

[形态特征与识别要点] 多年生草本。有巨大棒状块根。茎直立，多分枝，高1.5~2m，粗壮。叶1~3回羽状全裂，上部叶有时不分裂，裂片卵形或长圆状卵形，下面灰绿色，两面无毛。头状花序大，有长花序梗，常下垂，宽6~12cm；总苞片外层约5个，卵状椭圆形，叶质，内层膜质，椭圆状披针形；舌状花1层，白色，红色，或紫色，常卵形。花期6~12月；果期9~10月。

[种类与品种] 园艺变种及变型或品种主要有①'寿光'：花色鲜粉，花瓣末端白色，为夏、秋季切花品种。②'朝影'：花鲜黄色，花瓣先端白色。③'丽人'：花紫红色，花瓣先端白色，为小型切花品种。

[生态习性与栽培要点] 大丽花的茎部脆嫩，经不住大风侵袭，要设立支柱，以防风折。又怕水涝，地栽时要选择地势高燥、排水良好、阳光充足而又背风的地方，并作成高畦。株行距一般品种1m左右，矮生品种40~50cm。

[观赏特点与园林应用] 大丽花适宜花坛、花境或庭前丛植，也可作切花，矮生品种可作盆栽。

15. 蛇鞭菊 *Liatris spicata*（图7-37）

图7-37 蛇鞭菊

[别名] 麒麟菊、猫尾花

[科属] 菊科蛇鞭菊属

[形态特征与识别要点] 多年生草本花卉。茎基部膨大呈扁球形，地上茎直立，株形锥状。基生叶线形，长达30cm。头状花序排列成密穗状，长60cm，因多数小头状花序聚集成长穗状花序，呈鞭形而得名。花期7~8月。

[种类与品种] 园艺变种及变型或品种主要有聚花蛇鞭菊（*Liatris spicata* var. *racemosa*）、蔷薇蛇鞭菊（*Liatris spicata* var. *resinosa*）。

[生态习性与栽培要点] 耐寒，喜阳光充足的环境，要求土壤疏松、肥沃、湿润。

[观赏特点与园林应用] 适宜配合其他色彩花卉布置，作为花境的背景材料或丛植点缀于山石、林缘，也可作切花。

16. 大花美人蕉 *Canna generalis*（图 7-38）

[别名]美人蕉、红艳蕉、兰蕉

[科属]美人蕉科美人蕉属

[形态特征与识别要点]多年生球根草本花卉。株高可达 100～150cm。根茎肥大。地上茎肉质，不分枝。茎叶具白粉，叶互生，宽大，长椭圆状披针形，阔椭圆形。总状花序自茎顶抽出，花径可达 20cm；花瓣直伸，具 4 枚瓣化雄蕊。花色有乳白、鲜黄、橙黄、橘红、粉红、大红、紫红、复色斑点等 50 多个品种。花期北方 6～10 月，南方全年可开花。

[种类与品种]园艺变种及变型或品种主要有水生黄花美人蕉、水生红花美人蕉、紫叶美人蕉、双色鸳鸯美人蕉。同属相近种有水生美人蕉（*Canna glauca*），其与美人蕉属下其他种在形态和生物学特性上的最大区别是根状茎细小，节间延长，耐水淹，在 20 cm 深的水中能正常生长。

图 7-38 大花美人蕉

[生态习性与栽培要点]喜温暖和充足的阳光，不耐寒。对土壤要求不严，栽培容易，在疏松肥沃、排水良好的砂壤土中生长最佳，也适应于肥沃黏质土壤生长。生长季节经常施肥。北方需在下霜前将地下块茎挖起，贮藏在温度为 5℃ 左右的环境中。

[观赏特点与园林应用]宜作花境背景或在花坛中心栽植，也可成丛或成带状种植在林园、草地边缘。矮生品种可盆栽或作阳面斜坡地被植物。

17. 花毛茛 *Ranunculus asiaticus*（图 7-39）

图 7-39 花毛茛

[别名]芹菜花、波斯毛茛、陆莲花

[科属]毛茛科花毛茛属

[形态特征与识别要点]为多年生草本植物。株高 30～45cm。茎中空有毛，分枝少。地下具小形块根。根出叶浅裂或深裂，裂片倒卵形，缘齿牙状；茎生叶无柄，2～3 回羽状深裂，叶缘齿状。每花莛具花 1～4 朵，萼绿色，花瓣 5 至数十枚，花径 6～9cm，花有红、白、橙等色，并有单瓣及重瓣之分。

[种类与品种]园艺变种及变型或品种主要有土耳其花毛茛（*R. asiaticus* var. *africanus*）、法国花毛茛（*R. asiaticus* var. *superbissimus*）。

[生态习性与栽培要点]喜向阳环境和凉爽气候，不耐寒，0℃ 即受轻微冻害。适于排水良好、肥

沃疏松的砂质壤土，喜湿润，畏积水，怕干旱。花期4~5月。

[观赏特点与园林应用] 花毛茛花大，重瓣，色彩丰富，可作切花、盆栽观赏或布置花坛、花带、林缘草地等处。

18. 欧洲银莲花 *Anemone coronaria*

[科属] 毛茛科银莲花属

[形态特征与识别要点] 株高25~40cm。地下具块根。叶为根出叶，3裂，呈掌状深裂。花单生于茎顶，有大红、紫红、粉、蓝、橙、白及复色，花径4~10cm。

[种类与品种] 同属相近种有银莲花(*Anemone cathayensis*)，多年生草本。基生叶4~8；叶片圆肾形。伞形花序简单；花2~5朵。瘦果扁，宽椭圆形或近圆形。分布在山西和河北；朝鲜也有。

[生态习性与栽培要点] 喜冷凉气候，畏酷热。要求空气有较高的湿度及充足的阳光。宜栽植于疏松、排水良好的砂壤土上。欧洲银莲花秋植球根花卉，常用植块根和播种繁殖。块根于6月挖出，用干沙贮藏于阴凉处。10月栽植，将块根先放在湿沙或水中浸泡，便充分吸水，发芽整齐。播种繁殖，6月种子成熟，采下即播，播后10~15d发芽，翌春可开花。

[观赏特点与园林应用] 银莲花花色艳丽，花期长，为春季花坛、花境材料，尤适于林缘草地丛植，也可盆栽观赏。

19. 姜荷花 *Curcuma alismatifolia*

[科属] 姜科姜黄属

[形态特征与识别要点] 叶片为长椭圆形，中肋紫红色。花序为穗状花序，花梗上端有7~9片半圆状绿色苞片，接着有9~12片，色彩鲜明的阔卵形粉红色苞片，这些粉红色的苞片形状似荷花的花冠，是主要观赏的部位。

[种类与品种] 主要的栽培品种为'清迈粉''荷兰红'。

[生态习性与栽培要点] 姜荷花生长强健，对土壤适应力强，一般只要不是太黏重的土壤都可种植，但如果是专业的地植生产，为顾及种球的采收，应选择砂质壤土，土层深厚、排水良好，而且不缺水的地方较适宜。

[观赏特点与园林应用] 可作切花和盆花、花坛、花境或以条形或地被布置的形式在园林中应用。

20. 红花酢浆草 *Oxalis corymbosa*（图7-40）

[别名] 多花酢浆草、紫花酢浆草、南天七、铜锤草、大酸味草

[科属] 酢浆草科酢浆草属

[形态特征与识别要点] 多年生草本，株高10~20cm。地下具球形根状茎，白色透明。基生叶，叶柄较长，三小叶复叶，小叶倒心形，三角状排列。花从叶丛中抽生，伞形花序顶生，总花梗稍高出叶丛。花与叶对阳光均敏感，白天、晴天开放，夜

间及阴雨天闭合。蒴果。花期4~10月。

[种类与品种] 同属相近种有白花酢酱草（*Oxalis acetosella*），叶片都长在茎的顶部，由3片小叶所组成，小叶倒心形，尝之有酸味。花期7~8月。产于西南、西北、华北、东北等地。

[生态习性与栽培要点] 喜向阳、温暖、湿润的环境，夏季炎热地区宜遮半阴，抗旱能力较强，不耐寒，华北地区冬季需进温室栽培，长江以南，可露地越冬，喜阴湿环境，对土壤适应性较强，一般园土均可生长，但以腐殖质丰富的砂质壤土生长旺盛，夏季有短期的休眠。

[观赏特点与园林应用] 广泛种植，既可以布置于花坛、花境，又适于大片栽植作为地被植物和隙地丛植，还是盆栽的良好材料。

图7-40　红花酢浆草

7.3.3　其他球根花卉

中文名（学名）	原产地	花期（月）	形态特征	同属种、品种等	繁殖	应用
雪滴花 Leucojum vernum	欧洲地中海沿岸	3~4	鳞茎球形；叶丛生，线状带形，绿色；叶莛直立，中空，花顶部单生，下垂	夏雪滴花、秋雪滴花	分球	宜植林下、坡地及草坪上；亦可供盆栽或作切花用
雪钟花 Galanthus nivalis	欧洲中部和亚洲	2~3	株高10~20cm；叶线形；单花顶生，下垂；鳞茎球形，具黑褐色皮膜	大雪钟花	分球	宜植林下、坡地及草坪上、岩石园，花坛镶边植物
绵枣儿 Scilla sinensis	东亚及俄罗斯	春夏同	叶狭长形，基生；花茎直立，先叶抽出；鳞茎卵形或近球形，鳞茎皮黑褐色	聚铃花、蓝绵枣儿	分球	宜作疏林下或草坡上的地被植物；也可供盆栽
白芨 Bletilla striata	广布于长江流域及缅甸北部	4~5	叶革质，全缘，具较长叶鞘，平行脉互生；花大，紫红色或粉红色		分球	花坛、花境、疏林、地被，盆栽
葱莲 Zephyranthes candida	南美		叶狭长形，鳞茎卵形，花白色；花单生于花茎顶端	韭莲	分株、播种	盆栽、丛植、地被
五彩芋 Caladium bicolor	南美亚马孙河流域	4	叶片表面满布各色透明或不透明斑点，背面粉绿色，戟状卵形至卵状三角形，先端骤窄具凸尖	白鹭、白雪公主、洛德·德比、穆非特小姐	分株	盆栽
虎眼万年青 Ornithogalum caudatum	南非	7~8	鳞茎卵球形；叶绿色，带状或长条状披针形，先端尾状并常扭转，常绿，近革质	伞花虎眼万年青	分球	盆栽、药用
石蒜 Lycoris radiata	中国多地	8~9	鳞茎近球形；叶秋季出叶，叶狭带状，顶端钝，深绿色，中间有粉绿色带；花鲜红色	玫瑰石蒜	分球	盆栽、花境、林下片植，专类园、切花
蜘蛛兰 Hymenocallis speciosa	中国海南	5~8	叶丛生，狭长形；叶色终年青翠；花白色，具芳香味	秘鲁蜘蛛兰、美丽蜘蛛兰	分球	庭院、地被、专类园
秋水仙 Colchicum autumnale	欧洲和地中海沿岸	8~10	球茎卵形，外皮黑褐色；地下具有卵形鳞茎，茎极短，大部埋于地下；叶披针形，秋季先开淡红色花		分球	盆栽、药用
紫娇花 Tulbaghia violacea	南非	5~7	鳞茎呈球形，具白色膜质叶鞘，花莛直立，伞形花序具球形，中央稍空；叶多为半圆柱形，花被粉红色		分株、播种	盆栽、药用

（续）

中文名（学名）	原产地	花期（月）	形态特征	同属种、品种等	繁殖	应用
文殊兰 Crinum asiaticum	热带、亚洲	夏季	鳞茎长柱形；叶多列，带状披针形，顶端渐尖，具边缘波状，暗绿色；花葶直立，伞形花序，绿白色		分株、播种	盆栽、药用、林下地被
仙客来 Cyclamen persicum	希腊、叙利亚、黎巴嫩	2~3	块茎扁球形；叶片心状卵圆形，先端稍锐尖，边缘有细圆齿，质地肥厚，上面深绿色，常有浅色的斑纹；花冠白色或玫瑰红色	大花型仙客来、天鹅、皱叶仙客来、莎莎	播种	盆栽
马蹄莲属 Zantedeschia	非洲南部至东北部	7~8	根茎粗厚；叶柄通常长，海绵质，叶片披针形、箭形或戟形；佛焰苞白色、黄绿色或稀玫瑰红色	黄花马蹄莲	分株、播种	盆栽、地被、切花
大岩桐 Sinningia speciosa	巴西	4~11	块茎扁球形；地上茎极短，肥厚而大，叶对生，卵圆形或长椭圆形，有锯齿，顶生或腋生；花冠钟状	细小大岩桐、长叶大岩桐	分球、叶插	盆栽
铃兰 Convallaria majalis	北半球温带	5~6	叶椭圆形或卵状披针形，先端近急尖，花葶外弯，苞片披针形	红花铃兰、重瓣铃兰	分株、播种	花坛、花境、地被
六出花 Alstroemeria aurantiaca	南美智利	6~8	茎直立，不分枝，叶互生，披针形、喇叭形，小而多，喇叭形。伞形花序，花基部楔形	黄六出花、智利六出花、美丽六出花	分株、播种、组培	切花、丛植、花坛、花境
虎皮花 Tigridia pavonia	危地马拉及墨西哥		球茎卵圆形，棕褐色，叶剑形或条形，基部鞘状抱茎，顶端渐尖，略有皱褶；花茎直立，花绿绿色		分球、播种	盆栽
鸢尾蒜 Ixiolirion tataricum	亚洲东、中、北部	5~6	鳞茎卵球形，外有褐色带浅色纵纹的鳞茎皮；叶簇生于茎的基部，狭线形		分球	地被、切花
观音兰 Tritonia crocata	非洲南部	4~5	球茎扁圆形，外包有黄褐色的膜质包被；叶基生，嵌迭状排列，灰绿色，剑形或条形，基部弯曲，基部鞘状，顶端渐尖；花橙红色或粉红色	杂种观音兰	组培	地被、草坪、花径、花带布置
火星花 Crocosmia crocosmiflora	南非	7~8	有球茎和匍匐茎，球茎扁圆形似蒜头，地上茎常有分枝；叶线状剑形，基部有叶鞘抱茎而生；花多数，排列成复圆锥花序		分球	地被、庭院、林缘、花境

（续）

中文名（学名）	原产地	花期（月）	形态特征	同属种、品种等	繁殖	应用
火燕兰 Sprekelia formosissima	墨西哥和危地马拉	春夏	具球形的有皮鳞茎;叶狭线形;花茎中空,带红色,花大,二唇形,单朵顶生		分球、播种	盆栽、花境
艳山姜 Alpinia zerumbet	中国东南至西南各地,印度、马来西亚	4~6	叶片披针形;圆锥花序呈总状花序式,下垂,在每一分枝上有花1~2(3)朵,白色,顶端粉红色,蕾时包裹住花,无毛		分株、播种	林下地被、溪水旁
火炬姜 Etlingera elatior	印度尼西亚、马来西亚及泰国南部	5~10	一般茎枝成丛生长,茎有地上茎和地下茎之分;叶色深绿且叶片光滑有光泽;花为基生的头状花序,圆锥形球状果形		分株	切花、盆栽、群植、草坪点缀
网球花 Haemanthus multiflorus	非洲热带	夏季	鳞茎球形;叶自鳞茎上方短茎抽出,叶柄短,鞘状;花茎直立,实心,稍扁平,花被管圆筒状,花被裂片线形		分球、播种	盆栽、丛植、切花
延龄草 Trillium tschonoskii	中国、锡金、不丹、印度、朝鲜和日本	4~6	叶菱状圆形或菱形,近无柄;花梗长1~4cm,外轮花被片卵状披针形,绿色		分球、播种	药用、盆栽
大百合 Cardiocrinum giganteum	中国西南各地	6~7	小鳞茎卵形;茎直立中空,无毛;叶纸质,网状脉;总状花序	荞麦叶大百合	分株、扦插	盆栽、岩石园、林缘
闭鞘姜 Costus speciosus	热带亚洲	7~9	基部近木质,顶部常分枝,旋卷;叶片长圆形或披针形	光叶闭鞘姜	分株、扦插	药用、干花、丛植、花坊、庭园
宫灯百合 Sandersonia aurantiaca	南非	7~10	半蔓性;叶轮状互生,叶面光滑,叶片柳叶形,无柄;花似小小宫灯		分球、播种	药用、切花、盆栽、草地、林缘

7.4 兰科花卉

7.4.1 概述

7.4.1.1 含义及类型

兰花广义上是兰科（Oychidaceae）花卉的总称。兰科是仅次于菊科的一个大科，是单子叶植物中的第一大科。全世界具有的属和种数说法不一，有说 1000 属 2 万种（《花卉学》，北京林业大学，1990），有说约有 800 属 3 万~3.5 万种（《兰花栽培入门》，吴应祥，1990），有的说有 700 属 2.5 万种（《中国兰花全书》，陈心启等，1998）。该科中有许多种类是观赏价值比较高的植物。目前栽培的兰花仅是其中的一小部分，有悠久的栽培历史和众多的品种。自然界中尚有许多有观赏价值的野生兰花有待开发、保护和利用。

兰科植物分布极广，但 85% 集中分布在热带和亚热带。园艺上栽培的重要种类，主要分布在南、北纬 30°以内，降水量 1500~2500mm 的森林中。主要有中国兰和洋兰两大类。

（1）中国兰

中国兰又称国兰、地生兰，是指兰科兰属（Cymbidium）的少数地生兰，如春兰、蕙兰、建兰、墨兰、寒兰等。主要原产于亚洲的亚热带，尤其是中国亚热带雨林区。一般花较少，但芳香。花和叶都有观赏价值。

中国兰花是中国传统十大名花之一。兰花文化源远流长，人们爱兰、养兰、咏兰、画兰，并当成艺术品收藏。对其色、香、姿、形上的欣赏有独特的审美标准。如瓣化萼片有重要观赏价值，绿色无杂为贵；中间萼片称主萼片，两侧萼片向上翘起，称为"飞肩"，极为名贵；排成一字名为"一字肩"，观赏价值较高；向下垂为"落肩"，不能入选。花不带红色为"素心"，是上品等。主要是盆栽观赏。

（2）洋兰

洋兰是民众对国兰以外兰花的称谓，主要是热带兰。实际上，中国也有热带兰分布。常见栽培的有卡特兰属、蝴蝶兰属、兜兰属、石斛属、万代兰属等。一般花大、色艳，但大多没有香味。以观花为主。

热带兰主要观赏其独特的花形，艳丽的色彩。可以盆栽观赏，也是优良的切花材料。

另外，从生态习性上可以将兰花分为地生兰（生长在地上，花序通常直立或斜上生长。亚热带和温带地区原产的兰花多为此类。中国兰和热带兰中的兜兰属花卉属于这类）、附生兰（生长在树干或石缝中，花序弯曲或下垂。热带地区原产的一些兰花属于这类）和腐生兰（无绿叶，终年寄生在腐烂的植物体上生活。园林中少有栽培）三大类。

7.4.1.2　生态习性

兰花种类繁多，分布广泛，生态习性差异较大。

(1) 对温度的要求

热带兰依原产地不同有很大差异，生长期对温度要求较高，原产热带的种类，冬季白天要保持在 25 ~ 30℃，夜间 18 ~ 21℃；原产亚热带的种类，白天保持在 18 ~ 20℃，夜间 12 ~ 15℃；原产亚热带和温暖地区的地生兰，白天保持在 10 ~ 15℃，夜间 5 ~ 10℃。

中国兰要求比较低的温度，生长期白天保持在 20℃ 左右，越冬温度夜间 5 ~ 10℃，其中春兰和蕙兰最耐寒，可耐夜间 5℃ 的低温，建兰和寒兰要求温度高。地生兰不能耐 30℃ 以上高温，要在兰棚中越夏。

(2) 对光照的要求

种类不同、生长季不同，对光的要求不同。冬季要求充足光照，夏季要遮阴。中国兰要求 50% ~ 60% 遮阴度，墨兰最耐阴，建兰、寒兰次之，春兰、蕙兰需光较多。热带兰种类不同，差异较大，有的喜光，有的要求半阴。

(3) 对水分的要求

喜湿忌涝，有一定耐旱性。要求一定的空气湿度，生长期要求在 60% ~ 70%，冬季休眠期要求 50%。热带兰对空气湿度的要求更高，因种类而定。

(4) 对土壤的要求

地生兰要求疏松、通气排水良好、富含腐殖质的中性或微酸性(pH 5.5 ~ 7.0)土壤。热带兰对基质的通气性要求更高，常用水苔、蕨根类作栽培基质。

7.4.1.3　繁殖栽培要点

(1) 繁殖要点

生产实践中，兰花以分株繁殖为主，还可以播种和组织培养。分株繁殖一般在旺盛生长前结合翻盆换土时进行。分株时，每丛至少有 2 ~ 3 个假鳞茎；播种繁殖主要用于育种，一般采用组织培养的方法播种在培养基上，种子萌发需要 0.5 ~ 1 年时间，要 8 ~ 10 年才能开花；组织培养一般以芽为外植体，如目前热带兰中许多种商品化生产均用此法繁殖。

(2) 栽培要点

由于兰花间生态习性差异很大，需依种类不同，给予不同的栽培。

① 选好栽培基质　地生兰以原产地林下的腐殖土为好，或人工配制类似的栽培基质；底层要垫碎砖、瓦块以利于排水。热带兰可以选用苔藓、蕨根类作基质。

② 依种类不同，控制好生长期和休眠期的温度、光照、水分　如春兰、蕙兰，冬季应保持在 5℃，高于 10℃ 则影响来年开花，而墨兰、建兰、寒兰冬季需要 10℃。热带兰差异很大，需根据具体种类采取具体的栽培措施。

7.4.2　常见国兰类

1. 春兰 *Cymbidium goeringii*（图 7-41）

[别名] 朵兰、扑地兰、幽兰、草兰

[科属] 兰科兰属

[形态特征与识别要点] 地生，假鳞茎较小，卵球形。叶 4~7 枚，带形，通常较短小，下部常多对折而呈 V 形，边缘无齿或具细齿。花莛从假鳞茎基部外侧叶腋中

图 7-41　春　兰

抽出，直立，明显短于叶；花序具单朵花，少有 2 朵；花色泽变化较大，通常为绿色或淡褐黄色而有紫褐色脉纹，有香气；萼片近长圆形至长圆状倒卵形；花瓣倒卵状椭圆形至长圆状卵形，展开或围抱蕊柱；蕊柱长 1.2~1.8cm，两侧有较宽的翅；花粉团 4 个，成 2 对。花期 1~3 月。蒴果狭椭圆形。

[种类与品种] 主要变种有①'线叶春兰'（var. *goeringii*）：叶宽 2~4mm，边缘具细齿，质地较硬。花单朵，极罕 2 朵，通常无香气。生于多石山坡、林缘、林中透光处。②线叶春兰（var. *serratum*）：叶边缘具细齿，质地较硬。花单朵，极罕 2 朵，通常无香气，分布区与生境近似原变种。

[生态习性与栽培要点] 性喜凉爽、湿润和通风透风，忌酷热、干燥和阳光直晒。要求土壤排水良好、含腐殖质丰富、呈微酸性。

[观赏特点与园林应用] 春兰名贵品种很多，其叶态优美，花香为诸兰之冠，为客厅、书房的珍贵盆花。

2. 蕙兰 *Cymbidium faberi*

[别名] 九子兰、夏兰、九华兰、九节兰

[科属] 兰科兰属

[形态特征与识别要点] 假鳞茎不明显。叶 5~8 枚，带形，直立性强，基部常对折而呈 V 形，叶脉透亮，边缘常有粗锯齿。总状花序具 5~11 朵或更多的花；花常为浅黄绿色，唇瓣有紫红色斑，有香气；唇盘上 2 条纵褶片从基部上方延伸至中裂片基部，上端向内倾斜并汇合，多形成短管；花粉团 4 个，成 2 对，宽卵形。蒴果近狭椭圆形。花期 3~5 月。

[种类与品种] 主要变种有①送春（*Cymbidium faberi* var. *szechuanicum*）：叶 8~13 枚，质较软，下弯，叶脉不透明。花苞片常长于花梗和子房，花序中上部的亦如此；萼片常扭曲。花期 2~3 月。②峨眉春蕙（*Cymbidium faberi* var. *omeiense*）：植株矮小；叶 4~5 枚，长 15~20cm。花莛与叶近等长。花期 3~4 月。产四川峨眉山。

[生态习性与栽培要点] 喜冬季温暖和夏季凉爽气候，喜高湿强光。

[观赏特点与园林应用] 蕙兰花大、颜色艳丽，可盆栽于室内。

3. 建兰 *Cymbidium ensifolium*

[别名] 四季兰、雄兰、骏河兰

[科属] 兰科兰属

[形态特征与识别要点] 地生，假鳞茎卵球形。叶 2~4 枚，带形，有光泽，前部边缘有时有细齿，关节位于距基部 2~4cm 处。花莛直立，长 20~35cm 或更长；总状花序具 3~9(~13) 朵花；花常有香气，色泽变化较大，通常为浅黄绿色而具紫斑；花瓣狭椭圆形或狭卵状椭圆形。蒴果狭椭圆形，长 5~6cm，宽约 2cm。花期通常 6~10 月。

[种类与品种] 品种'温州'建兰、'永安'兰、'一字'兰。

[生态习性与栽培要点] 喜湿润温暖，夏季需庇荫，忌阳光直射。生长最适温度 15~22℃。

[观赏特点与园林应用] 建兰植株雄健，根粗且长，品种繁多，在我国南方栽培十分普遍，是阳台、客厅、花架和小庭院台阶陈设佳品，显得清新高雅。

4. 寒兰 *Cymbidium kanran*

[科属] 兰科兰属

[形态特征与识别要点] 叶 3~7 枚，带形，薄革质，暗绿色，略有光泽。花莛发自假鳞茎基部；总状花序疏生 5~12 朵花；花常为淡黄绿色而具淡黄色唇瓣，也有其他色泽，常有浓烈香气；花瓣常为狭卵形或卵状披针形。蒴果狭椭圆形。花期 8~12 月。

[生态习性与栽培要点] 性喜阴，忌阳光直射，喜湿润，忌干燥，15~30℃ 最宜生长。

[观赏特点与园林应用] 寒兰的花瘦而长、匀称、飘逸，充满生机和神秘色彩。花色匀称，色泽艳丽、鲜美，花大，花梗花色相一致的即是好品种。

5. 墨兰 *Cymbidium sinense*

[别名] 报岁兰

[科属] 兰科兰属

[形态特征与识别要点] 地生，假鳞茎卵球形，长 2.5~6cm，宽 1.5~2.5cm，包藏于叶基之内。叶 3~5 枚，带形，近薄革质，暗绿色，长 45~80 (~110)cm，宽 (1.5~) 2~3cm，有光泽，关节位于距基部 3.5~7cm 处。花莛从假鳞茎基部发出，直立，较粗壮，长 (40~)50~90cm，一般略长于叶；总状花序具 10~20 朵或更多的花；花苞片除最下面的 1 枚长于 1cm 外，其余的长 4~8mm；花梗和子房长 2~2.5cm；花的色泽变化较大，较常为暗紫色或紫褐色而具浅色唇瓣，也有黄绿色、桃红色或白色的，一般有较浓的香气；花瓣近狭卵形，长 2~2.7cm，宽 6~10mm；唇瓣近卵状长圆形，宽 1.7~2.5(~3)cm，不明显 3 裂；侧裂片直立，多围抱蕊柱，具乳突状短柔毛；蕊柱长 1.2~1.5cm，稍向前弯曲，两侧有狭翅；花粉团 4 个，成 2 对，宽卵形。蒴果狭

椭圆形，长6~7cm，宽1.5~2cm。花期10月至翌年3月。

[生态习性与栽培要点] 喜阴，忌强光。喜温暖，忌严寒。喜湿，忌燥。

[观赏特点与园林应用] 装点室内环境，花枝用于插花观赏。

7.4.3 常见洋兰类

1. 蝴蝶兰 *Phalaenopsis aphrodite*（图7-42）

图7-42 蝴蝶兰

[别名] 蝶兰、台湾蝴蝶兰

[科属] 兰科蝴蝶兰属

[形态特征与识别要点] 茎很短，常被叶鞘所包。叶片稍肉质，常3~4枚或更多，上面绿色，背面紫色，椭圆形，长圆形或镰刀状长圆形，先端锐尖或钝。花序侧生于茎的基部，长达50cm，不分枝或有时分枝；花序轴紫绿色，多回折状，常具数朵由基部向顶端逐朵开放的花；花白色，美丽，花期长；花瓣菱状圆形，具网状脉。花期4~6月。

[种类与品种] 主要品种有'火焰'（'Firework'）：花大、花瓣厚实；'完美'（'Perfection'）：星形花，花瓣白色。

[生态习性与栽培要点] 性喜暖畏寒。生长适温为15~20℃，冬季10℃以下就会停止生长，低于5℃容易死亡。通常分株繁殖或组织培养。

[观赏特点与园林应用] 蝴蝶兰株形饱满，花形优美，可盆栽置于窗台，书桌。

2. 文心兰 *Oncidium hybridum*（图7-43）

[别名] 吉祥兰、跳舞兰、金蝶兰、瘤瓣兰、舞女兰

[科属] 兰科文心兰属

[形态特征与识别要点] 叶片1~3枚，可分为薄叶种、厚叶种和剑叶种。一般一个假鳞茎上只有1个花茎，也有可能2个花茎。文心兰的花色以黄色和棕色为主，还有绿色、白色、红色和洋红色等，其大小有的极小如迷你型文心兰，有些又极大，花的直径可达12cm以上；花的构造极为特殊，其花萼萼片大小相等，花瓣与背萼也几乎相等或稍大。

[种类与品种] 同属种有①同色文心兰（*Oncidium concolor*）：花大，花瓣柠檬黄色，唇瓣黄色。②小金蝶兰（*Oncidium varicosum*）：花黄绿色，花径3cm。

图7-43 文心兰

[生态习性与栽培要点]喜冷凉气候。厚叶型文心兰的生长适温为18~25℃,冬季温度不低于12℃。薄叶型的生长适温为10~22℃,冬季温度不低于8℃。喜湿润和半阴环境,除浇水增加基质湿度以外,叶面和地面喷水更重要,增加空气湿度对叶片和花茎的生长更有利。

[观赏特点与园林应用]文心兰是重要切花之一,适于卧室和办公区瓶插。

3. 石斛兰 *Dendrobium nobile*

[别名]林兰、禁生、杜兰、金钗花

[科属]兰科石斛属

[形态特征与识别要点]茎直立,丛生,肉质状肥厚,稍扁的圆柱形。叶革质,长圆形,长6~11cm。总状花序从具叶或落了叶的老茎中部以上部分发出,具1~4朵花;花大,白色带淡紫色先端,有时全体淡紫红色或除唇盘上具1个紫红色斑块外,其余均为白色;花瓣多斜宽卵形,花期4~5月。

[种类与品种]同属种有①线叶石斛(*Dendrobium aurantiacum*):叶革质,线形或狭长圆形,花橘黄色。②长苏石斛(*Dendrobium brymerianum*):叶薄革质,狭长圆形,总状花序,花金黄色。

[生态习性与栽培要点]喜温暖、湿润和半阴环境,不耐寒。生长适温18~30℃,生长期以16~21℃更为合适,休眠期16~18℃,晚间温度为10~13℃,温差保持在10~15℃最佳。白天温度超过30℃对石斛生长影响不大,冬季温度不低于10℃。幼苗在10℃以下容易受冻。

[观赏特点与园林应用]常作切花、盆栽、附木栽培,是优良的观赏植物,也可药用和食用。

4. 卡特兰 *Cattleya Hybrida*(图7-44)

[别名]嘉德丽亚兰、加多利亚兰、卡特利亚兰

[科属]兰科卡特兰属

[形态特征与识别要点]此属常绿,假鳞茎呈纺锤形,株高25cm以上。一茎有叶2~3枚,叶片厚实呈长卵形。一般秋季开花一次,有的能开花2次,一年四季都有不同品种开花;花梗长20cm,有花5~10朵,花大,花径约10cm,有特殊的香气,每朵花能连续开放很长时间;除黑色、蓝色外,几乎各色俱全,姿色美艳。

[种类与品种]目前盆栽或用作切花的大多为卡特兰的杂交种,其中有卡特兰属内品种间的杂交品种,如'红蜡',也有卡特兰属与其他近缘属间杂交的品种,如'粉极''美丽''小木''金比利''世袭''雪莉',还有卡特兰近缘属间的杂交品种。

图7-44 卡特兰

［生态习性与栽培要点］喜温暖湿润环境，越冬温度，夜间 15℃ 左右，白天 20 ~ 25℃，保持大的昼夜温差至关重要，不可昼夜恒温，更不能夜温高于昼温。要求半阴环境，春夏秋三季应遮去 50% ~ 60% 的光线。

［观赏特点与园林应用］卡特兰花形、花色千姿百态，绚丽夺目，常盆栽用于喜庆、宴会上，也可用于插花观赏。

5. 万代兰 *Vanda coerulea*

［科属］兰科万代兰属

［形态特征与识别要点］叶厚革质，带状，长 17 ~ 18cm。花序 1 ~ 3 个，近直立，不分枝；花瓣先端圆形，基部收窄为短爪，具 7 ~ 8 条主脉和许多横脉；唇瓣 3 裂；侧裂片白色，内面具黄色斑点，狭镰刀状，直立，长约 4mm，先端近渐尖；中裂片深蓝色，舌形，向前伸。花期 10 ~ 11 月。

［种类与品种］同属种有①矮万代兰(*Vanda pumila*)：花瓣奶黄色，花期 3 ~ 5 月。②白柱万代兰(*Vanda brunnea*)：花白色，花期 3 月。③小蓝万代兰(*Vanda coerulescens*)：花白色带淡蓝色。

［生态习性与栽培要点］要求高温、高湿和较强的阳光，适于热带地区栽培。北方需在高温温室种植，室温保持在 20℃ 以上。

［观赏特点与园林应用］万代兰花朵大，花色鲜艳，尤以蓝色花朵最为突出。可用于盆栽或吊盆观赏，也可摆放在客厅、书房或悬挂于窗台、阳台。由于花期长，耐贮运，常用作切花观赏或制作新娘捧花和贵宾礼仪花束。

7.4.4 其他兰科花卉

中文名（学名）	原产地	花期（月）	形态特征	同属种、品种等	繁殖	应用
大花蕙兰 Cymbidium hybridum	印度、缅甸、泰国及中国南部等	10月~翌年4月	假鳞茎上通常有12~14节，每个节上均有隐芽；叶为长隐针形，叶色受光照强弱影响很大，可为黄绿色至深绿色；花大型，花色有白、黄、绿、紫红或带有紫褐色斑纹	C. Lucky Gloria 'Aguri'、C. Great katy 'Chartreuse'	组培、人工杂交、分株	切花、盆栽
波瓣兜兰 Paphiopedilum insigne	热带及亚热带大部分地区	10~12	叶片带形或线状舌形，上面深绿色，花茎直立，深绿色，密被紫褐色短柔毛，顶端生1花，花大，花瓣黄绿色或黄褐色而有红褐色脉纹与紫斑点，花瓣狭长圆形或近匙形，平展，先端钝	小叶兜兰、带叶兜兰、卷萼兜兰	播种、分株	盆栽
杓兰 Cypripedium calceolus	黑龙江、吉林东部等地区	6~7	植株高，具粗壮的根状茎；茎直立，被腺毛，基部具数枚鞘，近中部以上具3~4枚叶；叶片椭圆形或卵状椭圆形；花序顶生，通常具1~2花，花具栗色或紫红色萼片和花瓣，但唇瓣黄色	小花杓兰、大叶杓兰、大花杓兰	分株	地被、盆栽
台兰 Cymbidium fioribundum var. pumilum	台湾、福建等地区	3~8	假鳞茎为卵球形，叶带状，叶稍钝尖，叶厚革质，叶面角质层明显；丛生叶片4~6片，多为软革；花梗易斜出或下垂、弯片与花瓣均短而圆，呈长圆形，唇瓣下垂反卷，花色红褐		分株	盆栽
鸟舌兰 Ascocentrum ampullaceum	云南南部至东南部	4~5	茎直立，被叶鞘所包，上面黄绿色带紫红色斑点，背面淡红色，下部常V字形对折，上部稍向外弯；叶V字形对折，狭长圆形，先端截头状并且具不规则的3~4短齿，基部具关节和鞘；花序直立，比叶短，花梗和子房淡黄色带紫，花粉团角状		播种、分株	花坛、盆栽
葱叶兰 Microtis unifolia	安徽、浙江、广西等地区	5~9	块茎较小，近椭圆形，基部有膜质鞘；叶片筒圆状，近轴面具纵槽。总状花序，花苞片狭卵状披针形，花梗很短，花绿色或淡绿色，中萼片宽椭圆形，花瓣狭卵圆形，唇瓣近狭椭圆形舌状，稍肉质，无距，近基部两侧各有1个胼胝体，蕊柱极短，蒴果椭圆形		分株	盆栽
毛舌兰 Trichoglottis triflora	云南南部	8	根簇生，肉质，稍扁，长而弯曲；茎直立，叶数枚，二列，常呈V字形对折，向外弯，基部具宿存的鞘；花苞片卵状三角形，黄绿色，与中萼片等大，在背面中肋隆起呈龙骨状，花瓣狭镰刀状长圆形，先端钝，背面中肋隆起呈龙骨状；白色带紫红色斑点		分株	盆栽

（续）

中文名（学名）	原产地	花期（月）	形态特征	同属种、品种等	繁殖	应用
茼荪兰 Cryptotaenia japonica	浙江、江西等地区	7～10	假鳞茎扁球形；叶带状或披针形，先端渐尖，基部收窄为细柄，两面无毛，叶片三角形；花葶纤细或粗壮，密布柔毛，花黄色，萼片椭圆形，背面被柔毛，花瓣宽长圆形，与萼片等长，花瓣白色		分株	盆栽、药用
火焰兰 Renanthera coccinea	海南、广西等地区	4～6	茎攀缘，粗壮，质地坚硬，圆柱形；叶二列，斜立或近水平伸展，舌形或长圆形，圆柱形；花序与叶对生，粗壮而坚硬，圆锥花序或总状花序疏生多数花，花火红色	云南火焰兰	分株、组织培养	药用、观赏
独蒜兰 Pleione bulbocodioides	陕西南部、甘肃、湖北等地区	4～6	叶在花期尚幼嫩，长成后狭椭圆状披针形或近倒披针形，纸质；花粉红色至淡紫色，唇瓣上有深色斑，花瓣倒披针形；蒴果近长圆形		分株	盆栽
血叶兰 Ludisia discolor	中国、东南亚等地区	2～4	根状茎匍匐，具节；叶片卵形或卵状长圆形，先端急尖或短尖，上面黑绿色；总状花序顶生，具几朵至10余朵花，白色或带淡红色		分株	盆栽、药用

7.5　水生花卉

7.5.1　概述

7.5.1.1　水生植物与水生花卉

狭义水生植物是在所有的营养体部分沉水或为水支持(浮叶)的情况下，能够完成繁殖循环的植物；或者在正常情况下沉水，但当其营养体部分由于出水而逐渐死亡时，可以诱导出有性生殖的植物(Den Hartog & Segal，1964)。广义水生植物是大型草本植物，它们组成了沿岸带或沼泽植被的一部分(Best，1988)；或水生维管束植物指所有蕨类植物亚门和种子植物亚门中那些其光合作用器官永久或至少一年中数月沉于水中或浮在水面的植物(Cook，1974、1990)。

水生花卉(water ornamental plants)泛指生长于水中或沼泽地的观赏植物。按生态习性主要分为挺水类、浮水类、漂浮类和沉水类。其中在园林中的主要观赏类型是挺水类和浮水类，在水体净化过程中用到大量的沉水类，漂浮类只有少量的使用。

① 挺水类　根生于泥中，茎叶挺出水面。如荷花、千屈菜、香蒲、菖蒲、石菖蒲、水葱和水生鸢尾等。

② 浮水类　此类花卉根生于泥中，叶片漂浮水面或略高出水面，花开时近水面，是主要的观赏类型，主要有睡莲、萍蓬草、芡实、王莲、菱角、荇菜、莼菜等。

③ 漂浮类　此类根系漂浮于水中，叶完全浮于水面，可随水漂移。主要有凤眼莲、水鳖、满江红和浮萍等。

④ 沉水类　该类花卉根扎于泥中，茎叶沉于水中，是净化水质或布置水下景观的优良植物材料，许多金鱼缸中使用的即是此类。属于这一类的有黑藻、苦草、眼子菜等。

7.5.1.2　水生花卉的生态习性

绝大多数水生花卉喜欢光照充足、通风良好的环境。叶片通常呈丝状或带状以适应环境。水中的含氧量、二氧化碳含量影响着水生植物的生长发育，只能分布在一定水深范围内。在自然生境中水生植物常呈带分布的模式。越冬方式多样化：①以种子越冬；②以根状茎、块茎或球茎越冬，如莲藕、香蒲、芦苇、荸荠、慈姑等；③以冬芽的方式越冬，如苦草、黑藻、浮萍；④以孢子形式越冬，如中华水韭、粗梗水蕨等。

7.5.1.3　水生花卉的园林应用

水生花卉在现代城市园林造景中是必不可少的材料。它不仅可以观叶、品姿、赏花，还能欣赏映照在水中的倒影，令人浮想联翩。湖面上数株亭亭玉立的荷花，荷叶青翠欲滴，粉红、紫红的荷花娇羞迷人，在晨光晚霞中，湖光倒影，向人们展现出一幅迷人的画卷。另外，水生植物也是营造野趣的上好材料，在河岸密植芦苇林，大片的香蒲、慈姑、水葱、浮萍定能使水景野趣盎然。种植时宜根据植物的生态习性设置深水、中水、浅水栽植区，分别种不同水生花卉。通常深水区在中央，渐至岸边分别制作中水、浅水和沼生、湿生植物区。考虑到很多水生花卉在北方不易越冬和管理的方便，最好在水中设置种植槽，不仅有利于管理，还可以有计划地更新布置。值得注意的是，水生花卉只是水景的点缀，不宜过密布置，否则会喧宾夺主，不仅影响水中倒影及景观视线，也会影响水体的流动和防洪。对于要求治污功能较强的水体，应选择一些耐污强又具有较高观赏价值的植物，如千屈菜、水葱、德国鸢尾等。

　　同时水生花卉具有重要的生态价值。早在20世纪70年代，园林学家就注意到了水生植物在净化水体中的作用，并开始巧妙地应用于园林以治理污水。近30年来，我国对东湖、巢湖、滇池、太湖、洪湖、白洋淀等浅水湖泊的富营养化控制和人工湿地生态恢复的大量研究证明，水生植物可以吸附水中的营养物质及其他元素。

7.5.2　常见水生花卉

1. 荷花 *Nelumbo nucifera*（图 7-45）

[别名] 莲花、芙蕖、水华、草芙蓉、六月春、芙蓉、水芙、水芙蓉、中国莲等

[科属] 睡莲科莲属

[形态特征与识别要点] 多年生挺水类水生花卉。根茎（藕）肥大多节，横生于水底泥中。叶盾状圆形，表面深绿色，被蜡质白粉，背面灰绿色，全缘并呈波状；叶柄圆柱形，密生倒刺。花单生于花梗顶端、高托水面之上，有单瓣、复瓣、重瓣及重台等花型；花色有白、粉、深红、淡紫色或间色等变化；雄蕊多数；雌蕊离生。聚合坚果。花期6~9月；果熟期9~10月。

[种类与品种] 包括两大种类：中国莲和美国莲。荷花栽培品种很多，依用途不同可分为藕莲、子莲和花莲三大系统。

[生态习性与栽培要点] 喜温暖、湿润、耐涝、不耐旱，较耐寒，抗病能力强，对土壤要求不严。以分株繁殖较常用，也可播种繁殖。

[观赏特点与园林应用] 荷花是中国的十大名花之一。花大色艳，花叶俱美，品种繁多，为我国应用最广泛的水生植物，在园林中常用于湖塘等水体绿化，多用于荷花池或盆栽欣赏，也是湖泊沿岸道旁绿化的材料。

图 7-45　荷　花

2. 睡莲 *Nymphaea tetragona*（图7-46）

[别名] 子午莲、水芹花

[科属] 睡莲科睡莲属

[形态特征与识别要点] 多年生水生植物。地下具块状根茎，生于泥中。叶丛生并浮于水面，具细长叶柄，近圆形或卵状椭圆形，纸质或革质，直径6~11cm，全缘，叶面浓绿，背面暗紫色。花于午后开放，花径2~7.5cm，单生于细长花梗顶端；萼片4，阔叶披针形或窄卵形，外面绿色、内面白色，花瓣多数，有白、粉、黄、紫红及浅蓝色等。聚合果球形，内含多数椭圆形黑色小坚果。花期6~9月；果期7~10月。

图7-46 睡 莲

[种类与品种] 睡莲属有40种，我国原产的有7种以上。本属尚有许多中间杂种和栽培品种。通常根据耐寒能力将其分为两类：不耐寒类有红花睡莲（*Nymphaea rubra*）、埃及白睡莲（*Nymphaea lotus*）、南非睡莲（*Nymphaea capensis*）等；耐寒类有雪白睡莲（*Nymphaea candida*）、白睡莲（*Nymphaea alba*）、香睡莲（*Nymphaea odorata*）、块茎睡莲（*Nymphaea tuberosa*）。

[生态习性与栽培要点] 睡莲喜强光与通风良好、水质清洁的环境。对土壤要求不严，但需富含腐殖质的黏质土，最适水深25~30cm，最深不超过80cm。常用分株繁殖，也可种子繁殖。栽培时注意保持阳光充足，通风良好。施肥多采用基肥。

[观赏特点与园林应用] 睡莲是一种重要的水生观赏植物，可用于美化平静的水面，也可盆栽观赏或作切花材料。睡莲的根能吸收水中的铅、汞及苯酚等有毒物质，有良好的净化水质功能。

3. 王莲 *Victoria regia*（图7-47）

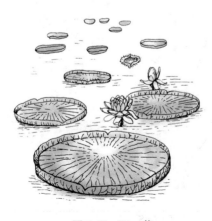

图7-47 王 莲

[别名] 水玉米、中叶王莲

[科属] 睡莲科王莲属

[形态特征与识别要点] 多年生或一年生大型浮叶草本，是水生有花植物中叶片最大的植物。其初生叶呈针状，后期呈椭圆形至圆形，叶缘直立，叶片圆形，像圆盘浮在水面，直径可达2m以上，叶面光滑，绿色略带微红，有皱褶，背面紫红色；叶柄绿色，长2~4m；叶片背面和叶柄有许多坚硬的刺，叶脉为放射网状。花很大，单生，萼片4，呈卵状三角形，外面全部长有刺；花瓣数目很多，呈倒卵形，花色初期白，

后期变红，芳香。浆果呈球形，种子黑色。花期为夏季或秋季，9月前后结果。

[种类与品种]包括原生种亚马逊王莲(*Victoria amazonica*)、克鲁兹王莲(*Victoria cruziana*)和两者杂交而成、叶片最大的'长木'王莲('Longwood')等。

[生态习性与栽培要点]喜光，喜高温高湿，耐寒力极差，喜肥沃深厚的污泥，但不喜过深的水。一般采用分株、分球繁殖，分株时间最好是在早春(2~3月)土壤解冻后进行。

[观赏特点与园林应用]王莲以巨大的盘叶和美丽浓香的花朵而著称。常与荷花、睡莲等水生植物搭配布置，形成完美、独特的水体景观，既具有很高的观赏价值，又能净化水体。

4. 千屈菜 *Lythrum salicaria*(图7-48)

图7-48　千屈菜

[别名]水枝柳、水柳、对叶莲等

[科属]千屈菜科千屈菜属

[形态特征与识别要点]　多年生挺水草本植物。根茎横卧于地下，粗壮，木质化；茎直立，四棱形。叶对生或三叶轮生，披针形或阔披针形，基部有时略抱茎，叶全缘，无柄。总状花序顶生，裂片6，三角形；花瓣6，红紫色或淡紫色；雄蕊12，6长6短，伸出萼筒之外；子房2室，花柱长短不一。蒴果扁圆形。花期6~9月。

[种类与品种]同属有25个种，重要的种与变种有帚状千屈菜：叶基狭楔形，叶腋着生短而小的聚伞花序，小花3~5，似轮生花序；紫花千屈菜：花穗大，花深紫色；大花桃红千屈菜：花桃红色；毛叶千屈菜，全株被白绵毛。

[生态习性与栽培要点]喜温暖及光照、通风良好的环境，尤喜水湿，对土壤要求不严，在土层深厚、含有大量腐殖质的土壤中生长最佳。可用播种、分株和扦插繁殖。

[观赏特点与园林应用]千屈菜株丛整齐清秀，花色明丽，观花期长，最适合水边丛植或水池栽植，作花境背景材料，也可盆栽观赏和切花。

5. 香蒲 *Typha angustata*(图7-49)

[别名]东方香蒲、水蜡烛

[科属]香蒲科香蒲属

[形态特征与识别要点]多年生挺水植物。地下具粗壮匍匐的根茎，地上茎直立细长，圆柱形，不分枝，高达

图7-49　香　蒲

1.5m。叶由茎从基部抽出，二列状着生，长带形，花单生，同株。穗状花序呈蜡烛状，浅褐色。花期5~7月。

[种类与品种] 1科1属，约18种，我国有近10种，重要观赏类型和种有小叶香蒲和水烛。

[生态习性与栽培要点] 耐寒，喜阳光，喜深厚肥沃的泥土，最宜生长在浅水湖塘或池沼内，对环境条件要求不甚严格，适应性较强。通常分株繁殖。

[观赏特点与园林应用] 香蒲叶丛细长如剑，色泽光洁淡雅，最宜水边栽植观赏，也可盆栽，为常见的观叶植物，花序经干制后为良好的干花材料。

6. 萍蓬草 *Nuphar pumilum*（图7-50）

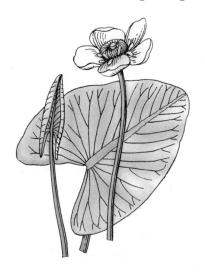

图7-50 萍蓬草

[别名] 黄金莲、萍蓬莲

[科属] 睡莲科萍蓬草属

[形态特征与识别要点] 多年生浮水草本。根状茎肥厚块状，横卧泥中。叶二型，浮水叶纸质或近草质，圆形至卵形，全缘；基部开裂呈深心形，叶面绿而光亮。花单生叶腋，圆柱状花茎挺出水面，花蕾球形，绿色；萼片5枚，黄色，花瓣状；花瓣10~20，狭楔形。浆果卵状；种子矩圆形，黄褐色，光亮。花期5~7月；果期7~9月。

[种类与品种] 本属中主要观赏类型及种有贵州浮萍草、中华浮萍草、欧亚浮萍草、台湾浮萍草。

[生态习性与栽培要点] 喜温暖、湿润、阳光充足的环境，对土壤要求不严，土质肥沃略带黏性为好；耐低温，长江以南可在露地水池越冬，不需防寒，在北方需保护越冬，休眠期温度保持在0~5℃即可；主要以无性繁殖为主，块状茎繁殖在3~4月进行，分株繁殖可在生长期6~7月进行。

[观赏特点与园林应用] 浮萍草初夏开放，黄色的花朵挺出水面，灿烂如金色阳光铺洒于水面，是夏季水景园中极为重要的观赏植物。多用于池塘水景布置，又可盆栽于庭院、建筑物、假山石前，或在居室前向阳摆放。

7. 芡实 *Euryale ferox*（图7-51）

[别名] 鸡头米、假莲藕、刺莲藕

[科属] 睡莲科芡属

[形态特征与识别要点] 一年生水生草本，具白色须根及不明的茎。初生叶沉水，箭形；后生叶浮于水面；叶柄长而中空，表面生多数刺；叶片椭圆状肾形或圆状盾形，表面深绿色，有蜡被，具多数隆起；叶脉分歧点有尖刺，背面深紫色，叶脉凸起，有绒毛。花单生；花梗粗长，多刺，伸出水面；萼片4，直立，披针形，肉质，外面绿色，有刺，内面带紫色；花瓣多数，分3轮排列，带紫色。浆果球形；种子黑

色，坚硬，具假种皮。花期 6 ~ 9 月；果期 7 ~ 10 月。

［种类与品种］本属仅 1 种，栽培的有 3 个品种：'紫花'苏芡'白花'苏芡'刺芡'。

［生态习性与栽培要点］喜温暖、湿润、阳光充足的环境，对土壤要求不严，土肥沃略带黏性为好。以播种繁殖方式为主，生长于 1 ~ 3m 深水或浅水。

［观赏特点与园林应用］芡实叶片巨大，花茎多刺，果形奇特，是具很高观赏价值的水生植物。

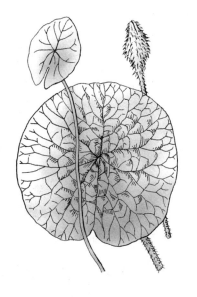

图 7-51　芡　实

8. 梭鱼草 *Pontederia cordata*

［别名］北美梭鱼草、海寿花

［科属］雨久花科梭鱼草属

［形态特征与识别要点］多年生挺水或湿生草本植物。叶形多变，大部分为倒卵状披针形，叶片光滑，呈橄榄色；叶柄绿色，圆筒形，深绿色。最上方的花被裂片有 1 个二裂的黄绿色斑点；花莛直立，通常高出叶面，穗状花序顶生；小花密集在 200 朵以上，蓝紫色带黄斑点。果实初期绿色，成熟后褐色；果皮坚硬，种子椭圆形。花果期 5 ~ 10 月。

［种类与品种］①'白心'梭鱼草（'Alba'）：花白色略带粉红色。②'蓝花'梭鱼草（'Caeius'）：花蓝色。

［生态习性与栽培要点］喜温、喜光、喜肥、喜湿、怕风不耐寒，静水及水流缓慢的水域中均可生长，适宜在 20cm 以下的浅水中生长，适温 15 ~ 30℃，越冬温度不宜低于 5℃，梭鱼草生长迅速，繁殖能力强，采用分株法和种子繁殖。

［观赏特点与园林应用］梭鱼草可用于家庭盆栽、池栽，也可广泛用于园林美化，栽植于河道两侧、池塘四周、人工湿地，与千屈菜、花叶芦竹、水葱、再力花等相间种植，具有很高的观赏价值。

9. 再力花 *Thalia dealbata*

［别名］水竹芋、水莲蕉

［科属］竹芋科水竹芋属

［形态特征与识别要点］多年生挺水草本。全株附有白粉。叶卵状披针形，浅灰蓝色，边缘紫色。复总状花序，花小，紫堇色。花期春、夏季。

［种类与品种］同属品种有红鞘水竹芋。

［生态习性与栽培要点］好温暖水湿、阳光充足的气候环境，不耐寒，耐半阴，怕干旱。在微碱性的土壤中生长良好，以根茎分株或播种繁植。

［观赏特点与园林应用］再力花植株高大美观，硕大的绿色叶片形似芭蕉叶，叶色翠绿可爱，花序高出叶面，亭亭玉立，蓝紫色的花朵素雅别致，是重要的水景花卉，常成片种植于水池或湿地，形成独特的水体景观。

10. 旱伞草 *Cyperus involucratus*（图7-52）

[别名]水棕竹、伞草、风车草

[科属]莎草科莎草属

[形态特征与识别要点]多年湿生、挺水植物，高40~160cm。茎秆粗壮，直立生长，茎近圆柱形，丛生，上部较为粗糙，下部包于棕色的叶鞘之中。叶状苞片呈螺旋状排列在茎秆的顶端，向四面辐射开展，扩散呈伞状。聚伞花序。果实为小坚果，椭圆形近三棱形。果实9~10月成熟。花果期为夏秋季节。

[种类与品种]同属有纸莎草（*Cyperus papyrus*）。

[生态习性与栽培要点]性喜温暖湿润，通风良好，光照充足的环境，耐半阴，甚耐寒，华东地区露地稍加保护可以越冬，对土壤要求不严，以肥沃稍黏的土质为宜。旱伞草可播种、分株和扦插繁殖。

[观赏特点与园林应用]旱伞草株丛繁密，叶形奇特，是良好的观叶植物，除盆栽观赏外，还可配置于溪流岸边假山石的缝隙作点缀，别具天然景趣。

图7-52　旱伞草

11. 金鱼藻 *Ceratophyllum demersum*

[别名]细草、鱼草、软草、松藻

[科属]金鱼藻科金鱼藻属

[形态特征与识别要点]多年生沉水草本。茎秆平滑具分枝。叶4~12轮生，1~2次二叉状分歧，裂片丝状，或丝状条形，先端带白色软骨质，边缘仅一侧有数细齿。坚果宽椭圆形，黑色，平滑，边缘无翅，有3刺，顶生刺先端具钩，基部2刺向下斜伸，先端渐细成刺状。花期6~7月；果期8~10月。

[种类与品种]东北金鱼藻、宽叶金鱼藻、五刺金鱼藻、细金鱼藻。

[生态习性与栽培要点]生命力较强，适温性较广，在水温低至4℃时也能生长良好，金鱼藻是喜氮植物，水中无机氮含量高生长较好。用营养体分割繁殖。

[观赏特点与园林应用]金鱼藻多年生长于小湖泊静水处，于池塘、水沟等处常见，可用于人工养殖鱼缸布景、鱼类的饵料，也可作为猪的饲料，四季可采。

12. 狐尾藻 *Myriophyllum verticillatum*

[别名]轮叶狐尾藻、牛尾草

[科属]小二仙草科狐尾藻属

[形态特征与识别要点]多年生粗壮挺水或沉水草本。根状茎发达，在水底泥中蔓延，节部生根。茎圆柱形，多分枝。叶通常4片轮生，或3~5片轮生，无叶柄；裂片8~13对，互生，秋苞片羽状篦齿状分裂。花单性，雌雄同株或杂性。果实广卵

形。花期8~9月。

[种类与品种] 本属约45种，广布于全世界，我国分布于南北各地。其他种有矮狐尾藻（*Myriophyllum humile*）、乌苏里狐尾藻（*Myriophyllum propinquum*）、穗状狐尾藻（*Myriophyllum spicatum*）和四蕊狐尾藻（*Myriophyllum tetrandrum*）。

[生态习性与栽培要点] 好温暖水湿、阳光充足的气候环境，不耐寒，入冬后地上部分逐渐枯死，在微碱性的土壤中生长良好，主要以扦插繁殖方式为主，也可种子繁殖。

[观赏特点与园林应用] 可用于水景或水体绿化，也可盆栽用于室内、阶前、路边等观赏，是水族箱中常用的水生植物。

13. 竹叶眼子菜 *Potamogeton wrightii*

[别名] 菜箬叶藻、马来眼子菜

[科属] 眼子菜科眼子菜属

[形态特征与识别要点] 多年生浮叶或沉水草本。根茎发达，白色，节处生有须根。茎圆柱形，不分枝或具少数分枝。叶条形或条状披针形，具长柄，先端钝圆而具小凸尖，基部钝圆或楔形，边缘浅波状，有细微的锯齿。穗状花序顶生，具花多轮，密集或稍密集。果实倒卵形，两侧稍扁，背部明显3脊。花果期6~10月。

[种类与品种] 眼子菜属有100种，相关种有单果眼子菜（*Potamogeton acutifolius*）、崇阳眼子菜（*Potamogeton chongyongensis*）、菹草（*Potamogeton crispus*）、眼子菜（*Potamogeton distinctus*）、泉生眼子菜（*Potamogeton fontigenus*）等。

[生态习性与栽培要点] 喜温暖、水湿和阳光充足环境，怕干旱。主要依赖营养繁殖来实现种群的更新与扩展。

[观赏特点与园林应用] 竹叶眼子菜是许多河流、湖泊生境中的优势种类，是恢复"水下森林"的优势物种。

7.5.3 其他水生花卉

中文名 （学名）	原产地	花期 （月）	形态特征	同属种、品种等	繁　殖	应　用
芦苇 *Phragmites australis*	全世界分布	8～12	多年水生或湿生的高大禾草；叶片长线形或长披针形，排列成两行；圆锥花序分枝稠密，向斜伸展	花叶芦竹	以根茎繁殖为主	水面绿化
南荻 *Triarrhena lutarioriparia*	我国长江中下游以南各地	9～11	多年生高大竹状草本，具十分发达的根状茎；秆直立，深绿色或带紫色至褐色，有光泽，常被蜡粉；叶片带状，中脉粗壮，白色，下面隆起，基部较宽；圆锥花序	荻、节荻、岗柴	种子和根状茎繁殖为主	园林水景绿化布置
菱 *Trapa bispinosa*	中国中南部	5～10	一年生浮水草本；根二型：着泥根细铁丝状，着生水底泥中；同化根羽状细裂，裂片丝状；茎柔弱分枝；叶二型：浮水叶互生成莲座状的菱盘，叶片菱圆形或三角状圆形	四角菱、红菱、乌菱、东北菱	播种	点缀水景
黄丝草 *Potamogeton maackianus*	东北、华北、华东、华中以及西南各地	6～9	多年生沉水草本；茎细长，叶条形，无柄，中脉显著，侧脉较细弱；穗状花序顶生	小叶眼大菜、竹叶眼子菜	播种或茎段繁殖	用于湖泊、池沼小水景

7.6　仙人掌类与多浆植物

7.6.1　概述

7.6.1.1　定义及栽培要点

多浆植物也称多肉植物，是指营养器官（通常为茎、叶）具有发达的贮水组织，外形肥厚多汁，能在长期干旱的条件下生存的一类植物，包括仙人掌科、景天科、百合科、番杏科、萝藦科、龙舌兰科等50多个科的植物。它们都是高等植物，而且大部分是被子植物。全世界的多浆植物共有1万多种。其中，仙人掌科植物不仅种类繁多，形态特殊，而且开花独特，栽培比较普遍。同时还具有其他科多浆植物所没有的器官——刺座。所以，将其单独列出，专称为仙人掌类花卉。而其他科的多浆植物仍被称为多浆植物或是多肉花卉。在园艺上习惯把这两类并列称为"仙人掌类与多浆植物"，这样，"多浆植物"就有广义和狭义两种概念，广义上的多浆植物包括仙人掌类植物，狭义上的多浆植物包括仙人掌类之外的其他科多浆植物。

为了适应干旱的环境，仙人掌类与多浆植物不仅具有发达的贮水组织，有些种类的表皮还呈角质化或被蜡质层，有些种类具有毛或刺，有些种类的叶片退化成刺状，这些特征造就了此类植物独特的形态；在栽培过程中，人们还选育出了斑锦、缀化和石化的变异类型；很多种类的花形与花色也具有极高的观赏价值。仙人掌类与多浆植物大多易于管理，较耐旱，忌积水，生长期浇水要注意"不干不浇，浇则浇透"，以防烂根；休眠期要控制浇水，甚至可以不浇水；此外，其对养分的需求也不高。千奇百怪的形态和奇异美观的花朵，加之栽培管理较容易，使仙人掌类与多浆植物越来越受到人们的青睐。

7.6.1.2　园林应用

（1）室外造景

可以在城市中，如广场、建筑物附近、屋顶花园、体育馆周边、居民小区等区域，布置大型的仙人掌类及多浆植物景观。在布景时，要根据周围的环境、空间、地形和观赏角度去布置。

（2）室内小型造景

多浆植物还适宜布置成微缩景观，以组合盆景的形式走进千家万户。这种微型造景，在日本称为"合植盆栽"，在欧洲则被称为"活的艺术""动的雕塑"。这是由于所用的植物观赏期一般都很长。

微型盆景中的松、柏小巧可爱，最高不超过十几厘米，用小型的紫砂盆种植，是中国盆景艺术的结晶。随着仙人掌类和多浆植物品种的丰富，人们也可以用它们制作微型盆景。仙人掌类与多浆植物比其他植物更易成型，更易养护，而且有很多种类本身就是小型种，如仙人掌科的松露玉、景天科的虹之玉、串钱等，都是制作微型盆景的好材料。可以摆放在餐厅、书房、客房及卧室，既清洁空气又可供观赏。

（3）专类园

仙人掌类与多浆植物多原产于美洲或非洲，是比较新奇的植物。许多植物园都建立了多浆植物专区或专类园，以展览来自异国他乡的奇异植物，供兴趣爱好者欣赏、学习、交流。

7.6.2 常见仙人掌类与多浆植物

1. 金琥 *Echinocactus grusonii*（图 7-53）

图7-53 金 琥

［别名］象牙球

［科属］仙人掌科金琥属

［形态特征与识别要点］常绿草本，植株圆球形，在原产地直径可达 80cm 以上，单生或成丛，绿色。球顶密被黄色绵毛，具纵棱 21~37；棱上具刺座，每刺座具金黄色辐射状硬刺 8~10 根，长 3cm，中刺 3~5 根，较粗，稍弯曲，长 5 cm，形似象牙。花生于球顶的绵毛丛中，钟形，黄色。花期 6~10 月。

［种类与品种］白刺金琥（var. *albispinus*）、狂刺金琥（var. *intertextus*）、短刺金琥（裸琥、无刺金琥）（var. *subinermis*）、金琥冠（f. *cristata*）、金琥锦（f. *variegata*）等。

［生态习性与栽培要点］性强健。喜阳光充足、通风良好、温暖干燥的环境，忌水涝，不耐寒。喜肥沃且排水良好的石灰质砂壤土。播种繁殖。生长适温为 20~25℃。夏季高温时应适当遮阴。休眠期停止施肥，并保持盆土稍干。每年需换盆 1 次。

［观赏特点与园林应用］株形浑圆、端正，金色硬刺极具观赏性，是优良的室内盆栽植物，可置于茶几、案头、窗台、厅堂；也是仙人掌科植物专类园必不可少的种类，条件适宜地区也可露地群植。

2. 蟹爪兰 *Zygocactus truncatus*（图 7-54）

［别名］蟹爪莲、锦上添花

［科属］仙人掌科蟹爪兰属

［形态特征与识别要点］附生常绿肉质植物，常呈灌木状。多分枝，常下垂，茎节扁平，倒卵形或矩圆形，先端平截，边缘具蟹钳状尖锯齿。花生于茎节顶端，为两侧对称花，花瓣开张而反卷，玫瑰红色，已育出的品种中还有粉红、淡紫、橙黄和白色等。花期 12 月至翌年 1 月。

［生态习性与栽培要点］喜半阴，忌强光暴晒，短日照花卉。喜温暖、湿润且通

风良好的环境，不耐寒。喜疏松、排水良好且富含腐殖质的土壤。嫁接和扦插繁殖。生长适温为 15～25℃。生长期间要水分充足，并保持一定的空气湿度。夏季最炎热时和开花后有短暂的休眠期，要停止施肥，盆土应适当干燥。栽培中常设立圆形支架，以保持优美的株形。

[观赏特点与园林应用] 株形别致，花繁色艳，花期恰逢圣诞节和元旦，适合用于窗台、阳台、厅堂的装饰，吊盆观赏也很美观。

图 7-54 蟹爪兰

3. 长寿花 *Kalanchoe blossfeldiana*

[别名] 矮生伽蓝菜、圣诞伽蓝菜、寿星花

[科属] 景天科伽蓝菜属

[形态特征与识别要点] 常绿直立肉质草本，高 30～50cm。肉质叶交互对生，长圆状匙形，叶缘具圆钝齿。圆锥状聚伞花序，小花高脚碟形，直径 1.3～1.7cm，花瓣常 4 枚，有鲜红、桃红、橙红、粉、黄、白等色，亦有重瓣品种。花期 2～5 月。

[生态习性与栽培要点] 喜阳光充足、通风良好而稍湿润的环境，短日照花卉。不耐寒，耐干旱，喜疏松肥沃的砂质壤土。扦插繁殖。生长适温 15～25℃，20d 左右施 1 次腐熟的液肥或复合肥。

[观赏特点与园林应用] 株形紧凑，叶色油绿，花期长且花色丰富。寓意长命百岁，是冬春季重要的室内盆栽花卉。可用于点缀窗台、茶几，装饰花槽、橱窗，生长季可在室外布置花坛或作镶边材料。

4. 石莲花 *Echeveria glauca*（图 7-55）

[别名] 玉蝶、宝石花、八宝掌

[科属] 景天科石莲花属

图 7-55 石莲花

[形态特征与识别要点] 常绿肉质草本。根茎粗壮，半直立。叶肉质，呈莲座状排列于茎的上部，蓝灰色，被白粉，倒卵形或近圆形，全缘，无叶柄，先端圆钝近平截，中央有小突尖。单歧聚伞花序腋生，具花 8～20 朵，小花钟形，外面粉红色或红色，里面黄色。花期 6～8 月。

同属相近种有①吉娃莲（*Echeveria chihuahuaensis*）：莲座非常紧凑，卵形叶较厚，蓝绿至灰绿、淡绿色，被白粉，叶先端的小突尖呈玫瑰红或深粉红色，以观叶为主。②静夜（*Echeveria derenbergii*）：莲座紧凑，叶倒卵形或楔形，肥厚，浅绿色，具白霜，先端小突尖带红晕。两者均原产于墨西哥。

［生态习性与栽培要点］喜温暖、干燥、光照充足的条件。不耐寒。喜疏松肥沃、排水良好的砂壤土。扦插繁殖为主。生长适温 15～28℃，生长期可放在阳光充足且通风良好的地方，叶丛中心不可积水。休眠期盆土适当干燥。每年应换盆 1 次。

［观赏特点与园林应用］株形美观，似玉石雕琢成的莲花，既可观叶，又可观花，装饰性强。适于布置几案、阳台等处，也可用于布置专类园。

5. 翡翠珠 *Senecio rowleyanus*

［别名］一串珠、绿（之）铃、项链掌

［科属］菊科千里光属

［形态特征与识别要点］常绿蔓性肉质草本。茎细长，平卧地面或悬垂。叶互生，卵状球形至圆球形，肥厚多汁，先端具小尖头，鲜绿色，叶的一侧具一条半透明的纵纹。头状花序，白色。花期 12 月至翌年 1 月。

［种类与品种］园艺品种有'翡翠珠锦'（'Variegata'）。同属相近种有①弦月（*Senecio radicans*）：肉质叶圆筒形，弯曲如月。②京童子（*Senecio herreanus*）：肉质叶水滴形至长卵状球形，叶上具西瓜皮状的纹理，温差大则纹理呈粉紫色。两者均为白色头状花序，原产于非洲南部。

［生态习性与栽培要点］喜明亮的散射光，但忌强光直射。喜凉爽的环境，忌高温，不耐寒。耐干旱，忌水涝。喜疏松透气、排水良好的土壤。扦插繁殖。生长适温为 18～22℃，盛夏呈半休眠状态，需遮阴。

［观赏特点与园林应用］叶珠圆玉润，玲珑别致，是理想的垂吊植物。可装饰书桌、茶几、窗台，也可悬垂于窗前或其他适合立体绿化的场所。

6. 生石花 *Lithops pseudotruncatella*（图 7-56）

［别名］石头花

［科属］番杏科生石花属

［形态特征与识别要点］常绿小型多浆植物，株高 1～5cm，茎极短。肉质肥厚的叶对生，连结成倒圆锥体，顶部平或略突起，中央有裂缝，植株有蓝灰、灰绿、灰褐等颜色，顶部具颜色不同的斑点或花纹，外观酷似卵石。花自顶部裂缝中抽出，多为黄色或白色，形似菊花。花期秋季。

图 7-56 生石花

［生态习性与栽培要点］喜阳光充足、通风良好的环境，忌强光。喜温暖，耐高温，不耐寒。耐干旱。喜排水良好的砂质壤土。播种繁殖。生长适温 20～25℃。生长旺季水分也不可过大，叶缝忌进水。夏季休眠期应适当遮阴并减少浇水；冬季休眠期要求充足阳光。脱皮过程中，切忌往植株上喷水。

［观赏特点与园林应用］奇特的拟态植物，小巧

玲珑，品种繁多，色彩丰富，花朵也有较高的观赏价值，是优良的室内小型盆栽植物。可点缀几案，也可用于布置专类园。

7. 玉露 *Haworthia cooperi* var. *pilifera*

[科属]百合科十二卷属

[形态特征与识别要点]常绿草本，植株低矮，呈半球形。肥厚饱满的叶呈莲座状排列紧密，翠绿色，先端钝圆，呈透明或半透明状，称为"窗"，有线状纹理。总状花序松散，小花白色。

[种类与品种]园艺变种及变型或品种主要有姬玉露(var. *truncata*)、'白斑'玉露('Variegata')、蝉玉露、冰灯玉露等。同属相近种有①万象(*Haworthia maughanii*)：肉质叶近圆筒形，自植株基部斜出，呈松散的莲座状排列，叶色深绿、灰绿或红褐色，先端呈水平截断状，透明或半透明，有浅色花纹。②康平寿(*Haworthia comptoniana*)：深绿色的肉质叶呈莲座状排列，先端卵圆状三角形，表面有白色的网格状斑纹，叶缘具细齿。

[生态习性与栽培要点]喜散射光充足的环境，忌阳光直射。喜温暖，不耐寒。耐干旱，忌潮湿。喜疏松肥沃、排水良好的砂壤土。分株繁殖。生长适温12~28℃。生长期在春、秋季，浇水不可过勤；休眠期应控制浇水。炎夏需遮阴，并保持通风。

[观赏特点与园林应用]形态雅致，清秀可爱，是理想的小型室内盆栽植物，为广大多浆植物爱好者所喜爱。以观叶为主，可搭配精致的栽植容器，装点窗台、茶几、书桌、阳台等。

8. 令箭荷花 *Nopalxochia ackermannii* (图 7-57)

[别名]孔雀仙人掌、荷花令箭

[科属]仙人掌科令箭荷花属

[形态特征与识别要点]常绿肉质植物，灌木状。茎直立，绿色，扁平，形似令箭。花单生于茎两侧的刺座中，喇叭状，有紫红、红、粉、黄、白等色。花期5~7月。

[生态习性与栽培要点]忌强光直射。喜温暖湿润、通风良好的环境，不耐寒。耐干旱。喜疏松肥沃、排水良好的微酸性土壤。扦插或嫁接繁殖。春、秋、冬季可以放置在阳光充足的地方，夏季应避免阳光暴晒。生长期适当追肥。立秋后停肥控水。

[观赏特点与园林应用]优良的室内盆花，可摆放于窗台、客厅或阳台。

图7-57　令箭荷花

9. 露花 *Aptenia cordifolia*

[别名]心叶日中花、露草、花蔓草

[科属]番杏科露花属

［形态特征与识别要点］蔓性常绿草本。肉质叶对生，心状卵形，先端急尖或圆钝具突尖头，鲜绿色。花单生于茎顶端或叶腋，花瓣狭小，多数，粉红至紫红。花期7~8月。

［生态习性与栽培要点］喜阳光充足、温暖、干燥、通风的环境，忌高温多湿。喜疏松肥沃、排水良好的砂壤土。扦插或播种繁殖。4~9月为旺盛生长期，水分应充足。夏季忌强光直射。为保持株形优美，可适当摘心和修剪。

［观赏特点与园林应用］枝条柔软下垂，观花观叶均可，是优良的垂吊花卉。宜摆放于窗台、阳台或适当的盆架上，也可作种植钵的边缘垂悬材料或作地被材料。

10. 鸾凤玉 *Astrophytum myriostigma*

［科属］仙人掌科星球属

［形态特征与识别要点］植株单生，球形。具3~8棱，多为5棱。球体青绿色，密被白色星点。刺座无刺，有褐色绵毛。花生于球体顶部的刺座上，漏斗形，黄色或有红心。花期夏季。

［种类与品种］园艺变种主要有三角鸾凤玉（var. *tricostotum*）、四角鸾凤玉（var. *quadricotatum*）、碧琉璃鸾凤玉（var. *nudum*）、鸾凤阁（var. *columnare*）等，并有多种斑锦变异类型。

［生态习性与栽培要点］喜光照充足、干燥的环境，忌水湿。较耐寒。喜疏松、含石灰质的砂壤土。播种繁殖，斑锦变异类型需嫁接。生长期盆土应保持一定湿度，每月施肥1次，夏季应适当遮阴。秋冬季盆土应保持干燥。

［观赏特点与园林应用］多作室内盆栽观赏，也可布置专类园。

7.6.3　其他仙人掌类与多浆植物

中文名（学名）	花期	原产地	形态特征	同属种、品种等	繁殖	应用
仙人球 Echinopsis tubiflora	夏季	阿根廷、巴西	多单生,幼株球形,老株圆柱形,暗绿色,具纵棱11～12,棱上刺座具针刺。花喇叭状,白色	大豪丸、短毛丸	扦插	室内盆栽、盆景、专类园,可作砧木
仙人掌 Opuntia dillenii	夏季	美洲热带	常绿植物,灌木状。茎节扁平,肉质肥厚,椭圆形至倒卵形。刺座密生黄褐色针状刺。花单生,鲜黄色		扦插	室内盆栽、专类园,可作砧木
昙花 Epiphyllum oxypetalum	夏秋季	墨西哥及中南美洲	附生型肉质灌木,直立,多分枝。茎节长。叶状侧扁,边缘具波状圆齿。花单生于刺座,漏斗状,白色		扦插	室内盆栽、专类园
仙人指（圆齿蟹爪兰） Schlumbergera bridgesii	冬末	巴西	附生常绿肉质植物,多分枝,下垂。茎节扁平,边缘浅波状,顶部平截。花为辐射对称状,粉红色		嫁接、扦插	室内盆栽
量天尺 Hylocereus undatus	夏季	中美洲至南美洲北部	攀缘状灌木,多分枝。茎三棱形,边缘波浪状。花外瓣黄绿色,内瓣白色	多刺量天尺	扦插	专类园,短篱,可作砧木
秘鲁天轮柱 Cereus peruvianus	夏季	巴西	植株圆柱形,乔木状,高达3m。茎多分枝,具肉质棱6～9,刺座较稀。花漏斗形,白色		扦插	专类园,可作大型球类的砧木
鼠尾掌 Aporocactus flagelliformis	春夏季	墨西哥	茎丛生,细长下垂,长1～2m,直径1cm,具浅棱10～14,细刺密集。花漏斗形,红色		扦插	室内盆栽
吊金钱（爱之蔓） Ceropegia woodii	夏秋季	南非	肉质蔓性常绿草本,具块茎,地上茎软下垂。叶对生,心形或肾形,具灰白色花纹。花粉红色或淡紫色	吊灯花	扦插	室内悬垂盆栽
大花犀角（海星花） Stapelia grandiflora	夏季	南非	肉质草本,茎四棱状,棱上有齿状突起。叶不发育或早落。花5裂张牙,浓黄色,具灰白色横斑纹,似豹纹		扦插、分株	室内盆栽
观音莲 Sempervivum tectorum		西班牙、法国、意大利等欧洲国家的山区	株形规整。叶片呈莲座状着生,叶片扁平细长,缘具小纤毛,叶先端渐尖。植株下部可抽生数个走茎,先端长有莲座状小叶丛	卷绢、紫牡丹	扦插、分株	室内盆栽
虹之玉 Sedum rubrotinctum	冬季	墨西哥	多年生肉质草本,多分枝。肉质叶互生,圆形至卵形,绿色,阳光充足时转为红褐色。小花淡黄色	姬星美人、黄丽、乙女心	扦插	小型室内盆栽

（续）

中文名（学名）	原产地	花期	形态特征	同属种、品种等	繁殖	应用
熊童子 Cotyledon tomentosa	南非	夏秋	多年生肉质草本，多分枝。肥厚肉质的叶交互对生，倒卵形，密被白色茸毛。叶先端具红褐色肉齿，似熊脚掌。总状花序，小花红色	银波锦	扦插	小型室内盆栽
琉璃殿 Haworthia limifolia	南非		多年生草本。肉质叶呈螺状排列，深绿色，卵圆状三角形，正面凹，背面圆凸，上布满由细小疣突组成的瓦楞状横条纹，间距均匀，似琉璃瓦	条纹十二卷，绿玉扇	分株	小型室内盆栽
库拉索芦荟 Aloe vera	非洲	夏秋季	茎较短。叶呈莲座状簇生，直立或近直立，肥厚多肉，狭披针形，基部宽阔，缘具白色小尖齿。总状花序，花淡黄色	木立芦荟，不夜城芦荟，翠花掌	分株，扦插	室内盆栽，专类园
龙舌兰 Agave americana	美洲热带	夏季	常绿肉质草本。茎较短。肉质叶呈莲座状排列，倒披针状线形，灰绿或蓝灰色，缘具稀疏刺齿。圆锥花序，花黄绿色。有斑锦变异类型	鬼脚掌，雷神，乱雪，泷之白丝，吹上，剑麻	播种，分株	室内盆栽，装饰花坛或草坪
虎刺梅（铁海棠） Euphorbia milii	马达加斯加	夏季	直立或稍攀缘性灌木，体内有白色乳汁。茎多分枝，具棱，上生尖刺。叶倒卵形至长圆状匙形，聚伞花序，小花具2枚鲜红色苞片	喷火龙	扦插	室内盆栽
彩云阁 Euphorbia trigona	非洲西部		肉质灌木，具短短的主干。分枝垂直，表面有乳白色晕纹，具棱3~4，棱缘波状，具对生刺。叶匙形或倒披针形	白角麒麟	扦插	室内盆栽
树马齿苋（金枝玉叶） Portulacaria afra	南非		常绿小灌木，茎肉质。肉质叶对生，倒卵状三角形，鲜绿色而有光泽。有斑锦变异类型	摩洛哥马齿苋	扦插	室内盆栽，盆景
蓝松 Senecio serpens	南非	冬季	常绿肉质草本，高15~20cm。叶线状披针形，肉质，蓝灰色，被白粉。头状花序，白色	仙人笔	扦插	室内盆栽
沙漠玫瑰 Adenium obesum	东非至阿拉伯半岛南部	春末至秋季	多肉灌木或小乔木，肉质的茎部膨大，短而粗。叶互生，倒卵形，伞形花序顶生，花粉红至红色	多花沙漠玫瑰	播种，扦插	室内盆栽，专类园

7.7　蕨类植物

7.7.1　概述

现代蕨类植物很丰富，全世界 12 000 多种，中国有 2600 多种，是世界上拥有蕨类植物种类较多的国家。蕨类植物同真菌、地衣、苔藓一样是靠孢子繁殖后代，不开花结实，但其体内又出现了较原始的维管组织，所以它既是高等孢子植物，又是原始的维管束植物，在植物界的发展、演化过程中有承前启后的作用。

蕨类植物在西方素有"无花之美"的美誉，尤其是在日本、欧美，更被视为高贵素雅的象征，代表着当今世界观赏植物的一大潮流，其清雅新奇、碧绿青翠的叶色，以及耐阴多样的生态适应性，使之具有广阔的应用前景，尤其在室内园艺上，更显示出其优势。近年来，中国的公园、庭院应用蕨类作为布景和装饰材料日趋普遍。

目前观赏蕨类植物普遍采用的繁殖方式是分株繁殖，也有进行组织培养和孢子繁殖的。

春季是蕨类植物种植和移栽的最佳时期。良好的栽培环境中，蕨类植物可以旺盛生长。种植地最好选择在半阴环境下，如楼宇、围墙等建筑物的背阴处和林荫下。土壤要求疏松、透水。整地作畦后，依据植物的种类确定适当的株行距栽植即可。室外地栽蕨类植物管理上没有严格要求，栽植成活后即可进行粗放式管理。主要是水分的供应，尤其在高温少雨的季节，要及时浇水以补充水分的不足。每次浇水后应适时进行中耕，同时清除杂草。蕨类植物对肥料要求不严，可根据植株的长势而定，如植株瘦小、长势缓慢，可追施一些有机肥料。北方地区应在越冬前灌一次透水，以便植株安全越冬。同时蕨类植物在秋末进入休眠期，植株地上部分逐渐枯萎，应在地上部分完全枯萎后进行修剪。

盆栽蕨类植物是良好的室内装饰材料，可以点缀厅堂、几案等。可供室内装饰用的优质蕨类植物已非常多，但并不是所有具有观赏价值的种类都适合于室内生长，应根据室内的环境条件选择适宜的种类。一般选择那些耐一定干旱并能适应阴暗条件的种类，如肾蕨、巢蕨、贯众、凤尾蕨等。

另外，蕨类植物还适合作吊篮栽培、瓶景栽培、切叶和干燥花材料等。

7.7.2　常见蕨类植物

1. 扇蕨 *Neocheiropteris palmatopedata*

[科属] 水龙骨科扇蕨属

[形态特征与识别要点] 扇蕨植株高达 65cm。根状茎粗壮横走，密被鳞片；鳞片卵状披针形，长渐尖头，边缘具细齿。叶片扇形，鸟足状掌形分裂，中央裂片披针形，两侧的向外渐短，全缘，干后纸质，下面疏被棕色小鳞片；叶脉网状，网眼密，有内藏小脉。孢子囊群聚生裂片下部，紧靠主脉，圆形或椭圆形。

[生态习性与栽培要点]喜阴耐湿，生于常绿阔叶林及针阔混交林下或沟谷地段。孢子秋冬季成熟。

[观赏特点与园林应用]叶形奇特，很富观赏性。可植于风景区的沟边林下增添野趣，也可盆栽摆设于客厅、书房，极富情趣。

2. 卤蕨 *Acrostichum aureum*

[科属]卤蕨科卤蕨属

[形态特征与识别要点]植株高达2m。根状茎直立，顶端密被褐棕色的阔披针形鳞片。叶簇生，基部褐色，被钻状披针形鳞片，向上为枯禾秆色，光滑；叶脉网状，两面可见；叶厚革质，干后黄绿色，光滑。孢子囊满布能育羽片下面，无盖。

[生态习性与栽培要点]通常生于溪边浅水中，或潮湿处。常靠种子繁殖及在水中的茎节长出新植株，蔓延成片。

[观赏特点与园林应用]常用于水边绿化，但应控制其生长范围，并尽早清除种子，避免在水中蔓延，排挤和危害其他水生植物生长。

3. 连珠蕨 *Aglaomorpha meyeniana*

[科属]槲蕨科连珠蕨属

[形态特征与识别要点]附生于树干或岩石上，呈圆环状。鳞片基部着生，边缘有重锯齿。叶无柄，羽状分裂，边缘全缘，顶端尖头或渐尖，密腺生在叶轴和羽轴交汇的下方。叶片上部2/3能育；孢子囊群圆形，表面具疣状纹饰，疏有短棒状突起。

[生态习性与栽培要点]喜温暖及半阴环境，畏强光和寒冷，喜肥，要求土壤肥沃疏松排水性好。高温干燥季节，经常向叶面喷水增湿。适合生长于肥沃排水良好的土壤中。

[观赏特点与园林应用]在温室和庭院中广泛栽培，是良好的观赏植物。可以作为营造和发展各种林地的指示植物，也可作为气候的指示植物。

4. 狼尾蕨 *Pennisetum alopecuroides*

[别名]龙爪蕨、兔脚蕨

[科属]骨碎补科骨碎补属

[形态特征与识别要点]根茎裸露在外，肉质，表面贴伏着褐色鳞片与毛，如同兔脚。为小型附生蕨，植株高20~25cm。根状茎长而横走，密被绒状披针形灰棕色鳞片。叶远生，叶片阔卵状三角形，三至四回羽状复叶。孢子囊群着生于近叶缘小脉顶端，囊群盖近圆形。小叶细致，为椭圆或羽状裂叶，革质，叶面平滑浓绿，富光泽，由细长叶柄支撑，叶柄色稍深，长10~30cm。

[生态习性与栽培要点]不耐高温，也不耐寒冷。

[观赏特点与园林应用]用高盆或吊篮栽种，银白色的匍匐茎下垂，叶形优美，形态潇洒，根状茎和叶都具极高的观赏价值，是非常流行的室内观赏蕨类。

5. 鹿角蕨 *Platycerium wallichii*（图7-58）

［别名］蝙蝠蕨、鹿角羊齿

［科属］鹿角蕨科鹿角蕨属

［形态特征与识别要点］附生植物。根状茎肉质，短而横卧，密被鳞片。叶二列，二型；基生不育叶宿存。正常能育叶常成对生长，下垂，灰绿色。孢子囊散生于主裂片第一次分叉的凹缺处以下，不到基部，初时绿色，后变黄色；隔丝灰白色，星状毛。孢子绿色。

［生态习性与栽培要点］喜温暖阴湿环境，怕强光直射，以散射光为好，土壤以疏松的腐叶土为宜。

图7-58　鹿角蕨

［观赏特点与园林应用］将鹿角蕨贴于古老枯树或吊盆，点缀书房、客厅和窗台，更添自然景趣。

6. 满江红 *Azolla imbricata*

［别名］紫藻、三角藻、红浮萍

［科属］满江红科满江红属

［形态特征与识别要点］植物体呈卵形或三角状。根状茎细长横走，假二歧分枝，向下生须根。叶小如芝麻，腹裂片贝壳状，无色透明，多少饰有淡紫红色，斜沉水中。孢子果双生于分枝处。

［种类与品种］多果满江红。本变种主要区别于原变种在于植物体到了秋末时候大量结大小孢子果，在冬季植物体大都死亡，来年只靠大小孢子果繁殖。

［生态习性与栽培要点］生长温辐宽、繁殖速度快、产量高、适应能力强。

［观赏特点与园林应用］满江红不仅具有较好的饲料价值，而且如果能加以妥当利用，还具有较高的经济价值。

7. 长叶肾蕨 *Nephrolepis biserrata*

［别名］尖羊齿、叉叶尖羊齿、双齿肾蕨、蜈蚣草、圆羊齿、篦子草、石黄皮

［科属］肾蕨科肾蕨属

［形态特征与识别要点］根状茎短而直立，鳞片红棕色，略有光泽，边缘有睫毛。叶簇生，薄纸质或纸质，干后褐绿色，两面均无毛。孢子囊群圆形，成整齐的1行生于自叶缘至主脉的1/3处；囊群盖圆肾形，有深缺刻，褐棕色，边缘红棕色，无毛。叶干后薄革质，暗绿色，无光泽，无毛；叶轴禾秆色，疏被鳞片。

［种类与品种］耳叶肾蕨。本变种的主要区别为形体较大。

［生态习性与栽培要点］喜温暖潮湿的环境，自然萌发力强，喜半阴，忌强光直

射，对土壤要求不严，以疏松、肥沃、透气、富含腐殖质的中性或微酸性砂壤土生长最为良好，常地生和附生于溪边林下的石缝中和树干上。

[观赏特点与园林应用] 可点缀书桌、茶几、窗台和阳台。

8. 粗梗水蕨 *Ceratopteris pteridoides*

[科属] 水蕨科水蕨属

[形态特征与识别要点] 通常漂浮，植株高 20~30cm。叶柄、叶轴与下部羽片的基部均显著膨胀成圆柱形，叶柄基部尖削，布满细长的根。叶二型；不育叶为深裂的单叶，幼时为反卷的叶缘所覆盖，成熟时张开，露出孢子囊。

[生态习性与栽培要点] 常成片漂浮于湖沼、池塘中。对水体环境适应性较强。

[观赏特点与园林应用] 株形美观，在园林水景的浅水中进行块状定植，观赏效果佳。

9. 荚果蕨 *Matteuccia struthiopteris*

[别名] 黄瓜香、野鸡膀子

[科属] 球子蕨科荚果蕨属

[形态特征与识别要点] 植株高 70~110cm。根状茎粗壮，短而直立，木质，坚硬，深褐色，与叶柄基部密被鳞片。能育叶较不育叶短，有粗壮的长柄，叶片倒披针形。孢子囊群圆形，成熟时连接而成为线形，囊群盖膜质。

[生态习性与栽培要点] 原产中国，喜凉爽湿润及半阴的环境，也能忍受一定光照。对土壤要求不严，但以疏松肥沃的微酸性土壤为宜。

[观赏特点与园林应用] 作为观叶植物露天栽培，具有很高的观赏价值，备受游人喜爱。

10. 蕨草 *Pteridiaceae*

[科属] 莎草蕨科莎草蕨属

[形态特征与识别要点] 多年生草本，高可达 60cm。多数叶为基生，长椭圆状披针形，有深浅不一的羽状裂。头状花序单生，有白、黄、橙红、红等色，活泼艳丽。

[生态习性与栽培要点] 喜冬季温和、夏季凉爽的气候条件。适于温室栽培。要求排水良好、富含有机质、深厚肥沃的土壤。

[观赏特点与园林应用] 是重要的盆栽花卉。

7.7.3　其他蕨类植物

中文名(学名)	产地	形态特征	同属种、品种等	繁殖	应用
水蕨 *Ceratopteris thalictroides*	广东、四川等地区	叶簇生，二型；不育叶绿色，圆柱形；叶片直立或幼时漂浮，有时略短于能育叶，狭长圆形，先端渐尖，基部圆楔形，二至四回羽状深裂，互生；叶干后为软草质，绿色，两面均无毛；叶轴及各回羽轴与叶柄同色，光滑		分株、孢子	水边绿化、林下地被、盆栽、药用、食用

（续）

中文名(学名)	产 地	形态特征	同属种、品种等	繁 殖	应 用
紫萁 *Osmunda japonica*	甘肃、山东等地区	根状茎短粗，或成短树干状而稍弯。叶簇生，直立，幼时被密绒毛，不久脱落；叶片为三角广卵形；叶脉两面明显，自中肋斜向上，二回分歧；叶为纸质，成长后光滑无毛，干后为棕绿色。孢子叶同营养叶等高，或经常稍高，羽片和小羽片均短缩，小羽片变成线形，沿中肋两侧背面密生孢子囊	狭叶紫萁、宽叶紫萁	分株	池畔、沟边或盆栽
鳞毛蕨 *Dryopter idaceae*	中国大部分地区	根状茎粗短，直立，叶聚生顶部，呈放射状，通常遍体被大小、形状不同的棕色至黑色的鳞片。叶片多回羽裂。孢子囊群生小脉背部，具圆肾形的囊群盖		分株	林下地被、盆栽、切叶
凤尾草 *Pteris multifida*	中国大部分地区	叶二型，簇生，纸质，无毛；叶柄禾秆色，光滑；能育叶卵圆形，一回羽状，但中部以下的羽叶通常分叉，有时基部1对还有1~2片分离小羽片，宽1~1.5cm，边缘锐尖锯齿		分株	水边、墙根、林下栽植阴湿地被
节节草 *Equisetum ramosissimum*	黑龙江、辽宁等地区	地上枝多年生。枝一型，绿色，主枝多在下部分枝，常形成簇生状；幼枝的轮生分枝明显或不明显；灰白色，黑棕色或淡棕色，基部扁平或弧形，早落或宿存，齿上气孔带明显或不明显；侧枝较硬，圆柱状。孢子囊穗短棒状或椭圆形，长0.5~2.5cm，顶端有小尖突，无柄		孢子	疏林地被，用于阴湿环境，也可盆栽
鸟巢蕨 *Asplenium nidus*	热带及亚热带等地区	根状茎直立。叶边全缘并有软骨质的狭边，干后略反卷；主脉两面均隆起，上面下部有阔纵沟，表面平滑不皱缩，暗棕色，光滑；小脉两面均稍隆起，叶革质，干后棕绿色或浅棕色，两面均无毛		播种、孢子、组培	盆栽、切叶、林下、岩石园
卷柏 *Selaginella tamariscina*	中国大部分地区	根托只生于茎的基部，多分叉，密被毛，和茎及分枝密集形成树状主干，边缘有细齿。孢子叶穗紧密，四棱柱形，单生于小枝末端，大孢子叶在孢子叶穗上下两面不规则排列。大孢子浅黄色，小孢子橘黄色		扦插、分株	盆栽、护坡、假山、盆景
金毛狗蕨 *Cibotium barometz*	中国华东、华南等地区	植株高达3m。根状茎粗大，平卧，密被金黄色长柔毛。叶簇生；叶柄长达120cm，棕褐色，有光泽；叶片广卵状三角形。孢子囊群着生于小脉顶端，每裂片有1~5对；囊群盖坚硬，成熟时张开，形如蚌壳，露出孢子囊群		分株、孢子	林下地被、盆栽、切叶
波斯顿蕨 *Nephrolepis exaltata*	原产热带及亚热带等地区	根茎直立，有匍匐茎。叶丛生，长可达60cm以上，具细长复叶，叶片为二回羽状深裂。孢子囊群半圆形，生于叶背近叶缘处		分株、走茎	盆栽、切叶
铁线蕨 *Cosmos bipinnata*	台湾、四川、甘肃等地区	叶远生或近生；叶脉多回二歧分叉，直达边缘，两面均明显。根状茎细长横走，密被棕色披针形鳞片。孢子周壁具粗颗粒状纹饰，处理后常保存	鞭叶铁线蕨、扇叶铁线蕨、楔叶铁线蕨	分株、孢子	盆栽、切叶

复习思考题

1. 什么是一年生花卉和二年生花卉？各有何特点？有哪些代表性花卉？

2. 试述一串红、矮牵牛、三色堇、万寿菊、鸡冠花在产地、形态、栽培类型、生态习性和繁殖方法上的异同点。

3. 什么是宿根花卉？宿根花卉在园林中有哪些应用？

4. 球根花卉按形态起源和栽种季节分为几种类型？试述各类的特点并举例。

5. 简述唐菖蒲种球的栽培管理及采收与贮藏。

推荐阅读书目

1. 家庭花卉的栽培与养护. 褚建军，杜红梅. 上海交通大学出版社，2011.

2. 花卉园艺. 龚雪梅，朱志国. 机械工业出版社，2013.

3. 世上最美的 100 种花. 管康林，吴家森，蔡建国. 中国农业出版社，2010.

4. 园林花卉学(第 3 版). 刘燕. 中国林业出版社，2016.

参考文献

包满珠. 花卉学[M]. 2 版. 北京：中国农业出版社，2003.

刘燕. 园林花卉学[M]. 3 版. 北京：中国林业出版社，2016.

王成聪. 仙人掌与多肉植物大全[M]. 武汉：华中科技大学出版社，2011.

王意成. 700 种多肉植物原色图鉴[M]. 南京：江苏科学技术出版社，2013.

谢维苏，徐民生. 多浆花卉[M]. 北京：中国林业出版社，1999.

徐晔春. 观叶观果植物 1000 种经典图鉴[M]. 长春：吉林科学技术出版社，2009.

姚一麟，吴棣飞，王军峰. 多肉植物[M]. 北京：中国电力出版社，2015.

中国科学院中国植物志编辑委员会. 中国植物志(第二十六卷)[M]. 北京：科学出版社，1996.

中国科学院中国植物志编辑委员会. 中国植物志(第十四卷)[M]. 北京：科学出版社，1980.

中国科学院中国植物志编辑委员会. 中国植物志(第五十二卷第一分册)[M]. 北京：科学出版社，1999.

第 8 章
园林树木

园林树木是指适于在城市园林绿地及风景区栽植应用的木本植物，包括各种乔木、灌木和藤木。很多园林树木是花、果、叶、茎或树形美丽的观赏树木。园林树木也包括虽不以美观见长，但在城市与工矿区绿化及风景区建设中起到防护和改善环境作用的树种。因此，园林树木包括的范围要比观赏树木更为广阔。

8.1 灌木类

8.1.1 概述

灌木是指那些没有明显的主干、呈丛生状态而且比较矮小的木本植物。一般可分为观花、观果、观枝干等几类，属多年生。一般为阔叶植物，也有一些针叶植物，如刺柏等。

灌木的高度在 3~6m 及以下，枝干系统不具明显的主干（如有主干也很短），并在出土后即行分枝，或丛生地上。其地面枝条有的直立（直立灌木），有的拱垂（垂枝灌木），有的蔓生地面（蔓生灌木），有的攀缘他木（攀缘灌木），有的在地面以下或近根茎处分枝丛生（丛生灌木）。如其高度不超过 0.5m 的称为小灌木；如果越冬时地面部分枯死，但根部仍然存活，第二年继续萌生新枝，则称为"半灌木"或"亚灌木"，如一些蒿类植物、金粟兰等。我国灌木树种资源丰富，约有 6000 余种。

8.1.1.1 栽培养护管理要点

灌木主要采用播种和扦插繁殖，也有采用分株、嫁接和压条繁殖的。在养护管理上，主要应根据不同种类的习性本着能充分发挥其观赏效果、满足设计意图的前提下进行水肥管理、修剪整形、更新复壮和病虫害防治等工作。

由于灌木是木本植物，根系较深，因此较草本植物耐旱。栽植后前期浇水、喷水，保证成活后，后期基本可以粗放管理，苗木荫蔽后杂草也难以生长。进入正常管理后，即使在旺盛生长季节修剪次数每月仅 1~2 次。

①对于早春开花的灌木，如连翘、迎春、黄刺玫、丁香、榆叶梅、樱花等，它们的花芽是在前一年枝条上形成，因此修剪多在 5~6 月开花过后进行。花后修剪主要以疏剪整型为主，剪去过密枝、交叉重叠枝、病虫害枝；对根部萌发的幼嫩枝梢可适

当保留；对花后的残留枝梢可自顶端适当压缩，促其生长以使来年多开花。

②对于夏季开花的灌木，如木槿、玫瑰、紫薇、珍珠梅等都是在当年新梢上形成花芽并开花的，不需要经过低温。这类花灌木的修剪可在休眠期进行(2 月中下旬)。可采取适当重度修剪；除剪除干枝枯枝、病虫害枝条外，可弱枝重剪、强枝轻剪，每个枝条上可留 4~7 个芽，其余部分截去。

③对一年中能多次抽条，每抽一次就分化一次花芽并开花的灌木，如大花香水月季的花芽大多是在当年生的新枝顶端分化花芽的，一年之中只要不断抽生新枝，就能连续开花。因此，在生长季每当花谢以后，应立即进行修剪，促使剪口下面的腋芽萌发，进而抽生新的花枝，为再次开花做准备。

④对既能观花又能观果的灌木，如冬青、金银木等，为了不影响秋季观果，花后可不必修剪，但可适当剪除一些过密枝，使之通风透气，更好结果。

⑤对观枝干的一些灌木，如红瑞木、棣棠等，它们的彩色枝干最鲜艳的部分是其幼嫩枝。因此可于每年早春进行重剪，地上部分仅留 10~20cm，其余部分剪去，以促其来年萌发新枝。

⑥一些多年来未经修剪的灌木，不可一次将老干都除去，以免徒长。对于一些小乔木型的灌木，如榆叶梅、碧桃、贴梗海棠等，不宜大量修剪，更不能从地面剪去老干，否则不易萌发新梢，甚至会全株死亡。

8.1.1.2　园林应用

灌木在园林中应用极为广泛，在配置方式上亦多种多样。特别是道路、公园、小区、河堤等，只要有绿化的地方，多数都有灌木的应用。

①代替草坪成为地被覆盖植物　对大面积的空地，利用小灌木密植并修剪，使其平整划一，也可随地形起伏跌宕，成为园林绿化中的背景和底色。

②代替草花组合成色块和各种图案　利用叶、花、果兼具的小灌木密集栽植组合成寓意不同的曲线、色块、花形等图案，这些色块和图案可在园林绿地中或大片草坪中起到画龙点睛的作用。

③可以修剪(或编织)成各种形状　灌木的应用不仅体现其自然美、个体美，而且通过人工修剪造型的办法，体现其修剪美、群体美。应用在不同场合，具有不同的作用，如作绿篱，可以起到围护绿地、屏障视线的作用；如作为绿雕塑或修剪成球型，既具有丰富景观、增加绿量的作用，又能达到简洁明快、画龙点睛的效果。

④水土保持与护坡　部分灌木根系发达，易繁殖，耐干旱瘠薄，适应性强，形成的植被在降雨截留、削减溅蚀、抑制地表径流等方面可起到积极作用，适宜在道路两旁、公园等具斜坡的环境栽植。

8.1.2　常见灌木

1. 紫玉兰 *Magnolia liliflora*

[别名] 辛夷、木笔

［科属］木兰科木兰属

［形态特征与识别要点］落叶灌木。花被片9～12，外轮3片，萼片状，早落；内2轮肉质，外面紫色，内面白色。花期3～4月；果期8～9月。

［生态习性与栽培要点］要求肥沃、排水好的砂壤土。

［观赏特点与园林应用］花朵艳丽怡人、芳香淡雅，孤植或丛植都很美观。早春先花后叶，适用于古典园林中厅前院后配置，也可孤植或散植于小庭院内。

2. 含笑 *Michelia figo*（图8-1）

［别名］含笑花、香蕉花、含笑梅

［科属］木兰科含笑属

［形态特征与识别要点］灌木。芽、幼枝、叶柄、花梗被黄褐色绒毛，托叶痕达叶柄顶端，花淡黄色，边缘有时红或紫，芳香，花被片6。花期3～5月；果期7～8月。

［生态习性与栽培要点］在弱阴下最利生长，忌强烈阳光直射，夏季要注意遮阴。秋末霜前移入温室，在10℃左右温度下越冬。

［观赏特点与园林应用］芳香花木，香若幽兰，以盆栽为主，庭园造景次之。

图8-1　含　笑

3. 蜡梅 *Chimonanthus praecox*（图8-2）

［别名］麻木柴、瓦屋柴、黄金茶

［科属］蜡梅科蜡梅属

［形态特征与识别要点］落叶灌木。叶卵形或卵状披针形，边缘具细齿状硬毛。花芳香，花被片15～21，黄色至浅黄色；雄蕊5～7。花期11月至翌年3月；果期4～11月。

［种类与品种］素心蜡梅、馨口蜡梅、小花蜡梅、狗牙蜡梅，同属相近种有山蜡梅、柳叶蜡梅。

［生态习性与栽培要点］性喜阳光，能耐阴、耐寒、耐旱，忌渍水。露地栽植或盆栽。

［观赏特点与园林应用］花黄如蜡，浓香扑鼻，适于庭院栽植，又适作古桩盆景和插花与造型艺术，是冬季赏花的名贵花木。

图 8-2　蜡　梅　　　　　　　　　　图 8-3　南天竹

1. 花枝　2. 果枝　3. 花纵面　4. 花图式
5. 去花瓣的花　6. 雄蕊　7. 聚合果　8. 果

4. 南天竹 *Nandina domestica*（图 8-3）

［别名］蓝田竹、红天竺

［科属］小檗科南天竹属

［形态特征与识别要点］常绿灌木。二至四回奇数羽状复叶，叶轴具关节。圆锥花序顶生或腋生；花两性，3基数，具小苞片；萼片多数，螺旋状排列；花瓣6，白色，较萼片大，基部无密腺；雄蕊6，花药纵裂。浆果，红色或橙红色。花期3～6月；果期5～10月。

［种类与品种］园艺变种及变型或品种主要有：'玉果'南天竹、'五彩'南天竹。

［生态习性与栽培要点］性喜温暖及湿润的环境，比较耐阴，也耐寒。容易养护。栽培土要求肥沃、排水良好的砂质壤土。

［观赏特点与园林应用］茎干丛生，枝叶扶疏，秋冬叶色变红，有红果，经久不落，是赏叶观果的佳品。

5. 红花檵木 *Loropetalum chinense* var. *rubrum*

［别名］红檵花、红桎木、红檵木、红花桎木

［科属］金缕梅科檵木属

［形态特征与识别要点］常绿灌木或小乔木。树皮暗灰或浅灰褐色，多分枝。嫩

枝红褐色，密被星状毛。叶革质互生，卵圆形或椭圆形，先端短尖，基部圆而偏斜，不对称，两面均有星状毛，全缘，暗红色。4~5月开花，花期长，30~40d。

[生态习性与栽培要点] 喜光，耐旱，喜温暖。萌芽力和发枝力强，耐修剪。耐瘠薄，但适宜在肥沃、湿润的微酸性土壤中生长。

[观赏特点与园林应用] 枝繁叶茂、姿态优美，可用于绿篱，也可用于制作树桩盆景，新叶鲜红色。广泛用于色篱、模纹花坛、灌木球、彩叶小乔木、桩景造型、盆景等城市绿化美化。

6. 牡丹 *Paeonia suffuticosa*（图8-4）

[别名] 洛阳花、富贵花

[科属] 芍药科芍药属

[形态特征与识别要点] 落叶灌木，高达2m。二回三出复叶互生，小叶卵形至卵状长椭圆形，3~5裂，背面有白粉，无毛。花单生枝顶，大型，径10~30cm；心皮有毛，并全被革质花盘所包；花单瓣或重瓣，颜色丰富，有紫、深红、粉红、黄、白、豆绿等色。聚合蓇葖果，密生黄褐色毛。花期4月下旬至5月上旬；果期9月。

[种类与品种] 我国栽培历史悠久，品种繁多，多为重瓣，是极为名贵的观赏花木。园艺变种及变型或品种主要有：①矮牡丹（var. *spontanea*）：叶背和叶轴均生短柔毛，顶生小叶宽卵圆形或近圆形，长4~6cm，3裂至中部，裂片再浅裂。产自中国

图8-4 牡 丹

陕西延安。②紫斑牡丹（var. *papaveracea*）：叶为二至三回羽状复叶，小叶不分裂，稀不等2~4浅裂。花大，白色，花瓣内面基部具深紫色斑块。分布于成都平原彭州市、甘肃南部、陕西南部(太白山区)。其他著名传统品种有'葛巾紫''洛阳红''青龙卧墨池''豆绿''赵紫''二乔'等。

[生态习性与栽培要点] 原产我国北部及中部，秦岭有野生种。喜温暖、凉爽、干燥、阳光充足的环境。喜光，也耐半阴，耐寒，耐干旱，耐弱碱，忌积水，怕热，怕烈日直射。适宜在疏松、深厚、肥沃、地势高燥、排水良好的中性砂壤土中生长。酸性或黏重土壤中生长不良。分株、嫁接、播种繁殖，其中后两者常用。

[观赏特点与园林应用] 牡丹色、姿、香、韵俱佳，是我国十大名花之一，素有"花王"之称。园林中可片植、孤植、丛植，建立牡丹园，也可在门前、坡地专设牡

丹台、牡丹池等。

7. 山茶 *Camellia japonica*（图 8-5）

[别名]洋茶、茶花、晚山茶、耐冬、山椿、薮春、野山茶

[科属]山茶科山茶属

图 8-5 山 茶
1. 花枝 2. 雌蕊 3. 开裂的蒴果

[形态特征与识别要点]灌木或小乔木。枝叶茂密，叶光亮，叶脉不显，干后带黄色。花大，红色，栽培品种有白、淡红及复色；花丝及子房均无色。果球形。花期 11 月至翌年 2～4 月。

[种类与品种]①滇山茶，似山茶，但枝叶稀疏；网脉在叶面明显可见；子房有绒毛；果扁球形。产于云南西部及中部。②短蕊红山茶，灌木，高 2～3m，嫩枝无毛，顶芽有茸毛。

[生态习性与栽培]性喜深厚、疏松、排水性好、pH 5～6 的土壤。耐寒性不强。盆栽土用肥沃疏松、微酸性的壤土或腐叶土。

[观赏特点与园林应用]可用作园林绿化和室内盆栽观赏。山茶为我国传统花木，其枝繁叶茂，花簇如珠，花大色艳。

8. 木槿 *Hibiscus syriacus*（图 8-6）

[科属]锦葵科木槿属

[形态特征与识别要点]落叶灌木或小乔木，高 2～6m；小枝密被黄色星状绒毛。单叶互生，叶菱形至三角状卵形，长 3～6cm，常 3 裂或不裂，有明显三主脉，先端钝，基部楔形，缘具不整齐粗齿或缺刻，光滑无毛。花大，钟形，长 3～5cm，单生叶腋，花瓣 5，花萼钟形、宿存，副萼较小，条形；花单瓣或重瓣，花色有纯白、淡粉红、淡紫、紫红等色；雄蕊多数，花丝合生成柱状。蒴果卵圆形，5 裂。花期 7～8（9）月；果期 10～11 月。

[种类与品种]园艺变种及变型或品种主要有：短苞木槿（var. *brevibracteatus*）、长苞木槿（var. *longibracteatus*）、白花重瓣木槿（f. *albus-plenus*）、粉紫重瓣木槿（f. *amplissimus*）、雅致木槿（f. *elegantissixnus*）、大花木槿（f. *grandiflorus*）、牡丹木槿（f. *paeoniflorus*）、白花单瓣木槿（f. *totus-albus*）、紫花重瓣木槿（f. *violaceus*）等。品种很

图8-6 木 槿

1. 花枝 2. 花纵剖 3. 星状毛

多：花单瓣的有纯白'Totus Albus'、皱瓣纯白'W. R. Smith'、大花纯白'Diana'、白花褐心'Monstrosus'、白花红心'Red Heart'、蓝花红心'Blue Bird'、浅粉红心'Hamabo'、天蓝红心'Coelestis'、大花粉红'Pink Giant'等。

[生态习性与栽培要点]本种对环境适应性很强，喜温暖湿润气候，喜光，耐干旱瘠薄，较耐寒。萌蘖性强，耐修剪。扦插或播种繁殖。

[观赏特点与园林应用]花期长，花大，并有许多美丽的品种，是夏、秋季的重要观花灌木，宜种植于庭院观赏，也可植为绿篱、花篱。

9. 杜鹃花 *Rhododendron simsii*（图8-7）

[别名]映山红、山石榴

[科属]杜鹃花科杜鹃花属

[形态特征及识别要点]落叶灌木。叶卵形至椭圆状卵形。花2~6朵簇生枝顶；雄蕊10，长约与花冠相等，花丝线状；花柱伸出花冠外，无毛，子房卵球形，10室；花期4~5月。蒴果卵球形。

[生态习性及栽培要点]性喜凉爽、湿润、通风的半阴环境，既怕酷热又怕严寒，

图 8-7　杜鹃花

1. 花枝　2. 雄蕊　3. 雌蕊　4. 果

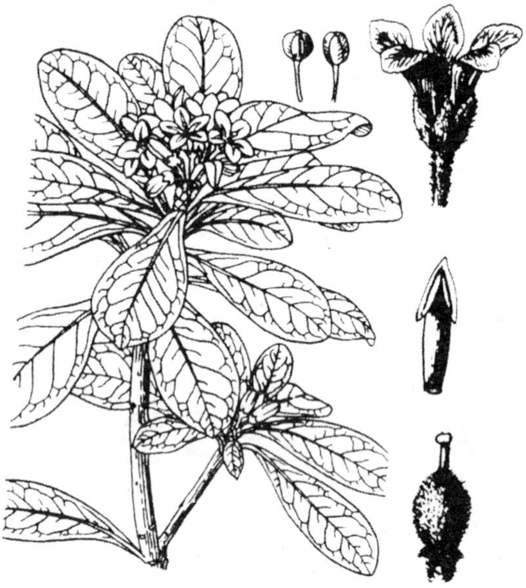

图 8-8　海　桐

生长适温为 12～25℃。喜微酸性土壤。主要繁殖方法是扦插、嫁接等。

　　[观赏特点及园林应用] 枝繁叶茂，萌发力强，耐修剪，根桩奇特，是优良的盆景材料，也可作绿篱。

10. 海桐 *Pittosporum tobira*（图 8-8）

　　[别名] 水香、七里香、宝珠香

　　[科属] 海桐花科海桐花属

　　[形态特征及识别要点] 常绿灌木或小乔木。叶倒卵形或倒卵状披针形，全缘，干后反卷。花序为伞形花序，花瓣倒披针形，离生；雄蕊二型，退化雄蕊的花丝长 2～3mm，花药近于不育，正常雄蕊的花丝长 5～6mm，花药长圆形，长 2mm，黄色；子房长卵形。蒴果圆球形。花期 3～5 月。

　　[生态习性及栽培要点] 喜温暖湿润气候和肥沃润湿土壤，耐热，耐轻微盐碱。主要繁殖方式为用播种或扦插繁殖。

　　[观赏特点及园林应用] 叶色美，初夏花香，入秋果实开裂露出红色种子，为著名的观叶、观果植物。通常作绿篱，也可孤植。北方常盆栽观赏。

11. 粉花绣线菊 *Spiraea japonica*（图 8-9）

　　[别名] 日本绣线菊

　　[科属] 蔷薇科绣线菊属

　　[形态特征与识别要点] 直立灌木，高达 1.5m。枝条细长，开展。单叶互生，叶卵形或卵状椭圆形，长 2～8cm，先端急尖或短渐尖，基部楔形，叶缘具缺刻状重锯

齿，被短柔毛。复伞房花序生于新枝顶端，花朵密集，粉红色，花瓣5，径4～7mm；萼筒钟状，萼片三角形；雄蕊25～30，远较花瓣长。蓇葖果，萼片常直立。花期6～7月；果期8～9月。

[种类与品种] 园艺变种及变型或品种主要有：①狭叶绣线菊(var. *acuminata*)：叶长卵形或披针形，具尖锐重锯齿，花粉红色。②急尖叶粉花绣线菊(var. *acuta*)：叶片较小，长2.5～4.5cm，椭圆形或卵形，边缘有稀疏重锯齿；复伞房花序较小，花粉红色。③红花绣线菊(var. *fortunei*)：植株较高大；叶片长圆披针形，边缘具尖锐重锯齿，长5～10cm；复伞房花序直径4～8cm，花粉红色，花盘不发达。④无毛粉花绣线菊(var. *glabra*)：叶片卵形、卵状长圆形，长3～9cm，边缘有尖锐重锯齿，两面无毛；复伞房花序无毛，直径可达12cm，花粉红色。⑤裂叶粉花绣线菊(var. *incisa*)：叶片卵状长圆

图8-9 粉花绣线菊
1. 花枝 2. 花 3. 花纵剖面 4. 雄蕊

形至长圆披针形，边缘羽状深裂，有粗锐重锯齿，长6～9cm，下面有短柔毛；复伞房花序直径5～7cm，花粉红色。⑥'彩色日本'绣线菊('Shibori')：在同一植株上同时绽放白色、粉色和深玫瑰色花朵；花期长，从初夏一直持续到落霜。扦插苗的花色因插穗在植株上采取的部位不同而不同。

[生态习性与栽培要点] 原产日本、朝鲜。我国各地均有栽培。喜光，耐半阴，耐寒，耐瘠薄，不耐湿，在湿润、肥沃富含有机质的土壤中生长茂盛。播种、扦插及分株繁殖。

[观赏特点与园林应用] 夏季开花，花色鲜艳，甚为醒目。可作花坛、花境、花篱或植于草坪及园路角隅等处，亦可作基础种植。

12. 月季 *Rosa chinensis*

[别名] 花中皇后、月月红

[科属] 蔷薇科蔷薇属

[形态特征与识别要点] 常绿、半常绿低矮灌木。小枝粗壮。互生奇数羽状复叶，小叶3～7，宽卵形或卵状长圆形，边缘有锐锯齿。圆锥花序，花几朵集生，稀单生，有红色，粉红色和白色；雌蕊1枚，雄蕊多数。微香，下位子房上位花；花期为4～9月。

[种类与品种] 园艺变种及变型或品种丰富，同属相近种有：玫瑰、蔷薇。

[生态习性与栽培要点] 性喜温暖、日照充足、空气流通的环境。以疏松、肥沃、

富含有机质、微酸性、排水良好的的壤土较为适宜。常采用扦插法繁殖。

[观赏特点与园林应用]花色丰富，株形多样，观赏价值高，可用于园林布置花坛、花境、棚架、庭院花材，亦可制作月季盆景、花篮、花束等。

13. 榆叶梅 *Prunus triloba*（图 8-10）

[别名]小桃红、榆叶鸾枝、榆梅

[科属]蔷薇科李属

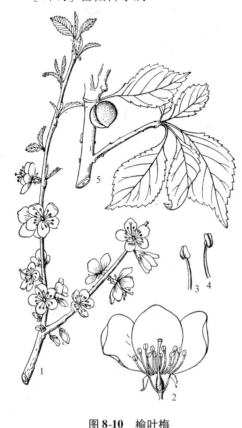

图 8-10　榆叶梅

1. 花枝　2. 花纵剖　3、4. 雄蕊　5. 果枝

[形态特征与识别要点]落叶灌木，高2～3m。小枝细长，冬芽3枚并生。短枝上的叶常簇生，一年生枝上的叶互生；叶倒卵状椭圆形，长2～6cm，先端有时有不明显的3浅裂，基部宽楔形，重锯齿，背面有毛或仅脉腋有簇毛。花粉红色，径1.5～2(3)cm，1～2朵，先于叶开放；雄蕊约25～30，短于花瓣；子房密被短柔毛，花柱稍长于雄蕊。核果，近球形，径1～1.5cm，红色，密被短柔毛。花期4～5月；果期5～7月。

[种类与品种]园艺变种及变型或品种主要有：①截叶榆叶梅（var. *truncatum*）：叶端近截形，3裂，花粉红色，花梗短于花萼筒。②'鸾枝'（'Atropurpurea'）：小枝紫红色，花稍小而常密集成簇，紫红色；多为重瓣，萼片5～10，有时大枝及老干也能直接开花。③'半重瓣'榆叶梅（'Multiplex'）：花粉红色，萼片多为10，有时为5，花瓣10或更多，叶先端多3浅裂。④'重瓣'榆叶梅（'Plena'）：花较大，粉红色，萼片通常为10，花瓣多，花朵密集艳丽。⑤'红花重瓣'榆叶梅（'Roseo-plena'）：花玫瑰红色，重瓣，花期最晚。

[生态习性与栽培要点]产于我国北部，东北、华北各地普遍栽培。喜光，耐寒，耐旱，对土壤要求不严，以中性至微碱性而肥沃土壤为佳。根系发达，耐旱力强，不耐涝。抗病力强。嫁接、播种、压条繁殖，以嫁接效果最好，只需培育两三年就可成株，开花结果。

[观赏特点与园林应用]枝叶茂密，早春叶前开花，花繁色艳，是中国北方园林重要的观花灌木。适宜种植在公园的草地、路边或庭园中的角落、水池等地。

14. 红叶石楠 *Photinia × fraseri*

[科属] 蔷薇科石楠属

[形态特征与识别要点] 常绿灌木或常绿小乔木，株形紧凑。茎直立，下部绿色，上部紫色或红色，多有分枝。叶革质，长椭圆形至倒卵状披针形，下部叶绿色或带紫色，上部嫩叶鲜红色或紫红色。春季和秋季新叶亮红色。花期4~5月。

[种类与品种] 品种有'红罗宾''红唇''强健''鲁宾斯'。

[生态习性与栽培要点] 喜温暖湿润气候，喜光，稍耐阴，耐干旱瘠薄，不耐水湿。强耐阴能力。适宜中肥土质，有一定的耐盐碱性和耐干旱能力。繁殖方式主要是扦插。

[观赏特点与园林应用] 枝繁叶茂，新梢和嫩叶鲜红且持久，耐修剪且四季色彩丰富，适合在园林景观中作高档色带；也可修剪成矮小灌木作色块植物片植，或与其他彩叶植物组合成各种图案；也可培育成大灌木，群植成大型绿篱或幕墙；还可培育成乔木作行道树或孤植作庭荫树。

15. 紫荆 *Cercis chinensis*（图 8-11）

[别名] 裸枝树、紫珠、满条红

[科属] 豆科紫荆属

[形态特征与识别要点] 丛生或单生灌木，树皮和小枝灰白色。叶纸质，近圆形或三角状圆形，长5~10cm，先端急尖，基部浅至深心形，两面通常无毛，嫩叶绿色，叶柄略带紫色。花紫红色或粉红色，2~10朵成束，簇生于老枝和主干上，通常先于叶开放，嫩枝或幼株上的花则与叶同时开放。花期3~4月。

[种类与品种] 变型有：白花紫荆、短毛紫荆。

[生态习性与栽培要点] 温带树种，喜光，稍耐阴，较耐寒，喜肥沃、排水良好的土壤，不耐湿。繁殖方式为播种、压条、分株、嫁接、扦插。

[观赏特点与园林应用] 早春先花后叶，枝条花朵密集。宜栽庭院、草坪、岩石及建筑物前。

图 8-11 紫　荆

1. 花枝　2. 叶枝　3. 花　4. 花瓣　5. 雄蕊及雌蕊
6. 雄蕊　7. 雌蕊　8. 果　9. 种子

16. 紫薇 *Lagerstroemia indica*（图 8-12）

［别名］百日红、满堂红、痒痒树、入惊儿树

［科属］千屈菜科紫薇属

图 8-12 紫 薇
1. 果枝 2. 花枝 3. 花 4. 雌蕊 5. 种子

［形态特征与识别要点］落叶灌木或小乔木，高 3 ~ 6（8）m。树皮薄片状剥落后平滑，灰色或灰褐色。枝干多扭曲，小枝纤细，具 4 棱，略成翅状。单叶互生或有时对生，椭圆形或卵形，长 3 ~ 7cm，全缘，近无柄。顶生圆锥花序；花两性，粉红色至紫红色，径 3 ~ 4cm，花瓣 6，皱波状或细裂状，具长爪；花萼长 7 ~ 10mm，裂片 6；雄蕊多数，外面 6 枚着生于花萼上，比其余长得多，子房 3 ~ 6 室。蒴果近球形，长约 1cm，6 瓣裂。花期长，6 ~ 9 月；果期 9 ~ 12 月。

［种类与品种］栽培品种丰富，花色繁多。园艺变种及变型或品种主要有：'银薇'（'Alba'），白花；'粉薇'（'Rosea'），粉红色花；'红薇'（'Rubra'），红花；'翠薇'（'Purpurea'），亮蓝紫色花；'蓝薇'（'Caerulea'），天蓝色花；'二色'紫薇（'Versilolor'）；此外，还有'斑叶'紫薇（'Variegata'）、'红叶'紫薇（'Rubrifolia'）、'矮'紫薇（'Petile Pinkie'）、'红叶矮'紫薇（'Nana Rubrifolia'）、'匍匐'紫薇（'Prostrata'）等品种。

［生态习性与栽培要点］产于我国华东、中南及西南各地。喜暖湿气候，喜光，略耐阴，有一定耐旱能力，忌涝，喜肥，尤喜深厚肥沃的砂质壤土。萌蘖性强，有较强的抗污染能力，对二氧化硫、氟化氢及氯气的抗性较强。播种、扦插繁殖，其中扦插繁殖成活率更高。

［观赏特点与园林应用］花色鲜艳美丽，花期长，寿命长，广泛栽培为庭园观赏树，用于公园绿化、庭院绿化、道路绿化、街区城市等，也是盆栽及制作桩景的良好材料。

17. 结香 *Edgeworthia chrysantha*（图 8-13）

［别名］打结花、家香、喜花、梦冬花

［科属］瑞香科结香属

［形态特征与识别要点］小枝粗壮，褐色，常作三叉分枝，幼枝常被短柔毛，韧皮极坚韧。叶痕大。头状花序顶生或侧生，被灰白色长硬毛；花芳香，无梗具乳突，花盘浅杯状，膜质，边缘不整齐。果椭圆形，绿色，顶端被毛。花期冬末春初；果期春夏间。

［生态习性与栽培要点］性喜温暖、湿润环境。用分株和扦插方法繁殖。

［观赏特点与园林应用］枝叶美丽，宜栽在庭园或盆栽观赏。结香姿态优雅，柔枝可打结，适植于庭前、路旁、水边、石间、墙隅。北方多盆栽观赏。

18. 石榴 *Punica granatum*（图 8-14）

［别名］安石榴、山力叶

［科属］石榴科石榴属

图 8-13 结 香
1. 花蕾枝 2. 花枝 3. 花展开及雄蕊
4. 雄蕊 5. 雌蕊

图 8-14 石 榴
1. 花枝 2. 花纵剖面 3. 花瓣 4. 果

［形态特征与识别要点］落叶灌木或乔木。枝顶常成尖锐长刺，幼枝具棱角，无毛，老枝近圆柱形。叶通常对生，纸质，矩圆状披针形，叶柄短。花大，萼筒通常红色或淡黄色，裂片略外展，卵状三角形；花瓣大，红色、黄色或白色；花丝无毛，花柱长超过雄蕊。浆果近球形，通常为淡黄褐色或淡黄绿色，有时白色，稀暗紫色。

［种类与品种］变种有白石榴、黄石榴、玛瑙石榴、重瓣白石榴、月季石榴、墨石榴、重瓣红石榴。

［生态习性与栽培要点］喜温暖向阳的环境，稍耐旱、耐寒，较耐瘠薄，不耐涝和荫蔽。

［观赏特点与园林应用］花艳如火，果实繁密，是重要的园林观花、观果树种。宜植于庭院、道路、绿地，也可用来制作盆景。

19. 红瑞木 Cornus alba（Swida alba）（图 8-15）

［别名］凉子木、红瑞山茱萸

［科属］山茱萸科梾木属

［形态特征与识别要点］落叶灌木，高达3m。树皮紫红色。幼枝有淡白色短柔毛，后即秃净而被蜡状白粉，老枝红白色，散生灰白色圆形皮孔及略为突起的环形叶痕。单叶对生，全缘，椭圆形或卵圆形，长4~9cm，表面暗绿色，背面灰白色，中脉在上面微凹陷，下面凸起，侧脉4~5(6)对。伞房状复聚伞花序顶生，较密；花小，白色或淡黄白色，花瓣4，花萼裂片4；雄蕊4，花药淡黄色，丁字形着生；花柱圆柱形，子房下位。核果长椭球形，微扁，成熟时乳白色或蓝白色，花柱宿存。花期6~7月；果期8~10月。

［种类与品种］园艺变种及变型或品种主要有：'珊瑚'红瑞木（'Sibirica'）：枝亮珊瑚红色，冬季甚为美丽。'紫枝'红瑞木（'Kesselringii'）、'金叶'红瑞木（'Aurea'）、'斑叶'红瑞木（'Gouchaultii'，叶片有黄白色和粉红色斑点）；'金边'红瑞木（'Spaethii'）、'银边'红瑞木（'Argenteo-marginata'）等。

［生态习性与栽培要点］产于我国东北、华北及西北地区。喜光，耐半阴，耐寒，耐水湿，耐干旱瘠薄，喜肥。播种、扦插、分株、压条法繁殖。

［观赏特点与园林应用］秋叶鲜红，果实洁白，枝干全年红色，是

图 8-15　红瑞木

1. 果枝　2. 花　3. 果

少有的观茎植物，常用作庭园观赏，丛植于草坪、林缘、湖畔或与常绿乔木相间种植。也是良好的切枝材料。

20. 东瀛珊瑚 *Aucuba japonica*

[别名] 青木

[科属] 山茱萸科桃叶珊瑚属

[形态特征与识别要点] 常绿灌木，高 3～5m。小枝绿色，无毛。单叶对生，椭圆状卵形或长椭圆形，长 8～20cm，基部广楔形，缘疏生粗齿牙，革质，两面油绿而富光泽。雌雄异株。顶生圆锥花序，密生刚毛，花紫色，花瓣 4，雄蕊 4。核果浆果状，鲜红色，球形至卵形。

[种类与品种] 园艺变种及变型或品种主要有：洒金东瀛珊瑚(var. *variegata*)，叶面黄斑累累，酷似洒金；'洒银'东瀛珊瑚（'Crotonifolia'）、'金叶'东瀛珊瑚（'Goldieana'）、'金边'东瀛珊瑚（'Picta'）、'大黄斑'东瀛珊瑚（'Picurata'）、'狭长叶'东瀛珊瑚（'Longifolia'）、'白果'东瀛珊瑚（'Leucocarpa'）、'黄果'东瀛珊瑚（'Luteocarpa'）、'矮生'东瀛珊瑚（'Nana'）等。

[生态习性与栽培要点] 原产日本，朝鲜及我国台湾、福建。喜温暖阴湿环境，耐寒性不强，在林下疏松肥沃的微性土或中性壤土生长繁茂。对烟害的抗性很强，耐修剪，病虫害极少。

[观赏特点与园林应用] 枝繁叶茂，经冬不凋，是珍贵的耐阴灌木。宜配置于门庭两侧树下、庭院墙隅、池畔湖边和溪流林下。可盆栽，其枝叶常用于瓶插。

21. 大叶黄杨 *Buxus megistophylla*（图 8-16）

[别名] 冬青卫矛、正木

[科属] 卫矛科卫矛属

[形态特征与识别要点] 常绿灌木或小乔木，高 0.5～8m。小枝四棱形（或在末梢的小枝亚圆柱形，具钝棱和纵沟），光滑无毛。单叶对生，倒卵状椭圆形，长 3～7cm，缘有钝齿，革质或薄革质，光亮。腋生聚伞花序，花序轴及分枝长而扁；花绿白色，4 基数。蒴果扁球形，粉红色，熟后 4 瓣裂；宿存花柱长约 5mm，斜向挺出。种子具橘红色假种皮。花期 3～4 月；果期 6～7 月。

[种类与品种] 园艺变种及变型或品种主要有：'金心'大叶黄杨（'Aureo-pictus'），叶片中央金黄色，有时叶柄及枝端也为金黄色；'金边'大叶黄杨（'Aureo-marginatus'），叶缘金黄色；'金斑'大叶黄杨（'Aureo-varietatus'），叶较大，卵形，有奶油黄色边及斑；'金叶'大叶黄杨（'Aureus'），叶黄色；'银边'大叶黄杨（'Albo-marginatus'），叶柄和小枝呈白绿或灰色，叶片边缘具狭银白色条带；'银斑'大叶黄杨（'Argenteo-variegatus'），叶有白斑及白边；'杂斑'大叶黄杨（'Virdi-variega-tus'），叶较大、鲜绿色，并有深绿色和黄色斑；'宽叶银边'大叶黄杨（'Latifolius Albo-marginatus'），叶较宽大，有不规则白色宽边；'狭叶'大叶黄杨（'Microphyl-lus'），叶狭小，长 1～2.5cm，并有金斑、银边等品种；'北海道'黄杨（'Cuzhi'），

顶梢粗壮，顶端优势明显，枝叶翠绿，果实鲜艳。生长较快，冬季整个树冠仍保持绿色，观赏性及耐寒性均较原种强。有金叶、斑叶等品种。

[生态习性与栽培要点] 原产日本南部，我国长江流域多栽培。喜温暖湿润气候，喜光，稍耐阴，有一定的耐寒力，对土壤要求不严，在微酸、微碱土壤中均能生长，在肥沃和排水良好的土壤中生长迅速，分枝也多。扦插、嫁接、压条繁殖，以扦插繁殖为主，极易成活。

[观赏特点与园林应用] 绿篱及背景种植材料。适用于规则式的对称配植，也可单株栽植在花境内，修剪成低矮的巨大球体，相当美观。

图 8-16　大叶黄杨　　　　　　　　　　图 8-17　枸　骨

1. 花枝　2. 果枝　3、4. 花　5. 雄蕊　　　　1. 花枝　2. 果枝　3~5. 花及花展开　6. 花萼

22. 枸骨 *Ilex cornuta*（图 8-17）

[别名] 鸟不宿、猫儿刺、老虎刺、八角刺、狗骨刺

[科属] 冬青科冬青属

[形态特征与识别要点] 常绿灌木或小乔木，高 3~4m。树皮灰白色。单叶互生，叶硬革质，具 5 枚尖硬刺齿，叶端向后弯，叶表面深绿色，具光泽，叶背淡绿色，无光泽，两面无毛。花小，雌雄异株，簇生于 2 年生枝叶腋；花淡黄色，4 基数，径约

7mm。浆果状核果球形，径8～10mm，成熟时鲜红色，基部具四角形宿存花萼，顶端宿存柱头盘状，明显4裂。花期4～5月；果期9～12月。

[种类与品种] 园艺变种及变型或品种主要有：'无刺'枸骨（'National'），叶缘无硬刺齿；'黄果'枸骨（'Luteocarpa'），果实暗黄色；'无刺黄果'枸骨等。同属相近种有：猫儿刺（*I. pernyi*），常绿小乔木，高8m，栽培常成灌木状；小枝有毛，叶密集；叶菱状卵形或卵状披针形，长1～3cm，缘有1～3对大刺齿，硬革质，暗绿色，近无柄；花黄色，簇生叶腋；果近球形，径7～8mm，红色。

[生态习性与栽培要点] 产于我国长江中下游各地及朝鲜，欧美一些国家植物园等也有栽培。喜光，不耐寒，长江流域可露地越冬，能耐－5℃的短暂低温。耐阴，耐旱，喜肥沃的酸性土壤，不耐盐碱。扦插繁殖为主。梅雨季节实行嫩枝扦插，成活率较高。

[观赏特点与园林应用] 树形美丽，枝繁叶茂，叶浓绿而有光泽，且叶形奇特。秋冬红果挂于枝头，经冬不凋，甚为美丽，是一种优良的观叶观花树种。宜作基础种植或岩石园材料，也可孤植于花坛中心，对植于前庭、路口，或丛植于草坪边缘。同时又是很好的绿篱（兼有果篱、刺篱的效果）。北方常见盆栽观赏，可作老桩盆景。

23. 变叶木 *Codiaeum variegatum*

[科属] 大戟科变叶木属

[形态特征与识别要点] 灌木或小乔木。幼枝灰褐色，有明显的叶痕。叶形、大小及颜色因品种变化极大。花小，单性，雌雄同株，雌花无花瓣，总状花序。蒴果球形或稍扁白色；种子长约6mm。

[种类与品种] 园艺栽培品种繁多。

[生态习性与栽培要点] 属热带植物，喜阳光充足，不耐阴，喜水湿，喜肥沃、黏重而保水性好的土壤。主要扦插繁殖。

[观赏特点与园林应用] 茎叶繁茂、叶色艳丽，是著名的观叶树种。华南可用于室外园林造景。适于路旁、墙隅、石间丛植，也可作为绿篱或基础种植材料。北方常见盆栽。

24. 鸡爪槭 *Acer palmatum*（图8-18）

[别名] 鸡爪枫

[科属] 槭树科槭属

[形态特征与识别要点] 落叶灌木或小乔木，高6～15m。树皮深灰色，枝细长光滑。单叶对生，叶5～9掌状深裂，径5～10cm，裂片长圆卵形或披针形，先端尾状尖，缘具重锯齿，两面无毛；叶柄4～6cm，细瘦无毛。顶生伞房花序，花紫色，杂性，雄花与两性花同株，萼片5，花瓣5；雄蕊8；子房无毛，花柱长，2裂。果翅长2～2.5cm，开展呈钝角，嫩时紫红色，成熟时淡棕黄色。花期4～5月；果期9～10月。

[种类与品种] 园艺变种及变型或品种主要有：小鸡爪槭（蓑衣槭）（var. *thunber-*

图 8-18　鸡爪槭

gii），叶较小，径约 4cm，叶常深 7 裂，裂片狭窄，缘具锐尖重锯齿，果翅短小；‘红枫’（‘紫红’鸡爪槭，‘Atropurpureum’），叶常年紫红色或红色，5～7 深裂，枝条也常紫红色；‘羽毛’枫（‘Dissectum’），树冠开展而枝略下垂，叶深裂达基部，裂片狭长，羽状细裂，秋叶深黄至橙红色；‘红羽毛’枫（‘Dissectum Ornatum’），叶形同细叶鸡爪槭，叶常年古铜色或古铜红色；‘紫羽毛’枫（‘Dissectum Atropurpureum’），叶形同细叶鸡爪槭，常年古铜紫色；‘暗紫羽毛’枫（‘Dissectum Nigrum’），叶形同细叶鸡爪槭，常年暗紫红色；‘金叶’鸡爪槭（‘Aureum’），叶常年金黄色；‘花叶’鸡爪槭（‘Reticulatum’），叶黄绿色，边缘绿色，叶脉暗绿色；‘斑叶’鸡爪槭（‘Versicolor’），绿叶上有白斑或粉红斑；‘线裂’鸡爪槭（‘Lineari-lobum’），叶 5 深裂，裂片线形；‘红边’鸡爪槭（‘Roseo-marginatum’），嫩叶及秋叶裂片边缘玫瑰红色。

[生态习性与栽培要点] 广布于我国长江流域，朝鲜、日本也有分布。喜弱光性树种，喜温暖湿润气候，耐半阴，耐寒性强，酸性、中性及石灰质土均能适应。生长速度中等偏慢。种子、嫁接繁殖。一般原种用播种法繁殖，园艺变种常用嫁接法繁殖。

[观赏特点与园林应用] 叶色富于季相变化，是较好的"四季"绿化树种。可作行道和观赏树栽植，在园林中，常用不同品种配置于一起，形成色彩斑斓的槭树园；也可在常绿树丛中杂以槭类品种，营造"万绿丛中一点红"的景观。还可植于花坛中作主景树，植于园门两侧，建筑物角隅或盆栽用于室内美化。

25. 黄栌 *Cotinus coggygria* var. *cinerea*

[别名] 红叶、黄栌木、黄栌树、烟树

[科属] 漆树科黄栌属

[形态特征与识别要点] 落叶灌木或小乔木，高 3～8m。树冠圆形，枝红褐色。单叶互生，叶卵圆形或倒卵形，长 4～8cm，全缘，先端圆或微凹，侧脉二叉状，叶两面或背面有灰色柔毛。顶生圆锥花序，有柔毛，花杂性，小而黄色，仅少数发育，不育花的花梗花后伸长，被羽状长柔毛，宿存，花萼 5 裂，宿存，花瓣 5 枚，长度约为花萼的 2 倍；雄蕊 5 枚；子房近球型，偏斜，1 室 1 胚珠。核果小，肾形扁平。花期 5～6 月；果期 7～8 月。

［种类与品种］正种：欧洲黄栌（*C. coggygria*），高5m，叶卵形至倒卵形，无毛，产于南欧；毛黄栌（var. *pubescens*），小枝有短柔毛，叶近圆形，两面脉上密生灰白色绢状短柔毛；粉背黄栌（var. *glaucophylla*），与黄栌的区别主要是叶卵圆形，较大，长3.5~10cm，但叶背显著被白粉，叶柄较长，1.5~3.3cm，花序近无毛；垂枝黄栌（var. *pendula*），枝条下垂，树冠伞形；紫叶黄栌（var. *purpurens*），叶紫色，花序有暗紫色毛。

［生态习性与栽培要点］原产于中国西南、华北和浙江，南欧、叙利亚、伊朗、巴基斯坦及印度北部亦产。性喜光，耐半阴，耐寒，耐干旱瘠薄和碱性土壤，不耐水湿，宜植于土层深厚、肥沃而排水良好的砂质壤土中。生长快，根系发达，萌蘖性强。对二氧化硫有较强抗性。播种繁殖为主，压条、分株和根插繁殖也可。

［观赏特点与园林应用］花后久留不落的不孕花的花梗呈粉红色羽毛状，宛如万缕罗纱缭绕树间，又有"烟树"之称。深秋叶片经霜变，色彩鲜艳，是中国重要的观赏树种，著名的北京香山红叶、济南红叶谷就是该树种。适合城市大型公园、天然公园、半山坡上、山地风景区内群植成林，可以单纯成林，也可与其他红叶或黄叶树种混交成林，还可以应用在城市街头绿地、单位专用绿地、居住区绿地以及庭园中，孤植或丛植于草坪一隅、山石之侧、常绿树树丛前或单株混植于其他树丛间以及常绿树群边缘，从而体现其个体美和色彩美。

26. 夹竹桃 *Amsonia elliptica*（图8-19）

［别名］红花夹竹桃、柳叶桃

［科属］夹竹桃科夹竹桃属

［形态特征与识别要点］常绿大灌木，高达5m。含水液，无毛。叶3~4枚轮生。聚伞花序顶生。蓇葖果矩圆形，长10~23cm，直径1.5~2cm；种子顶端具黄褐色种毛。

［种类与品种］栽培变种有白花夹竹。

［生态习性与栽培要点］喜光，喜温暖。较耐旱不耐寒，对土壤要求不严。植株有剧毒。

［观赏特点与园林应用］叶片如柳似竹，红花灼灼，胜似桃花，花冠粉红至深红或白色，有特殊香气，是有名的观赏花卉。花期长，抗性强，常作为工矿区、铁路沿线绿化树种。北方常作盆栽。

图8-19 夹竹桃
1. 花枝 2. 花 3. 果

图 8-20　假连翘

1. 花枝及中部叶枝　2. 果，外包宿萼
3. 果　4. 花　5. 花冠展开，示雄蕊

27. 假连翘 *Duranta erecta*（图 8-20）

[别名] 金露花

[科属] 马鞭草科假连翘属

[形态特征与识别要点] 常绿灌木或小乔木，高 1.5～4.5m。枝条常下垂，有时有刺，嫩枝有毛。单叶对生，稀为轮生，倒卵形，长 2～6cm，基部楔形，中部以上有锯齿，或近全缘，表面有光泽。总状花序顶生或腋生；花冠蓝色或淡紫色，长约 8mm，高脚碟状，花筒稍弯曲，先端 5 裂；二强雄蕊；花柱短于花冠筒，子房无毛。核果肉质，球形，径约 5mm，熟时黄色或橙黄色，有光泽，完全包于扩大的花萼内。花果期 5～10 月。

[种类与品种] 园艺变种及变型或品种主要有：'金叶'假连翘（'Gloden Leaves'）、'斑叶'假连翘（'Variegata'）、'大花'假连翘（'Grandiflora'）花径达 2cm；'白花'假连翘（'Alba'）、'矮生'假连翘（'Dwarftype'）高 0.5～2m，枝叶密生，花多，深蓝色；'斑叶矮生'假连翘（'Dwarftype Variegata'）、'白花矮生'假连翘（'Dwarftype Alba'）等。

[生态习性与栽培要点] 原产热带美洲，我国南方常见栽培或逸为野生。喜光，喜半阴，不耐寒，要求排水良好的土壤。生长快，耐修剪。

[观赏特点与园林应用] 花果美丽，华南城市庭园有栽培。多为绿篱材料。

28. 金叶女贞 *Ligustrum × vicaryi*（图 8-21）

[别名] 黄叶女贞

[科属] 木犀科女贞属

[形态特征与识别要点] 落叶或半常绿灌木，是金边卵叶女贞和欧洲女贞的杂交种。叶片较女贞稍小，单叶对生，椭圆形或卵状椭圆形，叶色金黄。总状花序，小花白色。核果阔椭圆形，紫黑色。

[生态习性与栽培要点] 性喜光，稍耐阴，耐寒能力较强，不耐高温高湿，抗病力强，很少有病虫危害。一般采用扦插繁殖。

[观赏特点与园林应用] 金叶女贞在生长季节叶色呈鲜丽的金黄色，可与紫叶小檗、红花檵木、龙柏、黄杨等组成灌木状色块，形成强烈的色彩对比，具极佳的观赏效果。也可修剪成球形，大量应用在园林绿化中，主要用来组成图案和建造绿篱。

图8-21　金叶女贞
1. 花枝　2. 果枝　3. 花　4. 花冠展开示雄蕊
5. 雌蕊　6. 种子

图8-22　迎　春
1. 花枝　2. 枝条　3. 花纵剖

29. 迎春 *Jasminum nudiflorum*（图8-22）

[别名]迎春花、小黄花、金腰带、黄梅、清明花

[科属]木犀科素馨属

[形态特征与识别要点]落叶灌木，高2～3(5)m。小枝细长拱形，绿色，四棱形，棱上多少具狭翼。三出复叶对生，叶轴具狭翼，小叶卵状椭圆形，长1～3cm，表面有基部突起的短刺毛。小枝基部常具单叶，卵形或椭圆形，长0.5～2.5cm。花单生于去年生小枝的叶腋，稀生于小枝顶端；花黄色，花冠通常6裂，花冠筒长0.8～2cm，花梗长2～3mm，花萼绿色；早春叶前开花。

[种类与品种]同属相近种有：①红素馨（红茉莉）（*J. beesianum*）：常绿攀缘灌木，茎细，幼枝四棱形，有条纹。单叶对生，卵形至椭圆状披针形，长1.5～3.2cm。花单生或2～5朵成聚伞花序，花较小，径1～1.5cm花冠紫或粉红色，芳香。花期3～6月。产于四川、云南、贵州等地。②云南黄馨（南迎春）（*J. primulium*）：半常绿藤状灌木，高3～4.5m。枝绿色，细长拱形，具浅棱。三出复叶对生，叶面光滑。花单生，黄色，较迎春花大，径3.5～4cm；花冠6裂或成半重瓣。花期3～4月。原产云南，现各地均有栽培。③探春（迎夏）（*J. floridum*）：半常绿蔓性灌木，高1～3m。小枝绿色，光滑，枝条开张，拱形下垂。奇数羽状复叶互生，小叶3(5)，卵形或卵状椭圆形，长1～3.5cm。花黄色，3～5朵成顶生聚伞花序。浆果椭球状卵形，绿褐

色。花期5~6月；果期9~10月。原产我国中部及北部。

[生态习性与栽培要点] 产于山东、河南、山西、甘肃、四川、贵州、云南等地。喜光，稍耐阴，略耐寒，怕涝，喜疏松肥沃和排水良好的砂质土，在酸性土中生长旺盛，碱性土中生长不良。以扦插繁殖为主，也可用压条、分株繁殖。

[观赏特点与园林应用] 枝条下垂，冬末至早春先花后叶，花色金黄，叶丛翠绿。在园林绿化中宜配置在湖边、溪畔、桥头、墙隅，或在草坪、林缘、坡地、房屋周围也可栽植，也可栽作花篱或地被植物。

30. 紫丁香 *Syringa oblata*（图8-23）

[别名] 丁香、华北紫丁香、百结、紫丁白

[科属] 木犀科丁香属

[形态特征与识别要点] 落叶灌木或小乔木，高4~5m。树皮灰褐色或灰色；小枝较粗壮，无毛，疏生皮孔。单叶对生，广楔形，宽通常大于长，长2~14cm，宽2~15cm，先端渐尖，基部心形，全缘，两面无毛。圆锥花序直立，由侧芽抽生，近球形或长圆形，长4~16(20)cm；花冠紫色，长1~2cm，花冠筒细长圆柱形，长0.8~1.2cm，裂片呈直角开展；花药黄色，着生于花冠筒中部或中上部。蒴果，长椭圆形，长1~1.5(2)cm，顶端尖，光滑，种子有翅。花期4~5月；果期8~10月。

[种类与品种] 园艺变种及变型或品种主要有：①白丁香（白花丁香）(var. *alba*)：花白色，叶片较小，基部通常为截形、圆楔形至近圆形，或近心形，叶背微有柔毛，花枝上的叶常无毛。花期4~5月。原产中国华北地区，长江以北地区均有栽培。②紫萼丁香（毛紫丁香）(var. *giraldii*)：花序轴及花萼紫蓝色，圆锥花序细长。小枝、花序和花梗除具腺毛外，被微柔毛或短柔毛，或无毛；叶先端狭长，上面除有腺毛外，被短柔毛或无毛，下面被短柔毛或柔毛，有时老时脱落。花期5月；果期7~9月。产于中国甘肃、陕西、湖北以至东北。③朝鲜丁香(var. *dilatata*)：高1~3m，多分枝。叶卵形，长达12cm，先端长渐尖，基部通常截形，无毛。花序松散，长达15cm，花冠筒细长，长1.2~1.5cm，裂片较大，椭圆形。产于朝鲜半岛北部和中部。

[生态习性与栽培要点] 产于我国东北南部、华北、内蒙古、西北及四川，长江以北各庭园普遍栽培。喜温暖、湿润的环境。喜光、稍耐阴，耐寒、耐旱，忌低温。对土壤的要求不严，耐瘠薄，喜肥沃、排水良好的土壤，忌在低洼地种植。播

图8-23 紫丁香

1. 果枝 2. 花冠开展

种、扦插、嫁接、分株、压条繁殖。其中嫁接为主要繁殖方法。

[观赏特点与园林应用] 植株丰满秀丽，枝叶茂密，花香袭人，为著名的观赏花木之一。植于草地、路缘、窗前都很适合。与其他种类丁香配植成专类园，形成美丽、清雅、芳香、花开不绝的景观；也可盆栽、促成栽培，作切花等用。

31. 连翘 *Forsythia suspensa*

[别名] 黄花条、连壳、青翘、落翘、黄奇丹

[科属] 木犀科连翘属

[形态特征与识别要点] 丛生灌木。小枝土黄色或灰褐色，略呈四棱形，髓部中空。叶通常为单叶，卵形、宽卵形或椭圆状卵形，先端锐尖，叶缘除基部外具锐锯齿或粗锯齿。早春先花后叶，线条花相。

[科类与品种] 变种有垂枝连翘、三叶连翘。

[生态习性与栽培要点] 适合在肥沃、光照良好、排水性好的土地上生长，较耐寒。

[观赏特点与园林应用] 枝条拱形开展，花色金黄。可以用作花篱、花丛、花坛。

32. 栀子花 *Gardenia jasminoides*

[别名] 栀子、黄栀子

[科属] 茜草科栀子属

[形态特征与识别要点] 灌木。叶对生，长圆状椭圆形。花大，单生，白色，芳香；花冠旋转状排列；雄蕊与花冠裂片同数，着生于花冠筒喉部，花丝极短，花药背着，内藏。

[种类与品种] 变种有白蟾、大花栀子、窄叶栀子。

[生态习性与栽培要点] 喜温暖湿润和阳光充足的环境，较耐寒，耐半阴，怕积水，要求疏松、肥沃和酸性的砂壤土。

[观赏特点与园林应用] 适用于阶前、池畔和路旁配置，也可用作花篱、盆栽和盆景观赏。栀子花枝叶繁茂，四季常绿，花朵素雅，是庭院优良的美化材料。

33. 六月雪 *Serissa japonica* （图 8-24）

[别名] 白马骨、满天星、路边姜、天星木、路边荆、鸡骨柴

[科属] 茜草科白马骨属

[形态特征与识别要点] 常绿或半常绿丛生

图 8-24　六月雪

小灌木。嫩枝绿色有微毛；老茎褐色，有皱纹。叶对生或成簇生小枝上，长椭圆形或长椭圆披针状，全缘，先端钝。花形小，密生在小枝的顶端，漏斗状。

[种类与品种] 常见栽培品种有'金边'六月雪、'重瓣'六月雪、'粉花'六月雪。

[生态习性与栽培要点] 为亚热带树种，喜温暖湿润的气候条件、半阴环境及疏松肥沃、排水良好土壤，抗寒力不强。枝叶密集，白花灌树，雅洁可爱，是观叶、观花的优秀观赏植物。

[观赏特点与园林应用] 南方园林中常作地被栽植于林冠下、灌木丛中，或修剪蟠扎造型；北方多盆栽观赏，在室内越冬。

34. 大花六道木 *Abelia × grandiflora*

[科属] 忍冬科六道木属

[形态特征与识别要点] 半常绿灌木，高 2m。幼枝红褐色，有短柔毛。单叶对生，叶卵形至卵状椭圆形，长 2～4cm，缘有疏齿，表面暗绿色，有光泽。松散的顶生圆锥花序，花冠白色或略带红晕，钟形，长 1.5～2cm，端 5 裂；花萼 2～5，多少合生，粉红色；雄蕊 4，通常不伸出；7 月至晚秋开花不断。瘦果。

[种类与品种] 本种是糯米条(*A. chinensis*)与单花六道木(*A. uniflora*)的杂交种。园艺变种及变型或品种主要有：①'金边'大花六道木('Francis Mason')：叶面呈金黄色；小枝条红色，中空。花小，繁茂，并带有淡淡的芳香。②'粉花'六道木('Edward Goucher')：是六道木中唯一的红花品种，花色粉艳，亮丽异常；叶片较小，枝条细长弯曲成拱形，粉色萼片宿存时间更长，很有特色。③'日升'六道木('Sunrise')：叶片中间为墨绿色，幼小时叶缘带有金黄色条纹，长大后条纹变为乳黄色。④'矮白'六道木('Dwarf White')：为六道木的矮化品种，目前国内已有引进，但数量非常有限。其余品种还有：'匍匐'('Prostrata')、'矮生'('Nana')、'金叶'('Aurea')等。

[生态习性与栽培要点] 耐干旱、瘠薄，萌蘖力、萌芽力很强盛。对土壤要求不高，对肥力的要求也不严格。可反复修剪。

[观赏特点与园林应用] 从初夏至仲秋都是大花六道木的盛花期，开花时节满树白花，衬以粉红的花萼、墨绿的叶片，分外醒目。红色的花萼还可宿存至冬季，秋叶铜褐色或紫色，极为壮观。宜丛植于草坪、林缘或建筑物前，用作绿篱和花径的群植也非常合适。

35. 欧洲琼花 *Viburnum opulus*（图 8-25）

[别名] 雪球

[科属] 忍冬科荚蒾属

[形态特征与识别要点] 落叶灌木，高 1～4m。树皮质薄，常纵裂。单叶对生，叶近圆形，长 5～12cm，3 裂，有时 5 裂，中裂片伸长，缘具不整齐粗牙齿；叶柄粗壮，有窄槽，长 1～2cm，无毛，有 2～4 至多枚明显的长盘形腺体，基部有 2 钻形托叶。聚伞花序，多少扁平，径 5～10cm，大多周围有大型的不孕花；总花梗粗壮，长

2~5cm，无毛；花冠白色，花药黄色；不孕花白色，径1.3~2.5cm。核果近球形，径约8mm，红色而半透明状，内含1粒种子。花期5~6月；果期9~10月。

[种类与品种] 园艺变种及变型或品种主要有：'欧洲'雪球（'Roseum'）：花序全为大型不育花，绿白色，绣球形。此外，国外还有'矮生'（'Nanum'）、'密枝'（'Compactum'）、'金叶'（'Aureum'）、'黄果'（'Xantho-carpum'）等品种。

[生态习性与栽培要点] 产于欧洲、非洲北部及亚洲北部。我国新疆西北部山地有分布。喜光，耐寒，抗旱，稍耐庇荫，喜疏松肥沃、湿润富含有机质的土壤，耐轻度盐碱，病虫害少。扦插、播种繁殖。在种子形态成熟后于秋季直接播种，自然完成休眠过程，也可用种子层积法进行催芽处理，于春季播种。

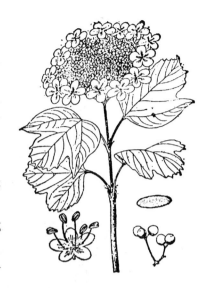

图8-25 欧洲琼花

[观赏特点与园林应用] 花期较长，花白色清雅，花序繁密，果小量大，红艳诱人，给人以强烈视觉冲击力，能形成园林观赏的视觉焦点，可栽植于乔木下作下层花灌木。适合于疗养院、医院、学校等地方栽植。而且，其茎枝不用修剪自然成形，可以减少园林绿化成本，是一种开发价值很高的野生观赏植物。

36. 日本珊瑚树 *Viburnum odoratissimum*

[别名] 法国冬青

[科属] 忍冬科荚蒾属

[形态特征与识别要点] 常绿灌木或小乔木。叶倒卵状矩圆形至矩圆形，边缘常有较规则的波状浅钝锯齿，侧脉6~8对。圆锥花序通常生于枝顶；花冠筒长3.5~4mm，裂片长2~3mm；花柱较细，长约1mm，柱头常高出萼齿。果核常倒卵圆形至倒卵状椭圆形，长6~7mm。花期5~6月，果熟期9~10月。

[生态习性与栽培要点] 耐阴，喜温暖、阳光，不耐寒。主要采用扦插繁殖。

[观赏特点与园林应用] 很理想的园林绿化树种，因对煤烟和有毒气体具有较强的抗性和吸收能力，阻挡尘埃、吸收多种空气中有害气体，降低种植环境噪声，尤其适合于城市作绿篱或园景丛植。

37. 金银木 *Lonicera maackii*（图8-26）

[别名] 金银忍冬

[科属] 忍冬科忍冬属

[形态特征与识别要点] 落叶灌木或小乔木，高可达6m。小枝髓黑褐色，后变中空。单叶对生，卵状椭圆形至卵状披针形，长5~8cm，先端渐尖或长渐尖，基部宽

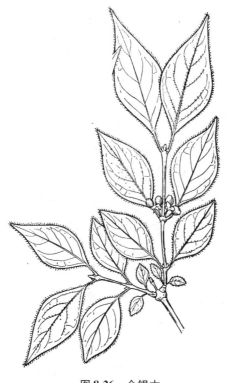

图8-26 金银木

楔形至圆形,两面疏生柔毛。花成对腋生,总梗长1～2mm,短于叶柄,苞片线形;花冠二唇形,白色,后变黄色,长(1)2cm,下唇瓣长为花冠筒的2～3倍;雄蕊与花柱长约达花冠的2/3。浆果,红色,球形,径5～6mm;种子具蜂窝状微小浅凹点。花期(4)5～6月;果期8～10月。

[种类与品种]园艺变种及变型或品种主要有:①红花金银木(var. erubescens):花较大,淡红色,嫩叶也带红色。②'繁果'金银木('Multifera'):结果多而红艳。

[生态习性与栽培要点]产于东北、华北、华东、陕西、甘肃至西南地区。朝鲜、日本、俄罗斯也有分布。性喜强光,耐半阴,耐寒,稍耐旱,但在微潮偏干的环境中生长良好,管理简单。在中国北方绝大多数地区可露地越冬。播种、扦插繁殖。

[观赏特点与园林应用]春末夏初繁花满树、芳香四溢,秋后红果满枝头、挂果期长、经冬不凋,具有很高的观赏价值。适合种植于庭院、水滨、草坪、山坡、林缘、路边或点缀于建筑周围,观花赏果两相宜。也是优良的蜜源树种。

38. 无花果 *Ficus carica*(图8-27)

[别名]阿驲、阿驿、映日果

[科属]桑科榕属

[形态特征与识别要点]落叶灌木或小乔木,高3～12m,多分枝。树皮灰褐色,皮孔明显。单叶互生,厚纸质,广卵圆形,长宽近相等,10～20cm,通常3～5裂,叶缘波状或具粗齿,表面粗糙,背面密生灰色短柔毛,基部浅心形;叶柄长2～5cm,粗壮。雌雄异株,隐头花序,雄花和瘿花同生于一榕果内壁;雄花生内壁口部,花被片4～5,雄蕊3,有时1或5,瘿花花柱侧生,短;雌花花被与雄花同,子房卵圆形,光滑,花柱侧生,柱头2裂,线形。隐花果单生叶腋,大、梨形,径3～8cm,熟时紫黄色或黑紫色。花果期5～7月。

[生态习性与栽培要点]原产亚洲西部及地

图8-27 无花果

中海东北沿岸地区。在东南欧常作果树栽培。喜温暖湿润气候，喜光，不耐寒，不耐涝，抗旱，耐瘠薄。以土层深厚、疏松肥沃、排水良好的砂质壤土或黏质壤土栽培为宜。扦插、分株、压条繁殖均可，尤以扦插繁殖为主。

［观赏特点与园林应用］树姿优雅，叶面粗糙，具有良好的吸尘效果，是庭院、公园的观赏树木，如与其他植物配置，还可以形成良好的防噪声屏障。是化工污染区绿化的好树种，在干旱的沙荒地区栽植，可以起到防风固沙、绿化荒滩的作用。

39. 朱缨花 *Calliandra haematocephala*

［别名］红合欢、美洲合欢、红绒球

［科属］豆科朱缨花属

［形态特征与识别要点］落叶灌木或小乔木，高1~3m。枝条扩展，小枝圆柱形，褐色，粗糙。托叶卵状披针形，宿存；二回羽状复叶，总叶柄长1~2.5cm；小叶7~9对，斜披针形，小叶先端钝而具小尖头，基部偏斜，边缘被疏柔毛。头状花序腋生。荚果线状倒披针形。花期8~9月。

［生态习性与栽培要点］热带花卉，性喜温暖、湿润、阳光充足的环境，不耐寒，要求土层深厚且排水良好。

［观赏特点与园林应用］羽状复叶昼开夜合，花如绒球，是优美的观花树种，可作庭荫树、行道树。

40. 丝兰 *Yucca smalliana*

［别名］软叶丝兰、毛边丝兰

［科属］龙舌兰科丝兰属

［形态特征与识别要点］常绿灌木。茎短。叶基部簇生，呈螺旋状排列；叶片坚厚，叶面浓绿色而被少量白粉。圆锥花序，花杯状，白色至青紫色，芳香。花期7~8月。

［种类与品种］同属相近种有凤尾丝兰。

［生态习性与栽培要点］性喜阳光充足及通风良好的环境，极耐寒冷。

［观赏特点与园林应用］花叶俱美的观赏植物，盆栽、地栽均可。

8.1.3　其他灌木

中文名（学名）	原产地	花期（月）	形态特征	同属种、品种等	繁殖	应用
十大功劳 Mahonia fortunei	四川、湖北、浙江等地	7~8	小叶2~5对,狭披针形至狭椭圆形,每侧具5~10刺齿,背浓黄绿色。总状花序或圆锥花序组成,萼片9,2轮;花瓣6,2轮;雄蕊6,花药瓣裂;柱头盾状	同属相近种:阔叶十大功劳(M. bealei)	播种、扦插、分株	绿篱、地被,也可作盆栽
金丝桃 Hypericum monogynum	广布于我国长江流域及其以南地区	(5)6~7	单叶对生,全缘,叶片具小而点状腺体。顶生聚伞花序,叶片小,花鲜黄色,花瓣5;花丝多而细长(与花瓣近等长),金黄色,基部合生成5束。蒴果		分株、扦插、播种	可植于林药,庭院角隅,假山旁,路边、草坪等处,华北多盆栽观赏,也可作切花材料
木芙蓉 Hibiscus mutabilis	我国南部	9~10	叶心形。花瓣近圆形,花初开时白色或淡红色,后变深红色。蒴果扁球形	品种:红花'Rubra'、白花'Alba'、重瓣'Plenus'及醉芙蓉'Versicolor'	扦插、压条、分株	花大色丽,自古用于园林,可孤植也可作盆栽
柽柳 Tamarix chinensis	吉林、辽宁、内蒙古、华北至西北地区	4~9	叶长圆状披针形或长卵形5,粉红色,通常卵状椭圆形。总状花序;花瓣5。蒴果圆锥形	同属相近种:多枝柽柳(T. ramosissima)	扦插、播种、压条、分株	枝条细柔,姿态婆娑,开花如红蓼。在庭院中可作绿篱、干河边、桥头,也可用于盐碱地和防风林
京山梅花 Philadelphus pekinensis	我国西部及北部	5~6	单叶对生,叶卵形或阔椭圆形,缘有疏齿,基脉3~5条。总状花序有花5~7(9)朵,花瓣4,花黄白色,有香气,花萼4。蒴果4裂,近球形,宿存萼片上位		播种、分株、压条、扦插	花美丽,栽作自然式花篱或丛植于草坪、林缘。园路拐弯处和建筑物前都很适合,亦可作大型花坛的中心栽植材料
大花溲疏 Deutzia grandiflora	我国华北、东北、西北、华中地区有分布	4月下旬,叶前开放	单叶对生,叶卵形或卵状椭圆形,叶背密被灰白色星状毛。聚伞花序,1~3朵花生于枝顶;花瓣5,花较大,白色;萼筒密被星状毛,裂片5。蒴果3~5瓣裂,半球形,具宿存花柱		播种、分株	溲疏属中花最大和开花最早者,花朵洁白素雅,可植于草坪、路边、山坡及林缘,作花篱或岩石园种植材料,也可作山坡水土保持材料

（续）

中文名（学名）	原产地	花期（月）	形态特征	同属种、品种等	繁殖	应用
麻叶绣线菊 Spiraea cantoniensis	我国东部及南部地区，在日本长期栽培；现我国各地均有栽培	4~5	枝细长，呈拱形弯曲。单叶互生，叶菱状长圆形，中部以上具缺刻状锯齿。伞形花序呈半球状，具多花；花小而白色，花瓣5。蓇葖果	品种：'重瓣'麻叶绣线菊（'Lanceata'）；同属相近种：珍珠绣线菊（Spiraea thunbergii），伞形花序无总梗，花白色；柳叶绣线菊（S. salicifolia），圆锥花序长圆形或金字塔形，顶生的，花朵密集，粉红色	播种或分根	花序繁密，可成片配置于草坪、斜坡、池畔，也可单株或数株点缀花坛
东北珍珠梅 Sorbaria sorbifolia	亚洲北部，我国东北及朝鲜，日本、蒙古、俄罗斯均有分布	7~8	奇数羽状复叶，互生，小叶披针形或卵状披针形。圆锥花序顶生，大型，长10~20cm，花白色，花瓣5；雄蕊40~50，长于花瓣1.5~2倍。蓇葖果长圆形，萼片宿存	园艺变种：星毛珍珠梅（var. stellipila）同属相近种：密脉珍珠梅（S. asurgens），雄蕊少（20），小叶片具25对以上侧脉；高丛珍珠梅（S. arborea），高2~6m	分株及扦插	花期长，观花观叶均可，是良好的夏季观赏植物，可孤植、列植、丛植，或作自然式绿篱，或作基础种植
风箱果 Physocarpus amurensis	我国东北、河北、河南等地，朝鲜、俄罗斯也有分布	6	单叶互生，叶基部心形，叶缘具重锯齿。伞形总状花序顶生；花白色，花瓣5。蓇葖果膨大，卵形，熟时沿背腹两缝开裂		播种或扦插	花序密集，晚夏时节膨大的果实红色，具有较高的观赏价值，可植于亭台周围，丛林边缘及假山旁边，也是山林自然风景区良好的绿化树种
棣棠 Kerria japonica	中国和日本，我国黄河流域至华南、西南有分布	4~5	单叶互生，小枝绿色，叶片卵形至卵状披针形，边缘有锐重锯齿，背面或沿叶脉、脉同有短柔毛。花大，黄色	品种：'重瓣'棣棠、菊'花'棣棠、'白花'棣棠、'银边'棣棠、'银斑'棣棠、'金边'棣棠、'金'棣棠	分株、扦插和播种	花枝叶翠绿细柔，可栽在墙隅及管道旁，有遮蔽之效。宜作花篱、花径，群植于常绿树丛之前，池畔、水边
鸡麻 Rhodotypos scandens	我国辽宁、华北、西北至华中、华东地区，日本、朝鲜也有分布	4~5	单叶对生，卵状椭圆形，缘有尖锐重锯齿，下面被丝状毛。花单生于侧枝顶端，白色，径3~5cm。萼片、花瓣各为4，并有副萼。核果4，亮黑色		播种、分株、扦插	花白色美丽，适宜丛植于草地、路旁、角隅或池边，也可植于山石旁

（续）

中文名（学名）	原产地	花期（月）	形态特征	同属种·品种等	繁殖	应用
麦李 Prunus glandulosa	长江流域及西南地区	3~4	单叶互生,叶椭圆状披针形或长椭圆形,最宽处在中部或近中下部,缘有不整齐细钝齿。花单生或2朵簇生,花白色或粉红色,径1.5~2cm;萼筒钟状。核果,红色或紫红色,近球形,径1~1.3cm	品种:'粉花'('Rosea'),'白花','麦李'('Alba'),'麦李'('Albo-plena'),'重瓣'红麦李('Sinen-sis')。同属相近种有:郁李(P. japonica)枝细密,叶缘有尖锐重锯齿	分株、扦插或嫁接	宜于草坪、路边、假山旁及林缘处栽,也可作基础栽植、盆栽或作切花材料
平枝栒子 Cotoneaster horizontalis	湖北西部和四川山地	5~6	叶片近圆形或宽椭圆形,全缘。花粉红色,倒卵形,先端圆钝;雄蕊约12,子房顶端有柔毛,离生。果近球形,鲜红色	同属相近种:匍匐栒子(C. adpressus),黑果栒子(C. melanocarpus)	扦插、播种	主要用来布置岩石园、庭院、绿地和端沿、角隅,另可作地被和制作盆景
火棘 Pyracantha fortuneana	我国东部、中部、西南地区	3~5	叶常绿,叶片倒卵形或倒卵状长圆形,边缘有钝锯齿,近基部全缘。花集成复伞房花序,花瓣白色,近圆形,离生。果实近球形,橘红色或深红色	同属相近种:细圆齿火棘(P. crenulata),全缘火棘(P. atalantioides)	扦插、播种	花果观赏价值较高,修剪、喜萌发,可用作刺篱、花篱、果篱
玫瑰 Rosa rugosa	中国、朝鲜、日本。辽宁、山东等地有分布	5~6	枝密生细刺刚毛及绒毛。奇数羽状复叶,小叶5~9,有钝锯齿,有褶皱;叶柄和叶轴密被绒毛,托叶大部贴生于叶柄。花单生叶腋,或数朵簇生,花紫红色,芳香。果扁球形,肉质,平滑,萼片宿存	品种:'白'('Al-ba'),'红'玫瑰('Rosea'),'紫'玫瑰('Rubra'),'重瓣紫'玫瑰('Rubro-plena'),'重瓣白'玫瑰('Albo-plena')	分株、扦插或嫁接	花色艳丽而芳香,盛花期在4~5月,以后零星开花至9月。在庭园中宜作花篱和花境,也可丛植于草坪、坡地观赏
黄刺玫 Rosa xanthina	我国东北、华北至西北	4~6	奇数羽状复叶,互生,小叶7~13,宽卵形或近圆形,叶柄有稀疏柔毛和小皮刺,托叶中部以下与叶柄连合。花单生于叶腋,重瓣或半重瓣,黄色。聚合瘦果,果近球形,红褐色		分株、压条、扦插	花色金黄,花期较长,为北方园林常见的观赏树种。适于草坪、林缘及路边栽植,亦可作保持水土及园林绿化树种

（续）

中文名（学名）	原产地	花期（月）	形态特征	同属种、品种等	繁殖	应用
贴梗海棠 Chaenomeles speciosa	我国东部、中部至西南地区	3~4	枝条直立开展；有枝刺。叶片卵形椭圆形，边缘具尖锐重锯齿，托叶肾形或半圆形，边缘有尖锐重锯齿。花先叶开放，3~5朵簇生于二年生老枝上；花梗短粗；花瓣倒卵形或近圆形，花瓣鲜红色，稀淡红色或白色	品种：重瓣及半重瓣品种	扦插、压条、播种	春季观花夏秋赏果，可作为独特孤植观赏树或成丛五点地点缀于园林小品或校园林绿地中，也可培育成独干或多干的乔灌木作林片林或庭院点缀
双荚决明 Cassia bicapsularis	我国主要分布于华南、热带季雨林及雨林区	9月至翌年1月	羽状复叶互生，小叶3~5对；叶灰绿色，叶缘常金黄色，第1~2对小叶间有1枚起腺体。伞房状总状花序；花金黄色，径约2cm。荚果圆柱状		扦插和播种	花期长，花鲜艳繁茂，同时具有防尘、防烟雾的作用。适宜在植物园、公园、厂区或城市道路作灌木配植，既可单植、丛植或重直绿化或植作绿篱，也可用于垂直绿化或盆栽观赏
花木蓝 Indigofera kirilowii	我国东北南部、华北至华东北部地区，蒙古、东北东部、日本也有分布	5~6(7)	奇数羽状复叶互生，小叶7~11，两面疏生白色丁字毛。腋生总状花序。荚果棕褐色，稀白色。荚果褐色，圆柱形，长3.5~7cm		播种、分株	夏季开花，花色鲜艳，花量大，有芳香，花期长达50~60d。宜植于庭园，作花篱、花坛、花境，也适于作公路路边护坡覆盖观赏
胡颓子 Elaeagnus pungens	长江中下游及以南各省区	9~12	小枝有锈色鳞片，刺较少。单叶互生，椭圆形，全缘，上面褐绿色或褐色，下面密被银白色和少数褐色斑点。两性花，1~3花生于叶腋，花银白色，花具短小枝上，芳香，密被鳞片。果实核果状，成熟时红色	品种：'金边'胡颓子（'Aureo-marginata'），'银边'胡颓子（'Albo-marginata'），'金心'胡颓子（'Fredricii'），'金斑'胡颓子（'Maculata'）等观叶品种；同属相近种有沙枣（E. angustifolia）；东方沙枣（var. orientalis）；刺沙枣（var. spinosa），枝刺显具刺	播种、扦插	株形自然，红果美丽，适于草地丛植，也可用于林缘、树群外围作自然式绿篱

（续）

中文名（学名）	原产地	花期（月）	形态特征	同属种、品种等	繁殖	应用
瑞香 *Daphne odora*	长江流域	3~4	叶互生,纸质,长圆形或倒卵状椭圆形,全缘;叶柄相壮。花外面淡紫红色,内面肉红色,无毛,数朵至12朵组成顶生头状花序;苞片披针形或卵状披针形,无毛,脉纹显著隆起	品种:'金边'瑞香、'白花'瑞香、'粉花'瑞香、'红花'瑞香	扦插、压条、嫁接或播种	早春花木,株形优美,花朵极芳香。适于林下路边、林间空地、庭院、假山岩石的阴面等处配置
九里香 *Murraya exotica*	华南及西南地区有分布	4~8	奇数羽状复叶互生,小叶5~7(9),倒卵形或倒卵状椭圆形,全缘,质地较厚。花白色,芳香,花瓣5。浆果近球形,径约1cm,朱红色	同属相近种(*M. paniculata*),常绿小乔木,高12m;小叶3~5(7);浆果椭球形,长1~2cm,熟时橙黄至朱红色	种子、压条、嫁接	四季常青,开花洁白而芳香,朱果耀目,常作绿篱和道路隔离带植物,长江流域及以北地区常盆栽观赏,是优良的盆景材料
钝齿冬青 *Ilex crenata*	我国浙江、福建、江西、湖南、广东和台湾等地,日本和朝鲜也有分布	5~6	单叶互生,叶小而密生,椭圆形或长卵形,长1.5~3cm,缘有浅钝齿,厚革质,表面深绿有光泽,背面浅绿有腺点。花小,白色,雌花单生。果球形,熟时黑色	品种:'龟甲'冬青('豆瓣'冬青),('Convexa'),'金叶'('Golden Gem'),'斑叶'钝齿冬青('Variegata'),'阔叶'冬青('Latifolia'),'钝齿冬青'('Ivory Tower')等		江南庭园中时见栽培观赏,或作盆景材料
黄杨 *Buxus sinica*	我国中部、东部地区	3~4	叶面无光或光亮,侧脉明显凸出;叶小,对生,薄革质,最宽处在中部或中部以上。花多生。花簇生;雄花具与萼片等长的退化雄蕊;枝顶簇生;雄花主要为数朵球形。蒴果卵圆形	园艺变种:珍珠黄杨(var. *margariacea*);同属相近种:雀舌黄杨(*B. bodinieri*)	扦插和压条	常绿树种,而且目抗污染,适合公路旁栽植绿化,是城市绿化、绿篱设置等的主要灌木种类
麻杆 *Alchornea davidii*	长江流域	3~5	叶阔卵形至扁圆形,基出三脉。花小,单性。雌雄同株,无花瓣;雄花圆柱状穗状花序;雌花穗状花序。蒴果扁球形	园艺变种:绿背山麻杆、海南山麻杆等	分株为主,也可扦插、播种繁殖	早春嫩叶初放时红色,后转红褐,是良好的观叶,观叶树种,丛植于庭院、路边,山石之旁具有丰富的色彩效果

（续）

中文名 （学名）	原产地	花期 （月）	形态特征	同属种、品种等	繁殖	应用
一叶萩 *Flueggea suffrutico-sa*	亚洲东部。我国东北、华东北、华东及河南、湖北、陕西、四川、贵州等地有分布	7～8	单叶互生，椭圆形，长1.5～5cm，全缘或细波状缘。雌雄异株，花小，无花瓣，雄花每3～12朵簇生于叶腋，雌花单生或2～3朵簇生。蒴果三棱状扁球形，径约5mm，红褐色，3瓣裂		播种	枝叶繁茂，叶入秋变红，极为美观，可于庭园栽培观赏。在园林中配置于假山、草坪、河畔、路边均具有良好的观赏价值
红背桂 *Excoecaria cochinchinensis*		全年	叶对生，叶片狭椭圆形或长圆形，叶被紫红色。花单性。雌雄异株，聚集成腋生或稀簇有顶生的总状花序		扦插	作为常色叶类植物，常用作盆栽或在绿地中片植
红桑 *Acalypha wilkesiana*	南太平洋。现广泛栽培于热带、亚热带地区	花期全年	叶纸质，阔卵形，古铜绿色或浅红色，常有不规则的红色或紫色斑块。雌雄同株，通常雌雄花异序。蒴果子球形，直径约2mm		扦插	叶色鲜艳，在南方地区常作庭院、公园中的绿篱和观叶灌木，可配置在灌木丛中点缀色彩；长江流域以盆栽作室内观赏
一品红 *Euphorbia pulcherrima*	中美洲。现广泛植于热带、亚热带地区	10月至翌年4月	叶互生，卵状椭圆形，长椭圆形或披针形，边缘全缘或浅裂或波状浅裂。聚伞花序	品种：（'Rosea'）、（'Alba'）、（'Bicolor'）、（'Plenissima'）、（'Nana'）	扦插、压条	苞片艳丽，常作盆栽，也可于园中地栽，作篱垣材料
茶条槭 *Acer ginnala*	我国东北、内蒙古及华北。蒙古、苏联西伯利亚东部、朝鲜和日本也有分布	5～6	单叶对生，3(5)裂，中裂片大，叶缘具不整齐重锯齿。圆锥状花序，具多数花，萼片5，花瓣5，白色。双翅果，果翅不开展，果开成锐角	园艺变种及变型或品种主要有：苦茶槭（ssp.*theiferum*）、密枝（'Bailey Compact'）	播种	花清香。翅果成熟前红艳美丽，秋叶很易变成鲜红色，是良好的庭园观赏树种。孤植、列植，群植均可，也可栽作绿篱及小型行道树
米兰 *Aglaia odorata*	东南亚。我国华南、西南地区有栽培	夏季至秋季	奇数羽状复叶，互生，倒卵形至矩圆形。花杂性异株；圆锥花序腋生，花丝合生成筒子房卵形，密被黄色毛。浆果卵形或近球形，花黄色，极香	品种：'斑叶'（'Variegata'）	扦插	花浓香，常作为盆栽

（续）

中文名 （学名）	原产地	花期 （月）	形态特征	同属种、品种等	繁殖	应用
八角金盘 *Fatsia japonica*	日本	夏秋	常绿,叶片大,革质,近圆形,雄蕊5,花丝与花瓣等长;子房下位,5室,每室有1胚珠。果近球球	品种:银边、金斑、银斑、金网(叶脉黄色)等	扦插	优良的观叶植物,可作为室内、林下及高架桥下绿化植物
熊掌木 *Fatshedera lizei*	英国育成,我国引种	夏秋	单叶互生,掌状五裂,叶端渐尖,叶基心形,叶全缘,柄基呈鞘状至茎枝连接	品种:'斑叶'('Variegata')熊掌木	扦插	四季青翠碧绿,又具极强的耐阴能力,适宜在林下群植
鹅掌柴 *Schefflera octophylla*	我国台湾、广东、海南广西	7~10	掌状复叶,小叶6~9,叶形椭圆形,长圆状椭圆形或倒卵状椭圆形,叶全缘。伞形花序,花白色,芳香,子房5~6室,无毛,基部合生,顶端离生	品种:'卵叶'鹅掌柴、'斑叶'叶鹅掌柴等	扦插	大型盆栽植物,可放在庭院蔽荫处和楼房阳台上观赏,亦可作为高架桥下地被植物
黄蝉 *Allemanda neriifolia*	巴西,华南庭院常见栽培	5~8	常绿直立灌木;枝条灰白色。叶3~5枚轮生,全缘,椭圆形或倒卵状长圆形;聚伞花序顶生;子房球形,具长刺。蒴果球形,1室。	品种:小花、斑叶、白边等;同属近缘种:软枝黄蝉(*A. catharica*)	扦插	供庭园及道路旁作观赏用
小紫珠 *Callicarpa dichotoma*	我国东部及中南部地区。日本、朝鲜、越南也有分布	6~7	单叶对生。腋生聚伞花序;花小,淡紫色,花冠4裂;浆果状核果,球形如珠,亮紫色,具4核	品种:'白果'小紫珠('Albo-fructa')	播种及扦插	植株矮小,入秋紫果累累,可植于庭院观赏,用于基础栽植也极适宜。其果穗还可剪下瓶插或作切花材料
海州常山 *Clerodendrum trichotomum*	我国华北、华东、中南及西南地区,朝鲜,日本以至菲律宾北部也有分布	7~8	单叶对生,有臭味。伞房状聚伞花序生于枝端叶腋,通常二歧分生;花冠白色或带粉红色,花香。核果状核果,近球形,径6~8mm,包藏于红色大形宿存萼片内,经久不落		播种,扦插,分株	花期长,是美丽的观花观果树种。丛植,孤植均宜,是布置园景的良好材料
马缨丹 *Lantana camara*	美洲热带	全年	茎四棱,有短柔毛,常有短而倒钩状刺。单叶对生,揉烂后有强烈的气味。花序直径1.5~2.5cm;花冠黄色或橙黄色,开花后久转为深红色。果圆球形,成熟时紫黑色	品种:黄花、白花、粉花、橙红花、斑叶等	播种或扦插	理想的地被花,叶观赏植物,可作花篱。该种为入侵物种,栽种时应加以控制

中文名（学名）	原产地	花期（月）	形态特征	同属种、品种等	繁殖	应用
莸 *Caryopteris incana*	华东及中南各地。日本、朝鲜也有分布	7~8	单叶对生，缘具粗锯齿，背面有金黄色细腺点。二歧聚伞花序腋生于茎上部，自下而上开放；花冠蓝紫色，长1~2cm，二唇形5裂，蒴果倒卵状球形，成熟时裂成4小坚果		播种、分株	夏末至仲秋开花，花色浓雅，气味芳芳，丛植于草坪边缘、路边或假山旁都很适宜，也适合成片种植作地面覆盖或植盖为绿篱
醉鱼草 *Buddleja lindleyana*	云南、四川、西藏及甘肃南部	6~7	单叶对生，全缘或疏生波状齿。顶生穗状聚伞花序，长4~40cm，扭向一侧；花冠紫色，芳香。蒴果椭球形，基部常有宿存花萼、种子无翅	同属相近种有：大叶醉鱼草（*B. davidii*）；白花醉鱼草（*B. asiatica*）；互叶醉鱼草（*B. alternifolia*）	播种	花繁色艳、芳香，可用作坡地、墙隅绿化美化，装点山石、庭院、道路，花坛都非常优美，也可作切花用
小叶女贞 *Ligustrum quihoui*	我国中部及西南部	5~7	叶片薄革质，形状和大小变异较大；叶柄无毛或被微柔毛。圆锥花序顶生。果倒卵形，宽椭圆形或近球形，长5~9mm，径4~7mm，呈紫黑色	品种：'垂枝''小叶女贞'	播种、扦插和分株	主要作绿篱栽植和绿化花坛，也可用于道路绿化、公园绿化、住宅区绿化等
茉莉 *Jasminum sambac*	印度及我国华南	5~10	常绿。单叶对生，全缘，椭圆形或卵状椭圆形，质地薄而有光泽，花白色、重瓣，浓香。浆果球形，紫黑色		扦插、分株或压条	叶色翠绿，花色洁白，香味浓厚，为常见庭园及盆栽观赏花卉。
云南黄素馨 *Jasminum mesnyi*	我国云南、四川中西部及贵州中部	3~4	枝条下垂。小枝四棱形，具沟，光滑无毛。叶对生，三出复叶或小枝基部具单叶；小叶片长卵形或卵状披针形，先端钝或圆，具小尖头，基部楔形。线条花框，花冠黄色		扦插、分株或压条繁殖	可于堤岸、台地和阶前边缘栽植，特别适用于宾馆、大厦顶棚布置，也可盆栽观赏
小叶丁香 *Syringa pubescens* ssp. *microphylla*	我国北部及中西部	4~5	单叶对生，叶长1~4cm。圆锥花序直立，通常由侧芽抽生，稀顶生，长3~7cm；花冠紫色。蒴果，长椭圆形，长0.7~2cm，有瘤状突起	品种：'Superba'	播种、扦插、嫁接、压条和分株	一年中常能二次开花，为园林中优良的花灌木。适于种在庭园、居住区、医院、学校、幼儿园或其他园林、风景区

（续）

中文名（学名）	原产地	花期（月）	形态特征	同属种、品种等	繁殖	应用
水蜡 *Ligustrum obtusifolium*	辽宁、山东、江苏及浙江	6~7	单叶对生,叶长椭圆形,全缘。顶生圆锥花序,花白色,芳香,具短梗;花冠筒长于花冠裂片2~3倍。核果黑色,椭球形,稍被蜡状白粉		多采用播种,也可扦插和嫁接	枝叶密生,落叶晚,易整形,是良好的绿篱材料
雪柳 *Fontanesia fortunei*	主产黄河流域至长江下游地区	5(6)	树皮灰褐色,枝灰白色,圆柱形,叶绿花白,小枝淡黄绿色,四棱形或具棱角,无毛。叶纸质,披针形,卵状披针形或狭卵形,两面无毛。圆锥花序顶生或腋生。花两性或杂性同株		播种、扦插或压条	叶细如柳叶,开花季节白花满枝。可作防风林的树种,也可栽培作绿篱
猬实 *Kolkwitzia amabilis*	我国中部及西部	5(6)	落叶灌木,幼枝被柔毛,老枝皮剥落。叶交互对生,有短柄,椭圆形至卵状长圆形,近全缘或疏具浅齿,先端渐尖,基部近圆形,上面疏生短柔毛,下面脉上有柔毛	品种:'Pink Cloud'	播种	于草坪、角坪、角隅,山石旁、园路交叉口、亭廊附近列植或丛植
锦带花 *Weigela florida*	我国东北南部、内蒙古、华北、江西等地	4~6	单叶对生,叶缘有锯齿。花单生或成成聚伞花序;花冠紫红色或玫瑰红色,外面疏生短柔毛,裂片不整齐,开展,内面浅红色;花丝短于花冠,花药黄色	品种:'白花、'锦带玉子、'锦带、'亮粉'锦带、'金叶'锦带、'斑叶'锦带、'银边'锦带;变种:美丽锦带花(var. venusta)	播种	宜庭院端隅,湖畔群植;也可在树丛林缘作篱笆,丛植配置。锦带花对氯化氢抗性强,是良好的抗污染树种
枇杷叶荚蒾 *Viburnum rhytidophyllum*	陕西南部、湖北西部,四川及贵州等地	4~5	单叶对生,叶大,厚革质。聚伞花序稠密,扁,径7~20cm,总花梗粗壮;花冠黄白色,径5~7mm,裂片与筒部近等长,后变黑色,宽椭圆形,长6~8mm	有粉花品种'Roseum',花粉红色	播种、扦插、压条、分株	华北地区少见的常绿阔叶观赏灌木。适于孤植或丛植于小区绿地,路边等采光较好的地方
天目琼花 *Viburnum opulus*	亚洲东北部。我国东北、内蒙古、华北至长江流域均有分布	5~6(7)	单叶对生,叶卵形至阔卵圆形,通常3裂;叶柄两侧有2~4盘状大腺体。聚伞花序复伞形,紧密多花,中央乳白色,可孕花在中央,外侧为大型白色不孕性边花,深5裂。核果球形,径约8mm,鲜红色	变型与品种:毛叶天目琼花(f. Puberulum)、'黄果'天目琼花('Flavum')、天目'绣球'('Sterile')	播种、扦插、压条、分株	美丽的春季观花秋季赏果灌木,各地园林中常见栽培。植于草地,林缘均适宜。因其耐阴,也是种植于建筑物北面的好树种

（续）

中文名（学名）	原产地	花期（月）	形态特征	同属种、品种等	繁殖	应用
郁香忍冬 Lonicera fragrantissima	安徽、江西、湖北、河南、河北、陕西、山西等地	2~4	单叶对生,形态变异很大。花成对腋生,总花梗长(2)5~10mm;花冠二唇形,白色或淡红色,无毛,芳香。浆果,鲜红色,球形	同属变种及变型或品种主要有:苦糖果(ssp. standishii)、樱桃忍冬(白花杆)(ssp. phyllocarpa)	分株、压条、扦插	花期早而芳香,果红艳,适宜庭院、草坪边缘、园路旁、假山前后及亭旁附近栽植
鞑靼忍冬 Lonicera tatarica	欧洲东部至西伯利亚。我国新疆北部有分布。华北、东北地区有栽培	5~6	单叶对生,卵形或卵状椭圆形,长2~6cm。花成对腋生,花冠二唇形,粉红色或白色。浆果红色,球形,双果常合生,双果之一常不发育	同艺变种:小花忍冬(var. micrantha);品种:白花'Alba'、大花纯白'Grandiflora'、大花粉红'Virginalis'、浅粉'Albo-rosea'、深红'Sibirica'、深红'Amold Red'、黄果'Lutea'、橙果'Morden Orange'、繁果'Myriocarpa'、矮生'Nana'等	播种或扦插	枝叶繁茂,花香果艳,花期较长,可植于庭园观赏,或用来点缀草坪、岩石及假山,配置于庭中堂前
雪果 Symphoricarpos albus	北美	6~8	单叶对生,叶椭圆或卵形,长达5cm,全缘或有裂,背面有毛,具短柄。花冠钟形,粉红色,长约6mm;雄蕊不伸出花冠外,1~3朵簇生。浆果白色,蜡质	同属相近种有:红雪果(S. orbiculatus),高1.5~2m。花白色,果红色或桃红色	播种或扦插	可作优良的观果植物,适宜在庭院、公园、住宅小区、高架路桥绿化栽植,亦可作盆栽植物观赏,用途广泛
接骨木 Sambucus williamsii	我国东北、华北、华东、华中、西北及西南地区	4~5	羽状复叶对生,小叶5~11,缘具锯齿,有时基部或中部以下具1至数枚腺齿,臭味。顶生圆锥花序,花小而密,红色或带淡黄色。核果状浆果,红色,极少蓝紫黑色	变种:毛接骨木(var. miquelii);同属相近种有:西洋接骨木(S. nigra)	播种、扦插、分株	枝繁叶茂,红果累累,可植于园林绿地观赏

（续）

中文名（学名）	原产地	花期（月）	形态特征	同属种、品种等	繁殖	应用
巴西野牡丹 Tibouchina seecandra	巴西低海拔山区及平地。中国广东、海南等地有引种栽培	花期全年	茎四棱形，分枝多；叶披针状卵形，革质，全缘，五基出脉，背面被细柔毛。基出脉隆起，伞形花序着生于枝顶，顶端密被较短的糙伏毛，背面被毛；花萼密圆钝，背面被毛；花瓣紫色，雄蕊弯曲且上曲。蒴果坛状球形		扦插繁殖	观叶观花、赏株形。盆栽，可栽于风景林路两侧，展现其独特的绿地景观效果
朱蕉 Cordyline fruticosa	中国南部热带地区	11 月至翌年 3 月	叶聚生于茎或枝的上端，长 10～30 cm，基部变宽，抱茎。圆锥花序长 30～60 cm	品种繁多，常见有 '七彩'朱蕉、'迷你朱蕉'、彩虹'朱蕉等	播种、分株繁殖	为著名庭园观叶植物，常作为室内盆栽
木本曼陀罗 Datura arborea	南美厄瓜多尔和智利	7～9	叶卵状披针形，矩圆形或卵形，花单生。花草色稍膨胀，中部稍膨脉；花冠色淡黄色，长垂。花筒状，中部以下较细向上渐扩大成喇叭状，长达 23cm。浆果状蒴果	品种：'重瓣'曼陀罗	播种繁殖	花大，在园林中常孤植或群植，也适合大型盆栽，花枝可作插花
龙船花 Ixora chinensis	亚洲热带，华南有野生	5～7	叶对生，革质，披针形、倒卵形至矩圆状披针形。聚伞花序顶生，花序具短梗，有红色分枝，长 6～7cm，花序直径 6～12cm；花直径 1～2cm，花冠筒长 3～3.5cm，有 4 裂片，花冠红色或橙红色	同属近缘种：白花龙船花 (I. henryi)、橙红龙船花 (I. coccinea)	扦插或播种繁殖	盆栽，也可作绿篱和花篱观赏
萼距花 Cuphea hookeriana	墨西哥，中国北京等地有引种	花期全年	分枝细。叶薄革质，披针形或椭圆状卵形。花单生于叶柄之间或近腋生，组成少花的总状花序；花瓣 6，其中上方 2 枚特大而显著，矩圆形，深紫色，波状，具爪，其余 4 枚极小，锥形，有时消失	同属近缘种：满天星、虎氏萼距花	扦插繁殖	花丛，花坛边缘种植；开阔空间宜群植，丛植成列植
鸳鸯茉莉 Brunfelsia latifolia	中美洲及南美洲热带	4～10	单叶互生，长披针形或椭圆形，叶缘波皱。花冠呈高脚蝶状；花初开时蓝紫色，以后渐成淡青紫色，最后变成白色，单花可开放 3～5d		播种、扦插或压条繁殖	适宜在园林绿地中种植，也可置盆栽观赏

8.2　乔木类

8.2.1　概述

乔木是指由根部发生独立的主干，树干和树冠有明显区分。根据其高度可分为伟乔(31m 以上)、大乔(21～30m)、中乔(11～20m)、小乔(6～10m)等；按冬季或旱季落叶与否又可分为落叶乔木(如银杏、木棉、悬铃木、皂角等)和常绿乔木(如桂花、天竺桂、香樟、印度橡胶榕等)。

8.2.1.1　栽培养护管理要点

大多数乔木采用播种或扦插繁殖，也有采用嫁接和压条繁殖的。乔木的栽植养护主要涉及移栽、水肥管理、修剪整形和病虫害防治等方面。由于不同树种习性不同、同一树种不同生长阶段不同甚至季节不同，在栽培养护上采取的措施不尽相同。关于乔木的栽植及养护等管理措施请参考 5.2.2 节内容。

8.2.1.2　园林应用

园林乔木是城市园林绿地中不可分割的一部分，它既可以限定于建筑物之间的空间并赋予某种含义，同时也美化了建筑的本身。乔木是园林中的骨干树种，用途非常广泛，可用作行道树、庭荫树、园景树(观叶、观花、观果树)及工矿企业绿化树种等，起到诸如界定空间、提供绿荫、防止眩光、调节气候等作用。其中多数乔木在色彩、线条、质地和树形方面随叶片的生长与凋落可形成丰富的季节性变化，即使冬季落叶后也能展现出枝干的线条美。大量观赏型乔木树种的种植，应达到三季有花。特别强调的是在植物的搭配上采用慢生树与速生树相结合的方式，既使其能快速成景，又能保证长期的观赏价值。

乔木在街道绿化中，主要作为行道树，在夏季为行人遮阴、美化街景。因此选择种类时主要从下面几方面着手：

①株形整齐，观赏价值较高(或花形、叶形、果实奇特，或花色鲜艳，或花期长)，最好叶秋季变色，冬季可观树形、赏枝干；

②生命力强健，病虫害少，便于管理，管理费用低，花、果、枝叶无不良气味；

③树木发芽早、落叶晚，适合该地区正常生长，晚秋落叶期在短时间内树叶即能落光，便于集中清扫；

④行道树树冠整齐，分枝点较高，主枝伸张角度与地面不小于30°，叶片紧密，有浓荫；

⑤繁殖容易，移植后易于成活和恢复生长，适宜大树移植；

⑥有一定耐污染、抗烟尘的能力；

⑦树木寿命较长，生长速度不太缓慢。

8.2.2 常见乔木

1. 苏铁 *Cycas revoluta*（图 8-28）

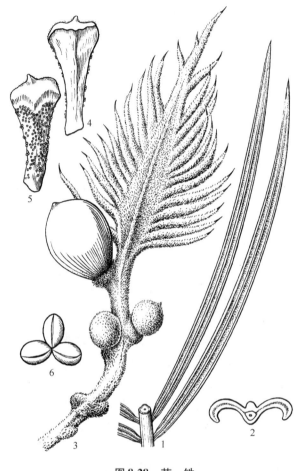

[别名] 铁树、辟火蕉、凤尾蕉、凤尾松、凤尾草

[科属] 苏铁科苏铁属

[形态特征与识别要点] 常绿木本，茎干直立常不分枝。叶有营养叶和鳞叶之分，营养叶大型，羽状深裂，集生于茎的顶端，幼时拳卷；鳞叶小，密生褐色毡毛。雌雄异株。

[同属相近种] 同属近缘种有攀枝花苏铁、四川苏铁等。

[生态习性与栽培要点] 喜暖热湿润的环境，不耐寒冷，生长甚慢。

[观赏特点与园林应用] 苏铁为优美的观赏树种。园林中常对植、列植，也可盆栽。

2. 银杏 *Ginkgo biloba*（图 8-29）

[别名] 白果、公孙树

[科属] 银杏科银杏属

[形态特征与识别要点] 落叶大乔木，高达 40m。有长枝与生长缓慢的距状短枝；枝近轮生，斜上伸展，短枝密被叶痕。单叶，在长枝上互生，短枝上簇生，折扇形，有多数叉状并列细脉，先端常 2 裂，有长柄，长 3～10（多为 5～8）cm。雌雄异株，雄球花柔荑花序状，下垂，雌球花具长梗，梗端常分两叉，每叉顶生一盘状珠座，胚珠着生其上，通常仅一个叉端的胚珠发育成种子。种子核果状，具肉质外种皮。花期 3～4 月，果期 9～10 月。

图 8-28 苏 铁

1. 叶的一部分　2. 羽状裂片的横切面　3. 大孢子叶及种子
4、5. 小孢子叶的背、腹面　6. 花药

[种类与品种] 园艺变种及变型或品种主要有：'垂枝'银杏（'Pendula'）：枝条下垂；'塔形'银杏（'Fastigiata'）：枝向上伸展，形成圆柱形或尖塔形树冠；'斑叶'银杏（'Variegata'）：叶有黄色或黄白色斑；'黄叶'银杏（'Aurea'）：叶黄色；'裂叶'银杏（'Laciniata'）：叶较大，有深裂；'叶籽'银杏（'Epiphylla'）：部分种子着生

在叶片上，种柄与叶柄合生。种子小而形状多变。

　　[生态习性与栽培要点] 中国特产，为世界著名的古生树种，被称为"活化石"。我国北自沈阳，南至广州均有栽培。喜光，耐寒，耐干旱，不耐水涝，喜适当湿润而排水良好的深厚壤土，对大气污染也有一定的抗性。深根性，生长较慢，寿命可达千年以上。扦插、分株、嫁接或播种繁殖。

　　[观赏特点与园林应用] 树冠雄伟壮丽，秋叶鲜黄，颇为美观，宜作庭荫树、行道树及风景树。

图 8-29　银　杏

1. 雌球花枝　2. 雌球花上端　3. 种子和长短枝
4. 去外种皮种子　5. 种仁纵切面　6. 雄球花枝
7. 雄蕊

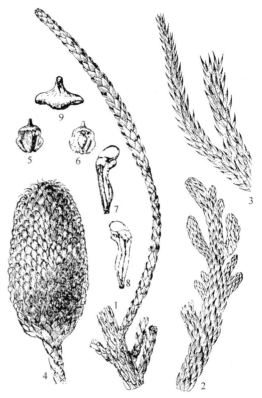

图 8-30　南洋杉

1～3. 枝叶　4. 球果
5～9. 苞鳞背、腹、侧面及俯视

3. 南洋杉 *Araucaria cunninghamii*（图 8-30）

　　[科属] 南洋杉科南洋杉属

　　[形态特征与识别要点] 常绿乔木。大枝轮生。叶螺旋状着生。雌雄异株或同株。叶卵形、三角状卵形或三角状钻形。雌球花由多数螺旋状着生的苞鳞组成，珠鳞不发育或与苞鳞合生，苞鳞先端具向外反曲的长尾状尖头。

　　[同属相近种] 同属近缘种有异叶南洋杉、大叶南洋杉、贝壳杉等。

[生态习性与栽培要点]性喜温暖、湿润的环境，喜光，但忌夏季强光的暴晒；生长快，不耐旱，不耐寒。

[观赏特点与园林应用]南洋杉树形优美，为世界五大园景树之一。南洋杉最宜独植为园景树或作纪念树，亦可作行道树用。

4. 白皮松 *Pinus bungeana*（图 8-31）

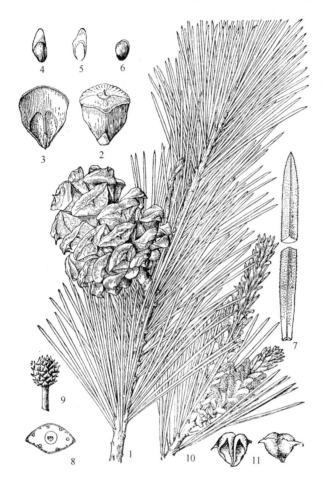

[别名]白骨松、三针松、虎皮松

[科属]松科松属

[形态特征与识别要点]常绿乔木，高达30m，有时多分枝而缺主干。树干不规则薄鳞片状剥落后留下大片黄白色斑块，老树树皮乳白色。一年生枝灰绿色，无毛；冬芽红褐色，卵圆形，无树脂。针叶3针1束，粗硬，长5～10cm，叶鞘早落。球果通常单生，初直立后下垂，卵圆形或圆锥状卵圆形，长5～7cm。种鳞矩圆状宽楔形，先端厚，鳞盾近菱形，有横脊，鳞脐生于鳞盾的中央，明显，三角状，顶端有刺，刺之尖头向下反曲；种翅短，有关节易脱落。花期4～5月；球果翌年10～11月成熟。

[生态习性与栽培要点]产于中国和朝鲜，是华北及西北南部地区的乡土树种。喜光，适应干冷气候，耐瘠薄和轻盐碱土，在土层深厚、肥润的钙质土和黄土上生长良好。对二

图 8-31　白皮松

1. 球果枝　2、3. 种鳞　4. 种子　5. 种翅　6. 去翅种子
7、8. 针叶及横剖　9. 雌球花　10. 雄球花枝　11. 雄蕊背、腹面

氧化硫及烟尘抗性强。生长缓慢，寿命可达千年以上。多用播种繁殖，也可嫁接繁殖。

[观赏特点与园林应用]树姿优美，树皮洁白雅净，为珍贵的庭园观赏树种。在园林中可孤植、对植，也可丛植成林或作行道树，均能获得良好效果。

5. 雪松 *Cedrus deodara*（图 8-32）

［别名］香柏、喜马拉雅山雪松

［科属］松科雪松属

［形态特征与识别要点］乔木，树皮深灰色。枝平展、微斜展或微下垂。一年生长枝淡灰黄色，密生短绒毛，微有白粉，二三年生枝呈灰色、淡褐灰色或深灰色。短枝上叶呈簇生状，针形，叶之腹面两侧各有 2~3 条气孔线，背面 4~6 条。雄球花长卵圆形或椭圆状卵圆形，雌球花卵圆形。球果。

［生态习性与栽培要点］喜年降水量 600~1000mm 的暖温带至中亚热带气候。抗寒性较强，大苗可耐 -25℃ 的短期低温，但在湿热气候条件下，往往生长不良。较喜光，幼年稍耐庇荫。一般用播种和扦插繁殖。

［观赏特点与园林应用］雪松体高大，树形优美，是世界著名的庭园观赏树种之一。适宜孤植于草坪中央、建筑前庭中心、广场中心或主要建筑物的两旁及园门的入口等处。它具有较强的防尘、减噪与杀菌能力，也适宜作工矿企业绿化树种。

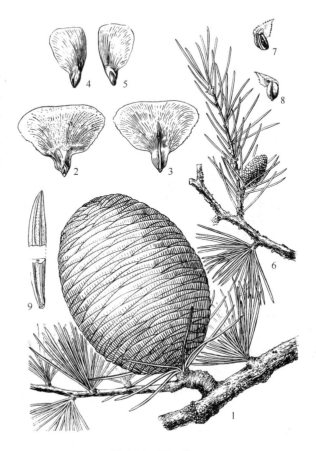

图 8-32 雪 松
1. 球果枝　2、3. 种鳞背、腹面　4、5. 种子
6. 雄球花枝　7、8. 雄蕊　9. 叶

6. 水杉 *Metasequoia glyptostroboides*（图 8-33）

［科属］杉科水杉属

［形态特征与识别要点］落叶乔木。大枝不规则轮生，小枝对生或近对生，侧生小枝排成羽状。叶、芽鳞、雄球花、雄蕊、珠鳞与种鳞均交互对生。球果下垂，种子扁平，周围有窄翅。

［种类与品种］栽培品种有'黄金'水杉。

［生态习性与栽培要点］水杉为喜光性强的速生树种，对环境条件的适应性较强。

［观赏特点与园林应用］水杉树干通直挺拔，高大秀顾，树冠呈圆锥形，姿态优美，叶色翠绿秀丽，枝叶繁茂，入秋后叶色金黄，是著名的庭院观赏树。可于公园、

图 8-33 水 杉

1. 球果枝 2. 球果 3. 种子 4. 雄球花枝
5. 雌球花 6、7. 雄蕊 8. 小枝一节 9. 幼苗

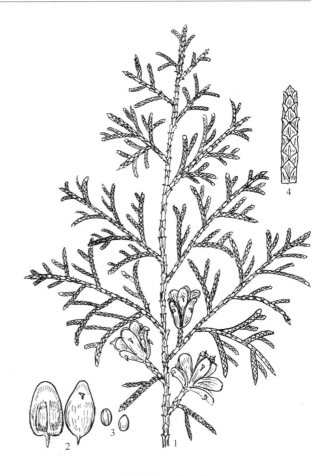

图 8-34 侧 柏

1. 球果枝 2. 种鳞背、腹面 3. 种子
4. 小枝一节

庭院、草坪、绿地中孤植、列植或群植；也可成片栽植营造风景林。

7. 侧柏 *Platycladus orientalis*（图 8-34）

[科属] 柏科侧柏属

[形态特征与识别要点] 常绿乔木，高达 20m。树皮薄，浅灰褐色，纵裂成条片。枝条向上伸展或斜展，生鳞叶的小枝细，向上直展或斜展，扁平，排成一平面。叶鳞片状，长 1～3mm，先端微钝，对生，两面均为绿色。雄球花黄色，卵圆形，长约 2mm；雌球花近球形，径约 2mm，蓝绿色，被白粉。球果卵形，长 1.5～2cm，成熟前近肉质，蓝绿色，被白粉，成熟后木质，开裂，褐色；种鳞木质而厚，先端反曲。种子无翅。花期 3～4 月；球果 9～10 月成熟。

[种类与品种] 园艺变种及变型或品种主要有：'千头'柏（'Sieboldii'）：灌木，无主干，树冠紧密，近球形；小枝片明显直立。'金枝'千头柏（'Aureo-nanus'）：灌木，树冠球形，高约 1.5m；嫩枝叶黄色，常植于庭园观赏。'金球'侧柏（'Semperaurescens'）：灌木，高达3m，树冠近球形；叶全年保持金黄色。'金塔'侧柏（'Beverleyensis'）：小乔木，树冠塔形；新叶金黄色，后渐变黄绿色。'窄冠'侧柏（'Columnaris'）：枝向上伸展，形成柱状树冠；叶亮绿色。'垂丝'侧柏（'Flagelliformis'）：树冠塔形，分枝稀疏；小枝线状下垂，叶端尖而远离。

[生态习性与栽培要点]原产我国北部，现南北各地普遍栽培。能适应干冷气候，也能在暖湿气候条件下生长。喜光，幼时稍耐阴，耐干旱瘠薄和盐碱土，不耐水涝，对土壤要求不严，喜钙。抗烟尘，抗二氧化硫、氯化氢等有害气体。浅根性，侧根发达，生长较慢，耐修剪，寿命长。播种繁殖为主，也可扦插或嫁接繁殖。

[观赏特点与园林应用]侧柏夏绿冬青，极耐修剪，可配植于草坪、花坛、林下，增加绿化层次。是长江以北、华北石灰岩山地的主要造林树种之一，常作绿篱。

8. 圆柏 *Sabina chinensis*（图8-35）

[别名]桧柏

[科属]柏科圆柏属

[形态特征与识别要点]常绿乔木，高达20m。干皮深灰色，条状纵裂。树冠圆锥形至广圆形。叶二型，成年树及老树鳞叶为主，鳞叶先端钝，幼树常为刺叶，长0.6～1.2cm，表面微凹，有两条白色气孔带。雌雄异株，稀同株。果球形，径6～8mm，熟时褐色，被白粉，翌年成熟，不开裂。

[种类与品种]园艺变种及变型或品种主要有：①偃柏（var. *sargentii*）：匍匐灌木。大枝匍地生，小枝上升成密丛状。幼树为刺叶，并常交互对生，长3～6mm，鲜绿或蓝绿色；老树多为鳞叶，蓝绿色。产于我国东北张广才岭，俄罗斯、日本也有分布。耐寒性强。各地庭园常栽培观赏，也是制作盆景的好材料。②垂枝圆柏（f. *pendula*）：小枝细长下垂。产于陕西南部和甘肃东南部。北京有栽培。③'龙柏'（'Kaizuka'）：

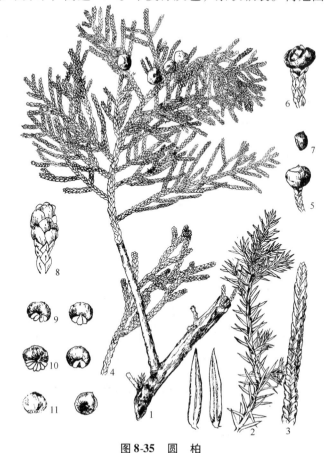

图8-35　圆　柏

1. 球果枝　2. 刺形叶　3、4. 鳞形叶　5. 球果　6. 球果（开裂）
7. 种子　8. 雄球花　9～11. 雄蕊各面观

树体通常瘦削，呈圆柱形树冠。侧枝短而环抱主干，端梢扭转上升。全为鳞叶，排列紧密，幼嫩时淡黄绿色，后呈灰绿色。球果蓝色，微被白粉。长江流域及华北各大城市庭园有栽培。④'金龙'柏（'Kaizuka Aurea'）：枝端叶金黄色，其余特征同龙柏。⑤'匍地'龙柏（'Kaizuka Procumbens'）：植株匍地生长，以鳞叶为主。⑥'金叶'桧（'Aurea'）：植株呈直立窄圆锥形灌木状，高3～5m。小枝具刺叶和鳞叶，刺叶中脉及叶缘黄绿色，嫩枝端的鳞叶金黄色。⑦'球桧'（'Globosa'）：丛生球形或扁球形灌木，高约1.2m，斜上展，小枝密生。通常全为鳞叶，间有刺叶。⑧'金星'球桧（'Aurea-globosa'）：丛生球形或卵形灌木，具刺叶和鳞叶，枝端绿叶中杂有金黄色枝叶。⑨'塔柏'（'Pyramidalis'）：树冠塔状圆柱形。小枝密集，通常全为刺叶。华北及长江流域各地多见栽培。⑩'蓝柱'柏（'Columnnar Glauca'）：树冠窄柱形，高达8m，分枝稀疏。叶银灰绿色。⑪'龙角'柏（'Ceratocaulis'）：植株介于乔木和灌木之间，大致成扁圆锥形，高达3m，冠幅达10m，侧枝伸展广，枝端略上翘，小枝密生。刺叶为主，顶部老枝上鳞叶多。是早年由龙柏基部芽变枝培育而成。⑫'鹿角'柏（'Pfitzeriana'）：丛生灌木，大枝自地面向上斜展，小枝端下垂。通常全为鳞叶，灰绿色。是圆柏与沙地柏的杂交品种之一。姿态优美，多于庭园观赏。⑬'金叶'鹿角柏（'Aurea-pfitzeriana'）：外形如鹿角柏，唯嫩枝叶为金黄色。

［生态习性与栽培要点］原产我国北部及中部，现各地广为栽培。喜温凉温暖气候，喜光，幼树稍耐阴，耐寒，耐干旱瘠薄，也较耐湿，对土壤要求不严，在酸性、中性及钙质土上均能生长。生长速度中等，耐修剪，易整形。播种、扦插、压条繁殖。

［观赏特点与园林应用］优良用材、园林绿化及观赏树种，华北地区常作绿篱材料。

9. 竹柏 *Podocarpus nagi*（图 8-36）

［别名］椰树、罗汉柴、椤树
［科属］罗汉松科罗汉松属
［形态特征与识别要点］乔木，树皮近平滑，红褐或暗紫红色。枝条开展或伸展。叶革质，长卵形。雌球花单生叶腋，稀成对腋生，基部有数枚苞片，苞片不膨大成肉质种托。种子圆球形，成熟时假种皮暗紫色，有白粉。花期3～4月。

［种类与品种］同属近缘种有长叶竹柏。
［生态习性与栽培要点］喜温湿多雨气候，以疏松、肥沃、深厚的砂质土壤为佳。
［观赏特点与园林应用］树冠浓郁，树形秀丽，是良好的庭荫树和行道树。

10. 罗汉松 *Podocarpus macrophyllus*（图 8-37）

［别名］土杉、罗汉杉
［科属］罗汉松科罗汉松属
［形态特征与识别要点］常绿乔木，高达20m。雌雄异株。叶线状披针形，长7～10cm，宽7～10mm，全缘，有明显中肋，螺旋状互生。雄球花3～5簇生叶腋，雌球

图 8-36 竹 柏
1. 雌球花枝 2. 具种子的枝 3. 雄球花枝
4. 雄球花 5. 雄蕊

图 8-37 罗汉松
1. 种枝 2. 雄球花枝

花单生叶腋。种子核果状，着生于肥大肉质的紫色种托上。

[种类与品种] 变种有狭叶罗汉松、短叶罗汉松。同属近缘种有台湾罗汉松、小叶罗汉松。

[生态习性与栽培要点] 稍耐阴，不耐寒。

[观赏特点与园林应用] 植株紧凑细腻，枝条柔软易于造型，常修剪成绿篱，或蟠扎造型。

11. 玉兰 *Magnolia denudata*

[别名] 白玉兰、玉兰花、望春、应春花、玉堂春

[科属] 木兰科木兰属

[形态特征与识别要点] 落叶乔木，高 15～25m。树皮深灰色，粗糙开裂幼枝及芽具柔毛。单叶互生，叶倒卵状椭圆形，基部徒长枝叶椭圆形，长 8～15(18)cm，先端具短突尖，中部以下渐狭成楔形，幼时背面有毛；叶柄长 1～2.5cm，上面具狭纵沟；托叶痕为叶柄长的 1/4～1/3。花先叶开放，花大，芳香，花萼、花瓣相似，共 9片，纯白色，厚而肉质，径 10～16cm。聚合果圆柱，长 12～15cm，蓇葖厚木质，褐

色，具白色皮孔。种子心形，外种皮红色。花期 2~3 月（亦常于 7~9 月再开一次花）；果期 8~10 月。

[种类与品种] 园艺变种及变型或品种主要有：①'多瓣'玉兰（'Multitepala'）：花朵将开时形如灯泡，花瓣多达 20~30 片，纯白色。②'红脉'玉兰（'Red Nerve'）：花被片 9，白色，基部外侧淡红色，脉纹色较浓。③'黄花'玉兰（'Feihuang'）：花淡黄至淡黄绿色，花期比玉兰晚 15~20d。

[生态习性与栽培要点] 原产我国中部。喜光，稍耐阴，有一定的耐寒性，较耐旱，不耐积水，喜肥沃、排水良好而带微酸性的砂质土壤，在弱碱性的土壤上也可生长。对有害气体的抗性较强。生长慢。播种、嫁接、扦插或压条繁殖。

[观赏特点与园林应用] 花大而洁白，芳香，早春白花满树，十分美丽，是珍贵的庭园观花树种。将其与海棠、迎春、牡丹、桂花等配植在一起，即为中国传统园林中"玉堂春富贵"意境的体现。

12. 广玉兰 *Magnolia grandiflora*（图 8-38）

[别名] 荷花玉兰、洋玉兰

[科属] 木兰科木兰属

[形态特征与识别要点] 常绿乔木。叶革质，上面光亮，下面密被锈色绒毛。花被片 9~12，白色，有芳香。聚合蓇葖果圆柱状长圆形或卵圆形。花期 5~6 月。

[生态习性与栽培要点] 生长喜光，幼时稍耐阴。喜温湿气候，有一定抗寒能力，适应性强。可采用播种、压条、嫁接进行育苗。

[观赏特点与园林应用] 广玉兰树形优美，花大清香，是优良环保庭院树，适合厂矿绿化。

图 8-38 广玉兰

1. 花枝　2. 聚合果　3. 种子

13. 香樟 *Cinnamomum camphora*（图 8-39）

[别名] 樟树

[科属] 樟科樟属

[形态特征与识别要点] 乔木，小枝无毛。叶两面无毛，离基三出脉，主脉及侧脉腋脉具腺窝。果托浅杯状。

[种类与品种] 同属近缘种有浙江樟、肉桂。

[生态习性与栽培要点] 喜光，稍耐阴；喜温暖湿润气候，耐寒性不强，适于生长在砂壤土，较耐水湿，但当移植时要注意保持土壤湿度。

图 8-39 香 樟

1. 花枝　2、3. 花及花纵剖　4. 第一、二轮雄蕊　5. 第三轮雄蕊
6. 退化雄蕊　7、8. 果及果纵剖　9. 果核及种子

[观赏特点与园林应用] 香樟枝叶茂密，冠大荫浓，树姿雄伟，是城市绿化的优良树种，广泛作为庭荫树、行道树、防护林及风景林常用于园林观赏。

14. 楠木 *Phoebe zhennan*

[别名] 桢楠

[科属] 樟科楠属

[形态特征与识别要点] 多年生常绿乔木，树干通直。芽鳞被灰黄色贴伏长毛。叶革质，椭圆形，少为披针形或倒披针形。聚伞状圆锥花序。核果椭圆形，果梗微增粗；宿存花被片卵形。

[种类与品种] 同属近缘种有白楠、紫楠、细叶楠。

[生态习性与栽培要点] 耐阴，适生于气候温暖、湿润，土壤肥沃的地方。种子繁殖。

[观赏特点与园林应用] 树干通直，树冠呈尖塔形，树形优美，枝条密集，叶稠密、常年翠绿不凋，是优良的景观林树种。

15. 悬铃木 *Platanus acerifolia*（图 8-40）

[别名] 英国梧桐、二球悬铃木

[科属] 悬铃木科悬铃木属

[形态特征与识别要点] 落叶大乔木，高 30～35m。树皮灰绿色，薄片状脱落，剥落后呈绿白色，光滑。嫩枝密生灰黄色绒毛，老枝秃净，红褐色。单叶互生，叶近三角形，长 9～15cm，3～5 掌状裂，中央裂片阔三角形，宽度与长度约相等，基部截形或微

图 8-40 悬铃木

1. 果枝　2. 果　3. 雄蕊　4. 雌花及离心皮雌蕊

心形，缘有不规则大尖齿，幼时有星状毛，后脱落；叶柄长 3～10cm；托叶长 1～1.5cm。花常 4 数。果枝有头状果序 1～2 个，稀为 3 个，常下垂，径约 2.5cm；宿存花柱长 2～3mm，刺状。

[种类与品种] 园艺变种及变型或品种主要有：①'银斑'英桐（'Argento'）：叶有白斑。②'金斑'英桐（'keiseyana'）：叶有黄色斑。③'塔形'英桐（'Pyramidalis'）：树冠呈狭圆锥形，叶通常 3 裂，长大于宽，叶基圆形。同属相近种有：①法桐（三球悬铃木）（*Platanus orientalis*）：树皮薄片状剥落；叶 5～7 掌状深裂，托叶长不足 1cm；果序常 3 个或多达 6 个串生，宿存花柱刺尖。②美桐（一球悬铃木）（*Platanus occidentalis*）：树皮常成小块状裂，不易剥落；叶 3～5 掌状浅裂，中裂片宽大于长；托叶长 2～3cm；果序常单生，宿存花柱极短。

[生态习性与栽培要点] 原产欧洲，是法桐和美桐的杂交种，现广植于全世界。中国东北、北京以南各地均有栽培，尤以长江中、下游各城市为多见。喜温暖湿润气候，喜光，不耐阴，耐干旱、耐瘠薄、耐水湿。对土壤要求不严，根系浅易风倒，萌芽力强，耐修剪。抗烟尘、硫化氢等有害气体。生长迅速。播种、扦插繁殖。

[观赏特点与园林应用] 树干高大，枝叶茂盛，具有很好的遮阴降温效果，并有滞积灰尘、吸收硫化氢、二氧化硫、氯气等有毒气体的作用，作为街坊、厂矿绿化非常合适。同时具有适应性广、生长快、繁殖与栽培比较容易等优点，已作为园林植物广植于世界各地，被称为"行道树之王"。

16. 枫香 *Liquidambar formosana*（图 8-41）

[别名] 枫树

[科属] 金缕梅科枫香属

[形态特征与识别要点] 落叶乔木。树冠上有眼状枝痕，呈广卵形或略扁平。树液芳香；树皮灰色，浅纵裂，老时不规则深裂。叶常为掌状 3 裂，基部心形或截形，裂片先端尖缘有锯齿，幼叶有毛，后渐脱落。花单性同株，无花瓣，雌花具尖萼齿。蒴果，集成球形果序。

[生态习性与栽培要点] 喜光，幼树稍耐阴，喜温暖湿润气候及深厚湿润土壤，也能耐干旱贫瘠，但较不耐水湿，深根性，抗风性强。播种、扦插或压条繁殖。

图 8-41　枫　香

1. 果枝　2. 花枝　3. 雄蕊　4. 雌蕊花柱及假雄蕊
5. 果序一部分　6. 种子

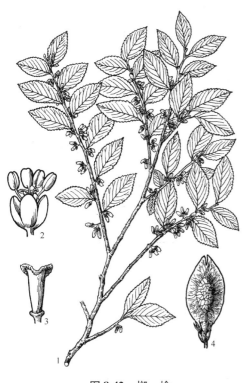

图 8-42　榔　榆

1. 花枝　2. 花　3. 雌蕊　4. 果

[观赏特点与园林应用] 树姿优雅，叶色呈明显季象变化，冬季落叶前变红，为良好的庭院风景树和绿荫树。

17. 榔榆 *Ulmus parvifolia*（图 8-42）

[科属] 榆科榆属

[形态特征与识别要点] 落叶乔木。树皮薄鳞片状剥落后仍较光滑。叶较小而厚，卵状椭圆形至倒卵形，单锯齿，叶基歪斜。花簇生叶腋。翅果长椭圆形至卵形；种子位于翅果中上部，近无毛。

[种类与品种] 栽培变种有斑叶榔、金叶榔榆、锦榆。

[生态习性与栽培要点] 喜光，喜温暖湿润气候，耐干旱贫瘠；深根性、萌芽力强，生长速度中等偏慢，寿命较长，对二氧化硫等有毒气体及烟尘抗性较强。播种繁殖为主，也可分蘖繁殖。

[观赏特点与园林应用] 树形及枝态优美，宜作庭荫树、行道树及观赏树，在园林中孤植、丛植或与亭榭、山石配置都很合适。还是制作盆景的好材料。

18. 榉树 *Zelkova schneideriana*（图 8-43）

[别名] 大叶榉

[科属] 榆科榉属

[形态特征与识别要点] 落叶乔木，高达 15m。树皮不裂，老干薄鳞片状剥落后光滑。1 年生枝红褐色，密被柔毛。单叶互生，叶卵状长，长 2～10cm，先端渐尖或尾状渐尖，叶缘有桃形锯齿，表面粗糙，背面密生浅灰色柔毛。坚果歪斜，有皱纹，径 2.5～4mm。花期 3～4 月；果期 9～11 月。

[种类与品种] 同属相近种有：①小叶榉（*Zelkova sinica*）：小枝通常无毛。叶较小，长 2～7cm，锯齿

图 8-43　榉　树

较钝，表面平滑，背面脉腋有簇毛。坚果较大，径4~7mm，无皱纹。顶端几乎不偏斜。②光叶榉(*Zelkova serrana*)：小枝紫褐色，无毛。叶质地较薄，表面光滑，亮绿色，背面无毛或沿中脉有疏毛。叶缘有尖锐单锯齿，尖头向外斜张。坚果有皱纹。

［生态习性与栽培要点］产于我国淮河流域、秦岭以南至华南、西南广大地区。喜光树种，喜温暖环境，稍耐阴，耐烟尘及有害气体，不耐干旱和贫瘠。抗风力强，抗病虫害能力较强。对土壤的适应性强。深根性。忌积水，生长慢，寿命长。播种繁殖。

［观赏特点与园林应用］树姿端庄，枝叶细密，秋叶变成褐红色，是观赏秋叶的优良树种。可孤植、丛植公园和广场的草坪、建筑旁作庭荫树，与常绿树种混植作风景林或列植人行道、公路旁作行道树。也是制作盆景的好材料。

19. 榕树 *Ficus microcarpa*（图8-44）

图8-44 榕 树

［别名］小叶榕

［科属］桑科榕属

［形态特征与识别要点］常绿大乔木，高达15~25m。冠幅广展。老树常有锈褐色气根。叶薄革质，狭椭圆形，表面深绿色，有光泽，全缘。隐头花序。瘦果卵圆形。

［种类与品种］品种有'金叶'榕、'花叶'榕（'乳斑'榕），园艺变种有厚叶榕，同属近缘种有垂榕。

［生态习性与栽培要点］喜温暖喜光，耐半阴，适合生于温暖湿热多雨气候。耐水湿，适宜肥沃润湿、排水良好的酸性土壤。扦插或播种繁殖。

［观赏特点与园林应用］榕树冠大荫浓，终年常绿，是优良的园林绿化树种。宜作庭荫树、行道树和防护林树种。

20. 菩提树 *Ficus religiosa*

［科属］桑科榕属

［形态特征与识别要点］大乔木。树皮灰色，平滑或微具纵纹；冠幅广展。叶心形，尾尖，叶柄长。隐头花序。花期3~4月；果期5~6月。

［生态习性与栽培要点］喜温暖湿润，不耐严寒和干燥。种子繁殖，扦插繁殖。

［观赏特点与园林应用］树体高大、壮观，多作为孤植树。

21. 黄葛树 *Ficus virens* var. *sublanceolata*（图 8-45）

［科属］桑科榕属

［形态特征与识别要点］落叶或半落叶乔木，有板根或支柱根。叶薄革质或皮纸质，卵状披针形至椭圆状卵形。隐头花序。榕果单生或成对腋生或簇生于已落叶枝叶腋，球形。

［生态习性与栽培要点］喜温暖湿润气候，有一定耐旱能力。播种或扦插繁殖。

［观赏特点与园林应用］树体高大，适应性强，为良好的荫蔽树种，常用作行道树、孤植树。

22. 深山含笑 *Michelia maudiae*（图 8-46）

［别名］光叶白兰花、莫夫人含笑花

［科属］木兰科含笑属

［形态特征与识别要点］乔木。树皮薄、浅灰色或灰褐色；芽、嫩枝、叶下面、苞片均被白粉。叶革质，长圆状椭圆形。花白色，芳香。聚合果。花期 2～3 月。

［种类与品种］同属近缘种有醉香含笑、乐昌含笑。

［生态习性与栽培要点］喜光，喜温暖湿润环境，抗干热，有一定耐寒能力。对二氧化硫的抗性较强。喜土层深厚、疏松、肥沃而湿润的酸性砂质土。

图 8-45　黄葛树
1. 花枝　2. 叶　3. 花托(聚花果)纵剖面　4. 雌蕊　5. 雄蕊

图 8-46　深山含笑
1. 果枝　2. 花枝

[观赏特点与园林应用] 花纯白艳丽，为庭园观赏树种和"四旁"绿化树种。

23. 白桦 *Betula platyphylla*（图8-47）

[别名] 桦树、桦木

[科属] 桦木科桦木属

[形态特征与识别要点] 落叶乔木，高20～25m。树皮白色，成层纸状剥裂。小枝红褐色。单叶互生，叶菱状三角形，长3～7cm，缘具不规则重锯齿，侧脉5～7(8)对，背面有腺点。果序单生，圆柱形，常下垂，长2～5cm；果苞长5～7mm，基部楔形或宽楔形，中裂片三角状卵形；小坚果狭矩圆形，长1.5～3mm，果翅与果等宽或较果稍宽。

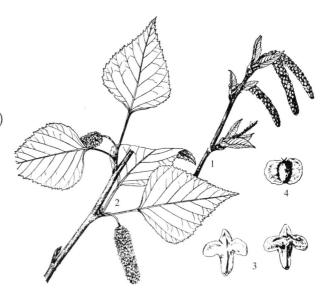

图8-47 白桦
1. 花枝 2. 果枝 3. 果苞 4. 小坚果

[生态习性与栽培要点] 产于中国东北、华北等地，俄罗斯、蒙古、朝鲜、日本也有分布。喜光，不耐阴，耐寒。对土壤适应性强，喜酸性土，耐瘠薄。深根性，萌芽强。生长较快，寿命较短。播种、扦插和压条繁殖。

[观赏特点与园林应用] 树干修直，枝叶扶疏，姿态优美，洁白雅致，十分引人注目。孤植、丛植于庭园、公园、草坪、池畔、湖滨或列植于道旁均颇美观。若在山地或丘陵坡地成片栽植，可组成美丽的风景林。

24. 木棉 *Bombax malabaricum*（图8-48）

[别名] 攀枝花、红棉树、英雄树

[科属] 木棉科木棉属

[形态特征与识别要点] 落叶大乔木。树干粗大端直，大枝轮生，平展。茎常具粗皮刺。掌状复叶互生，卵状长椭圆形，小叶全缘，无毛。花单生，红色，花瓣5，

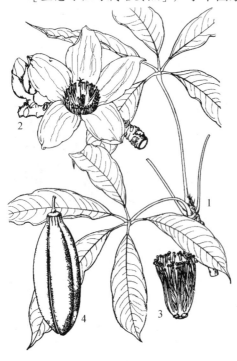

图8-48 木 棉
1. 叶枝 2. 花蕾及花 3. 雄蕊束 4. 果

厚肉质；花萼厚，杯状，常5浅裂。蒴果长椭圆形，内有绵毛。

[生态习性与栽培要点] 喜光，喜温暖气候，为热带季雨林的代表种。较耐干旱，不耐寒。深根性、萌芽性强，生长迅速。可用播种、分蘖、扦插等法繁殖。

[观赏特点与园林应用] 树形高大雄伟，树冠整齐，多呈伞形，枝干舒展，早春先叶开花，花红如血，硕大如杯，如火如荼，十分红艳美丽。在华南各城市栽作行道树、庭荫树及庭院观赏树，也是华南干热地区重要造林树种。

25. 旱柳 *Salix matsudana*（图 8-49）

[别名] 柳树、立柳、河柳、江柳

[科属] 杨柳科柳属

[形态特征与识别要点] 落叶乔木，高可达20m。树冠广圆形；树皮暗灰黑色，有裂沟。大枝斜上，小枝直立或斜展，黄绿色。单叶互生，叶披针形至狭披针形，长5~10cm，表面绿色，无毛，有光泽，背面苍白色或带白色，缘有细腺齿；叶柄短，长2~5mm。雄柔荑花序圆柱形，长1.5~2.5(3)cm，雄蕊2，花丝基部有长毛；雌柔荑花序较雄花序短，长约2cm，子房长椭圆形，柱头卵形，腺体2，背生和腹生。蒴果，种子细小，具丝状毛。花期4月；果期4~5月。

[种类与品种] 园艺变种及变型或品种主要有：① 龙爪柳（f. *tortuosa*）：高达12m，枝条自然扭曲，常见栽培观赏，但长势较弱，易衰老。② 馒头柳（f. *umbraculifera*）：树冠半圆形，如同馒头状。分枝密，梢端整齐。多作庭荫树及行道树。③ 旱垂柳（绦柳）（var. *pseudo-matsudana*）：枝条细长下垂，外形似垂柳。但小枝较短，黄色。雌花有2腺体。④ '金枝'龙须柳（'Tortuosa Aurea'）：枝条扭曲，金黄色。⑤ 绦柳（f. *pendula*）：枝长而下垂，与垂柳（*S. babylonica*）相似。其区别为：本变型的雌花有2腺体，而垂柳只有1腺体；本变型小枝黄色，叶为披针形，背面苍白色或带白色，叶柄长5~8mm；而垂柳的小枝褐色，叶为狭披针形或线状披针形，背面带绿色。国外有'卷叶'（'Crispa'）、'金枝'（'Aurea'）等品种。

[生态习性与栽培要点] 产于我

图 8-49 旱 柳
1. 雌花枝 2. 雄花枝 3. 雄蕊 4. 雌蕊 5. 果

国东北、华北、西北，南至淮河流域，北方平原地区更为常见。俄罗斯、朝鲜、日本也有分布。喜光，耐寒，湿地、旱地皆能生长，但以湿润而排水良好的土壤生长最好。根系发达，抗风能力强。生长快，易繁殖。压条、扦插或播种繁殖。

[观赏特点与园林应用] 枝条柔软，树冠丰满，是北方城乡常用的庭荫树、行道树。常栽培在河湖岸边或孤植于草坪，对植于建筑两旁。亦用作公路树、防护林及沙荒造林、农村"四旁"绿化等，是早春蜜源树种。但由于种子成熟后柳絮（种子毛）飘扬，故最好栽植雄株。

26. 垂柳 *Salix babylonica*（图 8-50）

[科属] 杨柳科柳属

[形态特征与识别要点] 落叶乔木，高 12～18m。树冠开展而疏散；树皮灰黑色，不规则开裂。枝条细长下垂，褐色或带紫色，无毛。单叶互生，叶狭长披针形，长 9～16cm，微有毛，缘有细锯齿；叶柄长 6～12mm。雄花序长 1.5～2(3)cm，有短梗，雄蕊 2，花丝与苞片近等长或较长，基部多少有长毛，花药红黄色，腺体 2；雌花序长 2～3(5)cm，有梗，子房椭圆形，柱头2～4 深裂，腺体 1。蒴果。花期3～4月；果期4～5月。

[生态习性与栽培要点] 我国分布甚广，长江流域尤为普遍。欧美及亚洲各国均有引种。喜光，喜温暖湿润气候及潮湿深厚之酸性及中性土壤。较耐寒，特耐水湿，但也能生于土层深厚之高燥地区。萌芽力强，根系发达，生长迅速，寿命较短，树干易老化。以扦插繁殖为主，也可用种子繁殖。

图 8-50 垂柳
1. 雌花序枝 2. 叶 3. 雄花 4、5. 果

[观赏特点与园林应用] 枝条细长，生长迅速，自古以来深受中国人民热爱。最宜配置在水边，如桥头、池畔、河流、湖泊等水系沿岸处。与桃花间植可形成桃红柳绿之景，是江南园林春景的特色配植方式之一。也可作庭荫树、行道树、公路树。也适用于工厂绿化，还是固堤护岸的重要树种。

27. 杏 *Armeniaca vulgaris*（图 8-51）

[科属]蔷薇科杏属

[形态特征与识别要点]落叶乔木，高 5 ~ 8（12）m。树冠圆形或扁圆形；树皮灰褐色，纵裂。多年生枝浅褐色，皮孔大而横生；一年生枝浅红褐色，有光泽，无毛，具多数小皮孔。芽单生。单叶互生，叶椭圆形或卵状椭圆形，长 5 ~ 9cm，先端突尖至突渐尖，基部圆形或广楔形，缘具圆钝锯齿；叶柄长 2 ~ 3.5cm，常带红色，基部常具 2 腺体。花通常单生，淡粉红色或近白色，径 2 ~ 3cm，先于叶开放；花萼 5，反曲，近无梗，萼筒圆筒形；雄蕊 20 ~ 45，稍短于花瓣；花柱稍长或几与雄蕊等长。核果球形，径 2 ~ 3cm，具纵沟，黄色或具红晕，微被短柔毛。花期 3 ~ 4 月；果期 6 ~ 7 月。

[种类与品种]园艺变种及变型或品种主要有：①野杏（山杏）（var. *ansu*）：叶较小，长 4 ~ 5cm，基部广楔形。花 2 朵稀 3 朵簇生。果较小，径约 2cm，密被绒毛，果肉薄，不开裂，果核网纹明显。②'陕梅'杏（'Plena'）：花重瓣，粉红色，似梅花。③'垂枝'杏（'Pendula'）：枝条下垂。④'斑叶'杏（'Variegata'）：叶有斑纹。

[生态习性与栽培要点]产于东

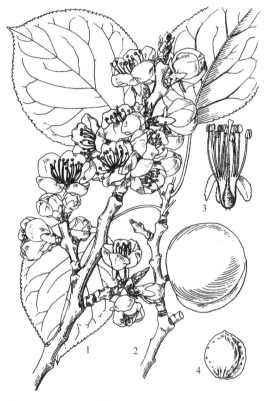

图 8-51 杏
1. 花枝　2. 果枝　3. 花纵剖面　4. 果核

北、华北、西北、西南及长江中下游各地，是华北地区最常见的果树之一。喜光树种，喜光，耐旱，抗寒，抗风，适应性强，深根性，寿命可达百年以上。以种子繁殖为主，播种时种子需湿沙层积催芽，也可由实生苗作砧木嫁接繁殖。

[观赏特点与园林应用]早春叶前开花，花朵繁盛，美丽可观，北方栽培较为普遍，故有"北梅"之称。在园林中宜成片种植，亦可植于池旁、湖畔或山石崖边、庭院堂前。

28. 梅 *Armeniaca mume*（图 8-52）

[别名]梅花
[科属]蔷薇科杏属

[形态特征与识别要点] 小乔木，高 4~10m。树皮浅灰色或带绿色，平滑；小枝绿色，光滑无毛。叶片卵形或椭圆形，尾尖。花单生或有时 2 朵同生于 1 芽内。核果。花期冬春季；果期 5~6 月。

[种类与品种] 由于长期栽培，梅花品种甚多，常见的有'白梅''红梅''垂枝'梅、'骨里'红梅、'绿萼'梅。

[生态习性与栽培要点] 喜阳光、性喜温暖而略潮湿及通风良好的环境，有一定耐寒力。对土壤要求不严，但喜湿润而富含腐殖质的砂质壤土。怕积水。一般以播种、嫁接、扦插、压条等法繁殖。

[观赏特点与园林应用] 梅是我国著名的观赏花木，栽培历史十分悠久，因其冬春开花，与松、竹一起被誉为"岁寒三友"。可孤植、丛植、群植在各类绿地，也可屋前、坡地、石际、路边自然配置。梅是园林绿化优良观花树种，也可盆栽造型观赏或作切花材料。

图 8-52　梅

1. 花枝　2. 花纵剖面　3. 果枝　4. 果纵剖面

29. 合欢 *Albizia julibrissin*（图 8-53）

[别名] 绒花树、夜合欢

[科属] 含羞草科合欢属

[形态特征与识别要点] 落叶乔木，高 10~16m。树冠开展呈伞形；树干灰黑色，小枝无毛。二回偶数羽状复叶互生，具羽片 4~12(20) 对，各羽片具小叶 10~30 对；总叶柄长 3~5cm；小叶镰刀形，长 6~12mm，宽 1~4mm，先端有小尖头，叶缘及背面中脉有柔毛或近无毛。头状花序排成伞房状，花冠 5 裂，花丝粉红色，细长如绒缨；雄蕊多数，基部合生，花丝细长；子房上位，花柱几与花丝等长，柱头圆柱形。荚果带状，长 9~15cm。花期 6~7 月；果期 9~10 月。

[种类与品种] 园艺变种及变型或品种主要有紫叶合欢（'Purpurea'）：春季叶为紫红色，后渐变为绿色；新梢的嫩叶仍为紫红色。花深红色。

[生态习性与栽培要点] 产于亚洲中部、东部及非洲，我国黄河流域及其以南地区有分布。喜光，较耐寒，耐干旱瘠薄和砂质壤土，不耐水湿。耐轻度盐碱，对二氧化硫、氯化氢等有害气体有较强的抗性。生长迅速。常采用播种繁殖。

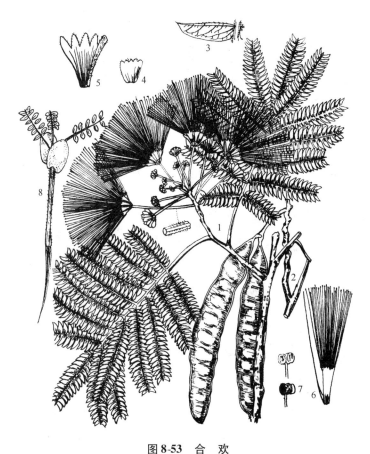

图 8-53 合 欢
1. 花枝　2. 果枝　3. 小叶放大　4. 花萼展开　5. 花冠展开
6. 雄蕊及雌蕊　7. 雄蕊　8. 幼苗

［观赏特点与园林应用］树形优美，羽叶雅致，盛夏红色的绒花开满树，是优良的城乡绿化及观赏树种，尤其宜栽作庭荫树及行道树。

30. 凤凰木 *Delonix regia*（图 8-54）

［别名］红花楹、火凤凰

［科属］豆科凤凰木属

［形态特征与识别要点］落叶乔木；树冠开展如伞。二回偶数羽状复叶，互生。羽片 10 ~ 20 对，对生；小叶对生，20 ~ 40 对，长椭圆形，长 5 ~ 8mm，宽 2 ~ 3mm，先端钝圆，基部歪斜，两面有毛。总状花序伞房状，花大，花瓣 5，圆形，鲜红色，有长爪。荚果带状，木质，长 20 ~ 60cm。花期 5 ~ 8 月。

［生态习性与栽培要点］喜光，喜高温，为热带树种，不耐寒；喜深厚肥沃排水良好的疏松土壤，生长迅速。主要为播种繁殖。

［观赏特点与园林应用］树冠宽阔，平展如伞，绿叶茂密，浓荫匝地，叶形轻柔；花大而色艳。初夏开放，满树红英，如火如荼。常见于庭园栽培或作行道树。

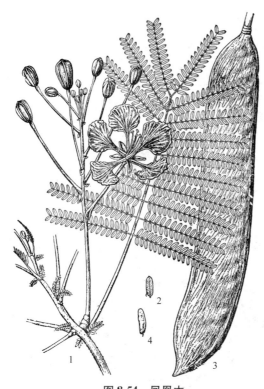

图 8-54 凤凰木

1. 花枝 2. 小叶 3. 果 4. 种子

31. 刺桐 *Erythrina variegata*

[别名] 海桐、山芙蓉、空桐树、木本象牙红

[科属] 豆科刺桐属

[形态特征与识别要点] 乔木，树皮灰褐色，枝有明显叶痕及短圆锥形的黑色直刺，髓部疏松。三出羽状复叶，小叶宽卵形或菱状卵形。总状花序顶生，花冠红色。荚果黑色。

[种类与品种] 同属近缘种有龙牙花。

[生态习性与栽培要点] 喜温暖湿润、光照充足的环境，耐旱也耐湿，对土壤要求不严，宜肥沃排水良好的砂壤土，不甚耐寒。繁殖以扦插为主，也可播种。

[观赏特点与园林应用] 花朵美丽，生长迅速，适合单植于草地或建筑物旁，可供公园、绿地及风景区美化，又是公路及市街的优良行道树。

32. 槐树 *Sophora japonica*（图 8-55）

[别名] 槐、国槐、槐蕊、豆槐、白槐、家槐

[科属] 蝶形花科槐树属

[形态特征与识别要点] 落叶乔木，高达 25m。树皮灰黑色，浅纵裂。小枝绿色，无毛。奇数羽状复叶互生，长达 25cm；小叶 7～17，对生或近对生，卵状椭圆形，长 2.5～6cm，先端渐尖，全缘；叶柄基部膨大，包裹着芽。顶生圆锥花序，长达 30cm；花冠蝶形，黄白色；雄蕊 10，离生。荚果在种子间缢缩成念珠状，长 2.5～5cm。花期 6～8 月；果期 9～10 月。

[种类与品种] 园艺变种及变型或品种主要有：①毛叶紫花槐（var. *pubescens*）：小叶、叶轴及叶背密被软毛。花的翼瓣及龙骨瓣边缘带紫色。产于华东、华中及西南地区。②'龙爪'槐（'Pendula'）：枝条扭曲下垂，形似龙爪。树冠伞形。③'曲枝'槐（'Tortuosa'）：枝条扭曲。④'金枝'槐（'Chrysoclada'）：秋季小枝变为金黄色。⑤'金叶'槐（'Chrysophylla'）：嫩叶黄色，后渐变为黄绿色。⑥'畸叶'槐（'蝴蝶'槐、'五叶'槐）（'Oligophylla'）：小叶 5～7，常集生于叶轴先端成为掌状，大小和形状均不整齐，有时 3 裂。⑦'紫花'槐（'Violacea'）：花期甚晚，翼瓣及龙骨瓣玫瑰紫色。

[生态习性与栽培要点]原产中国，现南北各地广泛栽培，华北和黄土高原地区尤为多见。日本、朝鲜、越南也有分布。喜光，耐寒，稍耐阴，耐干旱瘠薄。对土壤要求不严，在酸性至石灰性及轻度盐碱土均可生长，对二氧化硫和烟尘等的抗性较强。深根性，寿命长，耐强修剪，移栽易活。播种、埋根、扦插繁殖。

[观赏特点与园林应用]枝叶茂密，绿荫如盖，适作庭荫树，在中国北方多用作行道树。配置于公园、建筑四周、街坊住宅区及草坪上，也极相宜。

33. 刺槐 *Robinia pseudoacacia*（图 8-56）

[别名]洋槐、刺儿槐

[科属]蝶形花科刺槐属

[形态特征与识别要点]落叶乔木，高 10~25m。树皮灰褐色至黑褐色，深纵裂。枝具托叶刺，冬芽藏于叶痕内。奇数羽状复叶互生，长 10~25（40）cm；小叶 7~19，常对生，椭圆形，长2~5cm，全缘，先端微凹并具小尖头。总状花序腋生，长 10~20cm，下垂；花白色，芳香。荚果条状扁平。花期4~6月；果期8~9月。

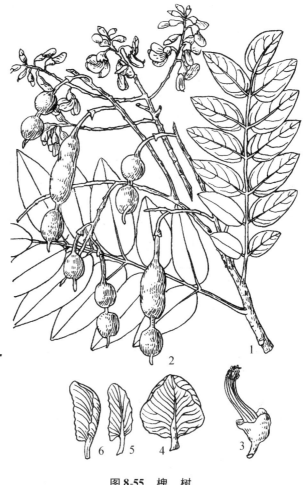

图 8-55 槐 树
1. 果枝 2. 果序 3. 雄蕊 4~6. 花瓣

[种类与品种]园艺变种及变型或品种主要有：①无刺槐（'Inermis'）：枝条无刺或近无刺。树形较原种整齐美观，树冠开张，树形扫帚，枝条硬挺而无托叶刺。宜作行道树。②'球冠'无刺槐（'Umbraculifera'）：树体较小，树冠近球形，分枝细密，近无刺。叶黄绿色，萌蘖较少，很少开花结果。③'曲枝'刺槐（'Tortuosa'）：枝条明显扭曲，亦称疙瘩刺槐。④'金叶'刺槐（'Frisia'）：中等高度的乔木，幼叶金黄色，夏叶黄绿色，秋叶橙黄色。⑤'红花'刺槐（'Decaisneana'）：花亮玫瑰红色，较刺槐美丽，是杂种起源。⑥'直杆'刺槐（'Bessouiana'）：树干笔直挺拔，黄白色花朵。⑦'柱状'刺槐（'Pyramidalis'）：侧枝细，树冠呈圆柱状，花白色。⑧'龟甲皮'刺槐（'Stricta'）：树皮呈龟甲状剥落，黄褐色。

[生态习性与栽培要点]原产美国中部和东部。我国南北各地普遍栽培，华北地

区生长最好。喜光, 不耐荫蔽, 耐干旱瘠薄, 对土壤适应性强, 喜土层深厚、肥沃、疏松、湿润的壤土。对二氧化硫、氯气、光化学烟雾等的抗性较强。浅根性, 萌蘖性强, 生长快。可用播种、分蘖、根插繁殖, 以播种繁殖为主。

[观赏特点与园林应用] 树冠高大, 叶色鲜绿, 每当开花季节绿白相映, 素雅芳香。可作行道树、庭荫树、防护林及城乡绿化的先锋树种。

34. 蒲桃 *Syzygium jambos* (图8-57)

[别名] 蒲桃树、水葡萄

[科属] 桃金娘科蒲桃属

[形态特征与识别要点] 常绿乔木, 高可达12m。主干短, 多分枝,

图8-56 刺 槐
1. 花枝 2. 花萼 3. 旗瓣 4. 翼瓣
5. 龙骨瓣 6. 雄蕊 7. 雌蕊 8. 果
9. 种子

树冠扁球形。叶片革质, 披针形或长圆形, 长12~25cm, 宽3~4.5cm。聚伞花序顶生, 花黄白色, 径3~4cm; 雄蕊突出于花瓣之外; 花梗长1~2cm。浆果球形或卵形。花期4~5月; 果期7~8月。

[种类与品种] 园艺变种有线叶蒲。同属近缘种有洋蒲桃(莲雾)、乌墨(海南蒲桃)。

[生态习性与栽培要点] 喜光, 稍耐阴; 喜温暖湿润环境, 能耐轻霜和短期0℃低温。对土壤适应性强。耐干旱瘠薄, 也耐水湿。深根性, 枝条强韧, 抗风力强。主要繁殖方法为播种繁殖。

[观赏特点与园林应用] 叶色光

图8-57 蒲 桃
1. 花枝 2. 果

亮，四季常绿，枝条披散下垂宛如垂柳，婆娑可爱，花白色而繁密，素净娴雅，果实黄色，是华南常见园林造景材料。可用于广场、草地、庭院作庭荫树，孤植或丛植，也适于溪流、池塘、湖泊等水体周围列植，是优良的防风、固堤树种。

35. 栾树 *Koelreuteria paniculata*（图8-58）

［别名］木栾

［科属］无患子科栾树属

［形态特征与识别要点］落叶乔木，高15~25m。一至二回羽状复叶互生，小叶(7)11~18，卵形或卵状椭圆形，缘有不规则粗齿或羽状深裂。顶生圆锥花序，长达40cm，分枝长而广展；花金黄色，稍芬芳，花瓣4，不整齐，开花时向外反折；雄蕊8枚，花盘偏斜，子房三棱形。蒴果三角状卵形，长4~6cm，果皮膜质膨大。种子近球形，径6~8mm。花期6~7月；果期9~10月。

［种类与品种］园艺变种及变型或品种主要有：①‘晚花’栾树（‘Serotina’）：花期8月。②‘秋花’栾树（‘September’）：花期8~9月。

图8-58　栾　树

1. 花枝　2. 花　3. 雄蕊　4. 雌蕊　5. 果序片断及果

[生态习性与栽培要点] 主产我国北部地区，是华北平原及低山常见树种，日本、朝鲜也有分布。喜光，稍耐半阴，耐寒，耐干旱瘠薄，喜生于石灰质土壤中，也耐低湿和盐碱地。对环境的适应性强，深根性，萌蘖力强，生长速度中等，抗风力较强，对粉尘、二氧化硫和臭氧均有较强的抗性。播种、扦插繁殖。

[观赏特点与园林应用] 春季嫩叶多为红叶，夏季黄花满树，入秋叶色变黄，果实紫红，形似灯笼，十分美丽。宜作庭荫树、行道树及园景树，也是工厂区及村旁绿化的好树种。

36. 复羽叶栾树 *Koelreuteria bipinnata*（图 8-59）

图 8-59 复羽叶栾树
1. 花枝 2. 花 3. 果序及果 4. 种子

[科属] 无患子科栾树属

[形态特征与识别要点] 落叶乔木，高逾 20m。枝具小疣点。二回羽状复叶互生，长 45～70cm，小叶卵状椭圆形，先端短渐尖，基部稍偏斜，缘有锯齿。顶生圆锥花序，长 35～70cm，分枝广展；花黄色，花瓣4(5)。蒴果膨大，具三棱，淡紫红色，老熟时褐色。花期7～9月；果期8～10月。

[种类与品种] 园艺变种及变型或品种主要有全缘栾树（黄山栾树、山膀胱）（var. *integrifolia*）：小叶全缘，仅萌蘖枝上的叶有锯齿或缺裂。产于长江以南地区。

[生态习性与栽培要点] 产于我国东部、中南及西南地区。喜光、适生于石灰岩山地，生长较快。播种繁殖。

[观赏特点与园林应用] 枝繁叶茂，春季嫩叶多呈红色，秋叶鲜黄色，满树黄花红果，非常美丽，适宜作庭荫树、行道树、观赏树，是城市绿化的理想树种。

37. 无患子 *Sapindus mukorossi*（图 8-60）

[科属] 无患子科无患子属

[形态特征与识别要点] 落叶大乔木，高达 20～25m。树皮灰色，不裂。小枝绿色，无毛，皮孔多而明显。偶数（罕为奇数）羽状复叶互生，小叶8～14，互生或近对生，卵状长椭圆形，长8～20cm，全缘，先端尖，基部歪斜，无毛。顶生圆锥花序，

图 8-60　无患子

1. 果枝　2、3. 雄花(有退化雌蕊)　4. 花瓣　5. 雄蕊　6、7. 雌花及
其纵剖面(有退化雄蕊)　8. 萼片　9. 子房横切面　10. 果　11. 种子

花小，黄白色，辐射对称；花瓣5，有长爪，内侧基部有2耳状小鳞片；花盘碟状；雄蕊8，伸出；子房无毛。核果肉质，球形，径2~2.5cm，熟时橙黄色。花期5~6月；果期10月。

[生态习性与栽培要点]喜温暖湿润气候，喜光，稍耐阴，耐寒性不强，不耐水湿，耐干旱。在中性土壤及石灰岩山地生长良好，对二氧化硫抗性较强。深根性，抗风力强。萌芽力弱，不耐修剪。生长较快，寿命长。播种繁殖。

[观赏特点与园林应用]树干通直，枝叶广展，绿荫浓密，秋叶金黄，是良好的庭荫树及行道树。

38. 桂花 *Osmanthus frarans*（图 8-61）

[别名]木犀

[科属]木犀科木犀属

[形态特征与识别要点]常绿乔木或灌木。树皮灰褐色，皮孔明显。叶片革质，

叶形变化大。聚伞花序簇生于叶腋；花极芳香，花冠黄白色、淡黄色、黄色或橘红色。核果紫黑色。花期 9～10 月上旬；果期翌年 3 月。

[种类与品种] 变种有金桂、银桂、丹桂、四季桂。

[生态习性与栽培要点] 喜温暖环境，宜在土层深厚、排水良好、肥沃、富含腐殖质的偏酸性砂质壤土中生长。

[观赏特点与园林应用] 终年常绿，枝繁叶茂，秋季开花，芳香四溢，可孤植、对植，也可成丛成林栽种。

图 8-61　桂 花
1. 花枝　2. 果枝

图 8-62　蓝花楹
1. 花枝　2. 侧生小叶　3. 顶生小叶　4. 果

39. 蓝花楹 *Jacaranda mimosifolia*（图 8-62）

[别名] 蓝雾树、紫云木

[科属] 紫葳科蓝花楹属

[形态特征与识别要点] 落叶乔木。叶对生，二回羽状复叶，小叶椭圆状披针形至椭圆状菱形。花蓝色，花萼筒状，花冠筒细长，蓝色，下部微弯，上部膨大；花冠裂片圆形。蒴果木质，扁卵圆形。花期 5～6 月。

[种类与品种] 同属近缘种有尖叶蓝花楹。

[生态习性与栽培要点] 喜温暖湿润、喜光，不耐霜雪。在一般中性和微酸性的土壤中都能生长良好。可播种繁殖，扦插繁殖。

[观赏特点与园林应用]树体高大，每年夏、秋两季各开一次花，盛花期满树紫蓝色花朵，十分雅丽清秀。热带、暖亚热带地区广泛栽作行道树、遮阴树和风景树。

40. 苹婆 *Sterculia nobilis*

[别名]凤眼果

[科属]梧桐科苹婆属

[形态特征与识别要点]乔木。树皮褐黑色，小枝幼时略有星状毛。叶薄革质，矩圆形或椭圆形。圆锥花序顶生或腋生，花梗远比花长。蓇葖果鲜红色，厚革质，矩圆状卵形，顶端有喙。

[种类与品种]同属近缘种有短柄苹婆。

[生态习性与栽培要点]喜生于排水良好的肥沃土壤，且耐荫蔽。常采用播种和扦插繁殖。

[观赏特点与园林应用]树冠浓密，叶常绿，树形美观，不易落叶，是良好的行道树。

41. 七叶树 *Aesculus chinensis*（图 8-63）

[别名]梭椤树、猴板栗

[科属]七叶树科七叶树属

[形态特征与识别要点]落叶乔木，树皮深褐色或灰褐色。掌状复叶，小叶长圆披针形至长圆倒披针形。花序圆筒形，花杂性，雄花与两性花同株。果实球形或倒卵圆形。花期4~5月；果期10月。

[种类与品种]同属近缘种有长柄七叶树、大果七叶树。

[生态习性与栽培要点]喜光，也耐半阴，喜温暖湿润气候，不耐严寒，喜肥沃深厚土壤。以播种繁殖为主。

[观赏特点与园林应用]树形优美，花大秀丽，果形奇特，是观叶、观花、观果不可多得的树种，为世界著名的观赏树种之一。可作为行道树、

图 8-63　七叶树

1. 花枝　2. 两性花　3. 雄花　4. 果　5. 果纵剖，示种子

庭荫树等。

42. 蓝桉 *Eucalyptus globulus*（图 8-64）

[别名] 洋草果、灰杨柳、玉树油树

[科属] 桃金娘科桉属

[形态特征与识别要点] 大乔木。树皮灰蓝，嫩枝略有棱。幼态叶卵形，无柄，对生，有白粉；成长叶片革质，镰状。花大，单生或 2~3 朵聚生于叶腋内。蒴果半球形。

[种类与品种] 亚种有直干蓝桉。同属近缘种有柠檬桉。

[生态习性与栽培要点] 喜光，喜温暖气候，耐旱，不耐湿热。

[观赏特点与园林应用] 生长迅速、树形优美、常绿，被作为美化绿化环境的树种在道路、河渠两旁以及房前屋后种植。

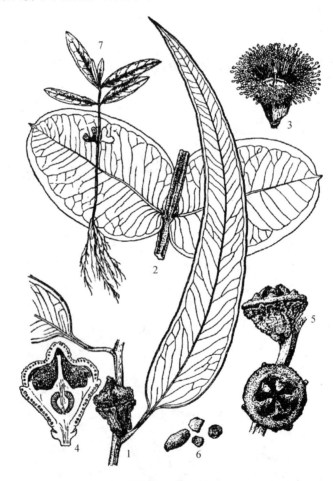

图 8-64　蓝　桉

1. 花枝　2. 幼树的对生叶　3、4. 花及纵剖面
5. 果　6. 种子　7. 幼苗

8.2.3　其他乔木

中文名（学名）	原产地	花期（月）	形态特征	同属种、品种等	繁殖	应用
湿地松 *Pinus elliottii*	北美东南海岸	2～3	针叶3针及2针1束，有气孔线，叶鞘宿存。球果圆锥形，种鳞的鳞盾近斜方形，肥厚，有锐横脊，鳞脐有短刺。种翅易脱落	同属相近种：加勒比松（*P. caribaea*），与湿地松相似，但嫩枝粉绿色，后变黄褐色	播种或扦插	树形苍劲，速生，适应性强，可作庭园树或丛植、群植，宜植于河岸池边，是长江以南的园林和自然风景区的重要树种
华山松 *Pinus armandii*	我国中部至西南部高山地区	4～5	枝条平展，形成圆锥形或柱状塔形树冠。针叶5针1束，较细软，长8～15cm。球果圆锥状柱形，长10～20cm，最后下垂。种鳞的鳞盾近斜方形，鳞脐不明显。球果成熟时种鳞张开，种子无翅		播种	冠形优美，高大挺拔，针叶苍翠，是优良的庭园绿化树种。可作园景树、庭荫树、行道树，是高山风景区的优良风景林树种
五针松 *Pinus parviflora*	日本南部，我国长江流域各城市及青岛等地有栽培	5	针叶5针1束，细而短，长3～5（10）cm，因有明显的白色气孔线而呈蓝绿色。雄球花聚生新枝下部，雌球花聚生新枝顶部，球果卵圆形。种子较大，其种翅短于种子长	品种：'银尖'五针松（'albo-terminata'）、短叶'五针松（'brevifolia'）、'矮丛'五针松（'nana'）、'旋叶'五针松（'tortuosa'）、'黄叶'五针松（'variegata'）	常用嫁接繁殖，也可播种、扦插	姿态端正，观赏价值很高，既适合庭园点缀布置，又是盆栽或盆景的重要树种
金钱松 *Pseudolarix amabilis*	中国特产，分布于长江下游一带	4～5	落叶乔木，有长、短枝之分。叶线性，在短枝上簇生如圆盘，秋季落叶前金黄色。雌雄花单生。球果直立，包鳞先端短齿端。雄球花聚生，苞鳞先端的裂齿长2～4mm，发育种鳞具2～5种子。球果顶端鳞片，不露出；成熟后种鳞自中轴脱落	主要变种：矮型金钱松、垂枝金钱松和丛生金线松	播种	树形优美，树干端直，秋叶金黄，短枝上叶簇伸展圆如金线，为世界五大观赏树种之一。园林中可用作行道树或庭荫树
柳杉 *Cryptomeria fortunei*	浙江、安徽、福建及江西	4	常绿乔木。叶先端内弯，锥形，基部下延。叶螺旋状排列，球果的尖头和种鳞约20，苞鳞的裂齿和种子	同属近缘种：日本柳杉（*C. japonica*）	播种或扦插	树姿秀丽，纤枝略垂，树形圆整高大，是良好的绿化和环保树种，可用作塞道树、庭荫树、行道树等

（续）

中文名（学名）	原产地	花期（月）	形态特征	同属种、品种等	繁殖	应用
落羽杉 Taxodium distichum	我国长江流域及其以南地区有栽培	3	落叶乔木，树干基部常膨大，具膝状呼吸根。树皮赤褐色，裂成长条片。大枝近水平开展，侧生短枝排成二列。叶扁线形，互生，羽状排列，淡绿色。球果圆球形	栽培品种：'垂枝'落羽杉（'Pendens'）；同属近缘种：池杉（T. ascendens）		树干笔直，树形优美，是良好的水边绿化植物
杜松 Juniperus rigida	我国东北、华北、内蒙古及西北地区，朝鲜、日本也有分布		幼时树冠塔形，后变圆锥形。枝皮褐灰色，纵裂成深褐色，小枝下垂。叶三叶轮生，刺叶针形，表面凹成深槽，有一条白粉带在其内，背面有明显纵脊。雌雄异株，球果球形，径6~8mm，熟时淡褐黑色或蓝黑色，常被白粉	播种、扦插	各地广泛栽植为庭园树、行道树。适宜于公园、庭园、绿地，孤植、对植、丛植和列植，还可以栽植绿篱或制作盆景
紫杉 Taxus cuspidate	我国东北，俄罗斯，朝鲜、日本也有分布	5~6	叶螺旋状互生，呈不规则上翘二列，条形，表面光绿色，中脉隆起，背面有两条较绿带宽2倍的灰绿色气孔带。雌雄异株，球花单生叶腋。种子卵圆形，生于红色肉质杯状假种皮中，熟时紫褐色，有光泽	园艺变种或品种：矮紫杉[var. umbraculifera（var. nana）]；'微型'紫杉高在15cm以下	播种、扦插	树形美丽，枝叶繁茂，果实成熟期红绿相映。为东北地区优良的园林绿化及绿篱树种
高山榕 Ficus altissima	东南亚地区，我国两广及云南有分布	3~4	单叶互生，托叶早落。叶革质，阔椭圆形，长8~12cm，两面无毛，侧脉少，5~7对。隐头花序。聚花果，成熟时红或橘黄色	同属近缘种：黄葛树，印度榕，菩提榕，垂叶榕等	播种、扦插	树冠浓密，叶大厚实，落叶甚少，适作庭荫树、行道树或大型盆栽
鹅掌楸 Liriodendron chinense	我国长江以南各地	5	落叶乔木。单叶互生，叶马褂形。近基部每边具1侧裂片，先端具2浅裂状，花被片9。聚合翅果	同属近缘种：北美鹅掌楸（L. tulipifera），杂种鹅掌楸（L. chinense × L. tulipifera）	播种或嫁接	树形雄伟，叶形奇特，花大，是城市中极佳的行道树、庭荫树种，也是工矿区绿化的优良树种之一
木莲 Manglietia fordiana	我国东南部至西南部山地	5	幼枝、芽、花梗被红褐色短柔毛。叶柄1~3cm;托叶痕5~4cm。花被片9，白色	同属近缘种：海南木莲（M. hainanensis），乳源木莲（M. yuyuanensis）	播种、扦插、嫁接	南方绿化及用材树种，树荫浓密，花果美丽，可作行道树、庭荫树
天女木兰 Magnolia sieboldii	东北和华东地区，山东、湖南、贵州、广西，日本、朝鲜也有分布	5~6	叶互生，叶倒广卵形，长6~12（15）cm，先端突尖。花在新枝上与叶对生，径7~10cm;萼片3，花瓣6，白色;雄蕊紫红色，花梗细长。聚合果红色	品种：'多瓣'天女花（'Multiepla'），花被片15~21	以压条、分株为主，也可播种	花朵洁白似玉，并有紫红色的雄蕊点缀，美丽而芳香，花梗细长，盛开时随风飘荡，宛若天女散花，宜植于庭园观赏

（续）

中文名（学名）	原产地	花期（月）	形态特征	同属种、品种等	繁殖	应用
乐昌含笑 Michelia chapensis	湖南、江西、福建、广东、广西、云南等地	3~4	单叶互生，叶薄革质，倒卵形，狭倒卵形或圆状倒卵形。表面深绿色，有光泽。花被片9~12，浓黄色。聚合果蓇葖果卵圆形		播种	树干平滑，浑圆通直，树形优美，枝叶翠绿稠密，树冠呈宝塔形，多作为行道树
蚊母树 Distylium racemosum	我国东南及沿海各地，朝鲜、日本也有分布	4~5	树冠开展，小枝略呈"之"字形曲折。嫩枝被有鳞垢。单叶互生，椭圆形或倒卵状椭圆形，先端钝或有倒卵状椭圆形，全缘，厚革质，光滑无毛。总状花序，花单性或杂性。蒴果卵圆形	品种：'斑叶'蚊母树；同属近缘种：中华蚊母树	播种、扦插	枝叶繁茂，四季常青，树形整齐，叶色浓绿，抗性强，防尘及隔音效果好，是理想的城市及工矿区绿化观赏树种。可孤植，成丛、成片栽植，作绿篱或防护林带
杜仲 Eucommia ulmoides	我国中西部地区，现各地广泛栽种	早春	枝具片状髓。单叶互生，叶椭圆形，长6~15cm，先端渐尖；老叶表面网脉下陷，暗绿色。花单性异株，无花被。小坚果有翅，长椭圆形，扁而薄，顶端2裂，长3~3.5cm。枝、叶、果断裂后有弹性丝相连		播种、扦插、压条、分蘖或根插也可	枝叶茂密，树形美观，可栽作庭荫树及行道树
榆树 Ulmus pumila	中国东北、华北、西北及西南各地，长江下游各地有栽培，朝鲜、俄罗斯、蒙古也有分布	3~6	树皮不规则深纵裂，小枝排成二列鱼骨状。单叶互生，叶多为单锯齿。花先开放，簇生于叶腋，长1.2~2cm，无毛。翅果近圆形，长的种子部分位于翅果的中部，上端不接近接近缺刻口	品种：'龙爪'榆（'Tortuosa'），'垂枝'榆（'Pendula'）	主要采用播种，也可用嫁接、分蘖、扦插	树干通直，树形高大，绿荫较浓，宜作行道树、庭荫树、工厂绿化，也是营造防风林、水土保持林和盐碱地造林的主要树种。在东北地区常栽作绿篱、老树桩可制作盆景
朴树 Celtis sinensis	我国秦岭、淮河流域至华南南地区	4	小枝幼时有毛。叶卵形或卵状椭圆形，基部不对称，中部以上有浅钝齿，表面有光泽，背部隆起有疏毛。核果近球形，果黄色或橙红色，单生或簇两三个并生，果柄与叶柄近等长	同属近缘种：紫弹朴（C. biondii），珊瑚朴（C. julianae）	播种	树形美观，树冠宽广，绿荫浓郁，是城乡绿化的重要树种，也是盆景常用树种
杧果 Mangifera indica	印度、马来西亚，华南有栽培	春季	小枝绿色。单叶互生，常聚生枝端，长椭圆形或披针形，全缘，革质。圆锥花序。核果长卵圆形或椭圆状球形，微扁，熟时黄色	同属近缘种有扁桃	播种、高压或嫁接	树冠浓密，枝叶美观，嫩叶暗富色彩变化，花开时色浓艳，芳香扑鼻，为庭院观花观果佳品，在华南地区可栽作庭荫树和行道树

（续）

中文名（学名）	原产地	花期（月）	形态特征	同属种、品种等	繁殖	应用
核桃（胡桃）Juglans regia	波斯一带，我国辽宁南部至华东、西南均有栽培	5	小枝无毛，粗壮，髓片状。奇数羽状复叶互生，小叶5～9，长25～30cm，椭圆状卵形至长椭圆形，通常全缘。雌雄同株。核果球形，成对或成单，径4～6cm，无毛，果核稍具皱曲，有2条纵棱，顶端具短尖头	品种：'裂叶'（'Laciniata'），'垂枝核桃'（'Pendula'）等。同属相近种有：漾濞核桃（J. sigillata），小叶9～11（15），核果扁球形	播种、嫁接	树冠庞大雄伟，叶大荫浓，且有清香，可用作行道树及庭荫树，孤植、丛植于草地或庭园中旷地均很合适
核桃楸（胡桃楸）Juglans mandshurica	我国东北及华北地区，朝鲜、俄罗斯，日本也有分布	4～6	奇数羽状复叶互生，小叶9～17，长椭圆形，缘有细齿。雄性柔荑花序，雌性柔荑花序，果顶端具尖头，4～5(7)个成短总状花序，长3.5～7.5cm。果核表面具8条纵棱，顶端具尖头		播种、扦插、压条	树干通直，树冠宽卵形，枝叶茂密，可作庭荫树，也可行行道树，常作水边护岸固堤及防风林树种
枫杨Pterocarya stenoptera	我国黄河流域、长江流域至华南、西南	4～5	树皮深纵裂。裸芽，偶数羽状复叶，偶数稀奇数羽状复叶，叶轴具翅。柔荑花序、翅果	同属相近种：湖北枫杨（P. hupehensis）	播种	树冠卵圆形，枝叶茂密，多作行道树或庭荫树、丛植或丛植。
杨梅Myrica rubra	长江以南各地	3～4	常绿乔木。叶长倒卵形，革质。雌雄异株或同株。雄花序为复柔荑花序，雌性花序为柔荑黄花序。果圆球形	同属近缘种：毛杨梅	播种、嫁接	树冠卵圆形，枝叶茂密，果实通红喜人。多作为庭荫树或庭园树种
蒙古栎Quercus mongolica	我国北部及东北部地区	4～5	单叶互生，叶片倒卵形至长倒卵形，缘有深波状缺刻。柔荑花序，总苞片，杯形，苞片背部呈半球状突起。坚果卵形至长球形		播种	可植作园景树或孤植树、树形好者可作为庭荫树，是营造防风林、水源涵养林及防火林的优良树种
麻栎Quercus acutissima	华北、华东、中南及西南各地，日本也有分布	3～4	单叶互生，长椭圆状披针形，叶缘有洞芒状锯齿，坚果圆球形或椭球状，总苞片碗状，包着坚果约1/2。坚果卵形至长球形，径1.5～2cm	同艺变种：塔形栓皮栎（var. pyramidalis）	播种	树冠雄伟，浓荫如盖，秋叶橙褐色，是良好的绿化、观赏树种，常被用作行道树或庭园树或营造防火林
天竺桂Cinnamomum japonicum	我国东南部，朝鲜、日本也有分布	4～5	叶近对生或在条上部互生，卵圆状长圆形至卵圆状披针形，离基三出脉。圆锥花序腋生，花长约4.5mm；花被裂片6。果长圆形	变种：浙江樟（var. chekiangense）	播种	树姿优美，抗污染，观赏价值高，长势强，树冠扩展快，并能露地过冬。常被用作行道树或庭园树种栽培。同时，也用作造林栽培

（续）

中文名 （学名）	原产地	花期 （月）	形态特征	同属种、品种等 同属近缘种	繁殖	应用
黑壳楠 Lindera megaphyl- la	我国陕西、甘肃、四 川、云南、贵州、湖 北、湖南、安徽、江 西、福建、广东、广 西等地	2~4	常绿乔木。枝条圆柱形。叶互生，上面深绿 色，有光泽，下面淡绿苍白色，两面无毛。伞 形花序。果椭圆形至卵形，成熟时紫黑色	变型：毛黑壳楠	播种	树形整齐，种植的主要形式为孤 植，对植，列植，群植和林植
杜英 Elaeocarpus decip- iens	我国南部及东南部 各地	6~7	常绿乔木。嫩枝及顶芽被微毛。叶互生，叶 革质；披针形或倒披针形，老叶脱落时红色。 总状花序多生于叶腋及无叶片的老枝上。核果 椭圆形	同属近缘种：山杜英 （E. sylvestris）	播种为主， 也可扦插	树冠圆整，枝繁叶茂 叶片常显红红色，枝繁叶红色相间， 夸目，可用于园林绿化。可作行 道树，可隔绝噪声
水石榕 Elaeocarpus hain- anensis	我国海南、广西南 部和云南东南部 分布	6~7	叶披针形，无毛，先端尖锐，基部楔形，脱落时 常为红色。总状花序，纤细，花序轴无毛。花 柄无毛。核果长椭圆形	同属近缘种：长芒杜英、 华南杜英、少花杜英、显 脉杜英、长柄杜英、樱叶 杜英、屏边杜英、美脉杜 英	播种	分枝多而密，形成圆锥形的树冠。 花期长，花冠洁白淡雅，宜干草 坪，坡地，庭园，路口丛植， 也可栽作其他花木的背景树
紫椴 Tilia amurensis	我国东北及华北， 朝鲜、俄罗斯也有 分布	6~7	小枝呈"之"字形。单叶互生，基部心形，缘具 整齐粗尖锯齿。聚伞花序，花序梗上的苞片 无柄，坚果卵球形，无纵棱，密被褐色短毛。花 具1~3粒种子	园艺变种：小叶紫椴 （var. taquetii）裂叶紫 椴（var. tricuspidata）	播种	枝叶茂密，树姿优美，是东北地区 优良的行道树，庭荫树及工厂绿 化树种
柿树 Diospyros kaki	我国长江流域至黄 河流域及日本	5~6	树皮方块状开裂。单叶互生，全缘，革质。老 叶表面有光泽，花萼绿色，深4裂。浆果大， 花腋生，花雌雄异株或杂性同株。浆果大， 径3~8cm，熟时橙黄色或橘红色	园艺变种：野柿（var. sil- vestris）	嫁接	叶片大而厚，入秋叶片色红艳，果实 满树，外观艳丽诱人，是园林绿化 和庭院经济栽培的优良树种
乌柿 Diospyros cathayensis	湖北、湖南、四川及 两广等地	4~5	干短而粗，树冠开展，多枝，有刺，褐色。叶薄 革质，长圆状披针形，雌雄异株，雄花聚伞花 序，极少单生，雌花单生。浆果球形	同属近缘种：油柿 （D. oleifera）	播种、分株、 压条、嫁接	果实形状优美，成熟后挂满枝头， 金黄宜人，是典型的观果植物， 常用作盆景素材，尤以川派盆景 居多

（续）

中文名（学名）	原产地	花期（月）	形态特征	同属种、品种等	繁殖	应用
君迁子 *Diospyros lotus*	我国东北南部、华北至中南、西南各地,亚洲西部、欧洲南部及日本也有分布	5~6	树皮方块状开裂,小枝灰色至暗褐色,幼时有灰色毛,后渐脱落,具灰黄色皮孔。单叶互生,全缘,椭圆形,长6~12cm,表面初密生柔毛,后脱落,背面初淡苍白色。雌雄异株。浆果近球形,径1.5~2cm,由黄变蓝黑色,外被蜡层,宿存萼片3(4)裂	园艺变种:多毛君迁子(var. *mollissima*),枝条和叶两面均密生小长柔毛	播种	树冠通直,树冠圆整,可供园林绿化用
稠李 *Prunus padus*	我国东北、华北、内蒙古及西北地区,北欧、俄罗斯、朝鲜、日本也有分布	4~5(6)	单叶互生,叶缘有细尖锯齿,叶柄常具2枚腺体。总状花序具多花,花白色,清香,萼筒钟状,花梗长1~1.5 cm;雄蕊多数,雌蕊1。核果卵球形,黑色	园艺变种:毛叶稠李(var. *pubescens*),北亚稠李(var. *asiatica*)	播种或扦插	花序长而美丽,秋叶变红色,果成熟时亮黑色,是一种良好的园林观赏树种。可孤植、丛植、群植,又可片植
山楂 *Crataegus pinnatifida*	我国东北、内蒙古、华北至江苏、浙江等地。世界各地均有分布。朝鲜、俄罗斯也有分布	5~6	常有枝刺。单叶互生,羽状5~9裂,裂缘有不规则锯齿;托叶大,呈蝶翅状。顶生伞房花序,具多花,花白色,花药粉红色。梨果近球形,深红色	园艺变种:山里红(大山楂)(var. *major*),果较大,径达2.5cm,叶也较大,且羽裂较浅	播种、扦插、嫁接	枝叶繁茂,初夏开花,满树洁白,秋季红果累累,是著名的观赏树种及观赏树种
桃 *Amygdalus persica*	中国,各地广泛栽培。世界各地均有栽植	3~4	树皮暗红褐色。冬芽有毛,3枚并生。单叶互生,叶长椭圆状披针形。花单生,花红色,先于叶开放。核果,核果,卵形、宽椭圆形或扁圆形	碧桃(f. *duplex*),红花碧桃(f. *rubroplena*),垂枝碧桃(f. *pendula*),撒金碧桃(f. *versicolor*),塔型碧桃(f. *pyramidalis*),绯桃(f. *magnifica*),单瓣红桃(f. *rubra*),千瓣红桃(f. *dianthiflora*),单瓣白桃(白花桃)(f. *alba*),紫叶桃(f. *atropurpurea*),寿星桃(var. *densa*)	以嫁接为主,也可播种、扦插和压条	品种多,花色艳丽,是著名的庭院观赏树种

（续）

中文名 （学名）	原产地	花期 （月）	形态特征	同属种、品种等	繁殖	应用
樱花 *Prunus serrulata*	中国、朝鲜及日本	4月叶前开花	树皮暗栗褐色，光滑。腋芽单生。单叶互生，叶卵状椭圆形，缘有芒状单或重锯齿。3～5朵花成短总状花序；花白色或淡粉红色，无香。核果黑色	山樱花（var. *spontanea*）、毛山樱花（var. *pubescens*）、'重瓣白'樱花（'Albo-plena'）、'红白'樱花（'Albo-rosea'）、'重瓣红'樱花（'Roseo-plena'）、'瑰丽'樱花（'Superba'）、'垂枝'樱花（'Pendula'）	扦插、嫁接	美丽的庭园观花树种。在日本栽培很盛，有许多品种，也是日本樱花的重要亲本之一
日本晚樱 *Prunus lannesiana*	日本，我国华北至长江流域西南各地均有栽培	4～5	单叶互生，叶缘有具长芒重锯齿，叶柄长1～1.5cm，先端具腺体。花2～5朵聚生，具叶状苞片；花粉红色或白色，有香气，花萼钟状而无毛	大岛樱（var. *speciosa*）、'绯红'晚樱（'Hatzakura'）、'白'晚樱（'Albida'）、'粉白'晚樱（'Albo-rosea'）、'菊花'晚樱（'Chrysanthemodes'）、'牡丹'晚樱（'Botanzakura'）、'关山'晚樱（'A Sekiyama'）等	扦插、嫁接	花大芳香，花期较其他樱花晚而长，是樱花中的优良种类，为美丽的观花树种
垂丝海棠 *Malus halliana*	我国西南部、长江流域至西南各地均有栽培	3～4	单叶互生，叶柄常带紫色。伞房花序，具花4～7朵，花梗细弱下垂，长2～4cm；花鲜玫瑰红色，梨果倒卵形，紫色	白花垂丝海棠（var. *spontanea*）、'重瓣'垂丝海棠（'Parkmanii'）、'垂枝'垂丝海棠（'Pendula'）、'斑叶'垂丝海棠（'Variegata'）等	扦插、分株、压条	花繁色艳，果实下垂，非常美丽，是著名的庭园观赏花木，也可盆栽

（续）

中文名（学名）	原产地	花期（月）	形态特征	同属种、品种等	繁殖	应用
枇杷 *Eriobotrya japonica*	我国中西部地区	10月至次年1月	常绿小乔木，小枝、叶背及花序密被绒毛。单叶互生，具短柄或近无柄，叶片倒卵形至长椭圆形，边缘具稀疏锯齿。圆锥花序顶生，花白色。梨果球形，稀黄色。花期10月至翌年1月，果期5~6		以播种、嫁接为主，扦插、压条也可	树形宽大整齐，叶大荫浓，常绿而有光泽。冬日白花盛开，初夏黄果累累。叶有斑点或果实颇大或红的枇杷更具观赏价值。南方暖地多于庭院内栽植，宜孤植或丛植于庭院、草地或作园路树
百华花楸 *Sorbus pohuashanensis*	我国东北、华北、内蒙古、新疆等地	5~6	奇数羽状复叶互生，长椭圆形。顶生复伞房花序，具多数密集小花。梨果近球形，红色		播种	初夏白花如雪，入秋红果累累，叶也变红，是一种优良的观叶、观花、观果树种，宜植于庭园及风景区
山荆子 *Malus baccata*	我国东北及黄河流域。俄罗斯、蒙古、朝鲜、日本也有分布	4~5	单叶互生。伞形花序，具花4~6朵，花白色或淡粉红色，密集，有香气。梨果近球形，亮红色或黄色	同属相近种：毛山荆子（*M. mandshurica*）、（*M. baccata* var. *mandshurica*）	多用播种	幼树树冠圆锥形，老时圆形，早春白花繁密，秋季果红且多，经久不落，可作庭园观赏树种
木瓜 *Chaenomeles sinensis*	我国东部及中南部	4	树皮斑驳状薄片剥落。小枝无刺，但短小枝常成棘状。单叶互生，叶革质，缘有芒状锐齿。花单生于叶腋，粉红色，径3~4cm，弯筒钟状；花梗短粗，长5~10mm。梨果椭圆形，长10~15cm，深黄色，芳香		播种或嫁接	树姿优美，干皮斑驳秀丽，花红果香，常植于庭园栽培，也可作盆景
紫叶李 *Prunus cerasifera* f. *atropurpurea*	亚洲西部。我国各地园林中常见栽培	4	单叶互生，叶紫红色。花较小，淡粉红色，通常单生。叶前开花或花与叶同放。核果近球形，暗红色	正种：樱李（*P. cerasifera*）：高达7.5m；品种：'黑紫叶'李（'Nigra'）、'红叶'李（'Newportii'）、'垂枝'樱李（'Pendula'）。同属相近种有：紫叶矮樱[*P.* × *cistena*（*P. pumila* × *P. cerasifera* 'Pissardii'）]	扦插、芽接法、高空压条法	叶片整个生长季节都为紫红色，宜于建筑物前及园路路旁或草坪角隅处栽植

（续）

中文名（学名）	原产地	花期（月）	形态特征	同属种、品种等	繁殖	应用
梧桐 Firmiana platanifolia	中国和日本，华北至华南，西南广泛栽培	6~7	树皮青绿色，平滑。单叶互生，叶心形，掌状分裂，裂片三角形。蒴质。圆锥花序顶生，膜质	同艺品种:'斑叶'梧桐；同属近缘种:海南梧桐	播种，亦可扦插、分根	树冠有浓荫，干绿如翠玉，秋季叶片金黄，是优美的庭荫树
鱼木 Crateva religiosa	台湾、两广、四川等地	6~7	三出掌状复叶。总状或伞状花序着生在新枝顶部。花大，白色，有长花梗。浆果球形或椭圆形	同属近缘种:红果鱼木、钝叶鱼木、树头菜	播种	树形优美，可栽作景观植物、庭园树或成是行道树
喜树 Camptotheca acuminata	江苏南部、浙江、福建、江西、湖北、四川、两广、云南等地	5~7	叶互生，矩圆状卵形或矩圆状椭圆形。头状花序近球形，顶生或腋生，通常上部为雌花序，下部为雄花序。花杂性，同株。果序头状		播种	树干挺直，可种为庭园树或行道树
羊蹄甲 Bauhinia purpurea	亚洲南部，华南有分布	9~10	半常绿乔木，树皮暗褐色，有浅裂及显著皮孔。叶互生，叶端2裂。总状花序侧生或顶生，花大，近无梗，桃红色。荚果带形，果硬及荚端带刺，扁平	同属近缘种:洋紫荆、红花羊蹄甲	播种或扦插	树冠雅致，花大而艳丽，叶形如牛、羊形蹄甲，极为奇特。热带、亚热带地区多栽植为行道树或园林中观赏
树锦鸡儿 Caragana sibirica	我国东北、内蒙古东北部、华北及西北地区	5~6	树皮平滑，灰绿色，具托叶刺。羽状复叶互生。叶轴端成短针刺。花常2~5朵簇生，黄色。荚果圆筒形	园艺变种及变型或品种主要有:'垂枝''Pendula';'矮生''Nana'等	播种	枝叶秀丽，花色鲜艳，在园林绿化中可孤植，丛植于路旁、坡地或假山岩石旁，也可作绿篱和制作盆景
红千层 Callistemon rigidus	大洋洲	6~8	小枝红棕色，有白色柔毛。叶条形，长5~9cm，宽3~6mm。穗状花序长10cm，形似试管刷。蒴果半球形	同属近缘种:垂枝红千层、岩生红千层、柳叶红千层、美花红千层	播种	植株繁茂，花序形状奇特，花色红艳，花期长，宜丛植于草地、山石间，也可列植于步道两侧。还适于整形修剪或选用老桩制作盆景
灯台树 Swida controversum	辽宁、华北、西北至华南、西南地区	5~6	大枝展平，轮状着生。单叶互生，叶广卵形，长6~13cm，宽3~6.5cm。伞房状聚伞花序，花白色，径8mm。核果球形	园艺品种:'银边''斑叶'灯台树，灯台树	播种、扦插	花期颇为醒目，树形、叶、花、果兼赏。适宜孤植干庭院、草地，也可作行道树

（续）

中文名（学名）	原产地	花期（月）	形态特征	同属种、品种等	繁殖	应用
丝绵木 Euonymus maackii	我国东北、内蒙古经华北至长江流域各地。朝鲜、俄罗斯也有分布	5~6	单叶对生，缘具细锯齿；叶柄长2~3cm。腋生聚伞花序，花部4数。蒴果倒圆心状，深4裂，成熟后果皮粉红色。假种皮橙红色	品种：'垂枝'（'Pendulus'），枝细长下垂	播种、分株及硬枝扦插	枝叶秀丽，宜植于园林绿地观赏，也可植于水边构成水景
秋枫 Bischofia javanica	中国南部	3~4	树皮褐红色，光滑。三出复叶互生，小叶卵形或长椭圆形，先端渐尖，基部楔形，缘具粗钝锯齿。花小，雌雄异株，圆锥花序下垂。果球形	同属近缘种：重阳木（B. polycarpa）	播种、扦插	树体通直，冠形美。宜栽作庭荫树、行道树及堤岸
枣 Ziziphus jujuba	中国至欧洲东南部，我国自东北及内蒙古南部至华南均有栽培	5~7	小枝呈"之"字形曲折。枝常具2枚托叶刺。单叶互生，基生三出脉。花小，两性，黄绿色，五基数，2~3朵簇生叶腋。核果椭球形，长2~4cm，成熟时暗红色，味甜	园艺变种及变型或品种主要有：酸枣（var. spinosa）、无刺枣（'Inermis'）、葫芦枣（'Lagenaria'）、龙枣（'Tortuosa'）	以分株和嫁接为主，有良品种用嫁接法，也可用些品种播种	枝硬劲挺，翠叶垂荫，红果累累。宜在庭园、路旁散植或成片栽植，亦是结合生产的好树种。其老根古干可作树桩盆景
乌桕 Sapium sebiferum	秦岭、淮河流域及其以南，至华南各地。日本、越南、印度也有分布	5~7	各部均无毛而具乳状汁液。单叶互生，菱形或菱状卵形，先端尾状长渐尖，叶柄长。呈顶生穗状花序，雌雄同株。上部为雄花，下部为雌花，蒴果梨状球形，3瓣裂。种子扁球形黑色，外被白色蜡质的假种皮		一般用播种法，优良品种用嫁接法，也可用埋根法	树冠整齐，叶形秀丽，秋叶红艳可爱，十分美观。可孤植、丛植于草坪和湖畔、池边，也可栽作护堤树、庭荫树及行道树
文冠果 Xanthoceras sorbifolium	我国北部黄河流域	4~5	奇数羽状复叶互生，缘有锐锯齿。顶生总状或圆锥花序。花杂性，整齐。花瓣5，白色，基部有黄紫色晕斑。蒴果椭球状，长4~6cm，木质，3瓣裂	园艺变种及变型或品种主要有：'紫花'（'Purpurea'），花紫红色	主要采用播种、嫁接、分株、压条和根插也可	树姿秀丽，花朵稠密，花期长，甚为美观。可于公园、庭园、绿地孤植或群植，是我国特产的珍贵观赏兼重要木本油料树种

（续）

中文名（学名）	花期（月）	形态特征	同属种及品种等	繁殖	应用
元宝槭 Acer truncatum	4 月，花与叶同放	单叶对生，掌状5裂，稀7裂，基部通常截形。顶生聚伞花序，花小，黄绿色，花瓣5，萼片5。翅果较宽而略长于果核，张开成锐角或钝角，形似元宝		播种	树形优美，枝叶浓密，秋色叶变色早，且持续时间长，多变为黄色、橙色及红色，是优良的观叶树种。园林片栽或做山地丛植，宜作庭荫树，行道树或营造风景林。也是很有特色的桩景材料
五角槭 Acer mono	4～5	单叶对生，叶掌状5裂，基部常心形。伞花序，花多数，花瓣5，淡白色。果翅长，为果核的1.5～2倍，张开成锐角或近于直角	园艺变种及变型或品种主要有：弯翅色木槭（var. incurvatum），大翅色木槭（var. macropterum），三尖色木槭（var. tricuspis）	播种	树形优美，秋叶变黄色或红色，宜作庭荫树，丛植作庭荫树及风景林树种，可与其他秋色叶树种或常绿树配植
三角枫 Acer buergerianum	4	单叶对生，叶3裂，全缘或有不规则锯齿。顶生房花序，萼片5，花黄色，花瓣5，淡黄色，花梗长5～10mm；翅果，翅与小坚果共长2～2.5（3）cm；果翅开展成近锐角，黄褐色		播种	枝叶浓密，秋叶暗红或橙色，颇为美观。宜孤植、丛植作庭荫树，也可作行道树及护岸树或栽作绿篱。其老桩常制成盆景
南酸枣 Choerospondias axillaris	4	奇数羽状复叶，小叶卵形或卵状披针形，基部偏斜。雄花序长4～10cm，被微柔毛或近无毛，包片小，雌花单生于上部叶腋，较大。核果椭圆形或倒卵状椭圆形，顶端具5个小孔	变种有：脉南酸枣	播种	树体高大，生长快，适应性强，广泛作为行道树、孤散植树及速生造林树种
黄檗 Phellodendron amurense	5～6	成年树的树皮有发达木栓层。冬芽为叶柄基部所包。奇数羽状复叶对生，缘有不明显小齿及透明油点。雌雄异株，顶生圆锥花序，花小、紫绿色。核果圆球形，径约1cm，蓝黑色		播种	树干通直，树体高大，枝叶茂密，秋季叶变黄色，十分美丽，可作庭荫树及行道树
臭椿 Ailanthus altissima	6～7	叶痕倒卵形，内具9维束痕。奇数羽状复叶，互生，小叶全缘，仅在近基部有1～2对粗齿，齿端有臭腺点。杂性同株，顶生圆锥花序；花小，淡黄色或黄白色。翅果扁平，长椭圆形	园艺变种及变型或品种主要有：'千头'臭椿（'Umbraculifera'），'红叶'臭椿（'Purpurata'），'红果'臭椿（'Erythocarpa'）。同属常见种：刺椿（A. vilmoriniana）	播种为主	树干挺直，枝叶茂密，春季嫩叶紫红色，夏季黄花，初秋果红，是优良的庭荫树、行道树及工矿区绿化树种，也是重要的速生用材树种

（续）

中文名（学名）	原产地	花期（月）	形态特征	同属相种品种等	繁殖	应用
灰莉 Fagraea ceilanica	印度及东南亚,我国台湾、华南及云南有分布	4~6	老枝上有凸起的叶痕和托叶痕。叶对生,全缘,革质,有光泽。花1~3朵聚伞状,花冠白色,花冠斗状5裂。浆果卵球形花期	变种及变型或品种主要有:斑叶'灰莉'（'Variegata'）,叶有斑纹	扦插	优良的庭园、室内观叶植物。在暖地宜植于庭园观赏或栽作绿篱。近年多用作大型盆栽于建筑物内外摆设观赏
梓树 Catalpa ovata	中国,分布甚广,以黄河中下游平原为中心产区	5~6	单叶对生或3叶轮生,叶基心形,基部脉腋有4~6个紫斑;叶柄长6~18cm。顶生圆锥花序,长10~18cm;花冠钟状唇形,花淡黄色,内有紫斑及黄色条纹,花萼2裂,蒴果细长,22~30cm,冬季不落		播种、嫁接	叶大荫浓,春夏满树白花,秋冬朔果悬挂,可作行道树、庭荫树,也常作工矿区及"四旁"绿化树种
枳椇 Hovenia acerba	陕西、甘肃南部经长江流域至华南、西南各地	5~7	小枝褐色或黑褐色,有明显白色的皮孔。叶互生,厚纸质至纸质,宽卵形、椭圆状卵形或心形。二歧式聚伞圆锥花序顶生或腋生。浆果状核果近球形	同属相种:毛果枳椇	播种	树姿优美,枝叶繁茂,是优良的庭荫树和行道树
柊树 Osmanthus heterophyllus	日本及我国台湾	10~12	高2~6m。叶对生,硬革质,具针状尖头,常具3~5对大刺齿,偶为全缘。花簇生于叶腋,每腋内有花5~8朵;花白色,甜香。核果蓝色,卵圆形,长1~1.5cm	金边'Aureo-marginatus'、银边'Argenteo-marginatus'、金斑'Aureus'、银斑'Variegatus'、紫叶'Purpureus'、圆叶'Rotundifolius'	播种,也可扦插	树冠圆整,四季常青,白花芳香,适于庭园栽培观赏。适合制作盆景
流苏树 Chionanthus retusus	我国黄河中下游及其以南地区	3~6	小枝灰褐色或灰色。叶片革质或薄革质,长圆形、椭圆形或卵形、长圆状倒卵形。聚伞状圆锥花序,花白色,裂片线状倒披针形		播种、扦插或嫁接	树形高大优美,枝叶茂盛,初夏满树白花,覆霜盖雪,清丽宜人。秋季结果,核果椭圆形,蓝黑色,常用于庭院孤植或丛植观赏
女贞 Ligustrum lucidum	我国长江流域及其以南地区	5~7	叶片常绿、革质,卵形、长卵形或椭圆形、宽椭圆形。圆锥花序顶生。核果肾形或近肾形	同属近缘种有小叶女贞、吉隆女贞	播种或扦插	可于庭院孤植或丛植,行道树、绿篱等

（续）

中文名（学名）	原产地	花期（月）	形态特征	同属种、品种等	繁殖	应用
暴马丁香 Syringa reticulata var. mandshurica	我国东北及内蒙古南部	6～7	落叶小乔木，枝条皮孔明显。叶卵圆形。圆锥花序大而松散，花冠白色。蒴果椭圆形		扦插或播种	树冠丰满，花序显著。是优良的庭院观花树种
水曲柳 Fraxinus mandshurica	我国东北地区，华北至西北地区也有分布	4	小枝粗壮，节膨大。叶痕节状隆起。半圆形；奇数羽状复叶对生，小叶9～13，缘有钝锯齿，叶背沿脉及小叶柄基部密生褐色绒毛。雌雄异株；圆锥花序，先叶开放，无花被，翅果大而扁，长圆形至倒卵状披针形		播种	树体高大，树干通直，在东北地区常栽作庭荫树及行道树
白蜡 Fraxinus chinensis	我国东北南部，华北，西北经长江流域至华南北部均有分布	4～5	小枝节部和节间漏压状。奇数羽状复叶对生，小叶通常7。雌雄异株，圆锥花序无花瓣。翅果倒披针形，翅平展，下延至坚果中部	品种：'金叶'白蜡（'Aurea'），叶金黄色	播种或扦插繁殖	树体端正，树干通直，枝叶繁茂，是优良的行道树、庭荫树及堤岸树
对节白蜡 Fraxinus hupehensis	湖北。中国特有种	3	奇数羽状复叶对生，小叶7～9枚，叶片披针形至卵状披针形。花簇生，两性；蒴果倒披针形	同属近缘种：大叶白蜡（F. rhynchophylla）	播种	易于攀枝造型，是很好的盆景制作材料
泡桐 Paulownia fortunei	主产我国长江流域及其以南地区	春季叶前开花	单叶对生，心状长卵形，长15～25cm，全缘。基部心形，表面光滑，背面有绒毛。花大；花冠漏斗状，5裂，喉部压扁，外面白色，里面淡黄色并有大小不一的紫斑；花萼厚革质。蒴果木质。顶生圆锥花序	同属相近种：毛泡桐（P. tomentosa），花鲜紫色，内有紫斑及黄色条纹	埋根、播种、埋干、留根等	树冠宽大，叶大荫浓，花大而美，常用作行道树及庭荫树
大叶紫薇 Lagerstroemia speciosa	东南亚至澳大利亚，华南也有分布	5～7(8)	树皮灰色，平滑。叶革质，矩圆状椭圆形或卵状椭圆形。圆锥花序，花淡红或紫色，花轴、花梗及花萼外面均被黄褐色糠秕状的密鳞毛，花瓣有短爪。蒴果	同属近缘种：紫薇和川黔紫薇	播种或扦插	花色艳丽，花期长久，可在各类园林绿地中种植，也可用于街道绿化和盆栽观赏
火焰树 Spathodea campanulata	非洲，现我国广东、福建、台湾、云南（西双版纳）均有栽培	4～5	树皮平滑，灰褐色。奇数羽状复叶，叶片椭圆形至倒卵形。伞房状总状花序，花片子房状，基部紧缩成细筒状，猩红色，具黄红色斑。蒴果黑褐色，种子具周翅，近圆形		播种	树高约10m，冠幅较大，花朵杯形硕大，常作庇荫树或行道树，也适宜公园、社区、旅游区等地种植

（续）

中文名（学名）	原产地	花期（月）	形态特征	同属近缘种、品种等	繁殖	应用
糖胶树 Alstonia scholaris	广西南部、西部和云南南部野生。广东、湖南和台湾有栽培	6～11	枝轮生，具乳汁，无毛。叶轮生，倒卵状长圆形，倒披针形或匙形。聚伞花序顶生。外果皮近革质，灰白色。花白色	同属近缘种：大叶糖胶树	播种、扦插	树形美观，枝叶常绿，生长有层次如塔状，果实细长如面条，是南方较好的行道树，也是高级庭园的好树种。常用作行道树、庭荫树
幌伞枫 Heteropanax fragrans	印度、孟加拉和印度尼西亚。中国云南、广西、海南、广东等地有分布	播种、扦插	常绿乔木，树皮淡灰棕色，枝无刺。叶大，三至五回羽状复叶，小叶片在羽片轴上对生，纸质。伞形花序呈圆锥状顶生，主轴及分枝密生锈色星状绒毛，后毛脱落，花淡黄白色，芳香。萼具绒毛，果实椭球形	同属近缘种：华幌伞枫、短梗幌伞枫	播种	树冠圆整，羽叶巨大，大树奇特，为优美的观赏树种。大树可作庭荫树及行道树，幼年植株也可盆栽观赏，置大门厅、大门两侧，可显示热带风情
木麻黄 Casuarina equisetifolia	澳大利亚和太平洋岛屿，我国广西、广东、福建、台湾沿海地区普遍栽植	4～5	枝红褐色，有密集的节；最末次分出的小枝灰绿色，纤细。花雌雄同株或异株，雄花序几无总花梗，棒状圆柱形，有覆瓦状排列、被白色柔毛的苞片，小苞片具缘毛。雌花序通常顶生于近枝顶具短枝的侧生短枝上。球果状果序椭圆形		扦插	树体高大，耐盐碱，是热带海岸防风固沙的优良先锋树种
澳洲坚果 Macadamia ternifolia	澳大利亚（西双版纳、广东、台湾有栽培）。我国云南	4～5	叶革质，轮生或近对生，边缘有刺状锯齿。总状花序腋生或近顶生，疏被短柔毛，花淡黄色或白色。果球形，顶端具短尖头，开裂	同属近缘种：四叶澳洲坚果	播种	树形优美，枝叶稠密为一种优良的园林绿化和用材树种
刺楸 Kalopanax septemlobus	中国东北、华北、华中、华南和西南，朝鲜、俄罗斯、日本也有分布	7～10	落叶乔木。树皮暗灰棕色，小枝淡黄棕色或灰棕色，散生粗刺。叶片纸质，掌状浅裂。伞形花序聚成圆锥花序顶生，花淡黄绿色。果实球形，蓝黑色	同属近缘种：毛叶刺楸、深裂刺楸	播种	叶形美观，叶色浓绿，树干通直挺拔，可作行道树

8.3 藤本类

8.3.1 概述

藤本植物(vine)，是指那些茎干细长，自身不能直立生长，必须依附他物而向上攀缘的植物。按其茎的质地分为草质藤本(如扁豆、牵牛花、芸豆等)和木质藤本。按照其攀附方式，则有缠绕藤本(如紫藤、金银花、何首乌)、吸附藤本(如凌霄、爬山虎、五叶地锦)和卷须藤本(如丝瓜、葫芦、葡萄)、蔓生藤本(如蔷薇、木香、藤本月季)。

8.3.1.1 栽培养护要点

藤本植物主要采用播种、扦插和压条繁殖。

在栽培养护上，针对藤本植物不同的攀爬方式，需要采取不同的措施。对于缠绕类藤本植物，如猕猴桃、九重葛、美洲南蛇藤、忍冬、美洲柴藤等，需要可供其缠绕的物体；对于具有卷须的藤本植物，如铁线莲、葡萄等，需要细线、铁丝或窄小的支撑物供其抓握；对于依附类藤本植物，如扶芳藤、爬山虎等，其气根或吸盘极易扎进实心墙上的缝隙之中或吸附在墙体表面，因此会破坏某些种类的墙壁，尤其是用老化并开始变得松脆的灰泥黏着的砖墙，但如果墙壁十分结实，则它们可以安全地生长。同时不要将其种植在需要经常粉刷的墙面上。

在日常的养护管理上，需要根据植物的生长状况，施加氮、磷、钾肥，同时定期进行修剪，以控制藤蔓过长蔓延、过密生长。对于观花类藤本植物应注意花后修剪；对于木质藤本植物，每年均需修剪茎和枝蔓，以确保它们不会过于粗大和木质化。

8.3.1.2 园林应用

由于藤本植物特殊的生长方式，在园林中有着广泛的应用。

(1)构架绿化

把各种攀缘植物种植于花架或者拱门、长廊、栅栏等两侧或亭的四周，使植物攀附而上覆盖门、廊及亭，形成绿门、绿廊和绿亭，创造出亮丽的植物景观，同时为人们提供庇荫的场所，不但起到美化环境的效果，还改善了生态。在设计时要考虑好整个绿化布局与棚架的形式相适应，此外棚架要牢固和耐用。植物应选择生长旺盛、分枝力强、枝叶浓密的木本缠绕类和卷须类，如金银花、藤本月季、葡萄、紫藤等。

(2)墙体绿化

这是指利用攀缘植物对墙体进行景观营造，可用于各种墙面、挡土墙、桥梁、楼房等垂直面的绿化。选择植物时，在较粗糙的墙面，可选枝叶较粗大的种类，如爬山虎、薜荔、凌霄等；而墙面较为光滑细密的则选用枝叶细小、吸附能力强的种类，如藤本月季等。

（3）地面护坡绿化

利用根系庞大、牢固的攀缘植物覆盖地面、坡地或景石，可起到保持水土的作用。园林中山石多以攀缘植物点缀，使之显得生机盎然，同时还可遮盖山石的局部缺陷，让攀缘植物在配置中起到画龙点睛的作用。

（4）立交桥绿化

通过攀缘植物对立交桥、高架道路、轨道交通等城市交通基础设施进行有效遮蔽，降低其呆板感、粗糙感和压抑感，不仅可以增加绿量，而且可以消除和减轻驾驶员的视觉疲劳。

8.3.2　常见藤本

1. 五味子 *Schisandra chinensis*（图 8-65）

图 8-65　五味子
1. 花枝　2. 果枝　3. 叶下面放大　4. 雌花
5. 心皮　6. 小浆果　7. 种子

［别名］北五味子

［科属］五味子科五味子属

［形态特征与识别要点］落叶木质藤本。幼枝红褐色；老枝灰褐色，常起皱纹，片状剥落。单叶互生，椭圆形至倒卵形，长5～10cm，先端尖，基部楔形，缘疏生小腺齿；叶柄及叶脉红色；网脉在表面下凹，在背面凸起，背面中脉有毛。雌雄异株，花被片6～9，乳白色或粉红色；雄花具雄蕊4～5（6），无花丝，花药聚生于圆柱状花托顶端。浆果球形，排成穗状，熟后深红色。花期5～6月；果期8～9月。

［生态习性与栽培要点］产于我国东北及华北地区，朝鲜、日本也有分布。喜光，稍耐阴，耐寒性强，喜肥沃湿润而排水良好的土壤，不耐干旱和低湿地。浅根性。播种繁殖。

［观赏特点与园林应用］花果皆美，可植于庭园作垂直绿化树种或盆栽观赏。

2. 铁线莲 *Clematis florida*（图 8-66）

［科属］毛茛科铁线莲属

［形态特征与识别要点］半木质藤本。茎棕色或紫红色，具 6 条纵纹，节部膨大，被稀疏短柔毛。二回三出复叶，小叶片狭卵形至披针形。花单生于叶腋，雄蕊紫红色，花丝宽线形，无毛，花药侧生，长方矩圆形，较花丝为短。花期 1～2 月；果期 3～4 月。

［种类与品种］主要变种有重瓣铁线莲。

［生态习性与栽培要点］喜光，喜冷凉环境，抗寒能力强。喜肥沃、排水良好的碱性壤土，忌积水或夏季干旱而不能保水的土壤。播种、压条、嫁接、分株或扦插繁殖均可。

［观赏特点与园林应用］花形奇特，色彩艳丽，主要应用于棚架、立柱、墙面和篱垣栅栏等垂直绿化。

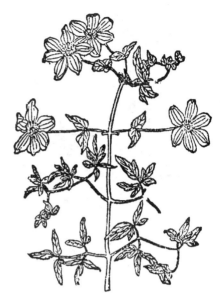

图 8-66　铁线莲

3. 薜荔 *Ficus pumila*

［科属］桑科榕属

［形态特征与识别要点］攀缘或匍匐灌木。叶二型，不结果枝节上生不定根，叶卵状心形，长约 2.5cm，薄革质；结果枝上无不定根，革质，卵状椭圆形，长 5～10cm，宽 2～3.5cm，隐头花序。

［生态习性与栽培要点］耐贫瘠，抗干旱，对土壤要求不严格，适应性强。一般采用扦插繁殖。

［观赏特点与园林应用］由于薜荔的不定根发达，攀缘及生存适应能力能，在园林绿化方面可用于垂直绿化、边坡绿化。

4. 叶子花 *Bougainvillea spectabilis*

［别名］三角梅、九重葛

［科属］紫茉莉科叶子花属

［形态特征与识别要点］藤状灌木。枝、叶密生柔毛，刺腋生、下弯。叶片椭圆形或卵形，基部圆形，有柄。花序腋生或顶生，苞片椭圆状卵形，基部圆形至心形，长 2.5～6.5cm，宽 1.5～4cm，暗红色或淡紫红色；花被管狭筒形，长 1.6～2.4cm，绿色，密被柔毛，顶端 5～6 裂，裂片开展，黄色，长 3.5～5mm；雄蕊通常 8；子房具柄。果实长 1～1.5cm，密生毛。

［生态习性与栽培要点］性喜温暖湿润的气候和阳光充足的环境。不耐寒，耐瘠薄，耐干旱，耐盐碱，耐修剪，生长势强，忌积水。扦插繁殖。

图8-67 木 香

[观赏特点与园林应用]花形奇特，色彩艳丽，缤纷多彩，花开时节格外鲜艳夺目。同时具有一定的抗二氧化硫功能。中国南方常用于庭院绿化，作花篱、棚架植物及花坛、花带的配置，均有其独特的风姿。

5. 木香 *Rosa banksiae*（图8-67）

[科属]蔷薇科蔷薇属

[形态特征与识别要点]落叶或半常绿攀缘灌木，高可达6m。枝绿色，细长而刺少，无毛。奇数羽状复叶互生，小叶3~5，长椭圆状披针形，长2~6cm，缘有细齿，表面深绿色，背面淡绿色，中脉突起；小叶柄和叶轴有稀疏柔毛和散生小皮刺。伞形花序；花白色或淡黄色，芳香，单瓣或重瓣，径约2~2.5cm，萼片全缘。果近球形，径3~4mm，红色。花期5~7月；果期8~9月。

[种类与品种]园艺变种及变型或品种主要有：①单瓣白木香(var. *normalis*)：花白色，单瓣，芳香。产于湖北、四川。②'重瓣白'木香('Albo-plena')：花白色，重瓣，香气最浓，栽培最为普遍。③'单瓣黄'木香('Lutescens')：花淡黄色，单瓣，几乎无香。④'重瓣黄'木香('Lutea')：花黄色至淡黄色，重瓣，淡香。

[生态习性与栽培要点]原产我国中南部及西南部。现国内外园林及庭园普遍栽培观赏。喜温暖气候，喜光，耐阴，有一定的耐寒能力。生长快，管理简单。

[观赏特点与园林应用]晚春初夏开花，芳香袭人，宜设藤架、凉廊等令其攀缘。

6. 紫藤 *Wisteria sinensis*（图8-68）

[别名]朱藤、招藤、招豆藤

[科属]蝶形花科紫藤属

[形态特征与识别要点]落叶缠绕木质大藤本。茎左旋性，长可达18~30(40)m。奇数羽状复叶互生，小叶7~13，卵状长椭圆形，长4.5~8cm，先端渐尖，基部楔形，成熟叶无毛或近无毛。总状花序下垂，长15~20(30)cm；花蝶形，堇紫色，长2~2.5cm，芳香。荚果长条形，长10~15cm，密生黄色绒毛。花期4~5月，叶前或与叶同放；果期5~8月。

[种类与品种]园艺变种及变型或品种主要有：①'白花'紫藤('银藤')('Alba')：花白色。②'粉花'紫藤('Rosea')：花粉红至玫瑰粉红色。③'重瓣'紫藤('Plena')：花堇紫色，重瓣。④'重瓣白花'紫藤('Alba Plena')：花白色，重瓣。⑤'丰花'紫藤('Prolific')：开花丰盛，淡紫色，花序长而尖，生长健壮。⑥'乌龙藤'('Black Dragon')：花暗紫色，重瓣。

[生态习性与栽培要点] 我国南北各地均有分布，并广为栽培。喜光，较耐阴，较耐寒，对气候和土壤的适应性强。主根深，侧根浅，不耐移栽。生长较快，寿命长。播种、扦插、压条、分株、嫁接繁殖均可，主要用扦插繁殖。

[观赏特点与园林应用] 繁花浓荫，荚果悬垂，为良好的棚架材料。适栽于湖畔、池边、假山、石坊等处，也可制作盆景。

图 8-68　紫　藤
1. 花枝　2. 花　3. 花瓣　4. 花萼及雄蕊
5. 雌蕊　6. 果　7. 种子

图 8-69　扶芳藤

7. 扶芳藤 *Euonymus fortunei*（图 8-69）

[别名] 九牛造

[科属] 卫矛科卫矛属

[形态特征与识别要点] 常绿藤本灌木。小枝方棱不明显。叶薄革质，椭圆形。聚伞花序，小聚伞花密集。蒴果粉红色，果皮光滑，近球状。

[生态习性与栽培要点] 性喜温暖、湿润环境，喜光，亦耐阴。对土壤适应性强，适于疏松、肥沃的砂壤土生长。扦插繁殖。

[观赏特点与园林应用] 生长迅速，覆盖能力强，秋冬季叶色艳红，为园林垂直绿化的优良植物。

8. 葡萄 *Vitis vinifera*(图 8-70)

[科属] 葡萄科葡萄属

[形态特征与识别要点] 落叶木质藤本，茎长达 10～20m。小枝光滑，或幼时有柔毛。卷须二叉分枝，间歇性与叶对生。单叶互生，近圆形，长 7～20cm，3～5 掌状裂，基部心形，缘有粗齿，两面无毛或背面稍有短柔毛。两性或杂性异株。圆锥花序大而长，长 10～20cm，与叶对生；花小，花瓣 5，黄绿色；雄蕊 5，花丝丝状，雌蕊 1，花盘发达，5 浅裂。浆果近球形，径1.5～2cm，熟时紫红色或黄白色，被白粉。花期 4~5 月；果期 8~9 月。

[生态习性与栽培要点] 原产亚洲西部至欧洲东南部，世界温带地区广为栽培。我国栽培历史悠久，在黄河流域栽培较为集中。喜光，耐干旱，适应温带或大陆性气候。扦插、嫁接或压条繁殖。

[观赏特点与园林应用] 是重要的温带果树，品种繁多。除专业果园栽培外，也常用于庭园绿化。

图 8-70 葡 萄
1. 果枝　2. 花　3. 花去花冠示雄蕊及雌蕊

图 8-71 地 锦
1. 果枝　2. 深裂的叶　3. 吸盘
4、5. 花　6. 雄蕊　7. 雌蕊

9. 地锦 *Parthenocissus tricuspidata*(图 8-71)

[别名] 爬墙虎、爬山虎

[科属] 葡萄科地锦属

[形态特征与识别要点] 落叶木质藤本，长达 15～20m，借卷须分枝端的黏性吸盘攀缘。卷须 5～9 分枝，相隔 2 节间断与叶对生。单叶互生，广卵形，长 10～15（20）cm，通常 3 裂，先端裂片急尖，基部心形，缘有粗齿。幼苗或营养枝上的叶全裂成 3 小叶。聚伞花序常生于短小枝上，长 2.5～12.5cm，主轴不明显；花瓣 5，雄蕊 5，花盘不明显。浆果球形，径 1～1.5cm，蓝黑色。花期 5～8 月；果期 9～10 月。

[种类与品种] 近缘种有五叶地锦（*Parthenocissus quinquefolia*）。

[生态习性与栽培要点] 产于我国东北南部至华南、西南地区，朝鲜、日本也有分布。喜阴湿，有一定耐寒能力，对土壤和气候适应性强。播种、扦插或压条繁殖。

[观赏特点与园林应用] 植株攀缘能力强，入秋叶色红艳，是绿化墙面、山石或老树干的好材料。

10. 络石 *Trachelospermum jasminoides*（图 8-72）

[别名] 万字茉莉、络石藤
[科属] 夹竹桃科络石属
[形态特征与识别要点] 常绿木质藤本，长达 10m，具乳汁，嫩枝被柔毛，枝条和节上攀缘树枝或墙壁上不生气根。叶对生，具短柄，椭圆形或卵状披针形，下面被短柔毛。聚伞花序腋生和顶生，花冠白色，高脚碟状。蓇葖果叉生，无毛；种子顶端具种毛。

[种类与品种] 园艺栽培品种有'花叶'络石。同属近缘种有亚洲络石、紫花络石和贵州络石。

[生态习性与栽培要点] 对气候的适应性强，耐暑热，稍耐寒。

[观赏特点与园林应用] 花色洁白，花形奇特，芳香四溢，在园林中多作地被、垂直绿化，或盆栽观赏。

图 8-72 络 石
1. 花枝 2. 花蕾 3. 花 4. 花冠筒展开，示雄蕊
5. 花萼展开，示腺体和雄蕊 6. 蓇葖果 7. 种子

11. 常春油麻藤 *Mucuna sempervirens*

[别名] 棉麻藤、牛马藤

［科属］豆科黧豆属

［形态特征与识别要点］藤本。小叶3，坚纸质，卵状椭圆形或卵状矩圆形，先端渐尖，基部圆楔形，侧生小叶基部斜形，无毛。总状花序，萼宽钟形，萼齿5。荚果木质。

［生态习性与栽培要点］耐阴，喜光，喜温暖湿润气候，适应性强，稍耐寒，耐干旱和耐瘠薄。

［观赏特点与园林应用］生长迅速，抗逆性强，可用于屋顶绿化、立面绿化、遮掩垃圾场所、厕所、车库、水泥墙、护坡、阳台、栅栏、花架、绿篱、凉棚绿化。

12. 凌霄 *Campsis grandiflora*（图 8-73）

图 8-73 凌 霄
1. 花枝 2. 雄蕊 3. 花盘和雌蕊

［别名］紫葳、中国凌霄

［科属］紫葳科凌霄属

［形态特征与识别要点］落叶木质藤本，长达9m，借气生根攀缘。奇数羽状复叶对生，小叶7~9，长卵形至卵状披针形，长3~6(9)cm，先端尾状渐尖，基部阔楔形，缘有粗齿，两面无毛。顶生聚伞花序或圆锥花序；花冠唇状漏斗性，长约5cm，红色或橘红色；花萼钟状，绿色，5裂至中部，有5条纵棱；花药黄色，个字形着生，柱头扁平，2裂。蒴果细长，长2~2.5cm，先端钝。花期7~8月。

［生态习性与栽培要点］主产我国中部，各地常有栽培，日本也有分布。喜光，颇耐寒，耐旱、耐瘠薄和盐碱土，以排水良好、疏松的中性土壤为宜，忌酸性土。病虫害较少。主要用扦插、压条繁殖，也可分株或播种繁殖。

［观赏特点与园林应用］夏季红花鲜艳夺目，花期甚长，是理想的城市垂直绿化材料。可用于园中棚架、花门、假山、墙垣、枯树、石壁等处。

13. 金银花 *Lonicera japonica*（图 8-74）

［别名］忍冬

［科属］忍冬科忍冬属

［形态特征与识别要点］半常绿缠绕藤本。幼枝红褐色，有柔毛，小枝中空。单叶对生，叶卵形或椭圆形，长3~8cm，先端尖或渐尖，基部圆形或近心形，两面具柔毛。花成对腋生，有总梗，苞片叶状，长达2cm；花冠二唇形，长3~4cm，上唇具4裂片，下唇狭长而反卷，约等于花冠筒长，花由白色变为黄色，芳香。浆果球

形，黑色，径 6~7mm。花期 5~7 月；果期 10~11 月。

[种类与品种] 园艺变种及变型或品种主要有：①红金银花（var. *chinensis*）：花冠外面淡紫红色，上唇的分裂大于 1/2。②紫脉金银花（var. *repens*）：花冠白色或带淡紫色，上唇的分裂约为 1/3。③'黄脉'金银花（'Aureo-reticulata'）：叶较小，叶脉黄色。④'紫叶'金银花（'Purpurea'）：叶紫色。⑤'斑叶'金银花（'Variegata'）：叶有黄斑。⑥'四季'金银花（'Semperflorens'）：晚春至秋末开花不断。

[生态习性与栽培要点] 产于中国辽宁、华北、华东及西南地区，朝鲜、日本也有分布。性强健，喜光，耐阴，耐寒，耐干旱和水湿。对土壤和气候的选择并不严格，以土层较厚的砂质壤土为最佳。根系繁密，萌蘖性强。播种、扦插、压条、分株繁殖均可。

[观赏特点与园林应用] 夏日开花不绝，黄白相映，且有芳香。是良好的垂直绿化材料及棚架材料。

图 8-74　金银花
1. 花枝　2. 果枝　3. 花

8.3.3 其他藤本

中文名（学名）	原产地	花期（月）	形态特征	同属种、品种等	繁殖	应用
三叶木通 Akebia trifoliata	中国华北至长江流域，日本也有分布	4~5	落叶木质藤本。掌状复叶互生或生在短枝上的簇生，小叶3片，纸质或薄革质，卵形至阔卵形	变种有白木通、长萼三叶木通	播种或压条	株丛整齐清秀，花色淡雅，枝条虬劲多姿，可作为庭院、公园、旅游景区、铁路、高速公路两侧、城市垂直绿化
狗枣猕猴桃 Actinidia kolomikta	中国东北三省，俄罗斯、朝鲜、日本有分布	5月下旬（四川）~7月初（东北）	落叶木质藤本，长达4m。老枝褐色，枝髓褐色，片状。单叶互生，叶卵形至卵状椭圆形		播种、扦插	宜植于庭园作垂直绿化材料
葛藤 Pueraria lobata	中国、韩国、朝鲜、日本等		藤本。茎圆柱形，被短绒毛。三出复叶互生，顶生小叶菱状卵形。总状花序腋生。荚果条形		播种	适应性强，主要用于水土保持或作为地被植物
南蛇藤 Celastrus orbiculatus	东北、华北及山东、朝鲜、日本有分布	5	落叶或半常绿藤本。小枝光滑无毛，灰棕色或棕褐色，具稀而明显的皮孔。叶阔倒卵形。聚伞花序腋生。蒴果近球形		播种、分株、压条、扦插等	植株姿态优美，茎、蔓、叶、果都具有较高的观赏价值，是城市垂直绿化的优良树种
山葡萄 Vitis amurensis	中国东北、华北等地	6~7	落叶木质藤本。单叶互生，叶广卵形。聚伞花序与叶对生；花多数。细小浆果近球形，黑色，径约8mm		扦插	秋叶红艳或紫色，可植于庭园观赏
蛇葡萄 Ampelopsis brevipedunculata	中国华中、华南、西南等地，日本也有分布	5~6	落叶蔓性灌木。髓白色，小枝纵棱纹。叶广卵形，背面有毛。二歧聚伞花序与叶对生。浆果		分根或播种等	为秀丽轻巧的棚荫植物材料

（续）

中文名（学名）	原产地	花期（月）	形态特征	同属种、品种等	繁殖	应用
地果 Ficus tikoua	中国、印度、越南等	5~6	落叶匍匐木质藤木,有乳汁。叶倒卵状椭圆形,具三出脉。隐头花序		扦插、播种	生长迅速,覆盖能力强,适宜于公园或易遭游人践踏的场所绿化,亦可作观果、观叶吊挂盆景
山牵牛 Thunbergia grandiflora	广西、广东、海南、福建等地,印度等有分布	6~10	藤木。叶宽卵形。花1~2朵生叶腋或成下垂总状花序,小苞片2。蒴果长约3cm	红花山牵牛、长黄毛山牵牛和二色山牵牛	扦插	攀缘性强,花期长。适用于花架、廊道绿化
使君子 Quisqualis indica	福建、台湾、四川,亚洲热带有分布	夏初	落叶藤本。小枝被锈色短柔毛。单叶对生,花两性。圆锥花序顶生,先端5裂;花瓣5,长1.2~1.5cm,由白变红	园艺变种及变型或品种主要有毛使君子(var. villosa)	用种子、分株,扦插和压条	攀缘能力强,适用于廊道、花架绿化
炮仗花 Pyrostegia venusta	巴西,现我国华南、西南广为栽培	1~6	常绿木质大藤本。三出羽状复叶,顶生小叶呈卷须状。圆锥花序顶生。花冠筒状,花柱、花丝伸出花冠。蒴果具翅		扦插	初夏橙黄色花朵成串如鞭炮,宜地栽作花墙,也可盘曲成图案形,作盆花栽培
蝙蝠葛 Menispermum dauricum	东北、华北和华东、朝鲜、日本等有分布	6~7	落叶木质藤本,长达13m。单叶互生,盾状三角形至多角形。雌雄异株,圆锥花序腋生。核果近球形		播种、分株	观叶观花,可作垂直绿化或地面覆盖材料

8.4 观赏竹类

8.4.1 概述

观赏竹是指观赏竹类植物，即禾本科竹亚科的竹类植物，具有可供人们观赏和较高经济价值的观赏植物。竹的茎分为地上茎(竹秆)和地下茎(竹鞭)两部分。竹秆常为圆筒形，极少为四角形，由节间和节连接而成，节间常中空，少数实心，节由箨环和秆环构成。每节上分枝。叶有两种，一为茎生叶，俗称箨叶；另一为营养叶，披针形，大小随品种而异。竹花由鳞被、雄蕊和雌蕊组成。果实多为颖果。地下茎可分为单轴散生型、合轴丛生型和复轴混合型3种生态型。竹类的一生中，大部分时间为营养生长阶段，一旦开花结实后全部株丛即枯死而完成一个生命周期。

8.4.1.1 栽培养护管理要点

不同类型的竹种，繁殖方法不同。一般丛生竹的竹兜、竹枝、竹秆上的芽，都具有繁殖能力，故可采用移竹、埋蔸、埋秆、插枝等方法；而散生竹类的竹秆和枝条没有繁殖能力，只有竹蔸上的芽才能发育成竹鞭和竹子，故常采用移竹、移鞭等方法繁殖。

观赏竹的地下茎在土壤中生长，既要有充分的水分，又要有足够的空气，所以既要保持土壤湿润，防止土壤缺水，又要注意排除竹林中的积水。观赏竹性喜土壤肥沃，一般冬季宜施人粪尿、厩肥等，生长季节宜施速效肥料。成片竹林可以劈山扶育，即在夏季砍除林内杂草，使其腐烂成肥料，同时疏松林地表层，改善物理性能，促进竹子生长，老竹园每隔数年要进行一次挖除老蔸的清园工作，尤其是丛生竹竹林。合理砍伐对竹林养护也很重要，采伐年龄一般毛竹6~8年，中小型竹4年左右。采伐季节以冬季最好。观赏竹病虫害主要有竹蝗、蝼蛄、竹毛虫、竹卷叶虫、夜蛾、金针虫、地老虎和日灼病、丛枝病、叶斑病等，要经常检查及防治。

8.4.1.2 园林应用

观赏竹类广泛应用我国生态旅游风景区、公园、游园、庭园、公共绿地、广场、道路及河岸等地。竹子四季常青，枝叶茂密，姿态优美，树干形状多样，青翠欲滴，格高韵胜，明净而深远，是中国古典园林中不可或缺的组成部分和特色景观。由于竹类的特性，其在园林绿化中既可作主景，创造各种竹林景观，也可作配景，与建筑物、山石、水体组合成景；既可丛植、群植，也可列植；既可作竹篱，也可作地被植物，还可盆栽观赏。

8.4.2　常见观赏竹

1. 孝顺竹 *Bambusa multiplex*（图8-75）

[别名] 凤凰竹、蓬莱竹、慈孝竹

[科属] 禾本科簕竹属

[形态特征与识别要点] 秆高4~7m。节幼时被棕色至暗棕色小刺毛。箨鞘厚纸质无毛，箨耳细小或无，三角形箨叶直立。

[生态习性与栽培要点] 适生于温暖湿润、背风、土壤深厚之环境中。

[观赏特点与园林应用] 植作绿篱或供观赏，可栽在道路两旁或围墙边缘作绿篱或丛植庭园观赏。

2. 佛肚竹 *Bambusa ventricosa*（图8-76）

[别名] 佛竹、罗汉竹

[科属] 禾本科簕竹属

[形态特征与识别要点] 秆二型，

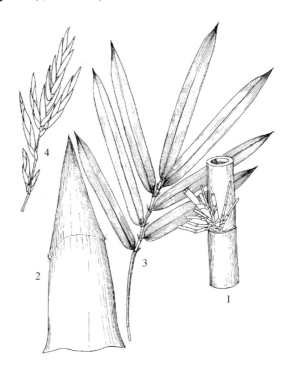

图8-75　孝顺竹
1. 秆一段　2. 秆箨　3. 叶枝　4. 花枝

正常秆高8~10m，畸形秆节间膨大，高不足60cm。箨鞘光滑无毛。

[生态习性与栽培要点] 耐水湿，喜光植物。喜温暖湿润气候，抗寒力较低，要求疏松和排水良好的酸性腐殖土及砂壤土。

[观赏特点与园林应用] 常作盆栽，施以人工截顶培植，形成畸形植株以供观赏。

3. 毛竹 *Phyllostachys edulis*（图8-77）

[别名] 楠竹、猫头竹

[科属] 禾本科刚竹属

[形态特征与识别要点] 秆高逾20m，粗者可逾20cm，幼秆密被细柔毛及厚白粉，箨环有毛，老秆无毛，并由绿色渐变为绿黄色。笋期4月。

[生态习性与栽培要点] 喜温暖湿润的气候条件，抗寒力较低，要求疏松和排水良好的酸性腐殖土及砂壤土。

[观赏特点与园林应用] 秆挺拔秀丽，可阻挡洪水冲刷，固堤固岸固路，在房前屋后栽植既可起到美化环境效果又具防风功能。

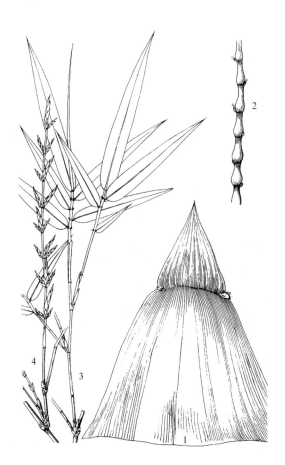

图 8-76　佛肚竹

1. 秆箨　2. 秆一段　3. 叶枝　4. 花枝

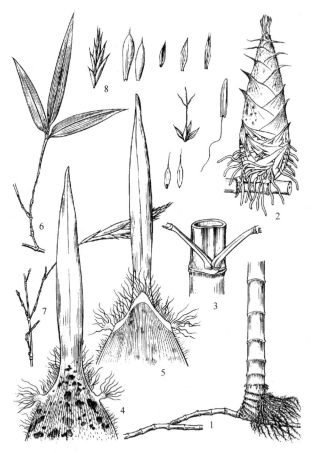

图 8-77　毛　竹

1. 地下茎和竹秆下部　2. 笋　3. 秆一节，示二分枝

4. 秆箨背面　5. 秆箨腹面　6. 叶枝

7. 花枝　8. 小穗

4. 桂竹 *Phyllostachys reticulata*

[别名] 刚竹

[科属] 禾本科刚竹属

[形态特征与识别要点] 秆高可达 20m，粗达 15cm。幼秆无毛，无白粉，箨鞘黄褐色，密生紫斑。箨叶三角形，皱折下垂。笋期 5 月下旬。

[生态习性与栽培要点] 喜光，喜温暖湿润气候，稍耐寒，喜深厚肥沃土壤，不耐黏重土壤。耐盐碱，适应性强。

[观赏特点与园林应用] 秆笔直清秀，适宜片植、丛植。

5. 紫竹 *Phyllostachys nigra*

[别名] 黑竹、乌竹

[科属] 禾本科刚竹属

[形态特征与识别要点] 秆高 4~8m，稀可高达 10m，直径可达 5cm。幼秆绿色，密被细柔毛及白粉，箨环有毛，一年生以后的秆逐渐先出现紫斑，最后全部变为紫黑色，无毛。笋期 4 月下旬。

[种类与品种] 园艺变种有毛金竹。

[生态习性与栽培要点] 喜光，喜凉爽，要求温暖湿润气候。

[观赏特点与园林应用] 秆笔直，色彩斑驳。宜种植于庭院山石之间或书斋、厅堂、小径、池水旁，也可栽于盆中，置窗前、几上。

8.4.3 其他观赏竹

中文名（学名）	原产地	形态特征	同属种、品种等	繁殖	应用
早园竹 *Phyllostachys propinqua*	河南、安徽、浙江、贵州、广西、湖北等地有分布	秆高4~8(10)m，径3~5cm，新秆绿色，被白粉。节间在分枝一侧常有浅沟槽，每节具2分枝，无箨耳。秆环、秆环均略隆起，无箨耳。每小枝具叶3~5片，叶长12~18cm，宽2~3cm，背面中脉基部有细毛		分株	华北园林栽培观赏的主要竹种。可广泛用于公园、庭院、厂区等。也常用于林边坡、河畔，山石绿化
黄槽竹 *Phyllostachys aureosulcata*	中国，美国广泛栽培	秆高3~5m，径1~3(5)cm。秆绿色或黄绿色而纵槽为黄色，在较细的秆之基部有2或3节常作"之"字形折曲。每节具2分枝。秆环、箨环均隆起。每小枝具叶3~5片，叶片长达15cm，宽达1.8cm	园艺变种及变型或品种主要有：'金镶'玉竹（'Spectabilis'），'京竹'（'Pekinensis'），'黄秆京竹'（'Aureocaulis'）	分株	植株常呈低矮灌木状，常植于庭园观赏
四季竹 *Arundinaria lubrica*	浙江、福建和江西	散生或疏复丛生，高5~8m，分枝一侧有沟槽，髓部片状。无箨耳。分枝3，子枝6~8。叶披针形。秆箨脱落不完全		分株	优良的园林绿化竹种
翠竹 *Sasa pygmaea*	日本，我国华东一些城市有栽培	散生，高20~30cm，节间短，节部密被毛。每节分枝1(2)。小枝具叶4~10片，叶片披针形；叶鞘有细毛；叶耳不发达	园艺变种及变型或品种主要有无毛翠竹（var. *disticha*）	分株	宜作绿篱，地被及大型盆景的盆面覆盖材料
箬竹 *Indocalamus tessellates*	长江流域各地	秆高约75cm，秆径4~5mm。小枝具叶2~4叶，叶片巨大，长达45cm，宽10cm以上，先端长尖，基部楔形，下面灰绿色，密被贴伏的短柔毛或无毛		分株繁殖	地被绿化材料，河边护岸，公园绿化
方竹 *Chimonobambusa quadrangularis*	华东至西南地区	秆散生，高3~8m。秆径1~4cm，深绿色，下方上圆，秆环基部隆起。箨鞘早落，箨耳及箨舌均不甚发达。小枝具2~5叶，长椭圆状披针形；小枝近实心	同属相近种有：金佛山方竹（*C. utilis*），与方竹相近似，但节间平滑，无小疣毛。叶较坚韧	移植母株或鞭根埋植	可供庭园观赏

（续）

中文名（学名）	原产地	形态特征	同属种、品种等	繁殖	应用
鹅毛竹 Shibataea chinensis	华东地区	矮生灌木种类，秆散生或丛生，高约60cm，秆环肿胀。秆箨背部无毛，箨鞘纸质，早落，箨舌发达，高可达4mm，箨耳及鞘口均无毛，无斑点，边缘生短纤毛。叶广披针形	'斑叶'倭竹（'Albo-variegata'）。同属相近种有：倭竹（S. kumasasa），与鹅毛竹的主要区别是秆箨背面有柔毛，叶背疏生柔毛	分株	江南地区常植于庭园作地被植物
'凤尾'竹 Bambusa multiplex 'Fernleaf'		丛生，秆高1～3m，壁薄，竹秆深绿色，被稀疏白色短刺，幼时可见白粉，秆环不明显		分株	植株细密，多种植以作绿篱，丛植或盆栽观赏
小琴'丝竹 Bambusa multiplex 'Alphonse-Karr'		秆高1～4m，秆与枝上间有金黄色和绿色条纹		分株	秆黄绿相间，色彩鲜明。常作片植观赏
'龟甲'竹 Phyllostachys edulis 'Heterocycla'		秆直立，粗大，节粗或稍膨大。下部竹秆节间歪斜，节纹交错呈龟甲状，越基部的节越明显，2～3枚一束		分株	为珍稀竹种，常以数株植于庭院醒目之处，也可盆栽
'斑竹' Phyllostachys bambusoides 'Tanakae'	长江流域以南各地及四川、山东、河南、广西等地	散生，秆高8～22m，秆径3.5～7cm，节间在分枝侧常有浅沟槽，每节具2分枝。秆环.秆环均隆起。箨鞘黄褐色，密被黑紫色斑点或斑块，一侧生短硬毛，两侧有箨耳和毛；箨耳不发达，箨片直立三角形至带形。每枝具叶3～6片，长椭圆状披针形，长8～20cm，宽1.3～3cm，先端渐尖。基部楔形。叶鞘口有叶及放射状硬毛，后脱落		分株	常栽培观赏
菲白竹 Pleioblastus fortunei		低矮竹类，秆每节具2至数分枝或下部为1分枝。叶片狭披针形，绿色底上有黄白色纵条纹，两面近无毛，边缘有纤毛，一侧边缘有明显纤毛		分株	植株低矮、繁密，栽作地被、绿篱；也是盆栽或盆景中配植的好材料
倭竹 Shibataea kumasasa		秆高仅1m左右，直径3～4mm；节间光亮，无毛，秆壁厚而中空小。叶片明显肿胀；节间较长，可达3～5mm，叶片卵形或长卵形，上表面光滑无毛，下表面具均匀的斜立短毛		分株	小型竹类，植株低矮，常用作地被

8.5 观赏棕榈类

8.5.1 概述

棕榈植物独特的外形使其大部分种类都具有很高的观赏价值，这些具有很高观赏价值的种类称为观赏棕榈。棕榈科植物一般为乔木，也有少数是灌木或藤本植物。多直立单干，不分枝；叶大并聚生于干顶，掌状或羽状分裂，多具长柄，叶柄基部常扩大成一纤维状鞘；花小而多，两性或单性，雌雄同株或异株，密生于叶丛或叶鞘束下方的肉穗花序，常为大型佛焰苞所包被；浆果、核果或坚果，外果皮常呈纤维状；种子 1 粒，胚小而富胚乳，含油。

棕榈科植物根据叶的分裂方式，可分为：①扇叶类(掌叶类)：叶掌状分裂，全形似扇。其中乔木有棕榈、蒲葵等，灌木有棕竹等。②羽叶类：叶羽状分裂如羽毛状，种类比扇叶类更多。其中乔木有椰子、鱼尾葵、桄榔、槟榔、王棕、假槟榔、油棕等，灌木有山槟榔等，藤本有省藤、黄藤等。除以上陆生种类外，还有生于海边浅水中的水椰等。

全世界棕榈科植物有 220 余属、2700 余种，广泛分布于热带、亚热带地区，而以美洲和亚洲的热带地区为其分布中心。中国原产 20 余属，70 多种，以云南、广西、广东、海南和台湾等省(自治区、直辖市)为多，长江流域也有分布。

8.5.1.1 栽培养护管理要点

棕榈类植物多行播种繁殖，种时有些种类要进行种子处理。棕榈可直接冬播。一些根际萌蘖的种类，如棕竹属、山槟榔属等可用分株法繁殖。

由于棕榈种类不同，栽植地不同，其栽培养护措施不同，大致可以从如下方面加以把握。

①疏水　根据栽植地的地下水位状况，尽量把土球最底部置于植地常年地下水位线 100~150cm 及以上，并且土层深厚的位置，同时应做好地下土球根系疏水层及地表径流疏导网络，防止栽植后土球积水；如果水文条件达不到要求，可采用抛高土球种植的方法，即用疏松介质混合肥沃泥土或用粗沙先堆高栽植地，尽量达到上述要求，再把植株置于土堆上。

②保湿　栽植立即浇一次定根水，保证土球根部湿润并与周围土壤紧密结合，防止表土开裂。在炎热的夏季还要多对地面和树冠喷水，以增加环境温度，降低蒸腾。

③施肥　适当低浓度喷施叶面肥，加强栽植后的营养补充。如果发现植株长出新根，可以考虑增加根部施肥，一般选在月平均气温高于 20℃的季节，尽量施有机肥为主，适当加施 P、K 含量高的复合肥。

④病虫害防治　在苗木出圃前以及栽植时都应喷药防治病虫害，保证栽植后 1 个月内间隔 1 周至 10d 连续 3 次施药，随后还需合理制定病虫害防治计划。近年来的外来入侵害虫"椰心叶甲"，要特别注意防治。

8.5.1.2　园林应用

棕榈科植物树形多样、独特，颇具南国风光特色，而且抗性强，落叶少，易管理。高大的树种可达十多米，树姿雄伟，茎干单生，苍劲挺拔，加上叶形美观，与茎干相映成趣，可作为主景树；有些种类的茎干丛生，树影婆娑，宜作配景树种；对于低矮的种类，株形秀丽，常作盆栽观赏。

棕榈科植物以单植、列植或群植形式，广泛应用于道路、公园、庭院、厂区及盆景绿化。

8.5.2　常见观赏棕榈

1. 棕榈 *Trachycarpus fortunei*（图 8-78）

[别名] 棕树

[科属] 棕榈科棕榈属

[形态特征与识别要点] 常绿乔木，高 2.5～5（10）m。茎圆柱形，径 50～80cm，不分枝。叶簇生茎端，先端常下垂；叶柄两边有细齿，顶端有明显的戟突。雌雄异株，圆锥花序，花小，鲜黄色。果实阔肾形，有脐，成熟时由黄色变为淡蓝色，有白粉。花期 4～5 月；果期 10～12 月。

[种类与品种] 同属相近种有龙棕（*T. nana*）：灌木，高不足 1m。叶掌状 24～32 深裂，径 25～35cm，叶裂深达近基部，条形。果蓝黑色，径约 1.2cm。产于云南南部及贵州，是我国特有珍稀树种，可植于庭园或盆栽观赏。

[生态习性与栽培要点] 原产中国，长江流域

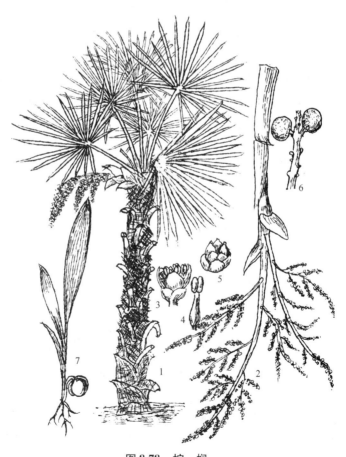

图 8-78　棕　榈

1. 树全形　2. 花序　3. 雄花　4. 雄蕊
5. 雌花　6. 果序一节及果　7. 幼苗

及其以南地区常见栽培。喜温暖湿润气候，喜光，稍耐阴，不耐寒，耐旱，适生于排水良好、湿润肥沃的中性、石灰性或微酸性土壤，耐轻盐碱。抗大气污染，易风倒，生长慢。播种繁殖。

[观赏特点与园林应用] 树形挺拔秀丽，是园林结合生产的理想树种，可列植、丛植或成片栽植，也常用盆栽或桶栽作室内或建筑前装饰。

2. 蒲葵 *Livistona chinensis*（图 8-79）

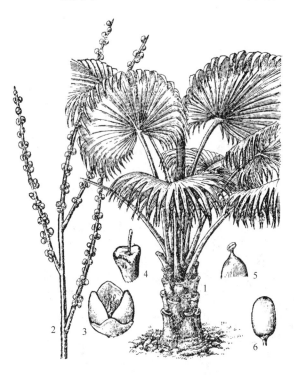

[别名] 葵树

[科属] 棕榈科蒲葵属

[形态特征与识别要点] 常绿乔木，高 10～20m，径 20～30cm。茎不分枝，基部常膨大。其外形似棕榈，主要不同点是：叶裂较浅，裂片先端 2 裂并柔软下垂，叶柄两边有倒刺。圆锥花序，粗壮，长约 1m，总梗上有 6～7 个佛焰苞，每分枝花序基部有 1 个佛焰苞；花小，两性。果实椭圆形，长 1.8～2.2cm，黑褐色。春夏开花，11 月果熟。

[生态习性与栽培要点] 原产华南地区。喜温暖湿润气候，喜光，不耐寒，不耐旱，在肥沃湿润、富含有机质的土壤里生长良好。能耐短期水涝，抗风，抗大气污染。生长慢，寿命较长，播种繁殖。

[观赏特点与园林应用] 树形优美，叶大如扇，是热带、亚热带地区重要园林绿化树种，也是园林结合生产的优良树种。长江流域及其以北城市常于温室桶栽观赏。

图 8-79 蒲 葵
1. 全相　2. 花序部分　3. 花
4. 雌蕊　5. 雄蕊　6. 果

3. 大丝葵 *Washingtonia robusta*

[别名] 老人葵、华盛顿棕榈

[科属] 棕榈科丝葵属

[形态特征与识别要点] 乔木状，高达 18～27m。树干基部膨大，若去掉覆被的枯叶，则呈淡褐色，可见明显的环状叶痕和不明显的纵向裂缝，叶基成交叉状，幼叶裂片边缘具丝状纤维。

[生态习性与栽培要点] 喜温暖温润、光照充足的环境。较耐寒，耐旱，抗风，不耐水浸。播种繁殖。

[观赏特点与园林应用] 植株高大端庄，叶片硕大，常用来营造热带景观，也可作为大型盆栽置于入口两侧等。

4. 棕竹 *Rhapis excelsa*（图 8-80）

[科属] 棕榈科棕竹属

[形态特征与识别要点] 常绿丛生灌木，高 2～3m。茎干直立圆柱形，有节，径 1.5～3cm，细长有环纹，上部被叶鞘，但分解成稍松散的马尾状淡黑色粗糙而硬的网状纤维。叶集生茎顶，5～10 掌状深裂，裂片较宽；叶柄顶端的小戟突常半圆形。雌雄异株；肉穗花序腋生，长约 30cm，总花序梗及分枝花序基部各有 1 枚佛焰苞包着；花小而多，淡黄色，单性。果实球状倒卵形，径 8～10mm。花期 4～5 月；果期 10～12 月。

[种类与品种] 园艺变种及变型或品种主要有：①'花叶'棕竹（'Variegata'）：叶裂片有黄色条纹。②细叶棕竹（*Rhapis humilis*）：形态特征与棕竹相似。叶掌状 7～20 深裂，裂片狭长，阔线形，软垂。

[生态习性与栽培要点] 产于我国华南及西南地区。喜温暖湿润及通风良好的半阴环境，要求疏松肥沃的酸性土壤，不耐积水，不耐瘠薄和盐碱。播种和分株繁殖。

[观赏特点与园林应用] 丛生挺拔，枝叶繁茂，叶形秀丽，华南地区常丛植于庭园，也是室内栽培最广泛的观叶植物。

图 8-80 棕 竹
1. 植株 2. 叶下部，示叶柄顶端小戟突 3. 果序
4. 叶部分放大，示细横脉

5. 加拿利海枣 *Phoenix canariensis*

[别名] 长叶刺葵、加拿利枣椰

[科属] 棕榈科刺葵属

[形态特征与识别要点] 株高 10～15m，茎干粗壮。其波状叶痕，羽状复叶，顶生丛出，较密集，长可达 6m，每叶有 100 多对小叶，小叶狭条形，近基部小叶成针刺状。穗状花序腋生，长可至 1m 以上；花小，黄褐色。浆果卵状球形至长椭圆形，熟时黄色至淡红色。

[生态习性与栽培要点] 性喜温暖湿润的环境，喜光又耐阴，较抗寒、抗旱。热带亚热带地区可露地栽培，在长江流域冬季需稍加遮盖，黄淮地区则需室内保温

越冬。

[观赏特点与园林应用] 植株高大雄伟，形态优美，耐寒耐旱，可孤植作景观树，或列植为行道树，也可三五株群植造景。幼株可盆栽观赏，用于布置节日花坛。

6. 银海枣 *Phoenix sylvestris*

[别名] 中东海枣

[科属] 棕榈科刺葵属

[形态特征与识别要点] 乔木状，高达 16m，直径达 33cm。叶密集成半球形树冠。茎具宿存的叶柄基部。

[生态习性与栽培要点] 性喜高温湿润环境，喜光照，耐高温、耐水淹、耐干旱、耐盐碱、耐霜冻。播种繁殖。

[观赏特点与园林应用] 株形优美、树冠半圆丛出，叶色银灰，孤植于水边、草坪作景观树，观赏效果极佳。可孤植作景观树，或列植为行道树，也可三五群植造景，相当壮观，是充满贵族派的棕榈植物。应用于住宅小区、道路绿化，庭院、公园造景等效果极佳，为优美的热带风光树。

图 8-81　散尾葵

7. 散尾葵 *Chrysalidocarpus lutescens*（图 8-81）

[科属] 棕榈科散尾葵属

[形态特征与识别要点] 常绿丛生灌木，高 7～8m。茎干如竹，基部略膨大，有环纹。羽状复叶，长约 1m，小叶条状披针形，二列，先端渐尖，表面有蜡质白粉，披针形，背面光滑；叶柄和叶轴常呈黄绿色，上部具沟槽；叶鞘光滑，有纵向沟纹。雌雄同株；佛焰花序生于叶鞘束下，基部有 2 佛焰苞。花序具 2～3 次分枝，分枝花序长 20～30cm；花小，金黄色。果近球形或陀螺状，长 1.5～1.8cm，鲜时土黄色，干时紫黑色。花期 5 月；果期 8 月。

[生态习性与栽培要点] 原产非洲马达加斯加。喜温暖潮湿的半阴环境，不耐寒，适宜疏松、排水良好、肥沃的土壤。播种或分株繁殖。

[观赏特点与园林应用] 姿态优美，枝叶茂密，是热带园林景观中最受欢迎的棕榈植物之一。可栽种于草地、宅旁。长江流域及北方城市常盆栽观赏，也是大量生产的盆栽棕榈植物之一。其叶是插花的好材料。

8. 鱼尾葵 *Caryota maxima*（图 8-82）

[别名] 假桄榔、青棕、钝叶、董棕、假桃榔

[科属] 棕榈科鱼尾葵属

[形态特征与识别要点] 乔木，具环状叶痕。叶长 3～4m，幼叶近革质，老叶厚革质，互生；最上部的 1 羽片大，楔形，先端 2～3 裂；侧边的羽片小，菱形，外缘笔直。具多数穗状的分枝花序；雄花花瓣椭圆形，黄色，花药线形，黄色；雌花花萼顶端全缘，退化雄蕊 3 枚；子房近卵状三棱形，柱头 2 裂。果实球形，成熟时红色。种子 1 颗，罕为 2 颗。花期 5～7 月。

[种类与品种] 同属近缘种有短穗鱼尾葵、董棕（*C. obtusa*）。

[生态习性与栽培要点] 喜温暖、湿润，较耐寒，不耐干旱，要求排水良好、疏松肥沃的土壤。播种繁殖。

[观赏特点与园林应用] 茎干挺直，叶片翠绿，花色鲜黄，果实如圆珠成串。适于栽培于园林、庭院中观赏，也可盆栽作室内装饰用。

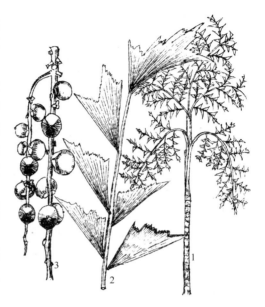

图 8-82　鱼尾葵
1. 树全形　2. 夏叶羽片一部分及小叶
3. 果序一部分及果

8.5.3　其他观赏棕榈

中文名 （学名）	原产地	形态	繁殖	应用
糖棕 *Borassus flabellifer*	印度、缅甸、柬埔寨的较干旱地区。我国华南及西南地区有栽培	常绿乔木，单干粗壮，高 12～18m，干径达 1m。叶掌状裂至中部，先端 2 裂；叶柄粗壮，长约 1m，边缘有不规则锯齿，基部呈"人"字形开裂。雌雄异株，雄花序长达 1.5m，约有 7 个主枝；雌花序长 30～80cm，约有 4 个分枝，有花 8～16 朵，花径约 5cm。果球形或椭球形	播种	植株高大，羽状叶片巨大稠密，犹如华盖，可作庭院观赏树种。同时其经济价值较高，也是很好的园林结合生产树种
刺葵 *Phoenix loureiroi*	我国华南、台湾、云南及印度等地	茎常丛生，高 2～5(9)m，干径达 30cm。羽状复叶聚生于干顶，背脉有鳞片，基部小叶成针刺状。雌雄异株，花序腋生，分枝；佛焰苞鞘状，长 15～20cm，褐色；花浅黄色。核果小，长约 1.5cm，椭球形，熟时红色，后变黑色	播种、分株	树形美丽，常作庭园栽植，可作围篱

（续）

中文名 （学 名）	原产地	形 态	繁 殖	应 用
三角椰子 *Dypsis decaryi*	马达加加雨林	茎单生，高 8～10m。叶长 3～5m，上举，上端稍下弯，灰绿色，羽状全裂，羽片 60～80 对；叶柄基部稍扩展；叶鞘在茎上端呈三列重叠排列，近呈三棱柱状，基部有褐色软毛。果卵圆形，长 1.5～2.5cm，熟时黄绿色	播种	株形奇特，适应性广，既可作盆栽用于装饰宾馆的厅堂和大型商场，也可孤植于草坪或庭园之中，观赏效果佳
椰子 *Cocos nucifera*	亚洲东南部，印度尼西亚至太平洋群岛	植株乔木状，有环状托叶痕，基部增粗。叶羽状全裂，裂片多数，向外折叠，革质，线状披针形。花序腋生。果卵球状或近球形	播种	叶片苍翠，植株挺拔，果实巨大，是热带风光象征物种，可作为行道树、丛植或片植
酒瓶椰子 *Hyophorbe lagenicaulis*	毛里求斯，华南有引种栽培	茎干高达 2m，上部细，中下部膨大如酒瓶，径可达 40～80cm，具环纹。羽状复叶集生茎端，小叶 40～70 对，披针形，排成二列。雌雄同株，穗状花序多分枝，具早落的佛焰苞数枚；花小，黄绿色。果实椭球形，带紫色，长约 2.5cm。花期 8 月；果期翌年 3～4 月	播种	树干奇特，形似酒瓶，是珍贵的园林观赏树种。宜在暖地植于庭园或盆栽用于装饰室内。此外，酒瓶椰也是少数能直接栽种于海边的棕榈科植物
袖珍椰子 *Chamaedorea elegans*	墨西哥、危地马拉，世界各地普遍栽培，我国有引种	常绿灌木，茎单生，细长如竹，上有不规则环纹，高 1～1.8m。羽状复叶，深绿色，叶轴两边各具小叶 11～13，条形至狭披针形，长达 20cm，宽约 1.8cm，深绿色，有光泽。叶鞘筒状。雌雄异株，花小，黄白色。果球形，径约 6mm，黑色	分株	植株小巧玲珑，株形优美，姿态秀雅，叶色浓绿光亮，是优良的室内中小型盆栽观叶植物，在暖地也可配置于庭园
王棕 *Roystonea regia*	古巴、牙买加和巴拿马，现广植于世界热带地区	常绿乔木，高达 20(30)m。大型羽状复叶聚生干端，长达 3.5m，小叶互生，条状披针形，长 60～90cm，宽 2.5～3.5cm，通常排成四列，基部外折，先端浅 2 裂。雌雄同株，花小。果近球形，暗红色至淡紫色。花期 3～5 月和 10～11 月；果期 8～9 月和翌年 5 月	播种	树形雄伟，是世界著名的热带风光树种，在华南地区多栽作行道树及庭院观赏树
槟榔 *Areca catechu*	马来西亚、中国海南、云南及台湾等热带地区	茎直立，乔木状，高逾 10m，最高可达 30m，有明显的环状叶痕。叶簇生于茎顶，长 1.3～2m，羽片多数，两面无毛，狭长披针形，长 30～60cm，宽 2.5～4cm，上部的羽片合生，顶端有不规则齿裂	播种	树姿优美，常植于庭园或作行道树
假槟榔 *Archontophoenix alexandrae*	澳大利亚东部	乔木，植株高达 10～25m，茎粗约 15cm，圆柱状，基部略膨大。叶羽状全裂，生于茎顶，长 2～3m，羽片呈 2 列排列，线状披针形。雌雄同株，圆锥花序。果实卵球形，红色。花期 4 月	播种	树姿优美，常植于庭园或作行道树

(续)

中文名 (学名)	原产地	形 态	繁 殖	应 用
油棕 *Elaeis* *guineensis*	马来西亚、印度尼西亚、非洲西部等	直立乔木状，高达 10m。叶多，羽状全裂，簇生于茎顶，长 3~4.5m，羽片外向折叠，线状披针形。花雌雄同株异序，雄花萼片与花瓣长圆形，顶端急尖；雌花萼片与花瓣卵形或卵状长圆形。果实卵球形或倒卵球形，熟时橙红色。花期 6 月	播种	树形优美，常用作行道树、孤植、列植等
布迪椰子 *Butia* *capitata*	南美洲	株高 7~8m。羽状叶，一回羽状分裂，叶长 2m 以上，叶片蓝绿色。花序源于下层叶腋，逐渐往上层叶腋生长。花期 3~5 月。果实椭圆形，长 2.5cm，黄至红色。种子椭圆	播种	形态优美，叶色奇特，通常列植、丛植、孤植、盆栽，也可用于海岛海边绿化

复习思考题

1. 园林中常见的花果俱佳植物有哪些？如何应用？

2. 裸子植物在园林中的应用价值有哪些？

3. 请列举北方地区常见的绿篱植物。

4. 园林中常见的秋色叶树种有哪些？指出其科属位置及园林应用特点。

5. 松科分为哪几个亚科？代表属种有哪些？编制分亚科检索表。

6. 松科、杉科、柏科的主要区别是什么？

7. 如何避免杨柳飞絮问题？

8. 请列举先花后叶的观赏灌木并说明其园林应用特点。

9. 什么是"棕榈形树形"？具有该类属性的植物如何应用？

10. 行道树选择有哪些要求？试列举常绿和落叶行道树各 20 种。

推荐阅读书目

1. 植物造景. 苏雪痕. 中国林业出版社, 1994.

2. 植物景观设计. 卓丽环(译). 中国林业出版社, 2004.

3. 园林种植设计. 周道瑛. 中国林业出版社, 2008.

4. 观赏园艺学概论. 郭维明. 中国农业出版社, 2001.

参考文献

陈有民. 2011. 园林树木学 [M]. 2 版. 北京：中国林业出版社.

李先源 . 2013. 观赏植物学 [M]. 2 版 . 重庆：西南师范大学出版社 .

张天麟 . 2010. 园林树木 1600 种 [M]. 北京：中国建筑工业出版社 .

郑万钧 . 2004. 中国树木志 [M]. 北京：中国林业出版社 .

中国科学院植物研究所 . 1976—1983. 中国高等植物图鉴 [M]. 北京：科学出版社 .

卓丽环 . 2004. 园林树木学 [M]. 北京：中国农业出版社 .

第 9 章
草坪植物与观赏草

9.1 草坪植物

9.1.1 概述

草坪，就是平坦的草地。园林上是指人工栽培的矮性草本植物，经一定的养护管理所形成的块状或片状密集似毡的园林植物景观。

草坪有时又称作"草皮""草地""草坪地被"等。实际上，"草坪"与"草地""地被"是 3 个概念并不完全相同的名词，"草皮"是对草坪一种通俗形象的称谓，且多指草坪商品。而"地被"，园林上通常是指密集生长覆盖于地面上的低矮植物，包括矮性草本植物和矮性木本植物（含矮生竹类）。"草地"则是指草本地被。因此，草坪、草地、地被三者既有区别，又有联系，其关系如下：

$$地被\begin{cases}草本地被（草地）\begin{cases}草坪（地被）\\一般草地\end{cases}\\木本地被\end{cases}$$

草坪植物（或称草坪草）是草坪的主体。草坪植物主要是一些适应性较强的矮性禾本科植物（简称禾草），且大多数为多年生植物，如结缕草、狗牙根、野牛草、多年生黑麦草、高羊茅、剪股颖等，也有少数一、二年生植物，如一年生早熟禾、一年生黑麦草等。草坪植物除禾草外，还有一些其他科属的矮性草类，如莎草科的苔草、旋花科的马蹄金和豆科的白三叶等。

草坪植物的草种选择、繁殖建坪、养护管理及园林用途等内容可以参考前文相关章节，此处不再赘述。

9.1.2 常见草坪植物

9.1.2.1 冷季型草坪草

1. 紫羊茅 *Festuca rubra*

［别名］红狐茅

［科属］禾本科羊茅属

［形态特征与识别要点］叶片对折或内卷，呈窄线形。多年生禾草，株高40～60cm。秆疏丛生，基部斜生或膝曲，兼具鞘内和鞘外分枝。成长后基部叶鞘红棕色，破碎呈纤维状。圆锥花序狭窄，每节具1～2分枝，分枝直立或贴生，中部以下常裸露。种子千粒重0.73g。6～7月开花。

［种类与品种］羊茅属适宜于生长在寒冷潮湿地区，但也能在干燥、贫瘠、pH 5.5～6.5的酸性土壤上生长。常用作草坪草的有6个种(或变种)：高羊茅、紫羊茅、硬羊茅、羊茅、草地羊茅和细羊茅。高羊茅和草地羊茅是粗叶型的，其他则属细叶型。

［生态习性与栽培要点］性喜寒冷潮湿、温暖的气候，在肥沃、潮湿、富含有机质、pH 4.7～8.5的细壤土中生长良好。耐高温，喜光，耐半阴，对肥料反应敏感，抗逆性强，耐酸、耐瘠薄，抗病性强。

［观赏特点与园林应用］广泛用于绿地、公园、墓地、广场、高尔夫球道、高草区、路旁、机场和其他一般用途的草坪。

2. 一年生早熟禾 *Poa annua*

［别名］小青草、小鸡草、冷草等

［科属］禾本科早熟禾属

［形态特征与识别要点］一年生或冬性禾草。秆直立或倾斜，质软，高6～30cm，全体平滑无毛。叶鞘稍压扁，叶片扁平或对折，常有横脉纹，顶端急尖呈船形，边缘微粗糙。圆锥花序宽卵形，花药黄色。颖果纺锤形，长约2mm。花期4～5月；果期6～7月。

［种类与品种］早熟禾属植物有200多种，其中包括广泛应用的冷地型草坪草。最常用的有草地早熟禾、加拿大早熟禾、普通早熟禾、一年生早熟禾和林地早熟禾。从营养体上鉴别早熟禾属的最明显的特征是叶尖船形，以及叶片主脉两侧的平行细脉浅绿色。

［生态习性与栽培要点］喜光，耐阴性也强，耐旱性较强。对土壤要求不严，耐瘠薄，但不耐水湿。生于平原和丘陵的路旁草地、田野水沟或荫蔽荒坡湿地。

［观赏特点与园林应用］温带广泛利用的优质冷季草坪草，草坪绿化在北方有巨大的发展空间。它根茎发达，分蘖能力极强，青绿期长，能迅速形成草丛密而整齐的草坪。

3. 一年生黑麦草 *Lolium multiflorum*

［别名］多花黑麦草

［科属］禾本科黑麦草属

［形态特征与识别要点］一年生草本植物，须根强大，株高80～120cm。叶片长22～33cm，宽0.7～1cm，千粒重约2.0～2.2g。与多年生黑麦草主要区别：一年生黑麦草叶为卷曲式，颜色相对较浅且粗糙。外稃光滑，显著具芒，长2～6mm，小穗含

小花较多，可达 15 朵小花，因此小穗也较长，可达 23mm。

[种类与品种] 黑麦草属有一年生黑麦草和多年生黑麦草。一般认为多年生黑麦草为短命的多年生草，抗寒性不及草地早熟禾，抗热性不及结缕草。多年生黑麦草适应土壤范围很广，最好的是中性偏酸、含肥较多的土壤。但是，只要有较好的灌溉条件，在贫瘠的土壤上也可长出较好草坪。它对土壤的耐湿性为中到差，耐盐碱性中等。

[生态习性与栽培要点] 喜温暖、湿润气候，在温度为 12～27℃时生长最快，秋季和春季比其他禾本科草生长快。在潮湿、排水良好的肥沃土壤和有灌溉条件下生长良好，但不耐严寒和干热。而海拔较高、夏季较凉爽的地区管理得当可生长 2 年。最适生长于肥沃、pH 6.0～7.0 的湿润土壤。

[观赏特点与园林应用] 黑麦草为高尔夫球道常用草，在温带和寒带地区则用针叶树等常绿树种造景，草坪草多用剪股颖、紫羊茅、黑麦草、早熟禾等。

4. 匍匐剪股颖 *Agrostis stolonifera*

[别名] 匍茎剪股颖

[科属] 禾本科剪股颖属

[形态特征与识别要点] 多年生草本植物。茎高 15～40cm，有 3～6 节的匍匐枝，节着地生根，须根多而弱。叶鞘无毛，稍带紫色，叶片扁平，线形，先端尖细。圆锥花序，卵状长圆形，花 1 朵，小花脱落而颖宿存。花果期夏秋季。

[种类与品种] 剪股颖属还有细弱剪股颖和小糠草。细弱剪股颖与其他一些冷季型草坪草混播，用作高尔夫球道、发球台等高质量的草坪。它侵占性强，当它与草地早熟禾这样一些直立生长的冷地型草坪草混播时，它最后会成为优势种。小糠草主要生长在寒冷潮湿的气候条件下，不耐高温和遮阴。高温下，小糠草枯萎变黄。不耐践踏。

[生态习性与栽培要点] 原产于欧亚大陆，我国东北、华北、西北及江西、浙江等地均有分布。匍匐剪股颖春季返青慢，而秋季变冷时叶子又比草地早熟禾早变黄，一般能度过盛夏时的高温期，但茎和根系可能会严重损伤。匍匐剪股颖能够忍受部分遮阴，但在光照充足时生长最好。耐践踏性中等。可适应多种土壤，但最适宜于肥沃、中等酸度、保水力好的细壤中生长，最适土壤 pH 5.5～6.5。它的抗盐性和耐淹性比一般冷季型草坪草好，但对紧实土壤的适应性很差。耐寒，抗热，喜冷凉，耐瘠薄，在肥沃潮湿排水良好处生长良好，对土壤要求不严。

[观赏特点与园林应用] 除作为一般草坪栽培外，并适应于地下水位比较高的潮湿地区种植。此草又宜于混入结缕草、假俭草及狗牙根等草坪草种作混合草坪栽培，在国外此草的混合草坪多用于高尔夫球场。

5. 冰草 *Crested wheatgrass*

[别名] 扁穗冰草、野麦子、公路冰草

[科属] 禾本科冰草属

[形态特征与识别要点] 多年生丛生型草本。叶片扁平，挺直，宽 2 ~ 5mm，近轴面具脊且有短柔毛，远轴面光滑；叶舌膜状，长 0.1 ~ 0.5mm；具短茸毛和平截形的边缘；叶耳狭窄，呈爪状；叶环宽，分裂。穗状花序扁平，颖具芒。

[种类与品种] 原产于俄罗斯西伯利亚的寒冷、干旱的平原地区，在我国黄土高原地区有野生种分布。

[生态习性与栽培要点] 适宜生长在寒冷、干旱的平原和山区。须根系侧向扩展的范围广，接近土壤表面，这使得它能与杂草竞争土壤水分。它极抗旱，耐寒，耐频繁的修剪。在炎热干燥的夏季，冰草可成为优势种，但过高温度和干旱可能使其失去生活力。有足够的水分时，恢复生长较快。扁穗冰草不耐长时间的水淹和潮湿土壤，适于肥沃的砂壤土和黏土。

[观赏特点与园林应用] 建坪快、极抗旱的特点使它成为少雨地区最重要固沙草种之一。它也可以有效地与杂草竞争，防止水土流失。用作草坪的冰草主要用于寒冷半潮湿、半干旱区的路旁和其他管理较粗放的地方。它也用作寒冷半潮湿、半干旱区无浇灌条件地区的运动场、高尔夫球场球道、发球区、高草区和一般用途的草坪。

6. 无芒雀麦 *Smooth bromegrass*

[别名] 光雀麦、禾萱草

[科属] 禾本科雀麦草属

[形态特征与识别要点] 多年生草本。具短横走根状茎。叶鞘通常无毛，近鞘口处开展；叶舌膜状，长 1 ~ 2mm，平截形或圆形；叶片扁平，长 5 ~ 25mm，宽 5 ~ 10mm，通常无毛。圆锥花序开展，分枝细长。

[生态习性与栽培要点] 不耐践踏，适于深厚、排水好、肥沃的细壤，但若有足够的氮肥也可生长在粗砂壤。它较耐碱性土壤，也较耐潮湿，能在有淤泥、淹水的地块中短期生长。

[观赏特点与园林应用] 适应于世界各地寒冷潮湿地区和过渡地区，是一种长寿命的多年生草。它有较强的抗旱性、抗寒和抗热性。在半干旱地区，较长的旱期会使无芒雀麦成为草坪中的优势种，并且一旦有水分供应，它就会长出新枝。

7. 梯牧草 *Phleum pratense*

[别名] 猫尾草

[科属] 禾本科梯牧草属

[形态特征与识别要点] 多年生草本。须根稠密，有短根茎。秆直立，基部常球状膨大并宿存。叶鞘松弛，短于或下部者长于节间，光滑无毛；叶舌膜质，长 2 ~ 5mm；叶片扁平，两面及边缘粗糙，长 10 ~ 30cm，宽 3 ~ 8mm。圆锥花序圆柱状，灰绿色。

[种类与品种] 梯牧草属(Phleum)约 15 个种，分布于西半球温寒带，我国有 4 个种，大部分植物为优良牧草。在梯牧草属中的一些草种很早就被用于草坪建植，应用最广的为梯牧草。我国近几年才开始引进和推广。

［生态习性与栽培要点］适于寒冷潮湿地区。较耐寒，耐旱性和耐热性不如高羊茅和草地羊茅，受仲夏的炎热和雨水影响后恢复时间过长。梯牧草的再生能力较好，其改进型的品种也较耐践踏。它适应较广的土壤范围，最适于高肥力，潮湿，pH 6～7 的细壤或酸性土壤。梯牧草应保持一定的修剪高度，若修剪过短并受高温和干旱的胁迫，会很快死亡。

［观赏特点与园林应用］原产欧洲，我国新疆也有分布，国内一些地区还有引种栽培。野生者多见于海拔 1800m 的草原及林缘，在欧亚现在有改进的梯牧草品种，坪用性状好，可用作运动场草坪。

8. 百脉根 *Bridsfoot trefoil*

［别名］牛角花、五叶草

［科属］豆科百脉根属

［形态特征与识别要点］根系分布很深的多年生草本植物，株高 20～60cm。小叶5 枚（三出复叶，托叶两枚、较大）。花色为浅黄色到深黄色。花期 5～7 月；果期 8～9 月。

［生态习性与栽培要点］喜温暖、耐寒，雪下 –30℃ 可安全越冬。不耐阴，能够适应微酸和微碱性及砂性土壤。耐践踏，耐修剪，再生力中等，每年可修剪 2～3 次。多用于与禾草建植混播的草地，播种量 4～8kg/hm^2。以种子繁殖为主，种子硬实率高，应进行种子处理并接种专性根瘤菌。还可用根和茎进行繁殖。

［观赏特点与园林应用］是很好的缀花草坪和水土保持植物。

9.1.2.2　暖季型草坪草

1. 狗牙根 *Cyndon dactylon*

［别名］百慕大草、绊根草、爬根草

［科属］禾本科狗牙根属

［形态特征与识别要点］多年生草本植物，植株低矮，株高 15～20cm，具根状茎及细长匍匐枝。秆细而坚韧，下部匍匐地面蔓延甚长，节上常生不定根。叶片线条形，先端渐尖，通常两面无毛；叶鞘微具脊，无毛或有疏柔毛，鞘口常具柔毛。穗状花序，小穗灰绿色或带紫色。

［种类与品种］狗牙根属约 10 个种，分布于欧洲、亚洲的亚热带及热带，如百慕大草。我国产 2 个种及 1 个变种。用作草坪草的一般为狗牙根，近年来常用的还有杂交狗牙根。

［生态习性与栽培要点］我国华北以南各地均有分布，为我国主要栽培草种。狗牙根适应的土壤范围很广，但最适生长于排水较好、肥沃、较细的土壤。狗牙根要求土壤 pH 5.5～7.5。它较耐淹，水淹下生长变慢；耐盐性也较好。喜深厚肥沃排水良好的湿润土壤，在含盐碱稍高的海边及瘠薄的石灰土中亦能生长。缺点为根浅生、根须少，夏日不耐干旱，因此在烈日下容易出现焦叶。

[观赏特点与园林应用] 改良狗牙根用于温暖潮湿和温暖半干旱地区的草地、公园、墓地、公共场所、高尔夫球道、果岭、发球台、高草区及路旁、机场、运动场和其他比较普通的草坪。许多大型的暖季型球场都是采用狗牙根来建植的。普通狗牙根有时与高羊茅混播作一般的球场和运动场。繁殖方法采用种子单播或混播法。

2. 结缕草 *Zoysia japonica*

[别名] 高丽芝草、天鹅绒草、台湾草

[科属] 禾本科结缕草属

[形态特征与识别要点] 多年生草本；叶鞘无毛，紧密裹茎。高5~10cm。具细而密的根状茎和节间极短的匍匐枝。叶片丝状内卷，长2~6cm，宽0.5~1mm。总状花序，狭窄披针形；花药长约0.8mm，花柱2，柱头帚状。颖果与稃体分离。花果期8~12月。

[种类与品种] 同属种还有大穗结缕草(*Z. macrostachya*)、中华结缕草(*Z. sinica*)、沟叶结缕草(*Z. matrella*)、细叶结缕草(*Z. tenuifolia*)等。常见栽培品种有'meyer'、'Midwest'、'Emerald'、'Parkplace'、'SR9000'、'Sun rise'等。

[生态习性与栽培要点] 适应性强，长势旺盛，喜光、抗旱、抗热、耐贫瘠。常采用移栽草块或播种建坪。播种建坪时种子通常需要催芽处理，以提高发芽率。出苗后幼苗生长缓慢，需加强养护。结缕草具坚韧的根状茎和匍匐枝，竞争能力强，容易形成纯草层，成坪后管理经济。结缕草与假俭草、天堂草混栽，可提高草坪抗性，弥补单一草坪不足。

[观赏特点与园林应用] 常栽培于花坛内作封闭式花坛草坪或塑造草坪造型供人观赏，也用于医院、学校、公园、宾馆、工厂的专用绿地，作开放型草坪。细叶结缕草除用来建专用草坪外，也常植于堤坡、水池边、假山石缝等处，用于绿化、固土护坡，防止水土流失。

3. 野牛草 *Buchloe dactyloides*

[别名] 水牛草

[科属] 禾本科野牛草属

[形态特征与识别要点] 多年生低矮植物，具匍匐枝。叶片线形，长10~20cm，宽2mm，两面均疏生有细小柔毛，叶色绿中透白，色泽美丽。雌雄同株或异株，雄花序2~3枚，长5~15mm，排列成总状；大部分4~5枚簇生成头状花序，花序长7~9mm。

[种类与品种] 本属仅有1种即野牛草。我国有引种。

[生态习性与栽培要点] 原产北美，生长于北美大平原半干旱、半潮湿地区。此草在我国北部地区表现较好。适应性较强，性喜阳光，野牛草适宜的土壤范围较广，但最适宜的土壤为细壤。耐碱，耐水淹，但不耐阴。具有较强的耐寒能力，并具一定的耐践踏性。野牛草适于生长在过渡地带、温暖半干旱和温暖半湿润地区。极耐热，与大多数暖季型草坪草相比较耐寒，春季返青和低温保绿性较好。野牛草的强抗旱性

是它最突出的特征。

[观赏特点与园林应用] 城市的公园、机关、学校、工厂、企业、青少年活动区、居住区和街道两旁都广泛地应用此草，在我国北方城市草坪建设中发挥了作用。

4. 地毯草 *Axonopus compressus*

[别名] 大叶油草

[科属] 禾本科地毯草属

[形态特征与识别要点] 多年生草本，高 8~30cm。植丛低矮，具匍匐茎。秆扁平，节上密生灰白色柔毛。叶片柔软，翠绿色，短而钝，属于阔叶类暖地型草种。穗状花序，长 4~6cm，2~3 枚近指状排列于秆顶。花果期近秋季。每千克种子粒数为 250 万粒。

[种类与品种] 地毯草属约 40 个种，大都产于热带美洲。我国有 2 个种，其中用于草坪草最广泛的为地毯草。它在我国南方有一定的分布面积，但不如狗牙根和结缕草分布广。坪用性状一般。

[生态习性与栽培要点] 地毯草喜光，但亦能耐半阴。再生力强，耐践踏。在冲积土与肥沃的砂质壤土上，生长更加茂盛。匍匐茎蔓延迅速，每节均能萌生出须根群和新枝，侵占性强，容易形成稠密平坦的绿色草层。耐寒性差，易发生霜冻，叶尖发黄。地毯草结实率和发芽率均高，可进行种子繁殖。也可以进行营养繁殖，草块移栽或匍匐茎埋压均可。

[观赏特点与园林应用] 用作庭园草坪和类似不践踏的草坪，也常把它作为控制水土流失及路边草坪的材料。在我国南方常用作运动场和遮阴地草坪，在华南地区为优良的固土护坡植物材料，广泛应用于绿地中，在广州常用它铺设草坪及与其他草种混合铺建活动场地。

5. 假俭草 *Eremochloa ophiuroides*

[别名] 苏州阔叶子草、死攀茎草、百足草、蜈蚣草

[科属] 禾本科假俭草属

[形态特征与识别要点] 一年生草本。茎直立，匍匐茎压缩较短，厚实，多叶。叶片扁平，基部边缘具绒毛，顶端钝形。花序总状，花矮，绿色，微带紫色，比叶片高，长 4~6cm，生于茎顶，秋冬抽穗，开花，花穗比其他草多，远望一片棕黄色。种子入冬前成熟。

[生态习性与栽培要点] 假俭草与钝叶草一样，适于温暖潮湿气候的地区。除了粗质的砂壤外，假俭草适应的土壤范围相对较广，尤其适于生长在中等酸性、低肥的细壤上，土壤 pH 4.5~5.5。但其耐淹性、耐盐性和耐碱性很差。喜光，耐阴，耐干旱，较耐践踏。耐修剪，抗二氧化硫等有害气体，吸尘、滞尘性能好。栽培要点与其他草地植物略同，入冬种子成熟落地有一定自播能力，故可用种子直播建植草坪，无性繁殖能力也很强，习惯采用移植草块和埋植匍匐茎的方法进行草坪建植。

[观赏特点与园林应用] 是华东、华南较理想的观光草坪植物，广泛用于园林

绿地。

6. 巴哈雀稗 *Paspslum notatum*

[别名] 美洲雀稗、百喜草、金冕草

[科属] 禾本科雀稗属

[形态特征与识别要点] 多年生草本。具粗壮、木质、多节的根状茎。秆密丛生，高约80cm。叶片扁平，宽4~8mm；叶鞘基部扩大，长10~20cm，长于其节间，背部压扁成脊，无毛；叶舌膜质，极短，紧贴其叶片基部有一圈短柔毛。总状花序具2~3个穗状分枝。

[生态习性与栽培要点] 耐阴，极耐旱，干旱过后其再生性很好。它适应的土壤范围很广，从干旱砂壤到排水差的细壤。它尤其适于海滨地区的干旱、粗质、贫瘠的沙地，适于pH 6.0~7.0的土壤。耐盐，但耐淹性不好。

[观赏特点与园林应用] 原产南美东部的亚热带地区，它用于草坪的范围有限。但在低的养护强度下，巴哈雀稗是优秀的暖季型草坪草。用于粗放管理、土壤贫瘠的地区，它尤其适于用在路旁、机场和类似低质量的草坪地区。

9.1.3 其他草坪植物

中文名 （学名）	产地与分布	形态特征与特性	同属种、品种等	园林应用
马蹄金 *Dichondra repens*	长江以南等地（含台湾地区）	多年生匍匐小草本，茎细长，被灰色短柔毛，节上生根。叶肾形至圆形，先端宽圆形或微缺，基部阔心形，全缘；具长的叶柄。喜温暖、湿润气候，不但适应性强，而且具有一定的耐践踏能力		优良草坪草及地被材料，适用于公园、机关、庭院等绿地，也可用于沟坡、堤坡、路边固土材料
白三叶 *Trifolium repens*	欧洲，非洲，中国等均有分布	基部多分枝，匍匐茎，茎节处着地生根。掌状三出复叶，叶柄细长，自根茎或匍匐茎茎节部位长出。小叶倒卵形，中部有倒"V"型淡色斑。头状花序生于叶腋，花柄长。耐寒性强，再生能力强、喜温暖、向阳、排水良好的环境	红三叶	可用于固土防坡、观赏草坪地被等。也可用作放牧草坪
沿阶草 *Ophiopogon bodinieri*	华东地区多地	根纤细，部分根近末端处膨大成小块根；地下走茎长，节上具膜质鞘。叶基生成丛，禾叶状。花、果期6~8月。要求通风良好、土壤湿润的半阴环境	矮小沿阶草（新变种）	良好的地被植物，可成片栽于风景区的阴湿空地和水边、湖畔
偃麦草 *Elytrigia repens*	欧洲南部和小亚细亚	多年生，具横向根茎。秆直立，光滑无毛，具3~5节。叶鞘光滑无毛，而基部分蘖叶鞘具向下柔毛；叶耳膜质，细小；叶片扁平，上面粗糙或疏生柔毛，下面光滑。穗状花序直立，花、果期6~8月。抗寒性较强，不耐夏季高温	长穗偃麦草、中间偃麦草、毛偃麦草、脆轴偃麦草	北方及东部沿海盐碱土上种植效果较好

（续）

中文名 （学 名）	产地与分布	形态特征与特性	同属种、 品种等	园林应用
香根草 *Vetiveria zizanioides*	东南亚、印度和非洲等(亚)热带地区	秆丛生，中空。叶鞘无毛，叶片线形，直伸，扁平，下部对折，无毛，顶生叶片较小。圆锥花序大型顶生，无柄小穗线状。8～10月开花结果。根系发达，适应能力强，耐旱、耐贫瘠		华南、华东、西南等地被广泛用于治理水土流失
白颖苔草 *Carex rigescens*	北美洲和东亚的北温带，我国华北、东北有分布	多年生，具细长根茎，秆丛生或散生，三棱形，叶片线形，稀为披针形，小坚果三棱形。耐寒，耐瘠薄，耐盐碱	异穗苔草、卵穗苔草、青绿苔草	庭园观赏草坪
天堂草 *Cyndon dactylon × C. transvadlensis*	由非洲狗牙根与普通狗牙根杂交而成	多年生，叶片质地中等细腻，草坪低矮平整，密度适中，颜色中等深绿，根系发达，耐践踏，适应性强	'矮生'百慕大、'天堂328草'、'老鹰'百慕大	运动场、公园及庭园休息活动草坪，护坡草坪
钝叶草 *Stenotaphrum helferi*	广东、广西、云南等地	多年生，秆下部匍匐，于节处生根，向上抽出高10～40cm的直立花枝。叶鞘长于节间，常紧包节间下部，平滑无毛；叶舌极短，顶端有白色短纤毛；叶片带状。耐热，耐践踏，耐盐碱	锥穗钝叶草	华中以南地区作庭园草坪、固土护坡草坪应用
两耳草 *Paspalum comnjugatum*	原产于热带美洲；现广布于两半球热带	多年生，具长匍匐茎。秆细弱。叶鞘松弛，背部具脊，无毛或边缘具纤毛；叶舌短小，具长纤毛；披针形至线状披针形，无毛或具疣毛，边缘具纤毛。花果期5～9月。耐阴湿，蔓延性强		华中、华东、西南地区优良湿地草坪草种

9.2 观赏草

9.2.1 概述

"观赏草"是指形态优美、色彩丰富的单子叶草本观赏植物的统称。它们大多属宿根草本，其观赏性通常表现在形态、颜色、质地等诸多方面，在欧美园艺界称之为 ornamental grass。观赏草最初专指特定的科属植物，即禾本科中一些具有观赏价值的植物。而如今，除园林景观中具有观赏价值的禾本科植物外，莎草科、灯心草科、香蒲科以及天南星科菖蒲属等一些具观赏特性的植物都算在观赏草之列。

国外对观赏草的应用，最早可追溯到维多利亚时期。那时并不是应用在景观设计中，而是由画家将其描绘在绘画作品中。而后，观赏草在西方园林中被广泛应用，风格自然又充满野趣。欧洲早于文艺复兴时期，观赏草就已经出现在庭院中。到了20世纪中期，由于草坪草的流行，使得人们忽视了观赏草的价值。随着人们对园林节水、低养护要求的认识，20世纪70年代，观赏草重新受到人们的关注，如今已经成为欧美发达国家环境美化和绿化的新宠，与许多宿根花卉配置在一起，构成可持续发展的自然园林景观。

9.2.1.1　观赏特性及园林用途

(1)观赏特性

观赏草不仅在株形、叶形、花序等方面具有观赏价值，而且在叶色、韵律与动感方面给人美的享受。

观赏草的植株及叶片形态多种多样，变化无穷。株高从几厘米至数米不等，有的高大挺拔，如芦竹；有的短小刚硬，如蓝羊茅；有的则柔软飘逸，如苔草。

观赏草花序形状独特壮观。虽然不像观花植物具有美丽鲜艳的花朵，但其变幻无穷的花序也能产生出独特的美感。如荻的花序飘逸洒脱，狼尾草的花序美丽俊俏，而高大的蒲苇草的花序则朴实壮观，有着雕塑般的凝重美。

观赏草的叶色五彩斑斓、异彩纷呈。除了浓淡不同的绿色外，还有自然古朴的黄色、尊贵壮观的金色、浪漫多情的红色、高贵典雅的蓝色甚至奇特的黑色；一些珍贵的观赏草品种的叶片还有浅色条纹、斑点等，大大提高了其观赏价值。同时部分观赏草叶片的颜色随季节而变化，从春季的淡绿到冬季的金黄，极大地丰富了景观色彩。

观赏草给人的不仅是视觉美，还有独特的韵律美和动感美。每当微风吹过，观赏草的叶片前后摆动，沙沙作响。秋季，成片种植的观赏草随风起伏，像浪花在园中翻滚，尽现动感之美。

(2)园林用途

由于观赏草的特殊观赏特性，在园林绿化中既可盆栽应用，也可地栽应用。其应用方式既可成丛孤植点缀，也可沿道路、水边等列植或片植；既可与其他乔木、灌木和草本植物配置组合，形成丰富的立体景观；也可与园林建筑(亭、廊、阁、榭)、小品(雕塑、座椅、置石)、水体等其他景观元素组合搭配，既相得益彰，又能起到妙趣横生的效果。因此，目前观赏草被广泛应用于城市绿化、高尔夫球场建设、公路绿化、荒山治理以及河流绿化等。

9.2.1.2　栽培管理养护要点

观赏草大多抗性强，对环境要求粗放，因此其栽植与养护管理较为容易。

观赏草既可进行有性繁殖(即种子繁殖)，也可无性繁殖。种子繁殖时常需进行移栽，大面积种植时也可不移栽，但要做好土壤的处理工作，以防杂草产生；许多观赏草可以分割地下茎或匍匐茎的方法繁殖，也可进行分株繁殖。

在栽培管理上，主要注意如下几方面：

①根据气候条件选择适宜的草种及适宜的栽植时间。栽植时间一般在春季或初夏。

②观赏草抗逆性强，一般不需特殊的养护管理。但要注意大多数观赏草都喜欢光照，最好每天有 3～5 h 的直射光。

③很多观赏草种类都较耐旱，仅需在幼苗期浇水，但要注意避免积水；观赏草一般不需要施肥，除非种植在特别贫瘠的砂土上，肥料过多反而导致徒长，茎秆细弱松散，影响观赏。

④一般观赏草较少修剪，也有些观赏草为维持较好的景观效果，一年剪一次。在冬末或早春修剪最好，还可欣赏到霜露和冰雪在叶片上的景致，形成冬季一道独特的风景线。

⑤观赏草生长一段时间后需进行更新。可在生长季来临前通过分株和移植进行更新。分株工作每 3 年可进行一次，一般在秋季或初春完成。

9.2.2　常见观赏草

1. 荻 *Triarrherca sacchariflora*

［科属］禾本科荻属

［形态特征与识别要点］多年生高大草本。秆直立，高 1 ~ 1.5m，节生柔毛。具发达被鳞片的长匍匐根状茎，节处生有粗根与幼芽。叶片扁平，宽线形，长 20 ~ 50cm，宽 5 ~ 18mm。圆锥花序舒展成伞房状，主轴无毛，腋间生柔毛，直立而后开展；雄蕊 3 枚，花药长约 2.5mm，柱头紫黑色。颖果长圆形，长 1.5mm。

［生态习性与栽培要点］中生性，野生于山坡、撂荒多年的农地、古河滩、固定沙丘群以及荒芜的低山孤丘上，常常形成大面积的草甸，繁殖力强，耐瘠薄。有时在农耕地的田边、地埂上也有它的群落片断残存。

［观赏特点与园林应用］固堤护坡的优良品种，也是营造田野风光的良好材料。景观功能近于芦苇。

2. 芒 *Miscanthus sinensis*

［科属］禾本科芒属

［形态特征与识别要点］多年生草本。秆直立，稍粗壮，高 1 ~ 1.25m，无毛，节间有白粉。叶片长条形，长 20 ~ 50cm，宽 1 ~ 1.5cm，下面疏被柔毛并有白粉。圆锥花序扇形，长 10 ~ 40cm，主轴长不超过花序之半；穗轴不脱落，分枝坚硬直立；小穗披针形，成对生于各节，具不等长的柄，含 2 小花，仅第二小花结实，基盘具白色至黄褐色柔毛。

［生态习性与栽培要点］多年生根茎性禾草。对环境适应性强，为广布性植物。芒为中旱生的喜光根状茎，侵占力强，能迅速形成大面积草地。喜湿润，但能耐干旱。

［观赏特点与园林应用］为新颖的园林草本配置植物，用于花坛、花境布置或点缀于草坪上，也可用作切花、篱墙，幼茎可药用，也可为牧草，秆皮可用于造纸。

3. 拂子茅 *Calamagrostis epigeios*

［科属］禾本科拂子茅属

[形态特征与识别要点] 多年生草本，具根状茎。秆直立，平滑无毛或花序下稍粗糙，高45～100cm。叶片长15～27cm，宽4～8mm，扁平或边缘内卷，上面及边缘粗糙，下面较平滑。圆锥花序紧密，圆筒形，茎直、具间断，分枝粗糙，直立或斜向上升；小穗长5～7mm，淡绿色或带淡紫色；雄蕊3，花药黄色，长约1.5mm。花果期5～9月。

[生态习性与栽培要点] 喜生于平原绿洲，是组成平原草甸和山地河谷草甸的建群种。

[观赏特点与园林应用] 为牲畜喜食的牧草；其根茎顽强，抗盐碱土壤，又耐强湿，是固定泥沙、保护河岸的良好材料。用于牧草栽植。为优质纤维植物。

4. 针茅 *Stipa capillata*

[科属] 禾本科针茅属

[形态特征与识别要点] 多年生密丛禾草。秆直立，丛生，高40～80cm，常具4节，基部宿存枯叶鞘。叶鞘平滑或稍糙涩，长于节间；叶舌披针形，基生者长1～1.5mm，秆生者长4～8mm；叶片纵卷成线形，上面被微毛，下面粗糙，基生叶长可达40cm。顶生圆锥花序，脱节于颖之上。

[种类与品种] 针茅属还有细叶针茅。

[生态习性与栽培要点] 新疆地区4月中旬萌发，6月下旬至7月开花，7～8月结实，之后进入夏季休眠，9～10月中旬再生，10月下旬枯黄。

[观赏特点与园林应用] 适于布置花境，可孤植也可片植，与硬质材料对比鲜明，在园林中应用有软化硬质线条的作用。

5. 狼尾草 *Pennisetum alopecuroides*

[科属] 禾本科狼尾草属

[形态特征与识别要点] 多年生草本。须根较粗壮。秆直立，丛生，高30～120cm，在花序下密生柔毛。叶鞘光滑，两侧压扁，主脉呈脊，在基部者跨生状，秆上部者长于节间；叶舌具长约2.5mm的纤毛；叶片线形，长10～80cm，宽3～8mm，先端长渐尖，基部生疣毛。圆锥花序直立颖果长圆形，长约3.5mm。

[生态习性与栽培要点] 狼尾草喜光照充足的生长环境，耐旱、耐湿，亦耐半阴，且抗寒性强。适合温暖、湿润的气候条件，当气温达到20℃以上时，生长速度加快。

[观赏特点与园林应用] 近年广泛应用于布置花境，可孤植也可片植，也可用于盆栽。

6. 画眉草 *Eragrostis pilosa*

[科属] 禾本科画眉草属

[形态特征与识别要点] 一年生草本。秆丛生，直立或基部膝曲，高15～60cm，直径1.5～2.5mm，通常具4节，光滑。叶片线形扁平或卷缩，长6～20cm，宽2～3mm，无毛。圆锥花序开展或紧缩，分枝单生，簇生或轮生，多直立向上，腋间有长

柔毛，小穗具柄，含 4~14 小花；颖为膜质，披针形，先端渐尖。颖果长圆形，长约 0.8mm。花果期 8~11 月。

[生态习性与栽培要点] 多生于荒芜田野草地上。产于全国各地；分布全世界温暖地区，栽培时应。排水良好，水肥管理中下。

[观赏特点与园林应用] 适用于公路护坡，孤植或用于花带、花境配置。

7. 蓝羊茅 *Festuca glauca*

[科属] 禾本科羊茅属

[形态特征与识别要点] 常绿草本，冷季型。丛生，株高 40cm 左右，植株直径 40cm 左右，直立平滑。叶片强内卷几成针状或毛发状，蓝绿色，具银白霜，春、秋季节为蓝色。圆锥花序，长 10cm。开花期 5 月。

[生态习性与栽培要点] 喜光，耐寒，耐旱，耐贫瘠。中性或弱酸性疏松土壤长势最好，稍耐盐碱。全日照或部分荫蔽长势良好，忌低洼积水。耐寒至 -35℃，在持续干旱时应适当浇水。

[观赏特点与园林应用] 适合作花坛、花境镶边用，其突出的颜色可以和花坛、花境形成鲜明的对比。还可用作道路两边的镶边材料。盆栽、成片种植或花坛镶边效果非常突出。

8. 须芒草 *Andropogon virginicus*

[科属] 禾本科须芒草属

[形态特征与识别要点] 多年生草本，具支持根。秆密、丛生，圆柱形，粗壮，高 1~3m。叶长披针形，长 30~100cm，宽 1~3cm，两面被毛，灰白色，叶缘粗糙，花序为具鞘状总苞假圆锥花序，由成对的总状花序组成；穗轴节间和小穗柄均向上变为粗厚棒状，一边或两边具缘毛。颖果纺锤状，长 2~3mm，宽 0.5~0.8mm，盾片和胚大向明显。

[生态习性与栽培要点] 适应性强，在热带旱季长的地区生长良好，耐酸，在 pH 4.6 的土壤上能繁茂生长。

[观赏特点与园林应用] 景观效果独特，适用于花坛、花境、庭院盆栽。

9. 芦竹 *Arundo donax*

[科属] 禾本科须芦竹属

[形态特征与识别要点] 秆高 3~6m，直径 1.5~2.5cm，坚韧，多节，常生分枝。叶片扁平，上面与边缘微粗糙，基部白色，抱茎。圆锥花序长 30~60cm，宽 3~6cm，分枝稠密，斜升；小穗长 1~1.2cm；具 2~4 小花，小穗轴节长约 1mm。颖果细小，黑色。花果期 9~12 月。

[生态习性与栽培要点] 喜温暖，喜水湿，耐寒性不强。可用播种、分株、扦插方法繁殖，一般用分株方法。

[观赏特点与园林应用] 常用作河岸、湖边、道边背景观赏草，又可固坡护堤。

10. 野青茅 *Deyeuxia arundinacea*

[科属] 禾本科野青茅属

[形态特征与识别要点] 多年生草本，秆高 50~60cm。叶片宽 2~7mm。圆锥花序紧缩，长 6~10cm，宽 1~1.5cm；小穗长 5~6mm，含 1 小花；颖近等长或第一颖长出 1mm。

[生态习性与栽培要点] 野青茅为温带和暖温带山区分布较多的一种暖温性禾本科草种。分布于东北、华北；欧亚大陆温带都有。多生山坡草地或荫蔽处。

[观赏特点与园林应用] 喜光抗寒抗旱耐贫瘠，是常用暖季景观草种。

11. 发草 *Deschampsia caespitosa*

[科属] 禾本科发草属

[形态特征与识别要点] 多年生草本。须根柔韧。秆直立或基部稍膝曲，丛生，高 30~150cm，具 2~3 节。叶片质韧，常纵卷或扁平，长 3~7mm，宽 1~3mm，分蘖者长达 20cm。圆锥花序疏松开展，常下垂，长 10~20cm，分枝细弱，平滑或微粗糙，中部以下裸露，上部疏生少数小穗；小穗草绿色或褐紫色，含 2 小花；小穗轴节间长约 1mm，被柔毛；花药长约 2mm。花果期 7~9 月。

[生态习性与栽培要点] 适宜中性或弱酸性土壤，稍耐盐碱，耐霜冻，耐涝。全日照或部分遮阴长势最好。

9.2.3 其他观赏草

中文名 （学名）	科属	形态特征	应用特点
蒲苇 *Cortaderia selloans*	蒲苇属	株高约 250cm。圆锥花序，洋溢着银色的光泽。花期 9~10 月	花穗长而美丽，庭园栽植壮观而雅致，或植于岸边入秋赏其银白色羽状穗的圆锥花序，也可用作干花，或花境观赏草专类园内使用
远东芨芨草 *Achnatherum extremiorientale*	芨芨草属	多年生，株高约 250cm。圆锥花序，花药黄色。花期 7~9 月	片植用作花坛等
玉带草 *Phalaris arundinacea*	虉草属	多年生草本，具根茎，长势强，株高约 70cm。叶边缘浅黄色条或白色条纹。花果期 6~8 月	片植用作花坛、道旁背景
野古草 *Arundinella hirta*	野古草属	多年生草本，株高 120cm。花药紫色。花果期 7~10 月	片植，夏季观花，秋季观红叶，作背景材料，秆叶亦可作造纸原料
银边草 *Arthenatherum elatius*	燕麦草属	多年生冷季型，夏季休眠。株高约 30cm	片植，主要作花坛、花境的边缘材料
大油芒 *Spodiopogon sibiricus*	大油芒属	多年生，有根茎。夏季叶色青翠，秋季全株紫红。株高 150~200cm。圆锥花序。花期 7~10 月	植于山坡、路边、林下，秋季观景

（续）

中文名 （学名）	科　属	形态特征	应用特点
黄背草 *Themeda japonica*	菅属	多年生，簇生草本，秆高0.5~1.5m。圆锥花序，花期6~9月。易倒伏，夏季开花后可剪除部分茎秆，秋季又可观赏	植于山坡、草地、路旁和林缘等
柳枝稷 *Panicum virgatum*	稷属	多年生，植株高大，株高约120cm，根系发达，有根茎。圆锥花序。夏季开花	具有优良的草料特性和水土保持功能，曾作为上海世界博览会的推荐植物
血草 *Imperata cylindrical*	白芒属	多年生草本，株高50cm。叶丛生，剑形，常保持深血红色。圆锥花序，小穗银白色。花期夏末	优良的彩叶观赏草，常用作花境配置
风车草 *Cyperus alternifolius*	莎草属	多年生草本，有短粗的根状茎，须根坚硬。秆稍粗壮，高30~150cm，近圆柱形	适宜书桌、案头摆设，若配以假山奇石，制作小盆景，具天然景趣
纸莎草 *Cyperus papyrus*	莎草属	多年生挺水草本，株高达2m，具匍匐根状茎，植株密集丛生	主要用于庭园水景边缘种植，可以多株丛植、片植，单株成丛孤植景观效果也非常好
水葱 *Scirpus tabernaemontani*	藨草属	多年生草本，茎匍匐，株丛挺立，秆高1~2m。叶线形，具鞘。聚伞花序花淡黄褐色，花期6~8月	用于湿地、沼泽地、岸边绿化、盆栽
'金叶'苔草 *Carex* 'Evergold'	苔草属	多年生草本，株高20cm。叶有条纹，中央呈黄色。穗状花序。花期4~5月	可用作花坛、花境镶边观叶植物，也可盆栽观赏
异穗苔草 *Carex heterostachya*	苔草属	多年生草本植物，具根状茎，高15~33cm。穗状花序，卵形，黑褐色	可用作河边、湖坡、池塘等阴湿处的护坡植物
白颖苔草 *Carex rigescens*	苔草属	多年生草本植物，株高10~15cm。叶浓绿，狭窄。穗状花序白色	该草耐阴性强，是很好的疏林游乐草坪植物

复习思考题

1. 简述草坪草的一般特征。
2. 试举出3种暖季型草坪草，并论述其各自的栽培管理措施。
3. 简述草地早熟禾常作为运动场草坪的原因。
4. 试举出3种能固土护坡和应用在运动场的草坪及其观赏特点。
5. 常用的冷季型草坪草和暖季型草坪草有哪些？按对环境因子如光照、温度、水分的适应能力强弱进行排序。

推荐阅读书目

1. 草坪栽培与养护管理．龚束芳．中国农业科学技术出版社，2008.
2. 草坪建植与养护．陈志明．中国林业出版社，2003.
3. 草坪草种及其品种．韩烈保．中国林业出版社，1999
4. 实用草坪与造景．李尚志，赖桂芳，李发友．广州科技出版社，2002.

参考文献

何胜，陈少华．2008. 常见园林草坪建植及养护管理技术探讨[J]. 热带林业.

高晓萍．2007. 北方草坪养护管理技术[J]. 内蒙古林业调查设计.

彭海平．2011. 冷季型草坪越夏养护管理措施[J]. 北京园林.

王艳梅，吕兵．2010. 冷季型草坪的四季管理[J]. 辽宁农业职业技术学院学报.

张俊红，齐东来，杨玉想，等．2011. 冷季型草坪的建植及养护[J]. 中国园艺文摘.

柴艳，李艳杰．2009. 冷季型草坪主要病虫害及综合防治技术[J]. 草业与畜牧.

孙吉雄．2009. 草坪学[M]. 北京：中国农业出版社.

何胜，陈少华．2008. 常见园林草坪建植及养护管理技术探讨[J]. 热带林业(1)：36－38.

王立军．2013. 道路草坪施工技术要点探讨[J]. 交通标准化.

肖虹．2011. 谈草坪的施工养护及其重要性[J]. 农村实用科技信息.

李振军．2012. 园林草坪养护管理技术[J]. 山西林业科技.

中文名索引

（按字母顺序排列）

拉丁名索引

（按字母顺序排列）